S. Scholz

Mathematik in Übungsaufgaben

Mathematik in Übungsaufgaben

Von Prof. Dr. Siegfried Scholz
Hochschule für Technik und Wirtschaft Dresden (FH)

B. G. Teubner Stuttgart · Leipzig 1999

Prof. Dr. rer. nat. Siegfried Scholz

Geboren 1939 in Eichwald/Nordböhmen. Ab 1958 Mathematikstudium an der TH/TU Dresden. Diplom 1963. Promotion 1971. Ab 1963 wissenschaftlicher Assistent am Institut für Angewandte Mathematik, ab 1972 wissenschaftlicher Oberassistent am Wissenschaftsbereich Numerische Mathematik der Technischen Universität Dresden. Seit 1992 Professor an der Hochschule für Technik und Wirtschaft Dresden (FH).

Die Deutsche Bibliothek – CIP-Einheitsaufnahme

Scholz, Siegfried:
Mathematik in Übungsaufgaben / von Siegfried Scholz. – Stuttgart ;
Leipzig : Teubner, 1999
  ISBN-13:978-3-519-00256-7   e-ISBN-13:978-3-322-80012-1
  DOI: 10.1007/978-3-322-80012-1

Umschlaggestaltung: Peter Pfitz, Stuttgart

Vorwort

Schwierigkeiten mit der Mathematik zu Studienbeginn - wie viele Studentinnen und Studenten haben jährlich damit zu kämpfen ... Oft sind Monate intensiven Arbeitens nötig, um vorhandene Wissenslücken zu schließen und notwendige Kenntnisse und Fertigkeiten so zu festigen, daß die an der Universität oder Fachhochschule gebotene Mathematik auf einer soliden Grundlage aufbauen kann.

Daß die meisten Studienanfänger bemüht sind, diese Schwierigkeiten schnell zu überwinden, zeigen die hohen Teilnehmerzahlen an Vorbereitungskursen, das große Interesse am "Vorrechnen" von Übungsaufgaben und die rege Nachfrage nach einem gut verständlichen Einführungsbuch. So knüpft z.B. die erfolgreiche "Starthilfe Mathematik" an den bekannten Schulstoff an und erleichtert den Übergang von der Schule zur Hochschule; vgl. hierzu auch die Hinweise auf S. 192.

Vielfach besteht darüber hinaus der Wunsch, anhand von weiteren Aufgaben die richtige Handhabung des mathematischen Rüstzeugs zu üben und dabei gleichzeitig das Verständnis der theoretischen Zusammenhänge zu vertiefen. Diesem Bedürfnis kommt das vorliegende Buch entgegen. Es enthält mehr als 200 *Aufgaben* $\boxed{\text{A}}$ (zählt man die Teilaufgaben, so sind es mehr als 900) mit zahlreichen *Hinweisen* $\boxed{\text{H}}$ und umfaßt so - mit Ausnahme der Wahrscheinlichkeitsrechnung - alle Stoffgebiete, die zum Abiturwissen im Fach Mathematik gehören sollten und in den Mathematikvorlesungen des 1. Semesters vertiefend behandelt werden. Der besondere Vorzug des Buches jedoch sind die **ausführlichen** *Lösungen* $\boxed{\text{L}}$ **zu allen Aufgaben.** Damit hat auch derjenige Leser, dem die Lösung einer Aufgabe nicht gelingt, die Möglichkeit, sich beim Nachvollziehen des Lösungsweges die nötigen Kenntnisse und Fertigkeiten anzueignen, um vielleicht die nächsten Aufgaben erfolgreicher angehen zu können. Die Aufgaben sind i. allg. so angeordnet, daß ihr Schwierigkeitsgrad - auch innerhalb der Teilaufgaben - ansteigt und sie schließlich zu konkreten Anwendungen aus den verschiedensten Fachgebieten hinführen. Damit wird eine Verzahnung von Abitur- und Hochschulstoff erreicht.

Leser, die größere Sicherheit im Umgang mit Zahlen und Termen gewinnen möchten, sollten mit den Aufgaben des 2. Kapitels beginnen. Dort lernt man auch zahlreiche Formeln aus der Physik kennen und übt deren Umstellung nach den geforderten Größen. Die Abschnitte 2.1 und 2.5 können dabei zunächst übergangen werden, ebenso die Aufgaben zu Doppelsummen. Die gleiche Sicherheit wie im Umgang mit Zahlen und Termen ist im Umgang mit Mengen nötig; Übungsmaterial hierzu bietet Abschnitt 1 des 1. Kapitels. Abschnitt 1.2 möchte den Leser an den korrekten Umgang mit mathematischen Aussagen gewöhnen. Sollte dies zunächst größere Mühe bereiten, kann man diese Aufgaben auch erst später bearbeiten.

In Kapitel 3 werden die zuvor erworbenen Fertigkeiten zur Lösung von Gleichungen und Ungleichungen eingesetzt. Erfahrungsgemäß bereitet letzteres Schwierigkeiten (insbesondere im Zusammenhang mit Beträgen). Hier helfen die zugehörigen Hinweise weiter.

Das umfangreichste Kapitel des Buches ist den Funktionen gewidmet. Vor allem

die Grundfunktionen und ihre Umkehrfunktionen spielen eine so wichtige Rolle in
der Mathematik und ihren Anwendungen, daß man mit ihren Eigenschaften bestens
vertraut sein sollte. Zu den Polynomen und gebrochen rationalen Funktionen geben
die entsprechenden Hinweise nähere Auskunft.
In Kapitel 5 werden das Rechnen mit Vektoren und ihre Anwendung in der analyti-
schen Geometrie der Ebene geübt. Bei den Aufgaben zu linearen Gleichungssyste-
men kommt es einerseits auf die richtige Handhabung des Gaußschen Algorithmus
und andererseits auf die mathematische Modellierung praktischer Probleme an.
Grenzwertbetrachtungen bei Zahlenfolgen und Funktionen bilden den Schwerpunkt
der Kapitel 7 und 8. Daneben enthält Kapitel 7 einige Anwendungen aus der Finanzmathematik.
In Kapitel 9 wird zunächst die Anwendung von Differentiationsregeln (insbesondere
der Kettenregel) geübt und danach die Theorie der Extrema und Wendepunkte zu
Kurvendiskussionen und zur Lösung von Extremwertaufgaben herangezogen.
Kapitel 10 beschäftigt sich mit der partiellen Integration, der Substitutionsmethode,
der Integration gebrochen rationaler Funktionen und zeigt verschiedene Anwendungsmöglichkeiten der Integralrechnung auf.

In das vorliegende Übungsbuch flossen Aufgaben ein, die ich im Laufe meiner langjährigen Lehrtätigkeit in Vorbereitungskursen, in Übungen und Klausuren gestellt habe;
die meisten Aufgaben sind jedoch neu. Hilfreich für die Arbeit an dem Buch waren mir Diskussionen, die ich u.a. mit Prof. Dr. W. Schirotzek, Prof. Dr. M. Richter,
Prof. Dr. G. Zeidler sowie mit Studenten geführt habe. Prof. Dr. W. Gerlach und Frau
Dr. M. Timmler waren mir unentbehrliche Ratgeber beim Schreiben und Zeichnen
mit dem Computer. Herr Dr. H.-D. Dahlke und Frau Dr. M. Timmler haben das
Manuskript kritisch gelesen und mit wertvollen Bemerkungen versehen. Ihnen allen möchte ich herzlich danken. Mein besonderer Dank gilt meinem langjährigen
Kollegen, Herrn Dipl.-Math. W. Heß, der die Lösungen aller Aufgaben mit der ihm
eigenen Sorgfalt nachgerechnet und korrigiert, Formulierungen geglättet und präzi-
siert, alternative Lösungswege vorgeschlagen, Aufgabenstellungen erweitert und so
ganz wesentlich zum Gelingen des Buches beigetragen hat.
Schließlich danke ich dem Teubner-Verlag für das anhaltende Interesse an dem Buch-
projekt und insbesondere Herrn J. Weiß für die angenehme Zusammenarbeit und für
seine wertvollen Anregungen und Hinweise.

Dresden, im Juni 1999   S. Scholz

Inhalt

1 Mengenlehre und Logik

Wer sich mit Mathematik beschäftigt, wird schnell vor der Notwendigkeit stehen, **Aussagen** korrekt formulieren und in richtiger Weise miteinander verknüpfen zu müssen. Häufig werden sich derartige Aussagen auf Objekte beziehen, die zu **Mengen** zusammengefaßt sind.

Es ist das Anliegen dieses Kapitels, Fertigkeiten im Umgang mit mathematischen Aussagen und Mengen zu entwickeln und zu festigen. Dazu werden in den Übungsaufgaben die beiden folgenden Schwerpunkte behandelt:

Grundbegriffe der Mengenlehre (A 1.1 - 1.10)

Die Aufgabe A 1.1 dient zunächst dazu, das Verständnis des Mengenbegriffs aufzufrischen und zu vertiefen sowie die Darstellung von Mengen zu üben. In den weiteren Aufgaben kommt es darauf an, die Begriffe *Grund-, Teil-, Komplementärmenge* richtig anzuwenden und *Durchschnitte, Vereinigungen, Differenzen* und *Produkte* von Mengen zu bilden.

Zur Veranschaulichung der Relationen, in denen Mengen zueinander stehen, und der Operationen, die mit Mengen vorgenommen werden, können *Venn-Diagramme* dienen.

Die Aufgaben dieses Abschnitts - insbesondere zur Durchschnitts- und Vereinigungsbildung bei Mengen - schaffen die notwendige Basis für das Lösen von Gleichungen und Ungleichungen im 3.Kapitel.

Grundbegriffe der mathematischen Logik (A 1.11 - 1.21)

Anliegen dieser Aufgaben ist es, den Umgang mit logischer Symbolik - insbesondere mit den Aussagenverknüpfungen *Negation, Konjunktion, Disjunktion, Implikation* und *Äquivalenz* - zu üben. Schwerpunkte hierbei sind die korrekte Handhabung von Negation (A 1.13) und Implikation (A 1.14 - 1.16); großer Wert wird dabei auf das Erkennen und Unterscheiden von notwendigen und hinreichenden Bedingungen in der Implikation gelegt.

Die Aufgaben (A 1.16 - 1.18) dienen der richtigen Interpretation und sachgemäßen Verwendung von *Quantoren.*

Mit Hilfe von Wahrheitstafeln wird die Äquivalenz von Aussagenverknüpfungen überprüft und in diesem Zusammenhang die Gültigkeit der *Morganschen Regeln* bewiesen (A 1.20a, b).

Als wichtige Anwendung der mathematischen Logik wird die *Methode des indirekten Beweises* in A 1.21 geübt.

1.1   Grundbegriffe der Mengenlehre

$\boxed{\textbf{A 1.1}}$ Bei welchen der folgenden Beispiele handelt es sich im mathematischen Sinn um *Mengen* ?

a) Die Menge der Buchstaben des Namens " Gauß ".

b) Die ganzen Zahlen, deren Quadrat kleiner als 10 ist.

c) Die Menge der netten Professoren.

d) Die Primzahlen, die größer als 5 und kleiner als 20 sind.

e) Die Menge der im Jahre 2050 in Dresden geborenen Kinder.

f) Die Niederschlagsmenge von Aachen im Juli 1998.

g) Die Äpfel, Birnen und Pflaumen, die Herr Y in seinem Garten 1997 geerntet hat.

h) Die reellen Zahlen, deren Betrag kleiner als 1 ist.

i) Die Geraden in der x, y-Ebene, die mit der Geraden $y = 2x - 3$ keinen gemeinsamen Punkt besitzen.

Die auftretenden Mengen (im mathematischen Sinn) beschreibe man mit Hilfe der mengenbildenden Eigenschaft und gebe - falls möglich - auch die aufzählende Schreibweise an.

$\boxed{\textbf{A 1.2}}$ Gegeben seien die Mengen $A = \{1, 4, 5\}$, $B = \{1, 2, 3, 5, 7, 8, 9, 10\}$ und die Grundmenge $G = \{x \in I\!N |\ 0 < x \leq 10\}$.

a) Man bilde $A \cup B$, $A \cap B$, $A \setminus B$, $B \setminus A$, $\overline{A \cap B}$, $\overline{A} \setminus B$, $\overline{B \cap \overline{A}} \cup A$, $A \times \overline{B}$.

b) Geben Sie alle Teilmengen von A an.

$\boxed{\textbf{A 1.3}}$ Von den Mengen $M = \{x \in I\!R |\ -2 \leq x < 3\} = [-2, 3)$ und $N = \{n \in I\!N |\ n \leq 5\}$ sind $M \cup N$, $M \cap N$, $M \setminus N$, $N \setminus M$ zu bilden (vgl. auch A 2.23).

$\boxed{\textbf{A 1.4}}$ Überzeugen Sie sich anschaulich (mit Hilfe von Venn-Diagrammen) davon, daß bezüglich einer Grundmenge G mit $A \subset G$, $B \subset G$ gilt:

$$\overline{A \cup B} = \overline{A} \cap \overline{B}, \quad \overline{A \cap B} = \overline{A} \cup \overline{B}.$$

$\boxed{\textbf{A 1.5}}$ Gegeben seien die Grundmenge $G = \{x |\ x$ ist ein am 1.1.1999 an einer Universität oder Kunst- oder Fachhochschule Deutschlands immatrikulierter Student$\}$ und die Mengen

$A = \{x \in G |\ x$ stammt aus Sachsen $\}$,

$B = \{x \in G |\ x$ studiert Maschinenbau $\}$,

$C = \{x \in G |\ x$ erhält BAföG $\}$,

$D = \{x \in G |\ x$ spielt Klavier $\}$.

Welche Personengruppen werden charakterisiert durch

a) $A \cap B \cap C \cap D$,   b) $(B \cap \overline{(\overline{A} \cup C)}) \cup \overline{D}$,   c) $\overline{\overline{(A \cap C)} \cup A}$,   d) $\overline{\overline{(B \cap D)} \cap (\overline{B} \cup D)}$?

$\boxed{\textbf{A 1.6}}$ Sind die Mengen $\quad X = \{x \in I\!R |\ x^2 + x - 2 < 0\} \qquad$ und
$$Z = \{z \in I\!R |\ -z^2 + z + 2 \geq 0\} \quad \text{disjunkt ?}$$

A 1.7 In welchen Relationen ($=$ oder $\subset$) stehen die folgenden Mengen zueinander?
a) $X = \{x \in I\!N|\ x|6\ \text{(gelesen: } x \text{ ist Teiler von 6)}\}$,
    $Y = \{y \in I\!R|\ (y^2 - 7y + 6)(y^2 - 5y + 6) = 0\}$,
    $Z = \{z \in I\!R|\ z^2 - 3z + 2 = 0\}$.
b) $A = \{a \in I\!R|\ a^2 + 5 = 0\}$,
    $B = \{b \in I\!N|\ b^2 - 1.5b + 0.5 = 0\}$, $C = \{c \in I\!R|\ c^2 - 1.5c + 0.5 = 0\}$.

A 1.8 In der Menge der ebenen Vierecke seien folgende Mengen gegeben:
$A = \{a|\ a \text{ ist ein Viereck }\}$, $B = \{b|\ b \text{ ist ein Parallelogramm }\}$,
$C = \{c|\ c \text{ ist ein Rechteck }\}$, $D = \{d|\ d \text{ ist ein Rhombus }\}$,
$E = \{e|\ e \text{ is ein Parallelogramm mit einem Innenwinkel von } 90^0\}$,
$F = \{f|\ f \text{ ist ein Quadrat }\}$.

a) Welche Relationen bestehen zwischen diesen Mengen?
b) Interpretieren Sie die Aussagen:
(i) $x \in C \cap D$,   (ii) $x \in B \setminus C$,   (iii) $x \in C \setminus \overline{F}$,   (iv) $x \in D \setminus \overline{B}$.

A 1.9 Von den 100 Gurken, die in einer Gärtnerei geerntet wurden, weichen 93 um höchstens 2 cm vom Sollmaß der Güteklasse Q ab (diese bilden die Menge A), 58 sind etwas länger als das Sollmaß (bilden die Menge B), 55 überschreiten das Sollmaß um höchstens 2 cm (bilden die Menge C). Wie viele Gurken unterschreiten das Sollmaß um mehr als 2 cm (Menge D) ?

A 1.10 In der x, y-Ebene sind vier Punktmengen gegeben:
$A = \{(x, y) \in I\!R^2|\ -1.5 \le x \le 1.5 \ \text{und}\ 0 \le y \le 3 - 2|x|\}$,
$B = \{(x, y) \in I\!R^2|\ -2 \le x \le 2 \ \text{und}\ 0 \le y < 1\}$,
$C = \{(x, y) \in I\!R^2|\ y \ge x\}$, $D = \{(x, y) \in I\!R^2|\ -y \le x\}$.
a) Man stelle folgende Mengen graphisch dar:

(i)	A, B, C, D	(ii)	$E = C \cap D$	(iii)	$A \cap B$
(iv)	$A \setminus B$	(v)	$A \setminus C$	(vi)	$B \setminus D$
(vii)	$A \cap B \cap E$	(viii)	$A_1 = (A \cup B) \cap E$	(ix)	$E \setminus (A \cap B)$

b) Beschreiben Sie formelmäßig die Menge A_2, die durch Spiegelung von A_1 an der Geraden $y = x$ entsteht.
c) Wie hat man $A_1 \cup A_2$ zu spiegeln, damit $A_1 \cup A_2$ zusammen mit seinem Spiegelbild einen zur x- und y-Achse symmetrischen vierzackigen Stern ergibt ?

1.2 Grundbegriffe der mathematischen Logik

A 1.11 Es seien p und q folgende Aussagen:

p: Ich schließe meine Lücken im Abiturstoff des Faches Mathematik.

q: Ich kann der Mathematik-Vorlesung gut folgen.

Formulieren Sie in Worten:
a) $p \Rightarrow q$ b) $q \Rightarrow p$ c) $\overline{p} \Rightarrow \overline{q}$ d) $\overline{p \wedge q}$.

$\boxed{\textbf{A 1.12}}$ In einem Studentenclub unterhalten sich einige Neuankömmlinge über ihr Studium. Dem allgemeinen Stimmengewirr entnehmen wir die folgenden Sätze:

Anja: "Ich studiere Informatik und habe wöchentlich 6 Stunden Mathe."

Bernd: "Das stimmt nicht, daß du pro Woche 6 Stunden Mathe hast. Ich studiere auch Informatik und habe wöchentlich 4 Stunden Mathe-Vorlesung."

Anja: "Ich habe wöchentlich 4 Stunden Mathe-Vorlesung und 2 Stunden Mathe-Übungen."

Bernd: "Ich besuche nur die Mathe-Vorlesung, nicht die Übungen."

Anja: "Wenn ich die Mathe-Übungen nicht regelmäßig besuche, sehe ich keine Chance, die Prüfung zu bestehen."

Claus: "Ich sehe genau dann eine Chance, die Prüfung zu bestehen, wenn ich die Mathe-Vorlesung und -Übungen regelmäßig besuche und beide gründlich durcharbeite."

a) Unter Verwendung der Aussagen

$\quad p:$ Ich studiere Informatik.

$\quad q:$ Ich habe (bzw. du hast) wöchentlich 6 Stunden Mathematik.

$\quad r:$ Ich habe (besuche) wöchentlich 4 Stunden Mathe-Vorlesung.

$\quad s:$ Ich habe (besuche) wöchentlich 2 Stunden Mathe-Übungen.

$\quad t:$ Ich sehe eine Chance, die Prüfung zu bestehen.

$\quad u:$ Ich arbeite die Mathe-Vorlesung und die -Übungen gründlich durch.

gebe man das Gespräch in Form von logischen Aussageverknüpfungen wieder.

b) Sieht Anja den Übungsbesuch als notwendig oder als hinreichend für eine Chance zum Bestehen der Prüfung an ?

c) Unter Verwendung der in a) erklärten Aussagen formuliere man die Verneinung der von den Studierenden im Club gesprochenen Sätze (symbolisch und in Worten).

$\boxed{\textbf{A 1.13}}$ Wie lautet die Negation der folgenden Aussagen ?

a) $a:$ Der Kreis ist eckig.

b) $b:$ Die Wandtafel ist weiß.

c) $c:$ Die reelle Zahl x ist negativ.

d) $d:$ Die reelle Zahl x liegt im Intervall $(1,2)$.

e) $e:$ Die quadratische Gleichung $x^2 + px + q = 0$ hat keine reelle Lösung.

f) $f:$ Die reelle Funktion F ist monoton wachsend. (Vgl. A 4.23)

g) $g:$ Die reelle Funktion f ist gerade. (Vgl. A 4.24)

$\boxed{\textbf{A 1.14}}$ Wir betrachten die Aussagen:

$\quad r:$ Die Gleichung $x^2 + 2x + q = 0$ $(q \in \mathbb{R})$ hat 2 voneinander verschiedene reelle Lösungen.

$\quad s:$ Die Zahl q ist negativ.

$\quad t:$ Die Zahl q ist kleiner als 5.

$\quad u:$ Die Zahl q ist kleiner als 1.

Begründen Sie, daß zwischen diesen Aussagen die Beziehungen

$s \Rightarrow r, \quad r \Rightarrow t, \quad u \Leftrightarrow r \quad$ bestehen.

$\boxed{\text{A 1.15}}$ Man gebe jeweils eine Aussage p an, so daß mit q: "Das Dreieck mit den Seiten a, b, c und den Innenwinkeln α, β, γ ist stumpfwinklig." gilt:
a) $q \Rightarrow p$, aber nicht $p \Rightarrow q$,
b) $p \Rightarrow q$, aber nicht $q \Rightarrow p$,
c) $p \Leftrightarrow q$.

$\boxed{\text{A 1.16}}$ Es sei x eine Kreuzung zweier gleichberechtigter Straßen. Wir vereinbaren die Aussagen:
p: Der Pkw A kommt von rechts (bez. des Fahrzeugs B).
q: Der Pkw A hat Vorfahrt (vor Fahrzeug B).

Ferner vereinbaren wir: Wenn sich zwei Fahrzeuge aus entgegengesetzten Richtungen der Kreuzung x nähern, von denen das eine Linksabbieger ist, so gilt das andere dem Linksabbieger gegenüber als "von rechts kommend".

a) Entscheiden Sie, ob die bekannte Vorfahrtregel "rechts vor links" als
$\forall x : p \Rightarrow q$ oder als $\forall x : q \Rightarrow p$ zu schreiben ist.
b) Interpretieren Sie folgende Sachverhalte und entscheiden Sie, ob sie im Einklang mit der Straßenverkehrsordnung (StVO) stehen:
(i) $\exists x : p \Rightarrow \overline{q}$ (ii) $\forall x : q \Rightarrow \overline{p}$ (iii) $\forall x : \overline{q} \Rightarrow \overline{p}$ (iv) $\exists x : \overline{p} \Rightarrow \overline{q}$.

$\boxed{\text{A 1.17}}$ Formulieren Sie die folgenden Aussagen mit Hilfe von Quantoren und überprüfen Sie ihren Wahrheitswert:
a) Zu jeder reellen Zahl x existiert eine reelle Zahl $y > 0$ mit $y = x^2$.
b) Für alle reellen Zahlen x gilt $x^3 + x^2 - 2x = x(x - 1)(x + 2)$.
c) Für alle $n \in I\!N$ und $a \in I\!R$ hat die Gleichung $x^n - a = 0$ eine reelle Lösung.

$\boxed{\text{A 1.18}}$ Entscheiden Sie, welche der folgenden Aussagen wahr sind:
a) $\forall x \in I\!R : (x + 1)^2 = x^2 + 2x + 1$. b) $\exists x \in I\!N : (x + 1)^2 = 0$.
c) $\forall x \in I\!R : (x - 1)^2 < x^2$. d) $\exists x \in I\!N : x^2 + 4x + 3 = 0$.

$\boxed{\text{A 1.19}}$ Die 7 Studentinnen Anne, Britta, Claudia, Dörte, Elke, Friederike und Gabi bilden eine WG. Es hat sich herumgesprochen, daß es in dieser WG in der Mathe-Prüfung (mit einer Benotungsskala von 1 bis 5) genau drei Einsen, keine Vier und genau eine Fünf gegeben hat.
Heinz - intelligent und neugierig zugleich - möchte wissen, welche Mathematiknoten die Mädchen haben. Daher befragt er die 7 Studentinnen und bekommt folgende ausweichende Antworten:

Anne: Claudia hat eine 2.
Britta: Ich habe bestanden.
Claudia: Friederike hat dieselbe Note wie ich.
Dörte: Britta hat die 5.
Elke: Claudia ist in Mathe besser als Dörte.
Friederike: Dörte hat bestanden.
Gabi: Anne hat eine 1.

Unter der Annahme, daß nur diejenige, die die Prüfung nicht bestanden hat, die Unwahrheit sagt, ermittelt Heinz ohne Schwierigkeit die Prüfungsnoten der 7 Studentinnen. Wie lauten die Noten ?

$\boxed{\textbf{A 1.20}}$ Man zeige mit Hilfe von Wahrheitstafeln, daß die Aussagenverknüpfungen

a) $\overline{p \wedge q}$ und $\overline{p} \vee \overline{q}$ b) $\overline{p \vee q}$ und $\overline{p} \wedge \overline{q}$ c) $\overline{p \Rightarrow q}$ und $p \wedge \overline{q}$

d) $\overline{p} \Rightarrow \overline{q}$ und $q \Rightarrow p$ e) $\overline{p \Rightarrow q}$ und $\overline{\overline{q} \Rightarrow \overline{p}}$

zueinander äquivalent sind.

Bemerkung: Die Äquivalenzen a), b) werden als **Morgansche Regeln** bezeichnet.

Die Äquivalenz c) dient als Ausgangspunkt für den "indirekten Beweis".

$\boxed{\textbf{A 1.21}}$ Durch indirekten Beweis ist zu zeigen:

a) Für x_1, $x_2 \in I\!R$, x_1, $x_2 \geq 0$ gilt:

   (geometrisches Mittel) $\sqrt{x_1 \cdot x_2} \leq \frac{1}{2}(x_1 + x_2)$ (arithmetisches Mittel).

b) Für $a, b \in I\!R^+$ gilt: $a + b > \sqrt{a^2 + b^2}$.

c) Die Quadratwurzel aus einer positiven irrationalen Zahl ist eine irrationale Zahl.

1.3 Hinweise

$\boxed{\textbf{H 1.1}}$ Aus dem Aufgabentext ist die "mengenbildende" Eigenschaft (d.h. die Eigenschaft, die allen Elementen der vermeintlichen Menge gemeinsam ist) zu entnehmen; anschließend ist zu untersuchen, ob sich damit von jedem beliebigen Objekt/Subjekt feststellen läßt, ob es zur "Menge" gehört.

$\boxed{\textbf{H 1.3}}$ Beachte: $x \in I\!R$, aber $n \in I\!N$.

$\boxed{\textbf{H 1.5}}$ b, c, d: Man verwende A 1.4.

$\boxed{\textbf{H 1.6}}$ Zur Ermittlung der Lösungsmenge quadratischer Ungleichungen siehe H 3.8.

$\boxed{\textbf{H 1.9}}$ Nach Bild H 1.9 ist $C = A \cap B$. Für die Menge G der geernteten Gurken gilt: $G = D \cup A \cup (B \setminus C)$; ihre Anzahl ist $100 = [G] = [D] + [A] + [B] - [C]$. ($[X]$ bezeichnet dabei die Anzahl der Elemente der Menge X.)

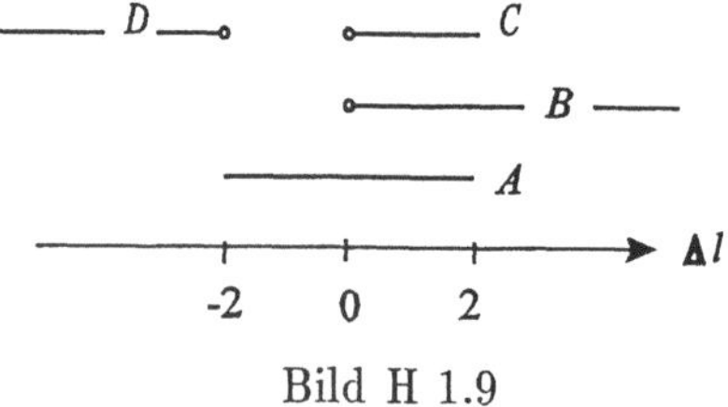

Bild H 1.9

$\boxed{\textbf{H 1.10}}$ Man stelle A_1 als Vereinigungsmenge der Gestalt

$$A_1 = \{(x,y) \in I\!R^2 \mid \ a \leq x \leq b \ \wedge \ y_1(x) \leq y \leq y_2(x)\} \ \cup$$
$$\{(x,y) \in I\!R^2 \mid \ c \leq x \leq d \ \wedge \ y_3(x) \leq y \leq y_4(x)\}$$

dar. Dabei sind a, b, c, d geeignete Konstanten, y_1, y_2, y_3, y_4 geeignete Funktionen.

Man erhält A_2 als Spiegelung von A_1 an der Geraden $y = x$, indem man in der Darstellung von A_1 x und y vertauscht.

Den gesuchten Stern erhält man, indem man $A_1 \cup A_2$ an der Geraden $y = -x$ spiegelt.

$\boxed{\text{H } 1.12\text{c}}$ Man beachte A 1.20a, e.

$\boxed{\text{H } 1.13}$ Lassen Sie sich nicht zu Kurzschlüssen der Art "Das Gegenteil (=Negation) von schwarz ist weiß" verleiten!

$\boxed{\text{H } 1.14}$ Anhand der Lösungsformel für quadratische Gleichungen diskutiere man die Lösbarkeit der Gleichung in Abhängigkeit von q.

$\boxed{\text{H } 1.19}$ 2 Aussagen widersprechen einander; also muß eine von beiden falsch sein. Daraus sind (durch Unterscheidung von 2 Fällen) die entsprechenden Schlüsse zu ziehen.

$\boxed{\text{H } 1.20}$ Die Wahrheitstafel der Negation lautet:

$$\begin{array}{c|c} p & \overline{p} \\ \hline w & f \\ f & w \end{array}$$

. In Worten:

Hat p den Wahrheitswert "wahr", dann hat $\overline{p}$ den Wahrheitswert "falsch". Hat p den Wahrheitswert "falsch", dann hat $\overline{p}$ den Wahrheitswert "wahr".

Die Wahrheitstafeln der wichtigsten Aussagenverknüpfungen sind in der folgenden Tabelle zusammengefaßt:

		Konjunktion	Disjunktion	Implikation	Äquivalenz
p	q	$p \wedge q$	$p \vee q$	$p \Rightarrow q$	$p \Leftrightarrow q$
w	w	w	w	w	w
w	f	f	w	f	f
f	w	f	w	w	f
f	f	f	f	w	w

$\boxed{\text{H } 1.21}$ Beim indirekten Beweis nimmt man die Negation des zu beweisenden Sachverhalts als richtig an und führt diese Annahme auf einen Widerspruch. Dabei ist es nützlich, die Äquivalenz aus A 1.20c zu verwenden. Als Aussagen p, q, für die $p \Rightarrow q$ zu zeigen ist, verwende man in

a) p : x_1, $x_2 \in I\!R$, $x_1, x_2 \geq 0$; q : $\sqrt{x_1 \cdot x_2} \leq \frac{1}{2}(x_1 + x_2)$,

b) p : $a, b \in I\!R^+$; q : $a + b > \sqrt{a^2 + b^2}$,

c) p : $a > 0$ ist irrational (d.h. $a \in I\!R \setminus \mathbb{Q}$); q : $\sqrt{a}$ ist irrational.

2 Rechnen mit reellen Zahlen und Termen

Häufig liegen die tieferen Ursachen für die Startprobleme, die Studienanfänger mit dem Fach Mathematik haben, in Unsicherheiten beim Umgang mit reellen Zahlen. Um solche Unsicherheiten zu beseitigen, räumt dieses Kapitel dem Üben elementarer Rechengesetze breiten Raum ein. Im einzelnen geht es um folgende Schwerpunkte:

Verschiedene Darstellungen reeller Zahlen (A 2.1 - 2.5)

Benötigt wird: Die Darstellung rationaler Zahlen in Form von Brüchen und in verschiedenen Zahlsystemen (insbesondere im Dezimal-, Dual-, Oktal-, Hexadezimalsystem) sowie die Umwandlung der verschiedenen Darstellungen ineinander.

Elementare Umformung von Termen (A 2.6 - 2.14)

Geübt werden: Die elementaren Rechengesetze wie z.B. das Distributivgesetz, das Arbeiten mit Vorzeichen und Klammern, das Ausklammern von Faktoren, binomische Formeln, die quadratische Ergänzung, Bruchrechnung. In A 2.14 werden physikalische Formeln mit Hilfe elementarer Umformungen nach vorgegebenen Größen umgestellt.

Potenz-, Wurzel- und Logarithmenrechnung (A 2.15 - 2.22)

Benötigt werden die Potenzgesetze, die Gesetze der Wurzelrechnung (als spezielle Potenzgesetze), die Logarithmengesetze (und ihr Zusammenhang mit den Potenzgesetzen). Dabei wird nochmals die Handhabung der Bruchrechnung geübt. Zum Rationalmachen des Nenners von Brüchen wird die 3. binomische Formel benutzt. Angewandt werden die zuvor geübten Umformungen in A 2.22 zur Auflösung physikalischer Formeln nach vorgegebenen Größen.

Rechnen mit Intervallen, Summenzeichen, Binomialkoeffizienten (A 2.23 - 2.29)

In A 2.23 wird schwerpunktmäßig die Durchschnitts- und Vereinigungsbildung mit abgeschlossenen, offenen und halboffenen Intervallen geübt und damit die Grundlage für das Ermitteln der Lösungsmengen von Gleichungen und Ungleichungen (in Kapitel 3) gelegt.
Die Aufgaben A 2.24 - 2.28 (vgl. auch die entsprechenden Hinweise) sollen zu einem sicheren Umgang mit dem Summenzeichen befähigen, zum Umordnen von Doppelsummen anleiten und auf die Anwendung wichtiger Summationsformeln und -methoden hinweisen.
Aufgabe A 2.29 behandelt den binomischen Satz (vgl. auch A 2.30i) und die für seine Anwendung benötigten Binomialkoeffizienten (vgl. H 2.29).

Die Beweismethode der vollständigen Induktion (A 2.30)

Diese Beweismethode wird in H 2.30 kurz erläutert und in A 2.30 zum Nachweis von Aussagen aus verschiedenen Wissensgebieten der Mathematik verwendet.

2.1 Verschiedene Darstellungen reeller Zahlen

A 2.1 Die folgenden Brüche sind als Dezimalzahlen zu schreiben:

a) $\dfrac{13}{16}$ b) $\dfrac{110}{111}$ c) $\dfrac{1\,111\,111}{25\,000\,000}$ d) $\dfrac{47}{45}$ e) $\dfrac{40\,034}{19\,998}$ f) $\dfrac{59\,457}{29\,700}$

(Eine vermutete Periodizität ist durch Rückumwandlung in einen Bruch (vgl. A 2.2) zu bestätigen.)

A 2.2 Wandeln Sie die folgenden Dezimalzahlen in Brüche um und kürzen Sie so weit wie möglich:

a) $0.21\,875$ b) $1.\overline{00\,423}$ c) $1.00\,\overline{423}$ d) 1.0666 e) $1.0\overline{6}$ f) $0.\overline{9}$

A 2.3 Entscheiden Sie, welche der Zahlen a, b die größere ist:

a) $a = \dfrac{36}{71},\ b = \dfrac{41}{81}$ b) $a = \dfrac{122}{999},\ b = \dfrac{122\,122}{1\,000\,000}$

c) $a = \dfrac{1\,929}{15\,625},\ b = \dfrac{19753}{160\,000}$ d) $a = -\dfrac{212\,957}{249\,993},\ b = -\dfrac{212\,963}{250\,000}$

A 2.4 Welche Darstellung haben die im Dezimalsystem gegebenen Zahlen

a) $3\,694$ b) 3.875 c) $-0.085\,9375$

im Dual- bzw. Oktal- bzw. Hexadezimalsystem ?

A 2.5 Wie lautet die Dezimaldarstellung von

a) $(10100111)_2$ b) $(21057)_8$ c) $(36A5E)_{16}$?

2.2 Elementare Umformung von Termen

In diesem Abschnitt werden Nenner, die Variable enthalten, generell als $\neq 0$ vorausgesetzt.

A 2.6 Folgende Terme sind zu vereinfachen:

a) $2(a - 3b + c) + d(3 - a) - c - a(2 - d) - 3(d - 2b)$
b) $a(2b + c) - b(c + 2a) + c(b - a)$
c) $3(3a - 2b) - [3(2a - 4b - c) - 2(a - 2c + 4b)]$

A 2.7 Man vereinfache:

a) $(a - 2b)(a - c) - (c - 2b)(2b - a)$
b) $(6a + 2)(5b - 1)(c + 1) - (3a + 1)(1 - 5b)(-2c - 2)$
c) $2(a + 2b)(a - 3b)(b + a) + (3b - 2a)(4b - a)(b - a)$

A 2.8 Die folgenden Summen lassen sich zu einem Produkt zusammenfassen:

a) $3a^2 + 16ab + 16b^2$ b) $4a^3c + 4a^2bd - 12a^2bc - 12ab^2d + 9ab^2c + 9b^3d$
c) $4a^3 + 5a^2b - 2ab^2 - 3b^3$
d) $a^3b + a^3c - a^2b^2 + 3a^2bc + 4a^2c^2 - 4ab^2c + 4ac^3 - 4b^2c^2 - 4bc^3$

A 2.9 Durch Anwendung binomischer Formeln vereinfache man:

a) $(a+b)^2 + (a-b)^2$
b) $(a-b)^2 - (-a-b)^2$
c) $(b-a)^2 - (a-b)^2$
d) $(a+b)^2 + (a^2 - b^2)$
e) $a^2 - b^2 - (a-b)^2$
f) $(a+b+c)^2 - (a+b)^2 - (a+c)^2 - (b+c)^2$
g) $(a+b-c)^2 + (a+c)^2 + (b+c)^2$
h) $(a-b-c)^2 + (a+b)^2 - (b+c)^2$

A 2.10 Man schreibe als Quadrat eines Binoms:

a) $4a^2 + 12ab + 9b^2$
b) $a - \dfrac{4\sqrt{a}}{b} + \dfrac{4}{b^2}$
c) $b + \dfrac{1}{b} + 2$
d) $\dfrac{2}{a^2} + \dfrac{a^2}{8} - 1$

A 2.11 Die folgenden Terme sind mit Hilfe quadratischer Ergänzung möglichst weitgehend zusammenzufassen:

a) $x^2 + 4x + 6$
b) $x^2 - 6x + 8$
c) $2y^2 - 8y + 4$
d) $x^2 - y^2 + 6x + 4y + 5$

e) $3x^2 + 4y^2 - 6x + 16y + 20$
f) $\dfrac{x^2}{y^2} + \dfrac{y^2}{x^2} + 1$
g) $x^2 y^2 + 2x + \dfrac{2}{y^2}$

A 2.12 Berechnen Sie:

a) $\dfrac{7}{8} - \dfrac{3}{8} + 1\dfrac{5}{8} - \dfrac{9}{8}$
b) $\dfrac{7}{3} - \dfrac{5}{6} - \dfrac{11}{12} + \dfrac{1}{4}$

c) $\left(\dfrac{4}{3} - \dfrac{3}{4} + \dfrac{1}{6} - \dfrac{9}{8}\right) \cdot \left(\dfrac{1}{2} + \dfrac{2}{3} + \dfrac{1}{6}\right)$
d) $\left(\dfrac{1}{2} - \dfrac{1}{5} - \dfrac{3}{4} - \dfrac{9}{10}\right) \cdot \left(\dfrac{1}{9} + \dfrac{1}{6} + \dfrac{1}{3} - \dfrac{1}{18}\right)$

e) $\left(\dfrac{1}{4} - \dfrac{1}{12} + \dfrac{5}{24} + \dfrac{5}{8}\right) : \left(\dfrac{2}{9} - \dfrac{7}{18} + \dfrac{1}{3} + \dfrac{1}{6}\right)$
f) $\left(\dfrac{2}{15} - \dfrac{1}{10} + \dfrac{1}{5}\right) : \left(\dfrac{1}{2} - \dfrac{1}{3} - \dfrac{1}{6} - \dfrac{1}{9} - \dfrac{2}{45}\right)$

A 2.13 Man vereinfache so weit wie möglich:

a) $\dfrac{1}{a} + \dfrac{2}{b} + \dfrac{1}{c}$
b) $\dfrac{1}{ab} + \dfrac{1}{ac} + \dfrac{1}{bc}$

c) $\dfrac{1}{a+2} - \dfrac{1}{2} + \dfrac{2}{b-3}$
d) $\dfrac{b-4a}{a+b} + \dfrac{2a^2 + 5ab + 3b^2}{(a+b)^2} - 1$

e) $\dfrac{a}{b^2 c} + \dfrac{c}{ab^2} - \dfrac{2}{b^2}$
f) $\dfrac{u-10}{u+2} - \dfrac{2u+3}{u-2} + \dfrac{u^2 + 7u + 10}{u^2 - 4}$

g) $\dfrac{3}{a-1} + \dfrac{6}{1-a^2} - \dfrac{5}{a+1}$
h) $\dfrac{2z-1}{z+2} + \dfrac{3z+4}{z-3} - \dfrac{5z^2 + 3z + 11}{z^2 - z - 6}$

i) $\dfrac{3}{b+1} + \dfrac{1}{b+2} + \dfrac{3b-1}{1-b^2} + \dfrac{3}{2-b} + \dfrac{2b+10}{b^2-4}$
j) $\dfrac{1}{a-b} - \dfrac{4a-6b}{a^2 + 3ab + 2b^2} - \dfrac{3a+23b}{b^2 - a^2}$

k) $\dfrac{a+b}{b-a} \cdot \dfrac{4(b^2 - a^2)}{2a+2b}$
l) $\dfrac{a^2 + a - 2}{a^2 - a} \cdot \dfrac{a^2 - 4a + 3}{a^2 - a - 6}$

m) $\dfrac{a^2 - 2ab + b^2}{2a+2b} : \dfrac{b^2 - a^2}{2a^2 + 4ab + 2b^2}$
n) $\dfrac{a^2 + a - 2}{a^2 - a} : \dfrac{a^2 - 4a + 3}{a^2 - a - 6}$

o) $\dfrac{b - \dfrac{a+b}{ab+1}}{a - \dfrac{a^2 b - ab}{1 + ab}}$
p) $\dfrac{a - \dfrac{a^2}{a - \frac{b^2}{a}}}{b - \dfrac{b}{1 + \frac{a}{b}}}$
q) $\dfrac{\dfrac{1}{y^2} + \dfrac{2}{xy} + \dfrac{1}{x^2}}{\dfrac{1}{y^2} - \dfrac{1}{x^2}}$
r) $\dfrac{\dfrac{2ab^2}{b^4 - a^4} - \dfrac{a}{b^2 + a^2}}{\dfrac{1}{a+b} + \dfrac{a}{b^2 - a^2}}$

A 2.14 Die folgenden physikalischen Formeln sind nach den angegebenen Größen umzustellen. (Zur Bedeutung der auftretenden Symbole vgl. z.B. [DES].)

a) (temperaturabh. elektr. Widerstand) $R = R_0(1 + \alpha(T - T_0))$ nach T,

b) (Leistungszahl der Kältemaschine) $\epsilon = \dfrac{T_2}{T_1 - T_2}$ nach T_1, T_2,

c) (Mischungsregel) $m_1 c_1(T_1 - T_m) = (m_2 c_2 + C)(T_m - T_2)$ nach T_1, T_m, c_2,

d) (relativistische Geschwindigkeit) $u = \dfrac{u' + v}{1 - u'vc_0^{-2}}$ nach c_0^2, u', v,

e) (Brennweite zweier Linsen) $D = (n - 1)\left(\dfrac{1}{r_1} + \dfrac{1}{r_2}\right)$ nach r_1,

f) (resultierende Brennkraft zweier Linsen) $\dfrac{1}{f} = \dfrac{1}{f_1} + \dfrac{1}{f_2} - \dfrac{e}{f_1 f_2}$ nach f, f_2,

g) (Rydbergkonstante des Atoms X) $R_X = \dfrac{m_e e^4}{8h^3 c_0 \epsilon_0^2 \left(1 + \dfrac{m_e}{m_k}\right)}$ nach m_k, m_e.

2.3 Potenz-, Wurzel- und Logarithmenrechnung

A 2.15 Folgende Terme sind zu vereinfachen
$(a, b, c, d, x, y, z \in I\!R \setminus \{0\}; \ m, n, r \in I\!N)$:

a) $\dfrac{a^{3n-5} \cdot b^{3n+4} \cdot c^{2m-3+n} \cdot d^{6-r}}{(c^2)^{m-2} \cdot a^{2n-6} \cdot d^{-r+n+7} \cdot b^{4n+5}}$
   $\qquad$ b) $\dfrac{x^n y^{2-n}}{a^{2n+1} b^{3n}} \cdot \dfrac{a^3 b^{5n+2}}{x^{-2-n} y^{3n+2}}$

c) $\dfrac{(x^3 y^3 z^2 + x^2 y^4 z^2)^n}{(x^4 y^4 z^3 - x^4 y^3 z^4)^n}$ $\quad (y \neq z)$
   $\qquad$ d) $\left(\dfrac{8a^3 x^3}{6cy^3}\right)^2 \cdot \left(\dfrac{27b^3 y^3}{2^2 a^5 x^3 c}\right)^3 \cdot \left(\dfrac{2a^2 xc}{9yb^2}\right)^4$

e) $\dfrac{a^{n-1}(-b)^n x^{3+2n}}{c^{2n+1} y^{n+2}} : \dfrac{(-b)^{3n} x^3}{a^{-2n+1} c^{n+1} y^2}$

f) $\dfrac{9(2ac + 3ad)^4}{(4c^2 x - 9d^2 x)^3} : \dfrac{a(4c^2 - 9d^2)^2 \cdot (2xac + 3dxa)}{(4c^2 - 6dc)^4 \cdot (12ac^2 - 27d^2 a)^2}$ $\quad \left(c \neq \pm\dfrac{3}{2}d\right)$

A 2.16 Vereinfachen Sie $(a, b, c, x, y > 0)$:

a) $\sqrt{a\sqrt[3]{a^2\sqrt[4]{a^3}}}$ $\quad$ b) $\sqrt[4]{\left(\dfrac{9a^6}{b^2 c}\right)^n} \sqrt{\left(\dfrac{27b^5}{a^5\sqrt{c^3}}\right)^n}$ $\quad$ c) $\sqrt[3]{\dfrac{a^2 b^5}{c}} : \sqrt[6]{\dfrac{ac}{b^2}}$

d) $\sqrt[4]{a^3 \sqrt[5]{a^4 \sqrt[3]{a^8}}} : \sqrt[3]{a^2 \sqrt[5]{a^4 \sqrt[4]{a^5}}}$ $\quad$ e) $\dfrac{\sqrt[4]{(ax + ay)^3}}{\sqrt[3]{(bx^2 - by^2)^4}} : \dfrac{\sqrt{(bx + by)^{-\frac{1}{2}}}}{\sqrt[6]{(ax^2 - ay^2)^8}}$ $\quad (x > y)$

A 2.17 Fassen Sie zusammen und geben Sie - falls nötig - die Existenzbedingungen für die auftretenden Terme an:

a) $3\sqrt{64} + \sqrt[4]{81} - \sqrt[3]{64}$ $\qquad$ b) $\sqrt{75} - \sqrt{12} + \sqrt{108} + \sqrt[12]{729}$

c) $\dfrac{a^2 - b^2}{\sqrt{a^2 + b^2}} - \sqrt{a^2 + b^2}$ $\qquad$ d) $\sqrt{(x + 2)^2 - 6x - 3}$

e) $\dfrac{x^2 - 6x + 9}{\sqrt{(x-4)^2 + 2x - 7}}$ f) $\sqrt{x^2 - y^2}\sqrt{\dfrac{x+y}{x-y}}$ g) $\dfrac{\sqrt{\sqrt{x}+\sqrt{y}}\cdot\sqrt{x+y}}{\sqrt{x^2-y^2}}$

h) $\dfrac{a-b}{\sqrt{a}-\sqrt{b}} - \dfrac{a+b}{\sqrt{a}+\sqrt{b}}$ i) $a - 3\sqrt[3]{a^2 b} + 3\sqrt[3]{ab^2} - b$ j) $a^3 + 3a^{\frac{5}{3}} + 3a^{\frac{1}{3}} + a^{-1}$

A 2.18 In den Nennern der folgenden Brüche sind die Wurzeln zu beseitigen:

a) $\dfrac{2+\sqrt{2}}{\sqrt{2}}$ b) $\dfrac{1-\sqrt{2}}{1+\sqrt{2}}$ c) $\dfrac{a+b}{\sqrt{a}-\sqrt{b}}$ $(a, b \geq 0,\ a \neq b)$

d) $\dfrac{1+\sqrt{3}}{2\sqrt{3}+3\sqrt{2}}$ e) $\dfrac{1+\sqrt{2}-\sqrt{3}}{1-\sqrt{2}+\sqrt{6}}$ f) $\dfrac{\sqrt{3}-\sqrt{2}}{\sqrt{2}+\sqrt{3}-\sqrt{8}}$

A 2.19 Man berechne x:

a) $x = \log_3 27$ b) $x = \log_{\frac{1}{3}} 27$ c) $x = \sqrt[3]{10^{3+\lg 5}}$

d) $x = \sqrt{2 + \sqrt{e^{\ln 4}}}$ e) $x = \sqrt{10 + 9\cdot 10^{2\ln e^2 - 3}}$ f) $x = 64^{1-\log_8 2} + 6^{-\log_6 4}$

g) $\log_5 x = 2$ h) $\log_{\frac{1}{5}} x = -2$ i) $\log_x 81 = 4$

j) $\log_{\frac{1}{x}} 81 = 4$ k) $\log_8\{2\log_3[1 + \log_2(1 + 3\log_2 x)]\} = \dfrac{1}{3}$

A 2.20 Unter Verwendung von Logarithmengesetzen vereinfache man $(x, y, a, b, c > 0,\ c \neq 1)$:

a) $\log_c \dfrac{x^2 y}{\sqrt{1+x^2}} - 2\log_c x + \dfrac{1}{2}\log_c(1+x^2)$ b) $2\ln x + \ln(8x) - 3\ln(2x)$

c) $\dfrac{1}{3}\log_5(a^2 - ab + b^2) + \dfrac{1}{3}\log_5(a+b)$ d) $\dfrac{\log_x\left(\dfrac{x^a}{b}\right)\cdot \log_y(bx^a)}{\log_y x}$ $(x, y \neq 1)$

A 2.21 Man ermittle die Lösungsmengen L für x aus folgenden Gleichungen $(a, b > 0,\ \neq 1)$

a) $\log_a x + \log_a(x+5) - \log_a 150 = 0$ $(x > 0)$

b) $\log_5(3x - 9) - \log_5 x = \log_5(x - 7)$ $(x > 7)$

c) $(\log_3 x)^2 - 7 = 3\log_3 x^2$ $(x > 0)$

d) $\log_b x - \log_{b^2} x + \log_{b^4} x = \dfrac{3}{4}$ $(x > 0)$

e) $\log_9(x+2)\cdot \log_x 3 = 1$ $(x > 0, \neq 1)$ f) $\ln(64\,\sqrt[24]{2^{x^2 - 40x}}) = 0$

g) $0.25^{x^2}\cdot 2^{2x-1} = \dfrac{1}{32}$ h) $4^{x+\frac{1}{2}} - 3^{x-1} = 3^{x+1} - 2^{2x-1}$

i) $21^{4x-3} = 3^{2x-2}\cdot 7^{6x-4}$ j) $\log_3(4^{x+1} - 10) = 2 + \log_3(2^{x+1} - 2)$

k) $\left(\dfrac{3}{7}\right)^{3x-7} = \left(\dfrac{1}{3}\right)^{7x-3}$ l) $2\ln 3 + \left(\dfrac{1}{2x} - 1\right)\ln 2 - \ln(2^{\frac{1}{x}} + 2) = 0$

A 2.22 Die folgenden physikalischen Formeln (vgl. z.B. [DES]) sind nach den angegebenen Größen umzustellen:

a) (Bernoulli-Gleichung) $p_s + \rho g h + \frac{1}{2}\rho v^2 = c^*$ nach ρ, v (c^* =const)

b) (relativistische Dopplerverschiebung) $f' = f\sqrt{\dfrac{c_0 + v}{c_0 - v}}$ nach v

c) (relativistische Massebeziehung) $m = m_0 \left(1 - (\dfrac{v}{c_0})^2\right)^{-\frac{1}{2}}$ nach v, c_0

d) (erzwungene Schwingung) $x_m = \dfrac{F_m}{m\sqrt{(\omega_0^2 - \omega^2)^2 + (2\delta\omega)^2}}$ nach $\delta, \omega_0,\ \omega$

e) (Entropie) $S = k \ln P_{th}$ nach P_{th}

f) (Adiabatengleichung) $T^\kappa \cdot p^{1-\kappa} = \hat{c}$ nach T, p, κ ($\hat{c}$ =const)

g) (barometrische Höhenformel) $p = p_0 \exp\left(-\dfrac{\rho_0 g h}{p_0}\right)$ nach ρ_0

(Hinweis: $\exp(x)$ ist eine andere Schreibweise für e^x.)

h) (Diffusionsspannung) $U_D = \dfrac{kT}{e}\ln\dfrac{n_A n_D}{n_i^2}$ nach n_A, n_i.

2.4 Intervalle, Summenzeichen, Binomialkoeffizienten

A 2.23 Gegeben seien die Intervalle
$I_1 = [-4, 3]$, $I_2 = [0, 4)$, $I_3 = (-1, 1)$, $I_4 = [4, 6)$, $I_5 = (-\infty, 5)$.
Skizzieren Sie diese Intervalle und bilden Sie:
a) $I_1 \cup I_2$ b) $I_1 \cap I_2$ c) $I_1 \cup I_3$ d) $I_1 \cap I_3$ e) $I_1 \setminus I_2$
f) $I_2 \setminus I_3$ g) $I_1 \cap I_4$ h) $I_1 \cup I_5$ i) $I_2 \cap I_4$ j) $I_2 \cup I_4$
k) $I_2 \cup I_3 \cup I_4$ l) $(I_4 \cap I_5) \cup I_2$ m) $I_4 \cap (I_5 \cup I_2)$ n) $(I_1 \cap I_5) \cup (I_2 \cap I_3)$

A 2.24 Ermitteln Sie die folgenden Summen:

a) $\displaystyle\sum_{i=1}^{4}\frac{i}{i+2}$ b) $\displaystyle\sum_{i=4}^{7}\frac{i^2}{i-3}$ c) $\displaystyle\sum_{i=2}^{6}\frac{(-1)^i}{i}$ d) $\displaystyle\sum_{i=1}^{5}\frac{(-i)^i}{i!}$

e) $\displaystyle\sum_{i=1}^{10} i$ f) $\displaystyle\sum_{j=6}^{16} 2$ g) $\displaystyle\sum_{i=1}^{5}(2i-1)$ h) $\displaystyle\sum_{i=100}^{110}(100-i)$

i) $\displaystyle\sum_{k=10}^{25}\frac{2(k-10)}{5}$ j) $\displaystyle\sum_{i=50}^{60}\frac{i^2-1}{i+1}$ k) $\displaystyle\sum_{j=0}^{4}\frac{1}{3^j}$ l) $\displaystyle\sum_{i=1}^{5}2^{4-i}$ m) $\displaystyle\sum_{i=1}^{16}\frac{1}{i(i+1)}$

A 2.25 Man schreibe mit dem Summenzeichen:
a) $1 + \frac{1}{2} + \frac{1}{3} + \frac{1}{4} + \frac{1}{5}$ b) $a + 3a + 5a + 7a$ c) $\frac{1}{2} - \frac{2}{3} + \frac{3}{4} - \frac{4}{5}$
d) $1 + 2 + 4 + 8 + 16 + 32$ e) $-\frac{1}{2} + \frac{1}{4} - \frac{1}{6} + \frac{1}{8} - \frac{1}{10}$ f) $1 + \frac{1}{2} + \frac{1}{4} + \frac{1}{8} + \frac{1}{16}$
g) $\frac{a}{20} - \frac{a}{120} + \frac{a}{300} - \frac{a}{560}$ h) $\frac{1}{2} + \frac{2}{5} + \frac{3}{10} + \frac{4}{17} + \frac{5}{26}$
i) $\dfrac{x}{x+2y} + \dfrac{2x+y}{3x+4y} + \dfrac{3x+2y}{5x+6y} + \dfrac{4x+3y}{7x+8y} + \dfrac{5x+4y}{9x+10y}$

A 2.26 Für beliebige $n \in I\!N^+$ ermittle man:

a) $\displaystyle\sum_{i=1}^{n} \frac{1}{2i} - \sum_{i=2}^{n+1} \frac{1}{2i-2}$ b) $\displaystyle\sum_{k=0}^{n} k^2 + 2\sum_{k=0}^{n} k + n + 1$ c) $\displaystyle\sum_{k=1}^{n} \ln \frac{k}{k+1}$

d) $\displaystyle\sum_{i=1}^{n} \frac{1}{i(i+1)}$ e) $\displaystyle\sum_{i=1}^{n} \frac{1}{(3i-2)(3i+1)}$ f) $\displaystyle\sum_{j=1}^{n} \frac{1}{4j^2-1}$

A 2.27 Folgende Doppelsummen sind zu berechnen:

a) $\displaystyle\sum_{i=3}^{5}\sum_{j=1}^{3} (i-j)^2$ b) $\displaystyle\sum_{j=4}^{6}\sum_{i=1}^{3} (2i+3j)$ c) $\displaystyle\sum_{i=1}^{4}\sum_{j=1}^{3} i \cdot j^2$

d) $\displaystyle\sum_{i=0}^{4}\sum_{j=0}^{i} \frac{i}{j+1}$ e) $\displaystyle\sum_{j=1}^{4}\sum_{i=1}^{j-1} (-1)^{i+j}(j+1)^i$ f) $\displaystyle\sum_{j=1}^{4}\sum_{i=5}^{8-j} \frac{i-j}{i+j}$

A 2.28 Die folgenden Ausdrücke lassen sich jeweils zu *einer* Doppelsumme zusammenfassen. Geben Sie diese an und berechnen Sie ihren Wert.

a) $\displaystyle\sum_{j=0}^{2}\sum_{i=2}^{4} (i-1)^j + \sum_{j=3}^{5}\sum_{i=j}^{4} (i-1)^j$ b) $\displaystyle\sum_{j=1}^{3}\sum_{i=2}^{4} \frac{j+1}{i-1} + \sum_{i=5}^{6}\sum_{j=1}^{7-i} \frac{j+1}{i-1}$

A 2.29 a) Man beweise die folgenden Beziehungen:

$$\binom{\alpha}{n} = \frac{\alpha!}{n!(\alpha-n)!}, \quad \binom{n}{n} = 1, \quad \binom{\alpha}{n} = \binom{\alpha}{\alpha-n}, \quad \alpha,\, n \in I\!N,\ \alpha \geq n,$$

$$\binom{\alpha}{n} + \binom{\alpha}{n+1} = \binom{\alpha+1}{n+1}, \quad \alpha \in I\!R,\ n \in I\!N.$$

b) Berechnen Sie die Binomialkoeffizienten

$$\binom{8}{5},\ \binom{100}{95},\ \binom{20}{3},\ \binom{20}{4},\ \binom{21}{4}.$$

c) Unter Verwendung des binomischen Satzes (vgl. A 2.30i) ordne man $(x+2)^5$ nach x-Potenzen.

d) Weisen Sie nach:

$$\sum_{i=0}^{n} \binom{n}{i} = 2^n, \quad \sum_{i=0}^{n} (-1)^i \binom{n}{i} = 0 \quad (n \geq 1).$$

2.5   Die Beweismethode der vollständigen Induktion

A 2.30 Mittels vollständiger Induktion beweise man die Gültigkeit der folgenden Aussagen $p(n)$:

a) (**Summe der ersten n natürlichen Zahlen**)

$$p(n): \qquad \sum_{i=1}^{n} i = \tfrac{1}{2}n(n+1), \quad n = 1,2,3,\ldots$$

b) **(Summe der endlichen geometrischen Reihe)**
$$p(n): \qquad \sum_{i=0}^{n} x^i = \frac{x^{n+1} - 1}{x - 1} \qquad (x \neq 1), \quad n = 1, 2, 3, \ldots$$

c) **(Summe der ersten n ungeraden Zahlen)**
$$p(n): \qquad \sum_{i=1}^{n} (2i - 1) = n^2, \quad n = 1, 2, 3, \ldots$$

d) **(Summe der ersten n Quadratzahlen)**
$$p(n): \qquad \sum_{i=1}^{n} i^2 = \tfrac{1}{6} n(n+1)(2n+1), \quad n = 1, 2, 3, \ldots$$

e) $\qquad\qquad p(n): \qquad \dfrac{1}{n!} < \dfrac{1}{2^{n-1}}, \quad n = 3, 4, 5, \ldots$

f) Eine Zahlenfolge (a_n) (s. Kapitel 7) sei rekursiv gegeben durch
$$a_0 = 2, \ a_1 = 5, \ a_n = 5a_{n-1} - 4a_{n-2}, \ n \geq 2.$$

Dann gilt für das allgemeine Glied der Zahlenfolge in unabhängiger Darstellung
$$p(n): \qquad a_n = 4^n + 1, \ n \geq 0.$$

g) Gegeben seien die Zahlenfolgen (a_n) und (b_n) mit
$$a_1 = 2, \ a_{n+1} = \sqrt{6 + a_n}; \quad b_1 = 7, \ b_{n+1} = \sqrt{6 + b_n}, \ n \geq 1.$$

Dann gelten folgende Aussagen:
$$\begin{aligned}
p_1(n): &\qquad a_{n+1} > a_n, &\quad n \geq 1 \\
p_2(n): &\qquad b_{n+1} < b_n, &\quad n \geq 1 \\
p_3(n): &\qquad b_n > a_n, &\quad n \geq 1.
\end{aligned}$$

h) **(Bernoullische Ungleichung)**

$p(n):$ Für alle $n \in I\!N$, $n \geq 2$, und $x \in I\!R$, $x \geq -1$, $x \neq 0$ gilt:
$$(1 + x)^n > 1 + nx.$$

i) **(Binomischer Satz)**

$p(n):$ Für alle $a, \ b \in I\!R$, $n \in I\!N$ gilt: $(a + b)^n = \sum_{i=0}^{n} \binom{n}{i} a^{n-i} b^i.$

2.6   Hinweise

$\boxed{\text{H 2.2}}$ Hat eine Dezimalzahl x eine k-ziffrige Periode, dann ist die Zahl $z = 10^k \cdot x - x$ eine nicht-periodische Dezimalzahl. $x = \dfrac{z}{10^k - 1}$ ist - ggf. nach Erweiterung mit einer geeigneten Potenz von 10 - die zur periodischen Dezimalzahldarstellung äquivalente Bruchdarstellung von x.

$\boxed{\text{H 2.4, 2.5}}$ Dualsystem: $\{0, 1\}$, Oktalsystem: $\{0, 1, 2, 3, 4, 5, 6, 7, \}$, Hexadezimalsystem: $\{0, 1, 2, 3, 4, 5, 6, 7, 8, 9, A, B, C, D, E, F\}$.

Umrechnung dezimal $\longrightarrow$ g-adisch (vgl. [VET]):

1. Zerlegung der positiven Dezimalzahl x: $x = n + x_0$, $\quad n \in I\!N$, $\quad x_0 \in I\!R$
2. Umrechnung des ganzzahligen Teils n mit *iterierter Division* durch g:
$$q_0 = n, \quad q_{j-1} = q_j \cdot g + r_j, \qquad 0 \leq r_j < g, \qquad j = 1, 2, \ldots$$

3. Umrechnung des nichtganzzahligen Teils x_0 durch *iterierte Multiplikation* mit g:
$$g \cdot x_{j-1} = s_j + x_j, \qquad 0 < x_j < 1, \qquad j = 1, 2, \ldots$$
4. Ergebnis: $x = (r_k \ldots r_3 r_2 r_1 . s_1 s_2 s_3 \ldots)_g$

$\boxed{\text{H 2.6, 2.7}}$ Zuerst Klammern auflösen, dann geeignet zusammenfassen.

$\boxed{\text{H 2.8}}$ Ausklammern: a) zu $3a(\ldots) + 4b(\ldots)$ b) von $(ac + bd)$ c) von $(4a - 3b)$ d) von $(a - b)$, danach von $(b + c)$.

Derartige Zusammenfassungen von Summen zu Produkten können für weitere Rechnungen (z.B. Kürzen von Brüchen) hilfreich sein.

$\boxed{\text{H 2.9}}$ f) - h): Es ist $(a + b + c)^2 = a^2 + b^2 + c^2 + 2ab + 2ac + 2bc$.

$\boxed{\text{H 2.10}}$ Um die gegebenen Summen als $(u + v)^2$ schreiben zu können, hat man einen Summanden als u^2, einen als v^2, einen als $2uv$ zu interpretieren.

$\boxed{\text{H 2.11}}$ Quadratische Ergänzung: $z^2 + 2pz = (z + p)^2 - p^2$.
Zu f) und g) beachte man H 2.10 und bringe eine entsprechende Korrektur an.

$\boxed{\text{H 2.13}}$ In f) - j) zerlege man vor dem Gleichnamigmachen die in den Nennern vorkommenden quadratischen Polynome mit dem Ansatz $z^2 + pz + q = (z - z_1)(z - z_2)$ (z.B. unter Verwendung des Satzes von Vieta).

$\boxed{\text{H 2.23}}$ Für $x, a, b \in \mathbb{R}$ definiert man **Intervalle** wie folgt:
$[a, b] = \{x \in \mathbb{R} \mid a \leq x \leq b\}$ (abgeschlossenes Intervall)
$(a, b) = \{x \in \mathbb{R} \mid a < x < b\}$ (offenes Intervall)
$[a, b) = \{x \in \mathbb{R} \mid a \leq x < b\}$ (rechtsoffenes Intervall)
$(a, b] = \{x \in \mathbb{R} \mid a < x \leq b\}$ (linksoffenes Intervall)

$\boxed{\text{H 2.24}}$ Das **Summenzeichen** (als abkürzende Schreibweise) ist für $n \in \mathbb{N}^+$, $a_i \in \mathbb{R}$, $i = 1, 2, \ldots, n$, durch $\sum\limits_{i=1}^{n} a_i = a_1 + a_2 + \ldots + a_n$ definiert.
Es gelten die **Rechenregeln:**

$$
\begin{array}{ll}
\displaystyle\sum_{i=1}^{n} a_i = \sum_{k=1}^{n} a_k & \displaystyle\sum_{i=1}^{n} (a_i + b_i) = \sum_{i=1}^{n} a_i + \sum_{i=1}^{n} b_i \\[3ex]
\displaystyle\sum_{i=1}^{n} c \cdot a_i = c \cdot \sum_{i=1}^{n} a_i \quad (c \text{ const.}) & \\[3ex]
\displaystyle\sum_{i=1}^{n} a_i = \sum_{i=1}^{r} a_i + \sum_{i=r+1}^{n} a_i \quad (r < n) & \displaystyle\sum_{i=1}^{n} a_i = \sum_{j=1-k}^{n-k} a_{j+k} = \sum_{l=1+k}^{n+k} a_{l-k}
\end{array}
$$

Vereinbarung: $\sum\limits_{i=s}^{r} a_i = 0$, falls $s > r$.

Für $n, m \in \mathbb{N}^+$, $a_{ij} \in \mathbb{R}$, $i = 1, 2, \ldots, n$, $j = 1, 2, \ldots, m$, definiert man die **Doppelsumme** durch

$$\sum_{i=1}^{n}\sum_{j=1}^{m} a_{ij} = \sum_{i=1}^{n}(a_{i1}+a_{i2}+\ldots+a_{im}) = \begin{array}{l} a_{11}+a_{12}+\ldots+a_{1m}+ \\ a_{21}+a_{22}+\ldots+a_{2m}+ \\ \ldots\qquad\ldots\qquad\ldots+ \\ a_{n1}+a_{n2}+\ldots+a_{nm}. \end{array}$$

Zusätzlich zu den obigen Rechenregeln gilt:

$$\boxed{\sum_{i=1}^{n}\sum_{j=1}^{m} a_{ij} = \sum_{j=1}^{m}\sum_{i=1}^{n} a_{ij}, \qquad \sum_{i=1}^{n} a_i \cdot \sum_{j=1}^{m} b_j = \sum_{i=1}^{n}\sum_{j=1}^{m} a_i b_j}$$

e) Es ist (vgl. A 2.30) $\sum_{i=1}^{n} i = \frac{1}{2}n(n+1)$ j) Beachte: $\dfrac{i^2-1}{i+1} = \dfrac{(i+1)(i-1)}{i+1} = i-1.$

k) $\sum \dfrac{1}{3^j} = \sum\left(\dfrac{1}{3}\right)^j$; weiter s. A 2.30b.   l) $\sum 2^{4-i} = 2^4 \sum\left(\dfrac{1}{2}\right)^i$; weiter s. A.2.30b.

m) Brüche der Gestalt $\dfrac{1}{(x+a)(x+b)}$ zerlege man in "Partialbrüche". Dazu macht man den Ansatz: $\dfrac{1}{(x+a)(x+b)} = \dfrac{A}{x+a} + \dfrac{B}{x+b}$, multipliziert diese Gleichung mit dem Hauptnenner und erhält so: $1 = A(x+b) + B(x+a).$
Da diese Gleichung für alle $x \in \mathbb{R}$ gelten soll, müssen die Koeffizienten der unterschiedlichen x-Potenzen auf beiden Seiten der Gleichung übereinstimmen ("Koeffizientenvergleich"), d.h., es muß gelten:
$A + B = 0$ und $Ab + Ba = 1$. Daraus ergibt sich: $A = \dfrac{1}{b-a}$, $B = -\dfrac{1}{b-a}$. Somit ist $\dfrac{1}{(x+a)(x+b)} = \dfrac{1}{b-a}\cdot\dfrac{1}{x+a} - \dfrac{1}{b-a}\cdot\dfrac{1}{x+b}.$ $(*)$
Auf diese Weise erhält man z.B. $\dfrac{1}{i(i+1)} = \dfrac{1}{i} - \dfrac{1}{i+1}.$

$\boxed{\text{H 2.26}}$ a) Beachte: $2i - 2 = 2(i-1) = 2j$ mit $i-1 = j$.
b) Verwende: $n + 1 = \sum_{k=0}^{n} 1$.   c) $\ln\dfrac{a}{b} = \ln a - \ln b.$

d), e) siehe H 2.24m $(*)$.   f) $\dfrac{1}{4j^2-1} = \dfrac{1}{(2j+1)(2j-1)}$; weiter nach H 2.24m $(*)$.

$\boxed{\text{H 2.28}}$ Ordnet man die bei den Summationen zu berücksichtigenden Indexpaare in einem (i,j)-Schema an, so ergibt sich folgendes Bild:

a)

$i \setminus j$	0	1	2	3	4
2	x	x	x		
3	x	x	x	o	
4	x	x	x	o	o

b)

$i \setminus j$	1	2	3
2	x	x	x
3	x	x	x
4	x	x	x
5	o	o	
6	o		

Bei den vorgegebenen Summationen werden in der ersten Doppelsumme die mit (x) markierten Indexpaare, in der zweiten Doppelsumme die mit o markierten berücksichtigt. Eine einzige Doppelsumme erhält man, wenn
bei a) die Indexpaare zunächst in j-, danach in i-Richtung,
bei b) die Indexpaare zunächst in i-, danach in j-Richtung summiert werden.
Ferner ist es zweckmäßig, in a) und b) $k = i - 1$ und bei b) $l = j + 1$ als neue Summationsindizes einzuführen.

$\boxed{\textbf{H 2.29}}$ Der **Binomialkoeffizient** $\begin{pmatrix} \alpha \\ n \end{pmatrix}$ (gelesen: "α über n") ist für $\alpha \in \mathbb{R}$, $n \in \mathbb{N}$ definiert durch

$$\begin{pmatrix} \alpha \\ n \end{pmatrix} = \frac{\alpha(\alpha - 1)(\alpha - 2)...(\alpha - n + 1)}{1 \cdot 2 \cdot 3 \cdot ... \cdot n} , \quad n > 0, \quad \begin{pmatrix} \alpha \\ 0 \end{pmatrix} = 1.$$

Falls zusätzlich $\alpha \in \mathbb{N}$, $\alpha \geq n$, ist, gilt $\begin{pmatrix} \alpha \\ n \end{pmatrix} = \frac{\alpha!}{n!(\alpha - n)!}$.

Dabei definiert man für $n \in \mathbb{N}$ als abkürzende Schreibweise $n!$ (gelesen: "n **Fakultät**") als $\quad n! = 1 \cdot 2 \cdot 3 \cdot ... \cdot n$ für $n > 0$, $\quad 0! = 1$.
Es gilt offensichtlich: $(n + 1)! = n!(n + 1)$.

d) Man interpretiere jeweils die linke Seite der zu beweisenden Gleichungen mit dem binomischen Satz.

$\boxed{\textbf{H 2.30}}$ Den Beweis einer Aussage "Für alle natürlichen Zahlen $n \geq n_0$ gilt $p(n)$." mittels vollständiger Induktion führt man in den folgenden Schritten:
1. Man zeigt die Gültigkeit von $p(n_0)$.
2. Man nimmt an, daß $p(n)$ für ein beliebiges $n = k$ ($k \in \mathbb{N}$, $k > n_0$) richtig ist.
3. Unter Verwendung dieser Annahme zeigt man die Richtigkeit von $p(n)$ für $n = k + 1$.
Daraus kann man die Gültigkeit von $p(n)$ für alle natürlichen Zahlen $n \geq n_0$ schließen.

a)-d) Man verwende $\sum\limits_{i=1}^{n+1} a_i = \sum\limits_{i=1}^{n} a_i + a_{n+1}$.

g) Monotonie der Wurzelfunktion ausnützen.

h) Multiplikation der vorliegenden Ungleichung mit $(1 + x)$. Nach Voraussetzung ist dies > 0, so daß das Relationszeichen unverändert bleibt.

3   Gleichungen und Ungleichungen

Gleichungen und Ungleichungen für eine reelle Variable (hier: x) treten im Zusammenhang mit den verschiedensten Problemstellungen auf, so z.B. bei der Suche nach dem natürlichen Definitionsbereich, den Nullstellen oder den Extremstellen einer vorgegebenen reellen Funktion, bei der Ermittlung der Schnittpunkte von zwei Kurven, bei Bilanzproblemen der Mechanik, der Ökonomie und anderer Anwendungsgebiete. Aus der großen Vielfalt von denkbaren Aufgabenstellungen wird in diesem Kapitel nur ein sehr kleiner Ausschnitt von leicht lösbaren algebraischen Gleichungen und Ungleichungen behandelt. Logarithmische und Exponentialgleichungen traten bereits in den Aufgaben A 2.19, A 2.21 auf, goniometrische Gleichungen folgen später in A 4.19. Einfache Ungleichungen sind im Rahmen von A 4.7 zu lösen. Die Ermittlung ganzzahliger Nullstellen von Polynomen wird in den Aufgaben des Abschnitts 4.4. geübt.

Bei der Behandlung einer Gleichung bzw. Ungleichung werden nur solche Werte der Unbekannten x zugelassen, für die alle in der Gleichung/Ungleichung auftretenden Terme existieren. x-Werte, für die das nicht zutrifft, werden von vornherein aus allen Betrachtungen - und damit aus der Lösungsmenge der Gleichung/Ungleichung - ausgeschlossen.

Die Ermittlung von x erfolgt durch **äquivalente** oder **nicht-äquivalente Umformungen** der Gleichung/Ungleichung.

Die wichtigsten äquivalenten Umformungen bei *Gleichungen* sind:
- Addition/Subtraktion gleicher Terme auf beiden Seiten der Gleichung,
- Multiplikation/Division beider Seiten der Gleichung mit Termen $\neq 0$,
- Anwenden einer monotonen Funktion auf beide Seiten der Gleichung.

Solche Umformungen lassen die Lösungsmenge unverändert.

Bei nicht-äquivalenten Umformungen - z.B. beim Quadrieren - kann sich die Lösungsmenge vergrößern, d.h., es können sich "Scheinlösungen" einschleichen, die durch Zusatzüberlegungen oder durch eine Probe mit der Ausgangsgleichung aus der Lösungsmenge eliminiert werden müssen.

Für die Umformung von *Ungleichungen* gilt sinngemäß dasselbe, nur muß beachtet werden, daß sich beim Multiplizieren/Dividieren einer Ungleichung mit einem Term, der < 0 ist, das Relationszeichen der Ungleichung umkehrt.

Schwerpunkte des Kapitels sind:

Einige Gleichungen 1. und höheren Grades (A 3.1 - 3.6)

Hier werden zum Lösen der Gleichungen die im Abschnitt 2.2 des vorigen Kapitels geübten Termumformungen (u.a. das Gleichnamigmachen von Brüchen) benötigt und die bekannte Lösungsformel für quadratische Gleichungen angewandt.

In parameterabhängigen Gleichungen treten neben dem gesuchten x nicht näher festgelegte Größen, sogenannte Parameter, auf. Die Lösung derartiger Gleichungen ist in Abhängigkeit von den Parametern zu diskutieren.

Wurzelgleichungen (A 3.7)

Außer äquivalenten Umformungen sind zum Beseitigen der Wurzeln auch nicht-äquivalente Umformungen (Quadrieren, allgemein: Potenzieren) nötig. Dazu ist H 3.7
zu beachten.

Ungleichungen (ohne Beträge) (A 3.8)

Die Lösung erfolgt durch äquivalente Umformungen unter Beachtung der Eigenschaften des Relationszeichens "<" (bzw. ">"). Auf die dabei entstehenden Probleme
und deren Bewältigung mittels Fallunterscheidungen wird in H 3.8 eingegangen.

Gleichungen und Ungleichungen mit Beträgen (A 3.9 - 3.10)

Vor den eigentlichen Lösungsschritten müssen die Betragsstriche beseitigt werden.
Dazu sind die Definition des Betrags und H 3.9, H 3.10 zu beachten.

3.1   Einige Gleichungen 1. und höheren Grades

Ermitteln Sie für die Variable x die reellen Lösungsmengen L der folgenden Gleichungen:

$\boxed{\textbf{A 3.1}}$ a) $5(x - 3) - 3(2x + 1) = 3x + 2(4 - x)$
b) $(x + 2)(4 - x) + (2x - 1)(5 + x) = (3 + x)(4x - 1) - 3(x + 2)(x + 5) + 15$
c) $\frac{1}{6}(5x + 2) + \frac{1}{8}(3 - x) - \frac{2}{3}(4x - 1) = \frac{1}{4}(3x - 1)$

$\boxed{\textbf{A 3.2}}$ a) $x(a - 1) + b(2 + c - x) = 4bc - x, \quad a, b, c \in \mathbb{R}$
b) $ax(a + b) - (x + a)(a + ab) = (b^2 - a)x + (a - \frac{2}{3}b)(\frac{3}{2}b + a) - ab(a - \frac{1}{6})$
c) $\dfrac{bx - a}{b} + \dfrac{a}{x} = \dfrac{b}{x} - \dfrac{b - ax}{a}$

$\boxed{\textbf{A 3.3}}$ a) $x^2 - x - 12 = 0$ b) $3x^2 + 3x - 6 = 0$ c) $-2x^2 + 4x - 12 = 0$
        d) $12x^2 + x - 1 = 0$ e) $1 + x^2 = 5$ f) $(1 - x)^2 = 4$

$\boxed{\textbf{A 3.4}}$
a) $(x + 3)(x - 4)(x + 5) = 0$ b) $(x^2 - 4)(x + 1) = 0$ c) $x^3 - 3x^2 - 10x = 0$

d) $8x^4 - 6x^2 + 1 = 0$ e) $x(5x^3 - 4x) - 1 = 0$ f) $\dfrac{1}{x^3} - \dfrac{2}{x} = -x$

$\boxed{\textbf{A 3.5}}$

a) $\dfrac{5x - 3}{2x + 4} - \dfrac{x + 1}{x - 2} = \dfrac{26}{x^2 - 4} + \dfrac{3x - 25}{2x - 4}$ b) $\dfrac{1 - 2x}{x - 3} - \dfrac{5 - x}{x + 1} = \dfrac{9x + 18}{9 - 3x} + \dfrac{4x + 2}{2x + 2}$

c) $\dfrac{7x + 5}{3x - 3} - \dfrac{2x + 3}{2x + 4} = \dfrac{3x + 5}{2x - 2} + \dfrac{1 - 2x}{3x + 6}$

d) $\dfrac{x^3 - 6x}{x^2 - 1} + \dfrac{4 - 2x^2}{x^2 + 3x + 2} = \dfrac{x - 9}{x^2 + x - 2} + \dfrac{1}{(x + 2)(x^2 - 1)}$

$\boxed{\text{A 3.6}}$ a) $ax^2 - 2bx + b^2 = 0$ $\qquad$ b) $x^2 + 2(a + b)x + 4ab = 0$

$\qquad$ c) $\dfrac{x + 2b}{a} - \dfrac{x + 2a}{b} = \dfrac{2(x - 2ab + 2a)}{ax} - \dfrac{2(x - 2ab + 2a)}{bx}$

3.2 Wurzelgleichungen

$\boxed{\text{A 3.7}}$ Folgende Wurzelgleichungen sind zu lösen:

a) $\sqrt{x - 1} - \sqrt{x - 4} = 1$ $\qquad$ b) $\sqrt{x^2 - 9} + \sqrt{x^2 + 11} = 10$

c) $\sqrt{x - 3} + \sqrt{3x + 7} = \sqrt{2x + 10}$ $\qquad$ d) $\sqrt{3 - x} + \sqrt{x + 10} = \sqrt{20 - 5x}$

e) $2\sqrt{x} + \sqrt{2x - 2} = \sqrt{x + 1}$ $\qquad$ f) $\sqrt{1 - x} + \sqrt{x - 2} = \sqrt{x - 1}$

g) $\sqrt{5 - x} - \sqrt{x - 1} = \sqrt{2x + 2} - \sqrt{2 - 2x}$

h) $\sqrt{x + 5} + \sqrt{x - 2} = \sqrt{x + 14} + \sqrt{x - 7}$

i) $11\sqrt[3]{x} - 6\sqrt[3]{x^2} + x = 6$ $\qquad$ j) $\sqrt{2 + 2\sqrt{x}} - \sqrt{\sqrt{x} - 1} = 2\sqrt[4]{x}$

k) $\sqrt[3]{2x + 4} + \sqrt[3]{5 - 2x} = 3$ $\qquad$ l) $\sqrt[3]{x^2 - 1} + \sqrt[3]{2x + 2} = \sqrt[3]{(x + 1)^2}$

3.3 Ungleichungen

$\boxed{\text{A 3.8}}$ Gesucht sind die Lösungsmengen L folgender Ungleichungen:

a) $2x - 3 < 3x + 2$ $\quad$ b) $ax - 4 > 2x - 1,\ a \in \mathbb{R}$ $\quad$ c) $-x^2 + 5x > 6$

d) $8x - 6 \leq 2x^2$ $\qquad$ e) $\dfrac{3x + 2}{x - 1} < 4$ $\qquad$ f) $\dfrac{2x^2 - 1}{x + 2} < 2x - 3$

g) $\dfrac{3x^2 - 4}{x^2 - 1} > 3$ $\qquad$ h) $\dfrac{4x - 5}{2x - 4} < \dfrac{2x + 3}{x + 1}$ $\qquad$ i) $\dfrac{10x + 2}{x + 5} < \dfrac{9x + 3}{x + 4}$

3.4 Gleichungen und Ungleichungen mit Beträgen

$\boxed{\text{A 3.9}}$ Geben Sie die Lösungsmengen L folgender Betragsgleichungen an:

a) $|x - 5| = 1$ $\qquad$ b) $|x - 1| + x = 2 - x$

c) $|x - 2| + |x + 1| = 2x + 2$ $\quad$ d) $|x - 1| + |x + 2| = 3$

e) $|x + 1| + |x - 1| = |x|$ $\qquad$ f) $|x + 1| - |x - 1| = |x|$

g) $|x + 2| - |2 - x| = 2|x|$ $\qquad$ h) $||x + 2| - |x - 1|| = 3$

$\boxed{\text{A 3.10}}$ Bestimmen Sie die Lösungsmengen L der folgenden Ungleichungen:

a) $|x - 2| \leq 3$ $\qquad$ b) $|x + 4| > 2$ $\qquad$ c) $|x + 1| - x \geq 1$

d) $|x + 3| < 4 - |x - 2|$ $\quad$ e) $|x - 3| + |x + 1| \leq 2 + x$ $\quad$ f) $|x + 2| - x + |x - 4| \geq 0$

g) $|x^2 + 2x - 24| \leq 24$ $\quad$ h) $|x - 5| \leq |x^2 - 7|$ $\qquad$ i) $\dfrac{|x - 12|}{x - 2} \geq 6 + x$

j) $\dfrac{3}{5 - x} + |x| < |x - 5|$ $\quad$ k) $||x - 2| - |x + 1| + 6| \leq 3$ $\quad$ l) $|x + |x - 1|| > \dfrac{|x|}{x + 2}$

3.5 Hinweise

Die Richtigkeit der Lösung sollte stets durch eine Probe (Einsetzen in die Ausgangsgleichung) überprüft werden.

$\boxed{\text{H 3.2}}$ Nachdem die Gleichung nach x-Potenzen geordnet wurde, sind Fallunterscheidungen bez. a und b vorzunehmen.

$\boxed{\text{H 3.3}}$ Anwendung der Lösungsformel für die Normalform der quadratischen Gleichung.

$\boxed{\text{H 3.4}}$ a), b) Da ein Produkt reeller Zahlen nur dann $= 0$ sein kann, wenn mindestens ein Faktor $= 0$ ist, erhält man die Lösungsmenge durch Nullsetzen der einzelnen Faktoren.

e) Fehlt in einer Gleichung beliebigen Grades das Absolutglied, so ist $0 \in L$.

d), e) In biquadratischen Gleichungen setzt man $z = x^2$ und löst die entstehende Gleichung für z (z.B. mit der Lösungsformel für quadratische Gleichungen).

f) Nach Multiplikation mit einer geeigneten x-Potenz erhält man eine biquadratische Gleichung.

$\boxed{\text{H 3.5}}$ Voraussetzungen für die Existenz aller auftretenden Terme treffen; gleichnamig machen; nach x-Potenzen ordnen.

$\boxed{\text{H 3.6}}$ s. H 3.2, H 3.5.

$\boxed{\text{H 3.7}}$ **Zur Lösung von Wurzelgleichungen**

1) Durch Voraussetzungen an x ist zu sichern, daß alle Radikanden ≥ 0 sind.
2) Zur Beseitigung der Wurzeln wird die Gleichung - nach evtl. Umstellungen - unter Verwendung binomischer Formeln potenziert (z.B. quadriert, kubiert). Vor jedem weiteren Potenzieren sind einzelne noch verbliebene Wurzeln möglichst zu isolieren.
3) Nach Beseitigen aller Wurzeln wird die entstandene algebraische Gleichung für x gelöst.
4) Scheinlösungen müssen aus der Lösungsmenge durch Vergleich mit 1) oder durch Probe mit der Ausgangsgleichung eliminiert werden.

Bei i) Substitution $\sqrt[3]{x} = z \ (> 0)$;
bei k) und l) nach dem ersten Potenzieren die Ausgangsgleichung nochmals verwenden.

$\boxed{\text{H 3.8}}$ **Zur Lösung von Ungleichungen mit Brüchen**

Zur Lösung einer *Ungleichung* mit Brüchen hat man - analog zum Vorgehen beim Lösen einer *Gleichung* mit Brüchen - zunächst alle Terme gleichnamig zu machen ("auf den gemeinsamen Nenner zu bringen"). Multiplikation der *Gleichung* mit dem Hauptnenner führt zu einer Gleichung, die keine Brüche mehr enthält .

Im Falle einer *Ungleichung* ist das Multiplizieren mit dem Hauptnenner insofern problematisch, als dabei das Relationszeichen der Ungleichung erhalten bleibt oder sich umkehrt, je nachdem ob der Hauptnenner positiv oder negativ ist. Da der

Hauptnenner aber x enthält, hängt sein Vorzeichen also von einer noch unbekannten Größe ab. Daher sind an dieser Stelle **Fallunterscheidungen** bez. x nötig. Die einzelnen zu unterscheidenden Fälle ergeben sich in folgender Weise:

1) Man ermittelt die Nullstellen der Nenner der auftretenden Brüche. Da die Nenner der einzelnen Brüche Faktoren des Hauptnenners sind, kann dieser höchstens an diesen Stellen sein Vorzeichen wechseln.

2) Durch die Nullstellen der Nenner der auftretenden Brüche wird $I\!R$ in disjunkte Intervalle $I_1, I_2, ..., I_n$ zerlegt, innerhalb derer der Hauptnenner sein Vorzeichen nicht wechselt. Entsprechend der Anzahl solcher Intervalle sind bei der Lösung der Ungleichung n Fallunterscheidungen vorzunehmen.

3) Man nimmt nun im k-ten Fall an, daß $x \in I_k$ ist, stellt fest, welches Vorzeichen der Hauptnenner unter dieser Bedingung hat und multipliziert sodann die Ungleichung mit dem Hauptnenner unter Beibehaltung bzw. Umkehrung des Relationszeichens.

4) Die nun entstandene Ungleichung liefert (evtl. nach äquivalenten Umformungen) Bedingungen, die x zu erfüllen hat, um Lösung der Ungleichung zu sein. Hat x insbesondere eine *quadratische* Ungleichung zu erfüllen, so bringt man diese zunächst in die Form $ax^2 + bx + c < 0$ (bzw. > 0). Nun betrachtet man den Graphen der Funktion $y = ax^2 + bx + c$ und entscheidet anhand seiner Nullstellen, für welche x der Graph unterhalb (bzw. oberhalb) der x-Achse verläuft.

   Faßt man alle $x \in I\!R$, die den gestellten Bedingungen genügen, zur Menge M_k zusammen und berücksichtigt man, daß außerdem $x \in I_k$ ist, so ergibt sich die Lösungsmenge des k-ten Falles zu $L_k = I_k \cap M_k$.

5) Die Lösung der Ungleichung ist die Vereinigung aller L_k, d.h. $L = L_1 \cup L_2 \cup ... \cup L_n$.

Für die nötigen Fallunterscheidungen beachte man bei

e) $I\!R \setminus \{1\} = (-\infty, 1) \cup (1, +\infty)$

f) $I\!R \setminus \{-2\} = (-\infty, -2) \cup (-2, +\infty)$

g) $I\!R \setminus \{-1, 1\} = (-\infty, -1) \cup (-1, 1) \cup (1, +\infty)$

h) $I\!R \setminus \{-1, 2\} = (-\infty, -1) \cup (-1, 2) \cup (2, +\infty)$

i) $I\!R \setminus \{-5, -4\} = (-\infty, -5) \cup (-5, -4) \cup (-4, +\infty)$

j) $I\!R \setminus \{-1, 2\} = (-\infty, -1) \cup (-1, 2) \cup (2, +\infty)$

$\boxed{\text{H 3.9}}$ Zur Lösung von Betragsgleichungen

Das Lösen von Gleichungen mit Beträgen beginnt mit der Beseitigung der Betragsstriche.

(B) Ist der Betragsinhalt ≥ 0, so können die Betragsstriche durch Klammern ersetzt werden; ist der Betragsinhalt < 0, dann muß dieser vor dem Ersetzen der Betragsstriche durch Klammern mit (-1) multipliziert werden.

Das Vorzeichen des Betragsinhalts hängt jedoch von dem noch unbekannten x ab. Daher sind Fallunterscheidungen bez. x nötig. Die weitere Vorgehensweise ist der in H 3.8 geschilderten ähnlich:

1) Man ermittelt die Nullstellen der auftretenden Betragsinhalte.

2) Durch diese Nullstellen wird $I\!R$ in disjunkte Intervalle $I_1, I_2, ..., I_n$ zerlegt, innerhalb derer die einzelnen Betragsinhalte ihr Vorzeichen nicht wechseln. Entsprechend der Anzahl solcher Intervalle sind bei der Lösung der Betragsgleichung n Fallunterscheidungen vorzunehmen.

3) Man nimmt nun im k-ten Fall an, daß $x \in I_k$ ist, untersucht, welches Vorzeichen die einzelnen Betragsinhalte in I_k haben und beseitigt nun die jeweiligen Betragsstriche entsprechend (B).

4) Die so entstandene Gleichung ohne Beträge ist zu lösen; dies ergibt eine Lösungsmenge M_k, deren Durchschnitt mit I_k die Lösungsmenge L_k des k-ten Falles liefert.

5) Die Lösung der Ausgangsgleichung ist die Vereinigung aller L_k : $L = L_1 \cup L_2 \cup ... \cup L_n$.

b) $I\!R = (-\infty, 1) \cup [1, +\infty)$

c) $I\!R = (-\infty, -1) \cup [-1, 2) \cup [2, +\infty)$

d) $I\!R = (-\infty, -2) \cup [-2, 1] \cup (1, +\infty)$

e), f) $I\!R = (-\infty, -1) \cup [-1, 0) \cup [0, 1) \cup [1, +\infty)$

g) $I\!R = (-\infty, -2) \cup [-2, 0) \cup [0, 2) \cup [2, +\infty)$

h) $I\!R = (-\infty, -2) \cup [-2, 1] \cup (1, +\infty)$. Man beginne mit dem Auflösen der "inneren" Betragsstriche.

$\boxed{\text{H 3.10}}$ **Zur Lösung von Ungleichungen mit Brüchen und Beträgen**
Treten in einer Ungleichung sowohl Brüche als auch Betragsbildungen auf, so wird die Zerlegung von $I\!R$ in disjunkte Teilintervalle I_k, $k = 1, 2, ..., n$, durch die Nullstellen der auftretenden Nenner und die Nullstellen der auftretenden Betragsinhalte bewirkt. Für die weiteren Lösungsschritte sind dann gleichzeitig H 3.8 und H 3.9 zu berücksichtigen.

c) $I\!R = (-\infty, -1) \cup [-1, +\infty)$

d) $I\!R = (-\infty, -3) \cup [-3, 2) \cup [2, +\infty)$

e) $I\!R = (-\infty, -1) \cup [-1, 3) \cup [3, +\infty)$

f) $I\!R = (-\infty, -2) \cup [-2, 4) \cup [4, +\infty)$

g) $I\!R = (-\infty, -6) \cup [-6, 4] \cup (4, +\infty)$

h) $I\!R = (-\infty, -\sqrt{7}) \cup [-\sqrt{7}, \sqrt{7}] \cup (\sqrt{7}, 5) \cup [5, +\infty)$

i) $I\!R \setminus \{2\} = (-\infty, 2) \cup (2, 12] \cup (12, +\infty)$

j) $I\!R \setminus \{5\} = (-\infty, 0) \cup [0, 5) \cup (5, +\infty)$

k) $I\!R = (-\infty, -1) \cup [-1, 2] \cup (2, +\infty)$

l) $I\!R \setminus \{-2\} = (-\infty, -2) \cup (-2, 0] \cup (0, 1] \cup (1, +\infty)$

4 Funktionen

Der Funktionsbegriff spielt eine fundamentale Rolle in der Mathematik. Das ihm gewidmete Kapitel weist daher eine besondere Breite auf. Als Schwerpunkte werden behandelt:

Der Funktionsbegriff, Definitions- und Wertebereich (A 4.1 - 4.9)

Die Aufgaben sollen insbesondere dazu dienen, nicht-eindeutige von eindeutigen Abbildungen (= Funktionen) unterscheiden zu lernen.

Von großer Wichtigkeit ist die Ermittlung der natürlichen Definitions- und Wertebereiche sowie der Graphen von Funktionen.

Besondere Berücksichtigung erfahren Funktionen, die intervallweise definiert sind, Funktionen, deren Gleichungen Beträge enthalten, und mittelbare Funktionen.

Die Grundfunktionen und ihre Umkehrfunktionen (A 4.10 - 4.21)

Anhand dieses Abschnitts soll der Leser sich die Graphen und die charakteristischen Eigenschaften der *Potenz-* und *Wurzelfunktionen*, der *Exponential-* und *Logarithmusfunktionen*, der *trigonometrischen* und *Arcusfunktionen* einprägen (A 4.10 - 4.12, 4.14 - 4.18). Insbesondere soll der Einfluß unterschiedlicher Parameter auf die Gestalt der Graphen dieser Funktionen und der jeweilige Zusammenhang zwischen Funktion und Umkehrfunktion verdeutlicht werden.

In den Aufgaben A 4.15, 4.19, 4.21 werden Zusammenhänge der Winkelfunktionen untereinander benützt und Additionstheoreme angewendet.

Spezielle Eigenschaften von Funktionen (A 4.22 - 4.37)

Diese Aufgaben dienen der Festigung der Begriffe *Beschränktheit, Monotonie, Geradheit/Ungeradheit, Periodizität* bei Funktionen (A 4.22 - 4.32). Die Monotonieuntersuchungen erfolgen ohne Zuhilfenahme der Differentialrechnung; die Periodizitätsuntersuchungen verwenden typische Eigenschaften der trigonometrischen Funktionen.

In den Aufgaben zur *Umkehrfunktion* (A 4.33 - 4.36) wird auf Fertigkeiten zur Untersuchung der strengen Monotonie der Ausgangsfunktion sowie die Eigenschaften der Grundfunktionen und ihrer Umkehrfunktionen zurückgegriffen.

Bei der Umstellung physikalischer Formeln in A 4.37 finden die Umkehrfunktionen der trigonometrischen Funktionen Anwendung.

Polynome und gebrochen rationale Funktionen (A 4.38 - 4.45)

Sowohl für die Berechnung der Funktionswerte als auch zur Ermittlung der Nullstellen von Polynomen stellt das **Horner-Schema** ein effektives Instrument dar (s. H 4.38). Hinweise auf mögliche ganzzahlige Nullstellen von Polynomen gibt ein **Satz von Vieta** (s. H 4.40). Bei Kenntnis der Nullstellen $x_1, x_2, ..., x_n$ eines Polynoms n-ten Grades kann man das Polynom in Produktform als

$p_n(x) = A(x - x_1)(x - x_2)...(x - x_n)$ schreiben, wobei A der Koeffizient von x^n ist. Kommt der Faktor $(x - x_i)$ in dieser Produktdarstellung s-mal vor, so wird s als Vielfachheit der Nullstelle bezeichnet. Hat p_n bei $x = x_i$ eine Nullstelle der geradzahligen Vielfachheit s, so berührt der Graph von p_n dort die x-Achse, ohne sie zu schneiden; ist die Vielfachheit der Nullstelle ungerade und > 1, so wird die x-Achse dort vom Graphen von p_n berührt und geschnitten.

Zur Diskussion gebrochen rationaler Funktionen werden die Begriffe *Lücke, Polstelle, Nullstelle* benötigt und die bereits geübten Methoden zur Nullstellensuche bei Polynomen eingesetzt. Die Ermittlung der *Asymptote* geschieht zweckmäßigerweise mit Hilfe des Horner-Schemas.

4.1 Funktionsbegriff, Definitions- und Wertebereich

$\boxed{\textbf{A 4.1}}$ Entscheiden und begründen Sie, welche der folgenden Zuordnungen (=Abbildungen) Funktionen sind:

a) D sei die Menge der Bienenvölker des Imkers I. f ordnet jedem $x \in D$ seine Bienenkönigin zu.

b) D sei die Menge der Bienenvölker des Imkers I. f ordnet jedem $x \in D$ die ihm angehörenden Bienen zu.

c) D sei die Menge aller Arbeitsbienen des Imkers I. g ordne jeder Arbeitsbiene $x \in D$ das Bienenvolk zu, dem sie angehört. f ordnet jedem Bienenvolk seine Königin zu.

d) f ordnet jeder in Deutschland lebenden Frau die von ihr geborenen Kinder zu. g ordnet jedem in Deutschland lebenden Kind seine leibliche Mutter zu.

e) D sei die Menge der Einwohner Deutschlands. f ordnet jedem $x \in D$ seinen Geburtstag zu.

f) D sei die Menge der Tage eines Jahres. f ordnet jedem $x \in D$ diejenigen Einwohner Deutschlands zu, die am Tag x Geburtstag haben.

g) D sei die Menge der geordneten Paare (α, β), $\alpha + \beta = \frac{\pi}{2}$. f ordnet jedem $x \in D$ ein Dreieck zu, das die Winkel α und β und den rechten Winkel γ besitzt.

h) D sei die Menge aller ungeordneten Paare (a, b), $a, b \in \mathbb{R}$. f ordnet (a, b) diejenige(n) quadratische(n) Gleichung(en) $x^2 + px + q = 0$ zu, die a und b als reelle Nullstellen besitzt (bzw. besitzen).

$\boxed{\textbf{A 4.2}}$ In den folgenden Tabellen wird der Zahl x jeweils die darunter stehende Zahl y zugeordnet. Stellen diese Abbildungen f Funktionen dar?

a)

x	2	3	4	5	6	7	8	9	10
y	2	2	3	2	4	2	4	3	4

(y gibt die Anzahl der Teiler von x an.)

b)

x	0	1	2	4	8	4	1
y	0	1	$-\sqrt{2}$	2	$-2\sqrt{2}$	-2	-1

(y hat die Eigenschaft $y^2 = x$.)

c)

x	2	3	4	5	6	7	8	9	10
y	1	2	2	3	3	4	4	4	4

(y: Anzahl der Primzahlen $\leq x$.)

d)

x	0	1	$-\sqrt{3}$	$\sqrt{3}$	1	-1
y	1	$-\sqrt{2}$	2	2	$\sqrt{2}$	$\sqrt{2}$

(y hat die Eigenschaft $y^2 - x^2 = 1$.)

A 4.3 Welche der dargestellten Kurven ist Graph einer Funktion $f:\ y = f(x)$?

a)   b)   c)

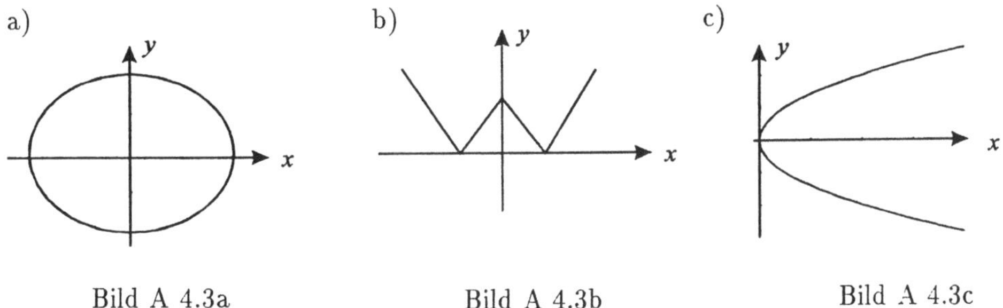

Bild A 4.3a   Bild A 4.3b   Bild A 4.3c

A 4.4 Welche der folgenden Vorschriften, die den reellen Zahlen x reelle Zahlen y zuordnen, sind Funktionen?

a) $f:\ y = \begin{cases} -1 & \text{für} & x < 0 \\ 0 & \text{für} & x = 0 \\ 1 & \text{für} & x > 0 \end{cases}$ b) $f:\ y = \begin{cases} x & \text{für} & x \in (-\infty, 1] \\ x - 1 & \text{für} & x > 0 \end{cases}$

c) $x + 2xy + y^2 - \frac{1}{4} = 0,\ x \in \mathbb{R}$ d) $f:\ y = \sqrt{x^2 - 1},\ x \in \mathbb{R} \setminus (-1, 1)$

e) $x \sin y + x - 1 = 0,\ x > \frac{1}{2}$ f) $f:\ y = \begin{cases} |x - 1| + |1 + x| & \text{für} & x \leq 1 \\ 2 & \text{für} & x \in [0, 1] \\ 5 - x & \text{für} & x > 1 \end{cases}$

A 4.5 Welche der in den Aufgaben A 4.1 - 4.4 vorkommenden Funktionen sind eineindeutig?

A 4.6 Gegeben sei die Funktion f mit

a) $f(x) = x + \dfrac{1}{x},\quad x \neq 0$ b) $f(x) = \dfrac{x^2}{\sqrt{x - 1}},\quad x > 1.$

Man bestimme formelmäßig und skizziere die Graphen der Funktionen f_i ($i = 1, 2, ..., 10$) mit

$$f_1(x) = f(x) + 1,\quad f_2(x) = f(x + 1),\quad f_3(x) = 2f(x),\quad f_4(x) = f(2x),$$

$$f_5(x) = -f(x),\quad f_6(x) = f(-x),\quad f_7(x) = \frac{1}{f(x)},\quad f_8(x) = f\left(\frac{1}{x}\right),$$

$$f_9(x) = f(x^2),\quad f_{10}(x) = (f(x))^2$$

Wie erhält man die Graphen von f_i, $i = 1, ..., 6$, aus dem Graphen von f?

$\boxed{\text{A 4.7}}$ Geben Sie den natürlichen Definitions- und den zugehörigen Wertebereich für folgende Funktionen $f : y = f(x)$ an und skizzieren Sie die zugehörigen Graphen:

a) $y = 2x - 1$ b) $y = \dfrac{1}{x} + 1$ c) $y = \dfrac{1-x}{1+x}$

d) $y = \dfrac{\sqrt{x}}{x-1}$ e) $y = |x| - 1$ f) $y = |x-2| + |x+2|$

g) $y = 2|x+3| - 2|x+2|$ h) $y = \sqrt{-x-1}$ i) $y = \sqrt{x^2 - x - 2}$

j) $y = \sqrt{x - |x|}$ k) $y = \dfrac{1}{\sqrt{|x|-x}}$ l) $y = \left|\dfrac{1-x}{1+x}\right|$

$\boxed{\text{A 4.8}}$ Skizzieren Sie die Graphen folgender Funktionen $f : y = f(x)$:

a) $y = \begin{cases} \frac{1}{2}(x-1) & \text{für } -2 \le x < -1 \\ 2x + 1 & \text{für } -1 \le x \le 0 \\ x + 1 & \text{für } x > 0 \end{cases}$ b) $y = \begin{cases} x(x+1) & \text{für } \phantom{0 < } x \le 0 \\ \sin x & \text{für } 0 < x < \dfrac{\pi}{2} \\ 1 - \cos x & \text{für } \phantom{0 < } x \ge \dfrac{\pi}{2} \end{cases}$

c) $y = \begin{cases} 0 & \text{für } \phantom{-1 < } x \le -1 \\ \sqrt{1-x^2} & \text{für } -1 < x < 1 \\ 1 & \text{für } \phantom{-1 < } x \ge 1 \end{cases}$ d) $y = \begin{cases} -\cos x & \text{für } x < 0 \\ 0 & \text{für } x = 0 \\ \sin x - 1 & \text{für } x > 0 \end{cases}$.

$\boxed{\text{A 4.9}}$ Gegeben seien die Funktionen f, g, h mit

$$f(x) = \frac{x^2}{x+1}, \quad x \neq -1, \qquad g(x) = \frac{1}{x}, \quad x \neq 0, \qquad h(x) = 1 - x.$$

Man bilde die Funktionen

a) $f \circ g$ b) $g \circ f$ c) $f \circ h$ d) $h \circ f$ e) $g \circ h$ f) $h \circ g$

g) $f \circ f$ h) $g \circ g$ i) $h \circ h$ j) $f \circ (g \circ h)$ k) $(f \circ g) \circ h$ l) $g \circ (f \circ h)$

m) $h \circ (g \circ f)$ n) $(h \circ g) \circ f$

und berechne jeweils - falls vorhanden - den Funktionswert für $x = 1$.

4.2 Die Grundfunktionen und ihre Umkehrfunktionen

$\boxed{\text{A 4.10}}$ Skizzieren Sie jeweils in einem gemeinsamen Koordinatensystem die Graphen der Potenzfunktionen $y = x^\mu$ für

a) $\mu = 0, 1, 2, 3, 4$, $x \in [-1.2,\ 1.2]$ b) $\mu = -1, -2, -3, -4$, $x \in [-2,2] \setminus \{0\}$

c) $\mu = \frac{1}{2}, \frac{1}{3}, \frac{1}{4}$, $x \in [0,2]$ d) $\mu = -\frac{1}{2}, -\frac{1}{3}, -\frac{1}{4}$, $x \in (0,5]$

e) $\mu = 1, 2, 3$ und $\mu = \frac{1}{2}, \frac{1}{3}$, $x \in [0,2]$ f) $\mu = -2, -3$ und $\mu = -\frac{1}{2}, -\frac{1}{3}$, $x \in (0,2]$.

$\boxed{\text{A 4.11}}$ Skizzieren Sie jeweils in einem gemeinsamen Koordinatensystem für $a = 0, \pm 0.5, \pm 1, \pm 2$ die Graphen der folgenden Funktionen:

a) $y = e^{ax}$ b) $y = ae^x$ c) $y = e^x + a$ d) $y = e^{x+a}$.

A 4.12 Unter Verwendung der Tatsache, daß $y = \log_a x$, ($a > 0$, $a \neq 1$, $x > 0$) die Umkehrfunktion von $y = a^x$ ist, skizziere man jeweils in einem gemeinsamen Koordinatensystem die Graphen der Funktionen $y = \log_a x$ für $a = \frac{1}{2}$, 2, e, 10 im Intervall $(0, 2]$.

A 4.13 Es sei $A + B \to C$ eine irreversible chemische Reaktion, bei der sich ein Molekül eines Stoffes A mit einem Molekül eines Stoffes B zu einem Molekül eines Stoffes C verbindet. Zur Zeit $t = 0$ habe der Stoff A die Anfangskonzentration $c_A(0) = a$, der Stoff B die Anfangskonzentration $c_B(0) = b$. Dann ergibt sich für die Konzentration $c(t)$ des Stoffes C zu einem beliebigen Zeitpunkt $t > 0$

$$c(t) = \frac{ab(1 - e^{(a-b)kt})}{b - ae^{(a-b)kt}}, \quad \text{mit einer Konstanten } k > 0.$$

a) Welche Konzentration hat der Stoff C nach 1 s, nach 10 s, nach 60 s, wenn $a = 60\%$, $b = 40\%$, $k = 10^{-1}/\text{s}$ vorgegeben sind?
b) Wann erreicht die Konzentration von C unter den Bedingungen der Aufgabe a) 39.9 % ?

A 4.14 Skizzieren Sie jeweils in einem gemeinsamen Koordinatensystem über dem Intervall $[-2\pi, 2\pi]$ die Graphen der Funktionen
a) $y = a + \sin x$ b) $y = \sin(x + a)$ } für $a = -1, \frac{1}{2}, 2$.
c) $y = a \sin x$ d) $y = \sin(ax)$
e) $y = \sin^2 x$, $y = \sin(x^2)$ f) $y = \sin|x|$, $y = |\sin x|$.
Wiederholen Sie die Aufgaben mit der Kosinus- anstelle der Sinusfunktion.

A 4.15 Drücken Sie für $0 < x < \pi/2$ und $\pi/2 < x < \pi$
a) $\cot x$ durch $\cos x$ b) $\tan x$ durch $\sin x$ c) $\cos x$ durch $\tan x$
d) $\sin x$ durch $\tan x$ e) $\sin x$ und $\cos x$ durch $\tan \frac{x}{2}$ f) $\tan x$ durch $\tan \frac{x}{2}$
aus.

A 4.16 Welchen natürlichen Definitions- und welchen zugehörigen Wertebereich haben folgende Funktionen ?
a) $y = \arccos(\frac{x-2}{3})$ b) $y = \arctan(\arcsin(\frac{1-2x}{5}))$

A 4.17 Wie lautet die Umkehrfunktion von
a) $f: y = \sin x$, $x \in \left[\frac{\pi}{2}, \frac{3\pi}{2}\right]$ b) $f: y = \cot x$, $x \in (-\pi, 0)$?

A 4.18 Man zeige: Für alle $x \in [-1, 1]$ gilt:
a) $\arcsin(-x) = -\arcsin x$ b) $\arccos(-x) = \pi - \arccos x$
c) $\arccos x = \frac{\pi}{2} - \arcsin x$ d) $\arctan x = \arcsin \frac{x}{\sqrt{1 + x^2}}$ (gilt sogar für $x \in \mathbb{R}$).

A 4.19 Für welche x sind folgende Gleichungen erfüllt?
a) $\cos x = \frac{1}{2}$ b) $\sin(2x) - \cos x = 0$ c) $\cos x - \sin x = 1$ d) $\sin x + \cot x = 0$

A 4.20 Bild A 4.20 zeigt die Überlagerung einer hochfrequenten Schwingung durch eine niederfrequente Schwingung (Modulation) zu einer Schwingung, die sich durch

$$f(t) = A\sin(\Omega t)\cdot\sin(\omega t), \quad \omega \gg \Omega,$$

beschreiben läßt. Welche Werte von A, Ω und ω kann man Bild A 4.20 entnehmen?

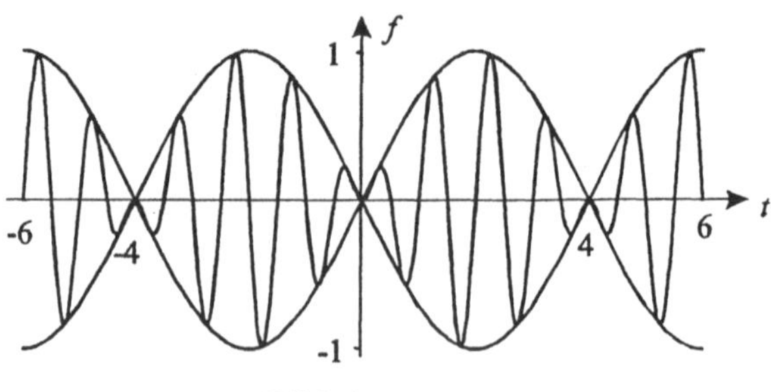

Bild A 4.20

A 4.21 Weisen Sie nach:

Die Überlagerung von zwei Schwingungen gleicher Richtung und gleicher Amplitude A und nur wenig unterschiedlicher Frequenz ω bzw. $\omega + \Delta\omega$ ergibt eine sog. Schwebung, deren Frequenz das arithmetische Mittel der beiden Ausgangsfrequenzen ist und deren Amplitude $2A$ mit der halben Differenzfrequenz schwingt.

4.3 Spezielle Eigenschaften von Funktionen

A 4.22 Welche der folgenden Funktionen $f : y = f(x)$, $x \in D$, sind nach unten bzw. nach oben bzw. nach unten *und* oben beschränkt ? Gegebenenfalls bestimme man eine untere und eine obere Schranke.

a) $y = x + 1, \ D = \mathbb{R}$ b) $y = -x + 1, \ D = [-4, +\infty)$

c) $y = \dfrac{1}{(x+1)^2}, \ D = \mathbb{R}\setminus\{-1\}$ d) $y = \dfrac{1}{(x-1)^2}, \ D = \mathbb{R}^-$

e) $y = \dfrac{1}{1+x^2}, \ D = \mathbb{R}$ f) $y = -x^2 + 4, \ D = \mathbb{R}$

g) $y = 2 + \cos(2x), \ D = \mathbb{R}$ h) $y = \tan x, \ D = (-\frac{\pi}{2}, \frac{\pi}{2})$

i) $y = e^{-2x} + 1, \ D = \mathbb{R}$ j) $y = \dfrac{1}{1+e^x}, \ D = \mathbb{R}.$

A 4.23 Untersuchen Sie das Monotonieverhalten der Funktionen $f : y = f(x)$:

a) $y = x - 2, \ D = \mathbb{R}$ b) $y = -3x + 1, \ D = \mathbb{R}$

c) $y = x^2, \ D = \mathbb{R}^-$ d) $y = (x+1)^2 - 5, \ D = \mathbb{R}$

e) $y = -x^3 + 1, \ D = \mathbb{R}$ f) $y = |x - 1|, \ D = \mathbb{R}$

g) $y = \sin(2x), \ D = [-\pi, \pi]$ h) $y = \dfrac{1}{x-1}, \ D = \mathbb{R}\setminus\{1\}$

i) $y = \dfrac{1}{x^2} + 2, \ x \neq 0$ j) $y = \dfrac{x-1}{x+1}, \ D = \mathbb{R}\setminus\{-1\}.$

A 4.24 Welche der folgenden Funktionen $f : y = f(x)$, die jeweils auf ihrem natürlichen Definitionsbereich erklärt sein mögen, sind gerade, welche ungerade?

a) $\quad y = 3x^2 - 7x^4 + 2$ $\qquad$ b) $\quad y = 4x^5 - 2x^3 + 6x$ $\qquad$ c) $\quad y = 2x^2 - x + 1$

d) $\quad y = \dfrac{1}{x^2 + 1}$ $\qquad$ e) $\quad y = \dfrac{1}{x} + x$ $\qquad$ f) $\quad y = \dfrac{x}{x^2 + 1}$

g) $\quad y = \dfrac{x}{x^3 + x}$ $\qquad$ h) $\quad y = |x| + 1$ $\qquad$ i) $\quad y = |x + 1|$

j) $\quad y = \sqrt{x^3 + x}$ $\qquad$ k) $\quad y = \sqrt[3]{x^4 + 2}$ $\qquad$ l) $\quad y = \ln(x^2)$

m) $\quad y = 2\ln x$ $\qquad$ n) $\quad y = (\ln x)^2$ $\qquad$ o) $\quad y = \dfrac{e^x - e^{-x}}{x}$

p) $\quad y = \dfrac{e^x - 1}{e^x + 1}$ $\qquad$ q) $\quad y = \sqrt{\cos x + 1}$ $\qquad$ r) $\quad y = \sqrt[3]{x + \sin x}$

$\boxed{\textbf{A 4.25}}$ Unter der Annahme, daß die Funktionen f und g für alle $x \in \mathbb{R}$ definiert sind und $g(x) \neq 0$ gilt, beweise man folgende Behauptungen:

a) Sind f und g gerade, dann sind auch $f + g$, $f - g$, $f \cdot g$, $\dfrac{f}{g}$, $f \circ g$ gerade.

b) Sind f und g ungerade, dann sind $f + g$, $f - g$, $f \circ g$, $g \circ f$ ungerade,

$\quad f \cdot g$, $\dfrac{f}{g}$ gerade.

c) Ist f gerade, g ungerade (oder umgekehrt), dann sind $f \cdot g$, $\dfrac{f}{g}$ ungerade,

$\quad f \circ g$, $g \circ f$ gerade.

d) Für beliebiges f und gerades g ist $f \circ g$ gerade.

$\boxed{\textbf{A 4.26}}$ Unter Verwendung von A 4.25 untersuche man die folgenden Funktionen $f : \ y = f(x)$, die jeweils auf ihrem natürlichen Definitionsbereich gegeben sein mögen, auf Geradheit/Ungeradheit:

a) $y = x^2 + \cos x$ $\quad$ b) $y = \tan x$ $\qquad$ c) $y = \sin x \cdot \cos x$ $\quad$ d) $y = \sin(x^2)$
e) $y = (x^3 - x)^3$ $\quad$ f) $y = (x^3 - x)^2$ $\quad$ g) $y = \cos(\sin x)$ $\qquad$ h) $y = \sin^2(\cos x)$

$\boxed{\textbf{A 4.27}}$ a) Es ist zu zeigen, daß sich jede Funktion f, die einen zum Nullpunkt symmetrischen Definitionsbereich besitzt, als Summe einer geraden Funktion g und einer ungeraden Funktion u darstellen läßt:
$$f = g + u.$$

b) Ermitteln Sie g und u für folgende Funktionen $f : \ y = f(x)$:

$\quad \alpha) \ y = x^2 + 2x - 1$ $\quad \beta) \ y = \sqrt{x^2 + x + 1}$ $\quad \gamma) \ y = \dfrac{x - 1}{x + 1}$

$\quad \delta) \ y = |x + 2| - x$ $\quad \varepsilon) \ y = \ln(x^2)$ $\qquad \zeta) \ y = \cos(x + \tfrac{\pi}{4})$

$\boxed{\textbf{A 4.28}}$ Die Funktion f sei definiert durch $\quad y = \begin{cases} f_1(x) & \text{für } x \leq 0 \\ f_2(x) & \text{für } x > 0 \end{cases}$

a) Wie muß f_2 gewählt werden, wenn $f_1 : \ y = |x + 1| - 1$ für $x \leq 0$ vorgegeben ist und f gerade sein soll?
b) Wie muß f_1 gewählt werden, wenn $f_2 : \ y = x^2 - x$ für $x > 0$ vorgegeben ist und f ungerade sein soll?

A 4.29 Sind folgende, auf ihrem natürlichen Definitionsbereich erklärte Funktionen $f: y = f(x)$ periodisch ? Ermitteln Sie gegebenenfalls die Grundperiode T.
a) $y = \sin x + e^x$	 b) $y = 4\cos(x - 2)$	 c) $y = \tan(4x) + 5$

d) $y = e^{\cos(2x+1)} + \frac{1}{2}$	 e) $y = \dfrac{\ln|\sin x|}{\tan(0.25\,x)}$,	 f) $y = \sin(3x) - \tan(2x)$

A 4.30 Eine gedämpfte Schwingung wird beschrieben durch

$$f: y = Ae^{-\gamma t}\sin\omega t, \quad t \geq 0, \quad \gamma > 0 \text{ (Dämpfungsfaktor).}$$

a) Ist f periodisch ?
b) Man skizziere den Graphen von f für $A = 1.5$, $\gamma = 0.25$, $\omega = 2$ für $t \in [0, 4\pi]$.

A 4.31 Ein spezieller elektrischer Impuls läßt sich durch die Funktion $f: y = f(t)$, $t \in \mathbb{R}$, beschreiben, die für $t \in [0, 2]$ durch

$$y = \begin{cases} 2t & \text{für} \quad 0 \leq t \leq 0.5 \\ 1 & \text{für} \quad 0.5 \leq t \leq 1.5 \\ -2t + 4 & \text{für} \quad 1.5 \leq t \leq 2 \end{cases}$$

definiert wird. Außerdem soll f ungerade sein und die Periode $T = 4$ besitzen. Skizzieren Sie den Graphen von f im Intervall $-6 \leq t \leq 6$.

A 4.32 Gesucht ist die Gleichung der Funktion $f: y = f(x)$, $x \in \mathbb{R}$, die in $[-1, 1]$ die Gestalt $y = x^2$ hat, gerade ist und die Periode $T = 2$ besitzt.

A 4.33 Ermitteln Sie - falls möglich - von den folgenden Funktionen $f: y = f(x)$ die Umkehrfunktion f^{-1} und geben Sie deren Definitions- und Wertebereich an:

a) $y = -2x + 3$, $x \in \mathbb{R}$	 b) $y = \dfrac{x+1}{x}$, $x \in [1, 100]$

c) $y = \dfrac{x-2}{x+1}$, $x \in [0, 3)$	 d) $y = \ln(3 - e^{-x})$, $x \in [0, +\infty)$

e) $y = \ln\left(\dfrac{1+x}{1-x}\right)$, $x \in (-1, 1)$	 f) $y = 1 - \dfrac{2}{e^x + 1}$, $x \in \mathbb{R}$

g) $y = x^4 + 1$, $x \in \mathbb{R}$	 h) $y = \ln(\sqrt{x - 1} + 1)$, $x \in [1, +\infty)$

A 4.34 Untersuchen Sie, welche der Funktionen aus A 4.8 eine Umkehrfunktion besitzen und bestimmen Sie diese gegebenenfalls.

A 4.35 Für welche $x \in \mathbb{R}$ gilt
a) $\sqrt{x^2} = x$ und $(\sqrt{x})^2 = x$	 b) $\sin(\arcsin x) = x$ und $\arcsin(\sin x) = x$
c) $e^{\ln x} = x$ und $\ln e^x = x$	 d) $\cos(\arccos x) = x$ und $\arccos(\cos x) = x$
e) $\tan(\arctan x) = x$ und $\arctan(\tan x) = x$
f) $\cos(\arcsin x) = \sqrt{1 - x^2}$ und $\sin(\arccos x) = \sqrt{1 - x^2}$?

A 4.36 Zeigen Sie die Gültigkeit von
a) $\arcsin(\sin x) = \pi - x$ für $x \in \left[\frac{1}{2}\pi, \frac{3}{2}\pi\right]$	 b) $\arcsin(\sin x) = x - 2\pi$ für $x \in \left[\frac{3}{2}\pi, \frac{5}{2}\pi\right]$.

$\boxed{\text{A 4.37}}$ Die folgenden physikalischen Formeln sind nach den angegebenen Größen umzustellen. (Zur Bedeutung der auftretenden Symbole vgl. z.B. [DES])

a) (Vertikalkomponente des schrägen Wurfs mit Abwurfwinkel β)

$$z(t) = v_0\, t\, \sin\beta - \tfrac{1}{2}gt^2 \quad \text{nach } \beta \quad (0 < \beta < \pi/2).$$

b) (Gedämpfte elektromagnetische Schwingung)

$$i(t) = I_{max}\mathrm{e}^{-\delta t}\sin(\omega t + \beta) \quad \text{nach } \beta$$

c) (Comptoneffekt)

$$\cot\varphi = \left(1 + \frac{hf}{m_e c_0^2}\right)\tan\frac{\vartheta}{2} \quad \text{nach } \vartheta \ (-\pi < \vartheta < \pi)$$

d) (Phasenverschiebung zwischen erzwungener Schwingung und Erregung)

$$\varphi = \arctan\frac{2\delta\omega}{\omega_0^2 - \omega^2} \quad \text{nach } \omega.$$

4.4 Polynome und gebrochen rationale Funktionen

$\boxed{\text{A 4.38}}$ Von den folgenden Polynomen sind die Funktionswerte an den vorgegebenen Stellen zu berechnen und die Produktdarstellung anzugeben:

a) $p_4(x) = x^4 - x^3 - 7x^2 + x + 6$ bei $x = 1$, $x = 2$ und $x = 3$.

b) $p_7(x) = 3x^7 - 12x^5 + 15x^3 - 6x$ bei $x = -1$, $x = 1$ und $x = 2$.

$\boxed{\text{A 4.39}}$ Wie lautet das Polynom 4. Grades, das die Nullstelle $x = 3$ besitzt, dessen Graph bei $x = -1$ die x-Achse berührt und durch $P_1(1, -2)$und $P_2(2, -9)$ verläuft?

$\boxed{\text{A 4.40}}$ Geben Sie die Produktdarstellung des Polynoms
$p_4(x) = 2x^4 + 4x^3 - 14x^2 - 16x + 24$ an.

$\boxed{\text{A 4.41}}$ Aus welchem Intervall der reellen Achse muß q gewählt werden, wenn das Polynom $p_5(x) = x^5 - 2x^4 + qx^3 + (2 - 3q)x^2 + (3q - 1)x - q$ außer einer dreifachen Nullstelle bei $x = 1$ keine weiteren reellen Nullstellen besitzen soll ?

$\boxed{\text{A 4.42}}$ Welche Werte ergeben sich für die Koeffizienten a und b des Polynoms $p_4(x) = 5x^4 - 4x^3 + ax - b$, wenn $p_4(1) = 0$ und $p_4(2) = 49$ ist ?

$\boxed{\text{A 4.43}}$ Die folgenden gebrochen rationalen Funktionen seien in ihrem natürlichen Definitionsbereich erklärt. Man ermittle ihre Nullstellen, Polstellen, Lücken sowie ihre Asymptote und skizziere ihre Graphen:

a) $y = \dfrac{2x^2 + 5x - 3}{x^3 + 5x^2 + 6x}$
b) $y = \dfrac{x^3 - 3x^2 - x + 3}{x^3 - x^2 - 6x}$
c) $y = \dfrac{x^3 - 3x + 2}{x^2 - 1}$

d) $y = \dfrac{x^4 - 2x^3 - 4x^2 + 8x}{9x^3 + 24x^2 + 13x + 2}$
e) $y = \dfrac{x^5 - 5x^4 + 2x^3 + 8x^2}{x^3 - 3x + 2}$
f) $y = \dfrac{x^4 - x^3 - 2x^2}{x^2 + x - 2}$

$\boxed{\text{A 4.44}}$ Gesucht ist eine gebrochen rationale Funktion mit Zählergrad 4 und Nennergrad 2, die bei $x = -1$ einen Pol erster Ordnung, bei $x = 0$ eine Lücke, bei $x = 1$ eine doppelte Nullstelle hat und deren Graph durch die Punkte $P_1(-2, 9)$ und $P_2(5, 2)$ verläuft ?

$\boxed{\textbf{A 4.45}}$ a) Weisen Sie nach, daß die Funktion f mit $f(x) = \dfrac{ax+b}{cx+d}$ für $x > -\frac{d}{c}$, $c \neq 0$, eine Umkehrfunktion f^{-1} besitzt, wenn $\Delta = ad - bc \neq 0$ gilt.

b) Welcher Zusammenhang muß zwischen den Konstanten a, b, c, d bestehen, damit die Funktion f aus a) mit ihrer Umkehrfunktion f^{-1} übereinstimmt ?

4.5 Hinweise

$\boxed{\textbf{H 4.1-4}}$ Entscheidend ist, ob jedem $x \in D$ *ein* Element oder *mehrere* Elemente einer andern Menge zugeordnet werden.

In A 4.1d ist D noch geeignet zu definieren; in A 4.2 ist D die Menge der in der Tabelle aufgeführten x-Werte; in A 4.3 ist D die Menge der $x \in \mathbb{R}$, für die der Graph in Bild A 4.3 dargestellt ist; in A 4.4 ist D die Menge der $x \in \mathbb{R}$, für die y definiert ist.

$\boxed{\textbf{H 4.5}}$ Die Funktion f heißt *eineindeutig*, wenn für x_1, $x_2 \in D$ gilt:
$(f(x_1) \neq f(x_2) \; \Rightarrow \; x_1 \neq x_2)$ *und* $(x_1 \neq x_2 \; \Rightarrow \; f(x_1) \neq f(x_2))$.

$\boxed{\textbf{H 4.6}}$ Man achte auf Verschiebungen, Streckungen/Stauchungen, Spiegelungen der Graphen.

$\boxed{\textbf{H 4.7}}$ Man ermittle die Menge $\overline{D}$ derjenigen $x \in \mathbb{R}$, für die y *nicht* gebildet werden kann; dann ist $D = D_{nat} = \mathbb{R} \setminus \overline{D}$.
Zur Ermittlung des zu D_{nat} gehörigen Wertebereichs W kann man Monotonieeigenschaften von f ausnützen (s. A 4.23).

$\boxed{\textbf{H 4.9}}$ $f \circ g$ bedeutet: Auf x wird zunächst die Funktion $g: \; z = g(x)$ angewandt, danach auf z die Funktion f. Damit entsteht $F = f \circ g: \; y = F(x) = f(g(x))$.

$\boxed{\textbf{H 4.10-12, 4.14}}$ In diesen Aufgaben soll die Wirkungsweise der Parameter μ bzw. a veranschaulicht werden.

$\boxed{\textbf{H 4.16}}$ a) Das Argument $z = \frac{x-2}{3}$ muß im Definitionsbereich von $y = \arccos z$ liegen. Für b) sind analoge Überlegungen anzustellen.

$\boxed{\textbf{H 4.17}}$ Man führe neue Variable $\overline{x}$ so ein, daß $\overline{x}$ im Wertebereich von $\arcsin y$ bzw. von $\text{arccot}\, y$ liegt.

$\boxed{\textbf{H 4.18}}$ a) Man betrachte $-x = \sin y$ und verwende $x = -\sin y = \sin(-y)$. Analog verfahre man bei b) und c). Bei d) verwende man außerdem A 4.15d.

$\boxed{\textbf{H 4.20}}$ Man beachte die Nulldurchgänge und die Maximalausschläge der einzelnen Graphen und berücksichtige die Tatsache, daß die Funktion $y = \sin(at)$ die Grundperiode $T = 2\pi/a$ besitzt.

$\boxed{\textbf{H 4.21}}$ Zu zeigen ist: $A\sin(\omega t) + A\sin(\omega + \Delta\omega)t = 2A\sin\left(\frac{\omega + (\omega + \Delta\omega)}{2}\right)t$
$\left(= 2A\sin\left(\omega + \frac{\Delta\omega}{2}\right)t\right)$.

$\boxed{\text{H 4.22-24}}$ Man nutze die Informationen aus, die die Graphen der auftretenden Grundfunktionen liefern.

$\boxed{\text{H 4.23}}$ Es ist zu unterscheiden zwischen $x \leq 0$ und $x \geq 0$ bei c),
zwischen $x \leq -1$ und $x \geq -1$ bei d), zwischen $x < 1$ und $x > 1$ bei h)
zwischen $x < 0$ und $x > 0$ bei i), zwischen $x < -1$ und $x > -1$ bei j).
Bei j) spaltet man außerdem $\frac{x-1}{x+1}$ in $1 - \frac{2}{x+1}$ auf.

$\boxed{\text{H 4.24}}$ $f(-x)$ und $f(x)$ sind miteinander zu vergleichen.

$\boxed{\text{H 4.25}}$ Man verwende die Definitionen von Geradheit bzw. Ungeradheit.

$\boxed{\text{H 4.27}}$ Aus $f(x) = g(x)+u(x)$ und $f(-x) = g(x)-u(x)$ ermittle man $g(x)$ und $u(x)$.

$\boxed{\text{H 4.29}}$ Von den Graphen der trigonometrischen Funktionen liest man deren Grundperiode ab. Ferner verwende man A 4.14.

$\boxed{\text{H 4.33}}$ 1. Untersuchung von f auf strenge Monotonie. Falls diese vorliegt, existiert f^{-1}. Angabe von D_f und W_f.
2. Die Abbildungsvorschrift $y = f(x)$ nach x auflösen. Danach x und y vertauschen; dies liefert die Definitionsgleichung von f^{-1}. Ferner ist $D_{f^{-1}} = W_f$, $W_{f^{-1}} = D_f$.
Bei den nötigen Monotonieuntersuchungen kann man Monotonieeigenschaften der Grundfunktionen ausnützen.

$\boxed{\text{H 4.35}}$ Nur für $x \in D_f \cap D_{f^{-1}}$ gilt sowohl $f(f^{-1}(x)) = x$ als auch $f^{-1}(f(x)) = x$.

$\boxed{\text{H 4.38}}$ Für die Berechnung des Funktionswerts eines Polynoms

$$p_n(x) = a_x^n + a_{n-1}x^{n-1} + a_{n-2}x^{n-2} + ... + a_2x^2 + a_1x + a_0 \quad (*)$$

an der Stelle $x = x_0$ greift man auf die folgende mögliche Darstellung von $p_n(x_0)$ zurück:

$$p_n(x_0) = ((...((a_nx_0 + a_{n-1})x_0 + a_{n-2})x_0 + ... + a_2)x_0 + a_1)x_0 + a_0.$$

Die Auswertung dieser Berechnungsvorschrift erfolgt zweckmäßigerweise im **Horner-Schema**:

	a_n	a_{n-1}	$\ldots$	a_3	a_2	a_1	a_0
x_0	$-$	x_0b_{n-1}	$\ldots$	x_0b_3	x_0b_2	x_0b_1	x_0b_0
	b_{n-1}	b_{n-2}	$\ldots$	b_2	b_1	b_0	$p_n(x_0)$

In der ersten Zeile dieses Schemas stehen die Koeffizienten von p_n; ferner ist
$b_{n-1} = a_n$, $b_{n-2} = a_{n-1} + x_0b_{n-1}$, $b_{n-3} = a_{n-2} + x_0b_{n-2}, ..., b_0 = a_1 + x_0b_1$,
und der gesuchte Funktionswert ergibt sich zu $p_n(x_0) = a_0 + x_0b_0$ (in der letzten Spalte des Schemas).
Das gleiche Schema, das man zur Berechnung von $p_n(x_0)$ verwendet, kann auch zur Division von $p_n(x)$ durch $(x - x_0)$ benutzt werden. Es gilt:

$$\frac{p_n(x)}{x - x_0} = p_{n-1}(x) + \frac{p_n(x_0)}{x - x_0},$$

wobei die Koeffizienten b_i des Polynoms $p_{n-1}(x) = b_{n-1}x^{n-1} + b_{n-2}x^{n-2} + ... + b_1 x + b_0$ gerade die b_i des **Horner-Schemas** sind.

Ist $p_n(x_0) = 0$, so ist x_0 Nullstelle von $p_n(x)$, und es gilt $p_n(x) = (x - x_0)p_{n-1}(x)$. Zum Aufsuchen weiterer Nullstellen von p_n benutzt man dann $p_{n-1}(x)$. Hat man hiervon eine Nullstelle x_1 gefunden, dann ist $p_n(x) = (x - x_0)(x - x_1)p_{n-2}(x)$, und man benutzt zur weiteren Nullstellensuche $p_{n-2}(x)$ usw. bis man schließlich nur noch $p_2(x)$ zu untersuchen hat, dessen Nullstellen mit der bekannten Lösungsformel für quadratische Gleichungen zu ermitteln sind (siehe z.B. A 3.3; man beachte außerdem Sonderfälle, wie sie z.B. in A 3.4 behandelt werden).

Kennt man die Nullstellen x_1, x_2, ,..., x_n des Polynoms $p_n(x)$ (*), so läßt sich p_n in Produktform darstellen

$$p_n(x) = a_n(x - x_1)(x - x_2)...(x - x_n). \quad (**)$$

$\boxed{\text{H 4.39}}$ Tritt in der Produktdarstellung $(**)$ von H 4.38 der Faktor $(x - x_i)$ s-mal auf, so heißt x_i *s-fache Nullstelle* (oder Nullstelle s-ter Ordnung) von $p_n(x)$.

Ist $s > 1$ und gerade, so berührt der Graph von p_n die x-Achse bei x_i, ohne sie zu schneiden; ist $s > 1$ und ungerade, so berührt und schneidet der Graph von p_n die x-Achse bei x_i.

$\boxed{\text{H 4.40}}$ Nach einem **Satz von Vieta** ist das Produkt aller Nullstellen von $p_n(x)$ gleich $(-1)^n \cdot \frac{a_0}{a_n}$. Das bedeutet: Hat p_n nur ganzzahlige Nullstellen, so gehören sie zur Menge M der ganzzahligen Faktoren, in die sich $\frac{a_0}{a_n}$ zerlegen läßt. Mit Hilfe des **Horner-Schemas** prüft man nun, welches Element von M Nullstelle von p_n ist.

$\boxed{\text{H 4.41}}$ Man zerlege $p_5(x)$ mit Hilfe des **Horner-Schemas** in $p_5(x) = (x - 1)^3(x^2 + ax + b)$ und diskutiere das entstehende quadratische Polynom in Abhängigkeit von q.

$\boxed{\text{H 4.43}}$ Die gebrochen rationale Funktion $q(x) = \dfrac{p_n(x)}{p_m(x)}$ hat bei $x = x_0$ eine

- *Nullstelle*, wenn $p_n(x_0) = 0$ und $p_m(x_0) \neq 0$ ist;
- *Polstelle*, wenn $p_m(x_0) = 0$ und $p_n(x_0) \neq 0$ ist;
- *Lücke*, wenn $p_n(x_0) = 0$ und $p_m(x_0) = 0$ ist.

Falls x_0 eine s-fache Nullstelle von $p_m(x)$ und $p_n(x_0) \neq 0$ ist, so hat die Funktion q bei x_0 eine *Polstelle der Ordnung s*. An Polstellen ungerader Ordnung wechselt $q(x)$ das Vorzeichen, an Polstellen gerader Ordnung wechselt $q(x)$ das Vorzeichen nicht. Man nennt die ganze rationale Funktion $y_A(x)$ mit der Eigenschaft $\lim\limits_{x \to \pm\infty} (q(x) - y_A(x)) = 0$ *Asymptote* von $q(x)$.

Die Asymptote einer *echt gebrochenen* rationalen Funktion $q(x)$ (d.h., es ist der Zählergrad n kleiner als der Nennergrad m) ist $y_A = 0$. Die Asymptote einer *unecht gebrochenen* rationalen Funktion $q(x)$ ($n \geq m$) ist ein Polynom vom Grad $n - m$, das man (neben einer echt gebrochen rationalen Funktion) bei der Division von $p_n(x)$ durch $p_m(x)$ erhält.

5 Vektoren und ihre Anwendung in der analytischen Geometrie der Ebene

In diesem Kapitel werden folgende Schwerpunkte behandelt:

Vektorrechnung (A 5.1 - 5.9)

Das Anliegen dieser Aufgaben ist es,

- die Rechenoperationen mit Vektoren (Addition/Subtraktion, Multiplikation mit einer reellen Zahl, *Skalarprodukt, Vektorprodukt*) zu üben;
- wichtige Begriffe wie Einheitsvektor, Ortsvektor, Betrag, *Projektion, lineare Abhängigkeit/Unabhängigkeit, Parallelität, Orthogonalität* zu wiederholen und zu festigen;
- Vektoren und ihre Eigenschaften (insbesondere die Eigenschaften von Skalar- und Vektorprodukt) für die Lösung elementargeometrischer Aufgaben (u.a. für *Längen-, Winkel- und Flächenberechnungen*) zu nutzen.

Zwei- und dreidimensionale Probleme werden dabei gleichermaßen berührt.

Analytische Geometrie der Ebene (A 5.10 - 5.19)

Es werden

- die verschiedenen *Formen der Geradengleichung* (Normalform, Zwei-Punkte-Form, Punkt-Richtungs-Form, Hessesche Normalform, Parameterdarstellung) geübt, sowie
- *Abstands-, Schnittpunkt- und Schnittwinkelprobleme* bei Geraden in der Ebene gelöst.

Einen unmittelbaren Anwendungsbezug, der sich in vielerlei Hinsicht variieren läßt, stellt Aufgabe A 5.19 dar.

Kegelschnitte (A 5.20 - 5.25)

Behandelt werden Kegelschnitte in achsenparalleler Lage, von denen die *kanonische Form* der Kegelschnittsgleichungen, die Mittelpunktskoordinaten, die Halbachsen, die Brenn- und Scheitelpunkte, sowie eventuell vorhandene Asymptoten zu ermitteln sind. Ziel dieser Aufgaben ist es,

- aus einer vorgegebenen Gleichung 2. Grades den damit beschriebenen Kegelschnitt ablesen und skizzieren zu können;
- die Gleichung eines gewünschten Kegelschnitts aus den Vorgaben der Aufgabe in effektiver Weise zu ermitteln;
- *Schnitt- und Tangentenprobleme* (ohne Differentialrechnung) zu lösen.

5.1   Vektoren

A 5.1 Gegeben seien die Vektoren

$$\vec{a} = \begin{pmatrix} 2 \\ 1 \\ 0 \end{pmatrix}, \quad \vec{b} = \begin{pmatrix} 0 \\ -1 \\ 1 \end{pmatrix}, \quad \vec{c} = \begin{pmatrix} 4 \\ 3 \end{pmatrix}, \quad \vec{d} = \begin{pmatrix} -1 \\ 2 \\ 2 \end{pmatrix}, \quad \vec{e} = \begin{pmatrix} 0 \\ 2 \\ -2 \end{pmatrix}.$$

a) Man berechne - sofern dies möglich ist -
$3\vec{a}$, $-2\vec{b}$, $2\vec{a} + 3\vec{b} - \vec{d}$, $2\vec{d} - \vec{c} + 3\vec{e}$, $2\vec{e}^T$, $3\vec{c}^T - \vec{d}^T$, $\vec{b}^T + 4\vec{e}$, $|\vec{a}|$,
$|-2\vec{b}|$, $-2|\vec{d}|$, $2|\vec{a}| + 3|\vec{b}| - |\vec{d}|$, $|2\vec{a} + 3\vec{b} - \vec{d}|$, $|2\vec{a}| - |\vec{c}| + |3\vec{e}|$, $|2\vec{a} - \vec{c} + 3\vec{e}|$,
$2|\vec{e}^T|$, $|3\vec{c}^T| - |\vec{d}|$, $|\vec{b}^T| + 4|\vec{e}|$.

b) Ermitteln Sie die Einheitsvektoren von $\vec{a}$, $\vec{b}$ und $\vec{c}$.

c) Welche der gegebenen Vektoren sind zueinander parallel, welche orthogonal?

d) Welchen Winkel schließen $\vec{a}$ und $\vec{b}$, $\vec{d}$ und $\vec{e}$ miteinander ein ?

e) Welchen Betrag haben die Projektionen von $\vec{a}$ auf $\vec{e}$, von $\vec{e}$ auf $\vec{a}$, von $\vec{b}$ auf $\vec{d}$, von $\vec{e}$ auf $\vec{b}$?

f) Man berechne $(\vec{a}, \vec{a})$, $(\vec{a}, \vec{e})$, $\vec{a} \times \vec{e}$, $(\vec{b} \times \vec{d}, \vec{e})$, $(\vec{a} \times \vec{b}) \times \vec{e}$, $\vec{a} \times (\vec{b} \times \vec{e})$, $(\vec{a} + \vec{d}) \times (\vec{b} \times \vec{d})$, $(\vec{a} \times \vec{e}, \vec{b} \times \vec{e})$, $(\vec{a} \times \vec{e}, \vec{d} \times \vec{e})$.

g) Die Konstanten α, β, γ sind so zu bestimmen, daß $\alpha\vec{a} + \vec{b}$ orthogonal zu $\vec{b}$, $\vec{e}$ orthogonal zu $\vec{a} + \beta\vec{b}$ ist, $\vec{a} + \gamma\vec{b}$ mit der y-Achse einen Winkel von 45^0 bildet.

A 5.2 Ein Dreieck in der x, y-Ebene hat die Eckpunkte $A(-2, -4)$, $B(3, 1)$, $C(0, 5)$. Ermitteln Sie
a) die Vektoren $\overrightarrow{AB}$, $\overrightarrow{BC}$, $\overrightarrow{CA}$,   b) die Seitenlängen des Dreiecks,
c) die Innenwinkel des Dreiecks,   d) den Mittelpunkt P der Seite a,
e) die Winkelhalbierende des Winkels CAB,   f) den Flächeninhalt des Dreiecks,
g) den Eckpunkt D des Parallelogramms $ABCD$,
h) die Längen der Diagonalen des Parallelogramms $ABCD$,
i) den Flächeninhalt des Parallelogramms $ABCD$.

A 5.3 Lösen Sie die in A 5.2 gestellten Aufgaben bei Vorgabe des Dreiecks im $I\!R^3$ mit den Eckpunkten $A(1, -2, -3)$, $B(-2, 2, 2)$, $C(0, 2, 6)$.

A 5.4 $P_1(1, 5)$, $P_2(4, 1)$ seien Punkte in der x, y-Ebene.
a) Wie muß die Ordinate y des Punktes $P_3(-2, y)$ gewählt werden, damit das Dreieck mit den Eckpunkten P_1, P_2, P_3
     α) gleichschenklig ist ?
     β) bei P_1 bzw. bei P_2 einen rechten Winkel besitzt ?
b) Welcher Beziehung müssen die Koordinaten des Punktes $P(x, y)$ genügen, wenn das Dreieck $P_1 P_2 P$ bei P einen rechten Winkel besitzen soll?

A 5.5 Man beweise auf vektoriellem Wege
a) den Satz des Pythagoras,   b) den Satz des Thales.

A 5.6 Mit Hilfe der Vektorrechnung zeige man, daß sich in einem Drachenviereck

$ABCD$ die Diagonalen rechtwinklig schneiden.
(Hinweis: Im Drachenviereck ist $\overline{AB} = \overline{AD}$ und $\overline{CB} = \overline{CD}$.)

A 5.7 Die folgenden Vektoren sind auf lineare Abhängigkeit bzw. Unabhängigkeit

zu untersuchen: a) $\vec{x}_1 = \begin{pmatrix} -1 \\ 3 \\ 2 \end{pmatrix}$, $\vec{x}_2 = \begin{pmatrix} 1 \\ -2 \\ -1 \end{pmatrix}$, $\vec{x}_3 = \begin{pmatrix} 1 \\ 0 \\ 1 \end{pmatrix}$

b) $\vec{a} = \begin{pmatrix} 2 \\ 1 \\ 1 \end{pmatrix}$, $\vec{b} = \begin{pmatrix} -1 \\ 0 \\ 1 \end{pmatrix}$, $\vec{c} = \begin{pmatrix} 1 \\ -1 \\ 0 \end{pmatrix}$

c) $\vec{a} = \begin{pmatrix} -2 \\ 0 \\ 1 \end{pmatrix}$, $\vec{b} = \begin{pmatrix} 1 \\ -1 \\ -2 \end{pmatrix}$, $\vec{c} = \begin{pmatrix} 1 \\ 1 \\ -1 \end{pmatrix}$, $\vec{d} = \begin{pmatrix} -1 \\ 3 \\ 1 \end{pmatrix}$.

A 5.8 Lassen sich die Vektoren $\vec{a} = (2,3,5)^T$ bzw. $\vec{b} = (3,2,1)^T$ als Linearkombination der Vektoren $\vec{x}_1$, $\vec{x}_2$, $\vec{x}_3$ aus Aufgabe A 5.7 darstellen?

A 5.9 Es seien $\vec{a}$, $\vec{b}$, $\vec{c}$ linear unabhängige Vektoren. Man untersuche die lineare Abhängigkeit/Unabhängigkeit der Vektoren $\vec{x}$, $\vec{y}$, $\vec{z}$, die wie folgt definiert sind:
a) $\vec{x} = \vec{a} + 2\vec{b}$, $\vec{y} = \vec{b} - \vec{c}$, $\vec{z} = \vec{a} + \vec{c}$
b) $\vec{x} = \vec{c} + \vec{b} - 2\vec{a}$, $\vec{y} = \vec{b} - \vec{a} + 3\vec{c}$, $\vec{z} = -4\vec{a} + \vec{b} - 3\vec{c}$
c) $\vec{x} = \vec{a} - 3\vec{b} - 4\vec{c}$, $\vec{y} = \vec{b} - 2\vec{c} + \vec{a}$, $\vec{z} = \vec{a} + 3\vec{b} + \vec{c}$.

5.2 Analytische Geometrie der Ebene

A 5.10 Skizzieren Sie die Graphen folgender Funktionen
a) $f : y = -\frac{1}{2}x + 1$, $x \in \mathbb{R}$ $\qquad$ b) $4x - 2y - 4 = 0$, $x \geq 0$

c) $\vec{r} = \begin{pmatrix} 1 \\ -1 \end{pmatrix} + t \begin{pmatrix} 2 \\ 1 \end{pmatrix}$, $0 \leq t \leq 2$.

A 5.11 Wie lautet die Gleichung der Geraden, die
a) durch den Koordinatenursprung verläuft und den Anstieg 2 hat,
b) Winkelhalbierende des 2. Quadranten ist,
c) durch den Punkt $P(1,3)$ und parallel zur x-Achse bzw. parallel zur y-Achse verläuft ?

A 5.12 Man gebe jeweils eine parameterfreie und eine Parameterdarstellung der Geraden g an, die durch
a) $P_1(2,4)$, $P_2(4,3)$
b) $P_1(2,4)$ und den Anstiegswinkel $\alpha = 60^0$ (zur positiven x-Achse) festgelegt ist.
c) Wie lautet jeweils die Gleichung der Geraden $\bar{g}$, die durch P_1 und senkrecht zu g verläuft ?
d) Untersuchen Sie, welche der Punkte $P(1,2)$, $Q(4,3)$, $R(-\frac{4}{\sqrt{3}}, -\frac{6}{\sqrt{3}})$, $S(6, \frac{4(\sqrt{3}-1)}{\sqrt{3}})$

auf g bzw. $\bar{g}$ liegen.

e) Welcher Punkt der Geraden g aus Aufgabe b) liegt $P_3(2,8)$ am nächsten? Wie groß ist der Abstand von P_3 zu g ?

$\boxed{\textbf{A 5.13}}$ Vorgegeben seien der Punkt $P_1(1,\frac{8}{3})$ und die Gerade $g : 4x - 3y + 9 = 0$. Welcher Beziehung müssen x_2 und y_2 genügen, damit die durch P_1 und $P_2(x_2, y_2)$ verlaufende Gerade $\bar{g}$ parallel zu g ist? Welchen Abstand haben g und $\bar{g}$ voneinander?

$\boxed{\textbf{A 5.14}}$ Gesucht sind die Schnittpunkte der Geraden $g : \vec{r} = (2 + t)\vec{e}_x + (-2 + 2t)\vec{e}_y$, $t \in \mathbb{R}$, mit den Koordinatenachsen und der Abstand d_P bzw. d_Q des Punktes $P(2,3)$ bzw. $Q(1,-4)$ von g.

$\boxed{\textbf{A 5.15}}$ Ermitteln Sie die Gleichungen aller Geraden, die durch $P_1(2,5)$ gehen und von $P_2(2,1)$ den Abstand $d = 2$ haben.

$\boxed{\textbf{A 5.16}}$ Gesucht sind jeweils Schnittpunkt S und Schnittwinkel φ folgender Geraden:

a) $g_1 : y = 2x + 3$; $g_2 : x - 3y - 1 = 0$

b) $g_1 : y = -\frac{1}{2}x + 5$; $g_2 : \vec{r} = \begin{pmatrix} 3 \\ -4 \end{pmatrix} + t \begin{pmatrix} -2 \\ 1 \end{pmatrix}$, $t \in \mathbb{R}$

c) $g_1 : \vec{r} = \begin{pmatrix} -1 \\ 0 \end{pmatrix} + t \begin{pmatrix} -2 \\ 1 \end{pmatrix}$, $t \in \mathbb{R}$; $g_2 : 3x + 4y = 1$

d) $g_1 : \vec{r} = \begin{pmatrix} 3 \\ -1 \end{pmatrix} + s \begin{pmatrix} 2 \\ 1 \end{pmatrix}$; $g_2 : \vec{r} = \begin{pmatrix} 2 \\ 3 \end{pmatrix} + t \begin{pmatrix} -1 \\ -2 \end{pmatrix}$, $s, t \in \mathbb{R}$.

$\boxed{\textbf{A 5.17}}$ Wie muß man A wählen, damit die Geraden $g_1 : x + 2y = 4$, $g_2 : 3x - 4y = 2$ und $g_3 : 2x + Ay = 3$ einen gemeinsamen Schnittpunkt haben? Wie lautet dieser?

$\boxed{\textbf{A 5.18}}$ Der Punkt P habe von der Geraden g_1 den Abstand a, von der Geraden g_2, die mit g_1 den Winkel $\gamma > \pi/2$ bildet, den Abstand b (s. Bild A 5.18).

a) Welche Länge hat der Vektor $\vec{s}$, der den Schnittpunkt von g_1 und g_2 mit P verbindet?

b) Wie groß ist der Winkel β, den $\vec{s}$ mit g_1 bildet?

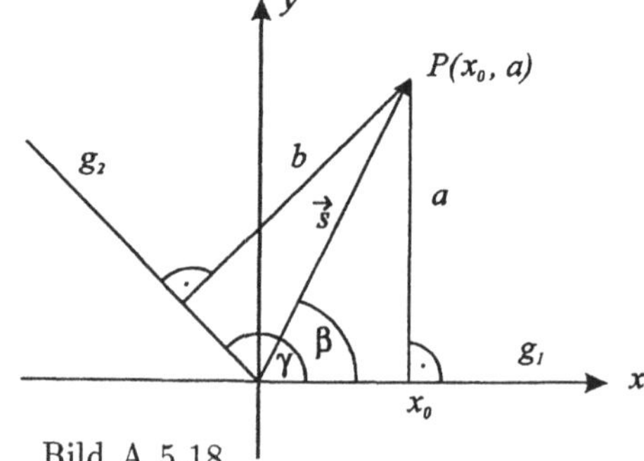

Bild A 5.18

$\boxed{\textbf{A 5.19}}$ Das Dreieck ABC mit $A(1,1)$, $B(4,2)$, $C(3,7)$ soll durch einen von A ausgehenden Strahl g in 2 flächengleiche Teile zerlegt werden. Wie lautet die Gleichung von g?

5.3 Kegelschnitte

A 5.20 Untersuchen Sie, welche Kegelschnitte durch die folgenden Gleichungen beschrieben werden, und ermitteln Sie deren charakteristische Größen wie Mittel-, Brenn-, Scheitelpunkt(e), Radius, Halbachsen, Asymptoten. Skizzieren Sie diese Kegelschnitte.

a) $2x^2 + 4x + 2y^2 - 4y = 4$ b) $9x^2 + 4y^2 + 18x - 16y - 11 = 0$

c) $y^2 + 4x - 2y - 11 = 0$ d) $4x^2 - 25y^2 - 16x - 100y + 16 = 0$

e) $4x^2 - y^2 - 40x + 6y + 87 = 0$ f) $x^2 + 4x - (y-1)^2 = -4$

g) $x^2 + 2x + 3y - 11 = 0$ h) $16y^2 + 9x^2 - 64y + 36x - 44 = 0$

A 5.21 Wie lautet die Gleichung des Kreises K,

a) der durch den Ursprung geht und seinen Mittelpunkt bei $(-3,1)$ hat?

b) dessen Mittelpunkt bei $(2,4)$ liegt und der die y-Achse berührt?

c) der den Radius 3 hat, durch den Punkt $P(-1,2)$ geht und dessen Mittelpunkt auf der Winkelhalbierenden des 1. Quadranten liegt?

d) dessen Mittelpunkt auf dem Strahl $y = 2x + 3$, $x < 0$, liegt und der von $y = 4$ und $x = -2$ tangiert wird?

e) der durch die Punkte $P_1(-1,1)$, $P_2(1,5)$, $P_3(7,-3)$ geht?

A 5.22 Gesucht ist die Gleichung des Umkreises für das Dreieck mit den Eckpunkten $A(-2,1)$, $B(-6,-1)$, $C(-9,8)$.

A 5.23 Welche Lage haben die folgenden Kegelschnitte und Geraden zueinander?

a) $K:\ 4x^2 + 8x + 4y^2 - 4y = 0$, $g:\ y = \frac{1}{2}x + 2$

b) $K:\ \dfrac{(x+2)^2}{4} - \dfrac{(y-1)^2}{3} = 1$, $g:\ y = 2x + 5$

c) $K:\ (y+2)^2 + x - 1 = 0$, $g:\ y = \frac{1}{4}(x - 13)$

A 5.24 Ermitteln Sie diejenigen durch $P(0,-1)$ verlaufenden Geraden, die die Ellipse $\dfrac{(x-1)^2}{4} + (y+2)^2 = 1$ tangieren.

A 5.25 Haben die Kreise $(x - 15)^2 + (y - 18)^2 = 100$ und
$$2(x - 1)^2 + 2(y - 4)^2 = 200 \text{ gemeinsame Punkte?}$$

5.4 Hinweise

H 5.2 b) Es ist $a = |\overrightarrow{BC}|$, $b = |\overrightarrow{CA}|$, $c = |\overrightarrow{AB}|$.

d) $\overrightarrow{0P} = \overrightarrow{0A} + \overrightarrow{AB} + \frac{1}{2}\overrightarrow{BC} = \frac{1}{2}(\overrightarrow{0B} + \overrightarrow{0C})$.

e) Man verwende die *Einheits*vektoren von $\overrightarrow{CA}$ und $\overrightarrow{AB}$.

f), i) Das von zwei Vektoren $\vec{a}$, $\vec{b}$ aufgespannte Parallelogramm hat den Flächeninhalt $|\vec{a} \times \vec{b}|$; der gesuchte Flächeninhalt des Dreiecks ist halb so groß.

$\boxed{\textbf{H 5.4}}$ a α) Forderungen: $|\ \overrightarrow{P_1P_2}\ | = |\ \overrightarrow{P_1P_3}\ |$ oder $|\ \overrightarrow{P_1P_3}\ | = |\ \overrightarrow{P_2P_3}\ |$ oder $|\ \overrightarrow{P_1P_2}\ | = |\ \overrightarrow{P_2P_3}\ |$. a β), b) Satz des Pythagoras oder H 5.5a anwenden.

$\boxed{\textbf{H 5.5}}$ a) Man führe für die Seiten des Dreiecks Vektoren ein und beachte, daß das Skalarprodukt der Vektoren, die die Katheten des rechtwinkligen Dreiecks repräsentieren, gleich Null ist.

b) s. Bild H 5.5. Man drücke $\vec{a}$ und $\vec{b}$ durch $\vec{r}$ und $\frac{1}{2}\vec{c}$ aus und beachte $|\frac{1}{2}\vec{c}| = |\vec{r}|$.

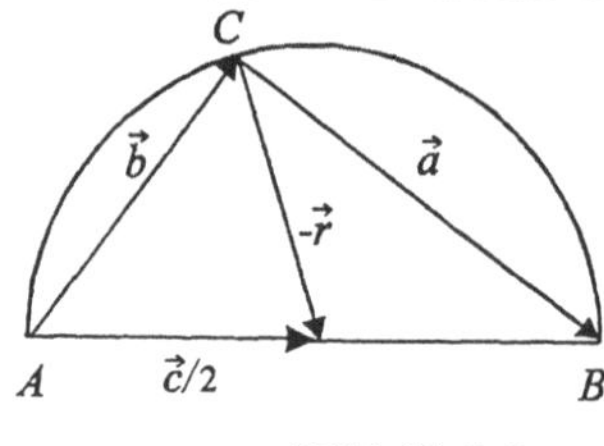
Bild H 5.5

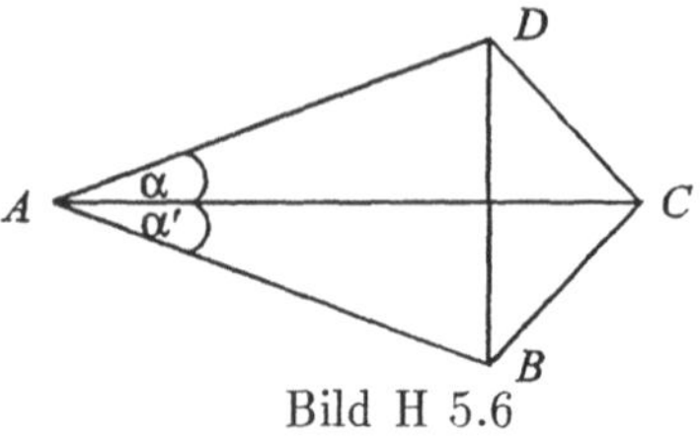
Bild H 5.6

$\boxed{\textbf{H 5.6}}$ s. Bild H 5.6. Wegen $\overline{AB} = \overline{AD}$ und $\overline{CB} = \overline{CD}$ ist $\alpha = \alpha'$.

$\boxed{\textbf{H 5.7}}$ Es ist zu untersuchen, ob das lineare Gleichungssystem $\alpha_1\vec{x_1} + \alpha_2\vec{x_2} + \alpha_3\vec{x_3} = \vec{0}$ Lösungen $(\alpha_1, \alpha_2, \alpha_3) \neq (0,0,0)$ besitzt. Zur Lösung linearer Gleichungssysteme wird zweckmäßigerweise der Gaußsche Algorithmus benutzt (siehe Kapitel 6 dieses Buches und z.B.[10], Kap.7).

$\boxed{\textbf{H 5.8}}$ Man hat zu prüfen, ob die linearen Gleichungssysteme $\alpha_1\vec{x_1} + \alpha_2\vec{x_2} + \alpha_3\vec{x_3} = \vec{a}$ bzw. $= \vec{b}$ lösbar sind.

$\boxed{\textbf{H 5.13-15}}$ Hessesche Normalform der Geradengleichung verwenden.

$\boxed{\textbf{H 5.17}}$ g_3 muß durch den Schnittpunkt von g_1 und g_2 verlaufen.

$\boxed{\textbf{H 5.18}}$ s. Bild A 5.18. Hessesche Normalform für g_2 verwenden.

$\boxed{\textbf{H 5.19}}$ g in Punkt-Richtungs-Form ansetzen.

$\boxed{\textbf{H 5.20}}$ Quadratische Ergänzung.

$\boxed{\textbf{H 5.21}}$ b) Berührungspunkt $P_1 = P_1(0, 4)$ c) $M(x_0, y_0)$ mit $x_0 = y_0 > 0$.
d) Berührungspunkte $P_1 = P_1(-2, y_0) = P_1(-2, 2x_0 + 3)$, $P_2 = P_2(x_0, 4)$.
e) Man verwende den Ansatz $K : x^2 + y^2 + Ax + By + C = 0$ und ermittle mit Hilfe der vorgegebenen Punkte die Ansatzkoeffizienten A, B, C.

$\boxed{\textbf{H 5.24}}$ Ansatz (Punkt-Richtungs-Form): $\dfrac{y+1}{x} = m$.

Man bringt diese Gerade mit der Ellipse zum Schnitt und wählt m so, daß die zwei möglichen Schnittpunkte zu einem (dem Berührungspunkt) zusammenfallen.

6 Lineare Gleichungssysteme

Viele Aufgabenstellungen aus verschiedensten Gebieten (z.B. analytische Geometrie, Ökonomie, Statik, Physik, Elektrotechnik) führen auf lineare Gleichungssysteme.

Zur Lösung solcher Systeme mit nur zwei Gleichungen für zwei Unbekannte, wie sie etwa bei der Ermittlung des Schnittpunkts zweier in der x, y-Ebene liegender Geraden auftreten, eignen sich

- das "*Gleichsetzungsverfahren*" (beide Gleichungen werden nach derselben Unbekannten aufgelöst und danach die beiden entstehenden Terme einander gleichgesetzt),
- das "*Einsetzungsverfahren*" (eine Gleichung wird nach einer Unbekannten aufgelöst, und diese Unbekannte wird in der zweiten Gleichung durch den soeben erhaltenen Term ersetzt),
- das "*Additionsverfahren*" (die Gleichungen werden mit geeigneten Faktoren multipliziert, so daß bei der anschließenden Addition der Gleichungen eine Unbekannte herausfällt und man nur noch *eine* Gleichung für *eine* Unbekannte übrig behält).

Für Systeme mit mehr als 2 Gleichungen ist die Anwendung des **Gaußschen Algorithmus** - einer Verallgemeinerung des Additionsverfahrens - zweckmäßiger. Dieser Algorithmus überführt das gegebene Gleichungssystem schrittweise in ein "*gestaffeltes*" *Gleichungssystem*, aus dem sich sukzessive die Unbekannten ermitteln lassen. Falls das Gleichungssystem keine oder keine eindeutige Lösung besitzt, erhält man diese Information ebenfalls durch den Gaußschen Algorithmus.

Die Darstellung des Lösungsweges der Aufgaben dieses Kapitels erfolgt nach dem in [SCS], Kap.7 erläuterten Schematismus, bei dem das gegebene Gleichungssystem in ein Schema übertragen und in diesem Schema schrittweise in die gestaffelte Form gebracht wird:

$$
\begin{aligned}
a_{11}x_1 + a_{12}x_2 + \cdots + a_{1n}x_n &= a_1 \\
a_{21}x_1 + a_{22}x_2 + \cdots + a_{2n}x_n &= a_2 \\
\cdots\cdots\cdots\cdots\cdots\cdots\cdots\cdots\cdots\cdots \\
a_{m1}x_1 + a_{m2}x_2 + \cdots + a_{mn}x_n &= a_m
\end{aligned}
\quad \rightarrow
$$

x_1	x_2	...	x_n	$=$
a_{11}	a_{12}	...	a_{1n}	a_1
a_{21}	a_{22}	...	a_{2n}	a_2
$\vdots$	$\vdots$	...	$\vdots$	$\vdots$
a_{m1}	a_{m2}	...	a_{mn}	a_m

$$\rightarrow \textbf{ Gaußscher Algorithmus } \rightarrow$$

<u>Fall 1:</u>

x_1	x_2	...	x_n	$=$
$\square$	$*$	...	$*$	$*$
	$\square$	...	$*$	$*$
		$\cdot$	$\vdots$	$\vdots$
$\underline{O}$			$\square$	$*$

$(m = n)$

bzw.

x_1	x_2	...	x_n	$=$
$\square$	$*$	...	$*$	$*$
	$\square$	...	$*$	$*$
		$\cdot$	$\vdots$	$\vdots$
$\underline{O}$			$\square$	$*$
		$\underline{O}$		$\underline{0}$

$(m > n)$

Das Gleichungssystem besitzt eine eindeutige Lösung, die sich - mit x_n beginnend - aus diesem Schema leicht ermitteln läßt.

oder <u>Fall 2:</u>

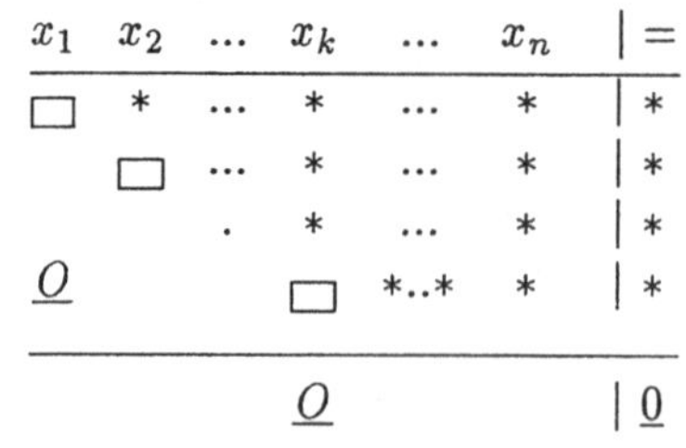

oder <u>Fall 3:</u>

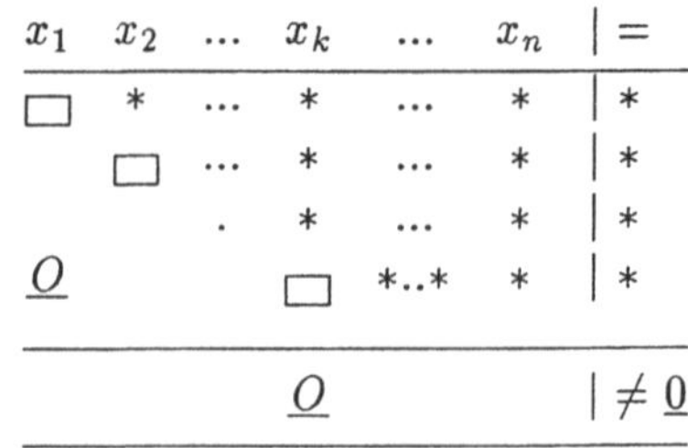

Das lineare Gleichungssystem besitzt unendlich viele Lösungen ($x_{k+1}, \ldots, x_n$ können beliebig gewählt werden).

Das lineare Gleichungssystem hat keine Lösung (es ist widerspruchsvoll).

In diesen Schemata bezeichnen $*$ beliebige Zahlen, $\square$ Zahlen $\neq 0$; $\underline{O}$ bedeutet, daß das entsprechende drei- oder rechteckige Feld des Schemas nur aus Nullen besteht, $\underline{0}$ bedeutet, daß die betreffende Spalte des Schemas nur aus Nullen besteht.

6.1 Gaußscher Algorithmus

$\boxed{\textbf{A 6.1}}$ Gesucht sind die Lösungen folgender Gleichungssysteme:

a) $\quad\begin{aligned} 4x + 3y &= 1 \\ -2x - y &= 1 \end{aligned}$
b) $\begin{aligned} -2x + y &= 2 \\ 4x - y &= 4 \end{aligned}$
c) $\begin{aligned} -x + 3y &= 2 \\ 2x - 6y &= 3 \end{aligned}$

d) $\begin{aligned} 4x_1 + 3x_2 &= -2 \\ x_1 - 2x_2 &= 5 \end{aligned}$
e) $\begin{aligned} -x_1 - 2x_2 &= 3 \\ 2x_1 + 4x_2 &= -6 \end{aligned}$
f) $\begin{aligned} 2x + 3y &= 10 \\ -6x - 9y &= 5 \end{aligned}$

$\boxed{\textbf{A 6.2}}$ Die folgenden Gleichungssysteme sind zu lösen:

a) $\begin{aligned} 2x + 3y - 4z &= 0 \\ -x - 2y + 5z &= 2 \\ 4x + y + 3z &= 1 \end{aligned}$
b) $\begin{aligned} 2x + 3y &= 4 \\ -x + 2y &= 5 \\ 3x + 4y &= 5 \end{aligned}$
c) $\begin{aligned} x_1 + 2x_2 + 2x_3 &= 5 \\ -2x_1 - x_2 + 2x_3 &= -1 \\ 2x_1 + 3x_2 + 2x_3 &= 7 \end{aligned}$

d) $\begin{aligned} 4x_1 + 3x_2 + x_3 &= -1 \\ -2x_1 + 3x_2 - 5x_3 &= 1 \\ x_1 - 2x_2 + 3x_3 &= 0 \end{aligned}$
e) $\begin{aligned} x - 2y &= 2 \\ 2x + y &= 1 \\ -x + 7y &= -4 \end{aligned}$
f) $\begin{aligned} -2x_1 + 2x_2 - 4x_3 &= -2 \\ x_1 - x_2 + 2x_3 &= 1 \\ -3x_1 + 3x_2 - 6x_3 &= -3 \end{aligned}$

6.2 Anwendungen aus der analytischen Geometrie

$\boxed{\textbf{A 6.3}}$ Untersuchen Sie, welche der Geradenpaare einen Schnittpunkt besitzen oder parallel sind oder zusammenfallen:

a) $\quad g_1 : y = 3x - 5, \qquad g_2 : 5x + 2y = 1$

b) $\quad g_1 : \dfrac{x}{2} - \dfrac{y}{3} = 1, \qquad g_2 : 2y - 3x + 6 = 0$

c) $\quad g_1 : -2x + 5y = 4, \qquad g_2 : 0.2x - 0.5y = 3.$

$\boxed{\textbf{A 6.4}}$ In einem fünfeckigen Flurstück, dessen Eckpunkte in einem kartesischen Koordinatensystem durch $A(1,1), B(11,0), C(30,10), D(25,20), E(5,19)$ beschrieben werden, soll von C ausgehend ein Weg angelegt werden, der

a) parallel zu $\overline{AB}$ bzw.   b) parallel zu $\overline{ED}$ bzw.   c) senkrecht zu $\overline{AE}$

verläuft. Wo treffen die jeweiligen Wege auf $\overline{AE}$?

$\boxed{\textbf{A 6.5}}$ Eine Ebene im Raum kann in folgender Form gegeben sein:
$E: \; Ax + By + Cz + D = 0$.
Untersuchen Sie, ob sich die folgenden Ebenen in einem Punkt oder in einer Geraden schneiden oder keinen gemeinsamen Punkt besitzen:

a) $E_1:$
$$2x + 3y - 2z - 6 = 0$$
$$E_2: \quad -x + 2y + z - 4 = 0$$
$$E_3: \quad x - y + z - 2 = 0$$

b) $E_1:$
$$x + 2y - z - 4 = 0$$
$$E_2: \quad -2x - 4y + 2z - 5 = 0$$
$$E_2: \quad 3x + 6y - 3z - 1 = 0$$

c) $E_1:$
$$3x + 2y + z - 3 = 0$$
$$E_2: \quad x - 4y - 2z - 1 = 0$$
$$E_3: \quad -2x + 8y + 4z + 1 = 0$$

d) $E_1:$
$$x + y - 4z - 2 = 0$$
$$E_2: \quad 3x - 2y + 3z - 4 = 0$$
$$E_3: \quad 2x - 3y + 7z - 2 = 0$$

6.3   Vermischte Anwendungsaufgaben

$\boxed{\textbf{A 6.6}}$ Wie lauten die beiden Zahlen, deren Summe gleich 56 und deren Differenz gleich 14 ist ?

$\boxed{\textbf{A 6.7}}$ Das Doppelte einer ersten Zahl ist um 9 größer als das Dreifache einer zweiten Zahl. Das Dreifache der ersten Zahl ist um 4 kleiner als das Achtfache der zweiten. Wie lauten die beiden Zahlen ?

$\boxed{\textbf{A 6.8}}$ Zwei Autowaschanlagen liegen in unmittelbarer Nachbarschaft, so daß viele Kunden diejenige Anlage benutzen, die gerade frei ist. Innerhalb eines Monats hatte die erste 1020, die zweite 860 verschiedene Kunden. 662 Kunden hatten bei der ersten Waschanlage eine Treuekarte und ließen daher ihr Auto nur dort reinigen. Wie viele Kunden ließen ihr Auto ausschließlich in der zweiten Waschanlage reinigen?

$\boxed{\textbf{A 6.9}}$ Ein kleiner Swimmingpool läßt sich in $2\frac{1}{2}$ Stunden mit Wasser füllen, der volle Pool läßt sich in 200 Minuten entleeren. Öffnet man das Abflußventil nur 2 Stunden lang, so verbleiben im Swimmingpool noch 2400 Liter Wasser.
Man berechne die Wassermengen, die pro Minute durch das Zufluß- bzw. das Abflußrohr fließen. Wie groß ist das Fassungsvermögen des Pools?

$\boxed{\textbf{A 6.10}}$ Eine dreistellige Zahl hat die Quersumme 12. Vertauscht man die erste und die zweite Ziffer, so ist die entstandene Zahl um 180 größer als die ursprüngliche. Vertauscht man in der ursprünglichen Zahl die erste und die letzte Ziffer, so ist die neue Zahl um 99 größer als die alte. Wie lautet die ursprüngliche Zahl?

$\boxed{\textbf{A 6.11}}$ In einem unregelmäßigen Viereck ist die Summe der Längen von je drei benachbarten Seiten gleich 14 bzw. 19 bzw. 17 bzw. 16 cm. Wie lang sind die einzelnen Seiten?

$\boxed{\textbf{A 6.12}}$ Bei einem Einzelzeitfahren startet der Radrennfahrer B eine Minute nach dem Fahrer A und holt ihn nach 20 Minuten ein. B war schließlich 4 Minuten vor A am Ziel der 60 km langen Strecke.

Es wird angenommen, daß A und B jeweils mit konstanter Geschwindigkeit v_A bzw. v_B fuhren. Wie groß sind v_A und v_B ? Nach wieviel km wurde A von B eingeholt, und wielange brauchte B danach, um gegenüber A einen Vorsprung von 500 m herauszufahren? Welche Strecke (in km) lag A im Moment von B's Zielankunft zurück?

A 6.13 Ein Radfahrer fährt von X nach dem 72 km entfernten Y und wird auf dieser Strecke nach 10 km von einem Auto überholt. Der Autofahrer verbringt 60 Minuten in Y und fährt dann zurück nach X. Dabei trifft er wiederum den Radfahrer, der sich Y inzwischen bis auf 12 km genähert hat. Als der Autofahrer in X eintrifft, ist der Radfahrer bereits seit 20 Minuten in Y.

Mit welcher durchschnittlichen Geschwindigkeit fuhr der Radfahrer?

A 6.14 Zur Herstellung der drei Produkte P_1, P_2, P_3 werden die drei Rohstoffe R_1, R_2, R_3 benötigt, von denen täglich 10 bzw. 13 bzw. 12 Mengeneinheiten (ME) zur Verfügung stehen. Den Rohstoffbedarf für die Herstellung einer Mengeneinheit der verschiedenen Produkte enthält die folgende Tabelle:

	R_1	R_2	R_3
P_1:	1	2	1
P_2:	2	2	3
P_3:	2	3	1

Dabei besagt z.B. die erste Zeile der Tabelle, daß zur Herstellung einer ME von P_1 1 ME von R_1, 2 ME von R_2 und 1 ME von R_3 benötigt werden.

Wie viele Mengeneinheiten von P_1, P_2, P_3 können täglich mit den vorhandenen Rohstoffen hergestellt werden?

A 6.15 Ein Tierzuchtbetrieb verwendet Futter, das aus den drei Futtermitteln F_1, F_2, F_3 gemischt wird. Den Anteil (in Mengeneinheiten (ME) pro kg) der einzelnen Futtermittel an Einweiß, Kohlehydraten und Fett entnimmt man der folgenden Tabelle:

	Eiweiß	Kohlehydrate	Fett
F_1:	2	3	1
F_2:	3	2	5
F_3:	1	3	1

a) Wieviel kg von F_1, F_2, F_3 sind für die Mischung zu verwenden, wenn das Mischfutter 80 ME Eiweiß, 122 ME Kohlehydrate, 45 ME Fett enthalten soll?

b) Ist mit F_1, F_2, F_3 auch ein Mischfutter zu realisieren, das 90 ME Eiweiß, 120 ME Kohlehydrate und 50 ME Fett enthält?

c) Im Winter wird der Eiweißgehalt des Mischfutters auf 85 ME, der Fettgehalt auf 50 ME erhöht, der Kohlehydratanteil auf 120 ME reduziert. Statt F_2, F_3 werden Futtermittel $\tilde{F}_2, \tilde{F}_3$ verwendet, die pro kg nur 1 ME Kohlehydrate enthalten. Wie groß muß der Anteil an $\tilde{F}_2$ in der Mischung sein, wenn diese mindestens 39 kg F_1 und mindestens 1 kg $\tilde{F}_3$ enthalten soll?

6.4 Hinweise

$\boxed{\textbf{H 6.1-6.2}}$ 1 bzw. 2 Schritte des Gaußschen Algorithmus führen zu einem gestaffelten Gleichungssystem, das die Gestalt von Fall 1 bzw. Fall 2 bzw. Fall 3 hat.

$\boxed{\textbf{H 6.3}}$ Die Gleichungen für g_1, g_2 zu einem Gleichungssystem zusammenfassen und dies mit dem Gaußschen Algorithmus behandeln.

$\boxed{\textbf{H 6.4}}$ Punktrichtungsgleichung für Gerade g durch C mit Anstieg m ansetzen. m aus den jeweiligen Geradengleichungen entnehmen. g mit der Geraden durch A, E (Zwei-Punkte-Gleichung) zum Schnitt bringen.

$\boxed{\textbf{H 6.5}}$ Gaußscher Algorithmus.

$\boxed{\textbf{H 6.6-6.7}}$ Die an die erste und zweite Zahl (x bzw. y) gestellten Forderungen liefern zusammen ein lineares Gleichungssystem für x und y.

$\boxed{\textbf{H 6.8}}$ Man betrachte die Mengen $A = \{$ Kunden der ersten Waschanlage$\}$, $B = \{$ Kunden der zweiten Waschanlage $\}$, mache sich anschaulich (Venn-Diagramme!) die Gültigkeit von $A = (A \cap B) \cup (A \cap \overline{B})$, $B = (A \cap B) \cup (B \cap \overline{A})$ klar und stelle ein lineares Gleichungssystem für die Zahl der Elemente von $A \cap B$ und $B \cap \overline{A}$ auf.

$\boxed{\textbf{H 6.9}}$ Man stelle ein lineares Gleichungssystem für den Zufluß x, den Abfluß y (jeweils in Litern/Minute) und das Volumen V (in Litern) auf (z.B. gilt $150x = V$).

$\boxed{\textbf{H 6.10}}$ Bezeichnet man die 1. bzw. 2. bzw. 3. Ziffer der gesuchten Zahl mit x bzw. y bzw. z, so liefern die Vorgaben der Aufgabenstellung ein lineares Gleichungssystem mit 3 Gleichungen für x, y, z.

$\boxed{\textbf{H 6.11}}$ Für die Seitenlängen a, b, c, d ergibt sich ein lineares Gleichungssystem mit 4 Gleichungen.

$\boxed{\textbf{H 6.12}}$ Man führe folgende Bezeichnungen ein:
v_A bzw. v_B: konstante Geschwindigkeit (km/min) von A bzw. B;
t_A bzw. t_B: Zeit (in min), die A bzw. B für 60 km benötigt;
s^* die Strecke (in km), die B zurückgelegt hatte, als er A überholte;
s_A bzw. s_B die Strecke (in km), die A bzw. B zurückgelegt hatte, als B 500m Vorsprung vor A hatte;
$\bar{t}$ die von B benötigte Zeit, um diesen Vorsprung herauszufahren.

Unter Benutzung von $v = \dfrac{s}{t}$ stelle man ein Gleichungssystem für $\dfrac{v_A}{v_B}$ und t_A ($= t_B + 5$) auf und ermittle nacheinander t_A, t_B, v_A, v_B, s^*, s_B und $\bar{t}$.

$\boxed{\textbf{H 6.13}}$ Ausgehend von der Beziehung $t = \dfrac{s}{v}$ stelle man ein lineares Gleichungssystem für $\dfrac{1}{v_A}$ und $\dfrac{1}{v_R}$ auf (v_A bzw. v_R: Geschwindigkeit des Autos bzw. des Radfahrers).

$\boxed{\textbf{H 6.14}}$ Lineares Gleichungssystem für die $x_i =$ Anzahl der Mengeneinheiten, die täglich vom Produkt P_i, $i = 1, 2, 3$, hergestellt werden.

$\boxed{\textbf{H 6.15}}$ Besteht die Mischung aus x_1 kg F_1, x_2 kg F_2, x_3 kg F_3 (bzw. in c) aus $\tilde{x}_1$ kg F_1, $\tilde{x}_2$ kg $\tilde{F}_2$, $\tilde{x}_3$ kg $\tilde{F}_3$), dann hat man jeweils ein lineares Gleichungssystem für 3 Unbekannte zu lösen und in b) und c) die Lösung entsprechend der Aufgabenstellung zu diskutieren.

7 Zahlenfolgen

Die Aufgaben dieses Kapitels beschäftigen sich mit

- der Umsetzung verschiedener **Bildungsvorschriften für Zahlenfolgen** (A 7.1 - 7.2);
- **arithmetischen und geometrischen Zahlenfolgen** und deren Summen (A 7.3);
- **Monotonie-, Beschränktheits-, Konvergenz- und Grenzwertuntersuchungen bei unendlichen Zahlenfolgen** (A 7.4 - 7.8);
- **Anwendungen** aus der Finanzmathematik bzw. Chemie, zu deren Behandlung lediglich Kenntnisse über arithmetische (A 7.9 - 7.11) und geometrische Zahlenfolgen (A 7.12 - 7.14) benötigt werden.

7.1 Bildungsvorschriften für Zahlenfolgen

$\boxed{\text{A 7.1}}$ Geben Sie die ersten 6 Glieder der nachstehenden Zahlenfolgen (a_n), $n \geq 1$, an, wenn gilt:

a) $a_n = \dfrac{n-1}{n+1}$ b) $a_n = 1 + \dfrac{(-1)^n}{n}$ c) $a_n = \dfrac{(-2)^n + 2^n}{2n}$

d) $a_n = \dfrac{(-n)^n}{n!}$ e) $a_n = \dfrac{10^{-\frac{n}{2}} \cdot n!}{n + \min\{n^2, n!\}}$ f) $a_1 = 1$, $a_n = \sum\limits_{i=1}^{n-1} a_i$ für $n > 1$

g) $a_n = \begin{cases} (-1)^{\frac{n+1}{2}} \cdot \dfrac{3n+2}{2n-1} & \text{für } n \text{ ungerade} \\[2mm] \dfrac{n+3}{n^2 - 2n + 2} & \text{für } n \text{ gerade} \end{cases}$

h) $a_1 = 2$, $a_2 = 3$, $a_n = 3a_{n-1} - 2a_{n-2}$ für $n > 2$.

$\boxed{\text{A 7.2}}$ Wie lautet das allgemeine Glied a_n der rekursiv vorgegebenen Zahlenfolgen in unabhängiger Darstellung (jeweils $n \geq 2$) ?

a) $a_1 = 1$, $a_n = 2a_{n-1}$ b) $a_1 = 1$, $a_n = \dfrac{2a_{n-1}}{n+1}$

c) $a_0 = 3$, $a_1 = 1$, $a_n = a_{n-2}$ d) $a_0 = 2$, $a_1 = \frac{1}{2}$, $a_n = \dfrac{a_{n-1} + a_{n-2}}{2}$

e) $a_0 = 3$, $a_1 = \frac{3}{2}$, $a_n = \frac{5}{2} a_{n-1} - a_{n-2}$ f) $a_1 = 2$, $a_n = \sum\limits_{i=1}^{n-1} a_i$

7.2 Arithmetische und geometrische Zahlenfolgen

$\boxed{\text{A 7.3}}$ Wie lauten das allgemeine Glied und die Summe der ersten k Glieder der folgenden arithmetischen bzw. geometrischen Zahlenfolgen ?

a) $a_0 = -1$, $d = 3$, $k = 10$ b) $a_0 = 2$, $d = -2$, $k = 12$

c) $a_0 = 2$, $q = -\dfrac{1}{2}$, $k = 8$ d) $a_0 = -1$, $q = 2$, $k = 6$

7.3   Monotonie, Beschränktheit, Konvergenz, Grenzwert

$\boxed{\textbf{A 7.4}}$ Untersuchen Sie das Monotonieverhalten der Zahlenfolgen (a_n), $n \geq 1$, mit:

a) $a_n = \dfrac{1}{n}$ b) $a_n = \dfrac{n^2}{2^5}$ c) $a_n = \dfrac{(-2)^n}{n}$ d) $a_n = \dfrac{2n+1}{n}$

e) $a_n = \dfrac{n-1}{n+1}$ f) $a_n = \dfrac{n+3}{n+1}$ g) $a_n = \dfrac{10^n}{n!}$ h) $a_n = \dfrac{n!}{n^n}$

i) $a_n = \dfrac{n^2+3}{(n+1)^2}$ j) $a_n = \dfrac{n^2+6n+8}{n^2+5n+6}$ k) $a_n = 1 + \dfrac{(-1)^n}{n^2}$ l) $a_n = \dfrac{2^n+(-2)^n}{2^n}$

$\boxed{\textbf{A 7.5}}$ Welche der Zahlenfolgen der Aufgabe A 7.4 sind beschränkt ?
Im Falle vorliegender Beschränktheit gebe man jeweils untere und obere Schranken s bzw. S für (a_n) an.

$\boxed{\textbf{A 7.6}}$ Welche der Zahlenfolgen der Aufgaben A 7.4 sind konvergent? Wie lautet ihr Grenzwert ?

$\boxed{\textbf{A 7.7}}$ Ermitteln Sie den Grenzwert der Zahlenfolge (a_n), $n = 1, 2, \ldots$ für:

a) $a_n = \left(1 + \dfrac{1}{n+3}\right)^{n+2}$ b) $a_n = \left(1 - \dfrac{1}{n-4}\right)^{3n}$ c) $a_n = \left(1 + \dfrac{4}{n+2}\right)^{3n+2}$

$\boxed{\textbf{A 7.8}}$ Ist

(1) (a_n) eine monoton wachsende, (b_n) eine monoton fallende Zahlenfolge,

(2) für jedes n : $a_n \leq b_n$,

(3) die Zahlenfolge (c_n) mit $c_n = b_n - a_n$ eine Nullfolge,

dann bilden (a_n) und (b_n) (kurz: $(a_n|b_n)$)   eine **Intervallschachtelung**. Diese bestimmt eindeutig eine reelle Zahl x, die für jedes n der Bedingung $x \in [a_n, b_n]$ genügt und für die gilt: $x = \lim\limits_{n\to\infty} a_n = \lim\limits_{n\to\infty} b_n$.
Zeigen Sie, daß die nachstehenden Zahlenfolgen Intervallschachtelungen bilden, und ermitteln Sie für a) und b) die durch die Intervallschachtelung definierte Zahl x.
(a_n), (b_n) seien definiert durch:

a) $a_1 = 2$, $a_{n+1} = \sqrt{6 + a_n}$, $b_1 = 7$, $b_{n+1} = \sqrt{6 + b_n}$, $n = 1, 2, \ldots$

b) $b_0 \geq A > 0$, $a_n = \dfrac{A}{b_n}$, $b_{n+1} = \dfrac{1}{2}(a_n + b_n)$, $n = 0, 1, \ldots$

c) $0 < a_0 < b_0$, $a_{n+1} = \sqrt{a_n \cdot b_n}$, $b_{n+1} = \dfrac{1}{2}(a_n + b_n)$, $n = 0, 1, \ldots$

7.4   Anwendungen

$\boxed{\textbf{A 7.9}}$ a) Herr A. nimmt am 1.2.1998 bei der Bank B einen kurzfristigen Kredit von 5 000 DM für 8 Monate zu einem Zinssatz von 9 % p.a. auf.
Welche Summe hat er am 30.9.1998 an die Bank zurückzuzahlen ?

b) Eine Bank C hatte Herrn A. ebenfalls einen Kredit von 5 000 DM angeboten. Er

hätte der Bank am 31.7.1998 5 230 DM zurückzahlen müssen.
Wie hoch war der Jahreszinssatz der Bank C ?

A 7.10 Ein Schuldner zahlt am 31.12.1997 seinem Gläubiger 720 DM an Verzugs-
zinsen für einen seit 10.6.1997 anstehenden Rechnungsbetrag in Höhe von 12 000 DM.
Welchen Jahreszins hatten Schuldner und Gläubiger vereinbart ?

A 7.11 Herr X tilgt seine Schuld bei einem Gläubiger mit der Zahlung von
10 000 DM am 23.3.1997, 15 000 DM am 15.5.1997 und 15 000 DM am 15.9.1997 bei
einem vereinbarten Jahreszins von 10%.
An welchem Tag könnte Herr X ohne Zinsvorteile oder -nachteile die Gesamtschuld
auf einmal tilgen ?

A 7.12 Ein Kapital von 20 000 DM wird 7 Jahre lang mit 4% p.a. verzinst. Wie
groß ist der Unterschied zwischen einfacher Verzinsung und Verzinsung mit Zinseszins ?

A 7.13 Ein Kapital K_0 werde mit dem Zinssatz $i = 4\%$ p.a. verzinst.
a) Nach wieviel Jahren ist $K_0 = 10\,000$ DM mit Zinseszins auf $K_n = 18\,000$ DM
angewachsen ?
b) Nach wieviel Jahren hat sich irgendein Kapital K_0 bei einfacher Verzinsung bzw.
mit Zinseszins verdoppelt ?
c) Bei welchem Zinssatz würde sich irgendein Kapital K_0 in 20 Jahren mit Zinseszins
vervierfachen ?

A 7.14 Herr H, der sein Haus verkaufen möchte, erhält folgende Kaufangebote:
Angebot A: 100 000 DM sofort,   120 000 DM nach 2 Jahren,
                                       190 000 DM nach 5 Jahren

Angebot B: 150 000 DM sofort,   80 000 DM nach 4 Jahren,
                                       200 000 DM nach 8 Jahren

Als Zinssatz wird jeweils $i = 5\%$ p.a. vorausgesetzt.
Welches der beiden Angebote bringt den größeren Verkaufsertrag ?

A 7.15 Beim Auswaschen eines chemischen Niederschlags, der aus einer wasser-
unlöslichen Substanz A und einer wasserlöslichen Verunreinigung B besteht, bleiben nach dem Abgießen des Spülwassers jeweils v Liter Spülwasser als Haftwasser
zurück. g_0 sei die Anzahl Gramm von B, die nach dem Abgießen des Spülwassers
im Haftwasser enthalten sind. Gießt man nun V Liter reines Wasser neu hinzu und
verrührt gleichmäßig (1. Spülung), so verteilen sich die g_0 Gramm von B auf $(v+V)$
Liter Wasser.
a) Wieviel Gramm g_1 von B bleiben nach dem Abgießen des ersten Spülwassers in
den v Litern Haftwasser zurück ?
b) Wieviel Gramm $g_2, g_3, ..., g_n$ von B bleiben nach dem Abgießen des zweiten, dritten, ..., n-ten Spülwassers noch im Haftwasser zurück ?
Beispiel: $v = 5$ Liter, $V = 75$ Liter, $g_0 = 50$ Gramm.

c) Angenommen, es stehe nur eine beschränkte Menge W an Spülwasser zur Verfügung, die gleichmäßig auf die n Spülungen verteilt wird ($W = nV$). Wie groß ist dann g_n?

Beispiel: $W = 75$ Liter, $n = 5$; v, g_0 wie in b).

Gegen welchen Grenzwert strebt g_n für $n \to \infty$ (d.h. wenn man W (theoretisch!) in sehr viele kleine Spülwassermengen V unterteilt)?

7.5　Hinweise

$\boxed{\text{H 7.2}}$ Man notiere die ersten Glieder der Zahlenfolge, stelle danach eine Vermutung über die Bauart des n-ten Gliedes auf und beweise die Richtigkeit der Vermutung mit vollständiger Induktion.

$\boxed{\text{H 7.3}}$ Siehe z.B. [SCS], S.87, H 2.24, A 2.30a,b.

$\boxed{\text{H 7.4}}$ Eine Zahlenfolge (a_n) fällt bzw. wächst streng monoton, falls $a_{n+1} - a_n < 0$ bzw. > 0 ist.

Eine Zahlenfolge (a_n) mit $a_n > 0$ für alle n fällt bzw. wächst streng monoton, falls $\dfrac{a_{n+1}}{a_n} < 1$ bzw. > 1 ist.

Ist die Zahlenfolge (a_n) (streng) monoton wachsend (bzw. fallend), so ist die Zahlenfolge (b_n) mit $b_n = b + c\,a_n$ (streng) monoton wachsend (bzw. fallend), wenn $c > 0$ und (streng) monoton fallend (bzw. wachsend), wenn $c < 0$ gilt.

d), e), f), i), j) Man spalte a_n in "Konstante + echt gebrochen rationalen Term" auf und diskutiere das Monotonieverhalten des letztgenannten Terms.

$\boxed{\text{H 7.5}}$ Nutzen Sie evtl. vorhandene Positivität der a_n und die in A 7.4 untersuchten Monotonieeigenschaften aus.

Um nachzuweisen, daß (a_n) nicht beschränkt ist, schätze man a_n nach unten durch eine mit n wachsende Schranke ab.

$\boxed{\text{H 7.6}}$ Anwenden von Grenzwertsätzen, gegebenenfalls nach vorheriger Umformung von a_n. (Ist z.B. a_n eine gebrochen rationale Funktion von n, dann klammere man im Zähler und Nenner die höchste n-Potenz aus und kürze so weit wie möglich.)

Ist die Zahlenfolge (a_n) monoton wachsend (bzw. fallend) und nach oben (bzw. unten) beschränkt, so gilt $\lim\limits_{n \to \infty} a_n = S$ (bzw. $\lim\limits_{n \to \infty} a_n = s$), falls S bzw. s die kleinste obere (bzw. die größte untere) Schranke von (a_n) ist.

$\boxed{\text{H 7.7}}$ Durch geeignete Substitutionen führe man die Grenzwerte auf
$$\lim_{m \to \infty} \left(1 + \frac{1}{m}\right)^m = e \quad \text{bzw.} \quad \lim_{m \to \infty} \left(1 + \frac{x}{m}\right)^m = e^x \quad \lim_{m \to \infty} \left(1 - \frac{x}{m}\right)^m = e^{-x} \text{ zurück.}$$

$\boxed{\text{H 7.8}}$ a) zu (1) und (2) siehe A 2.30 g. Für (3) verwende man
$$\sqrt{x} - \sqrt{y} = \frac{x - y}{\sqrt{x} + \sqrt{y}} \quad \text{und schätze den Nenner nach unten ab.}$$

b) Man zeige zuerst $b_n \geq \sqrt{A}$, danach (1) - (3).

c) Man weise zuerst (2), danach (1) und (3) nach und verwende dabei die binomische Formel $a^2 + b^2 - 2ab = (a-b)^2 \geq 0$.

$\boxed{\text{H 7.9-7.14}}$ Bei einfacher Verzinsung (A 7.9 - 7.11)) werden dem Kapital K_0 nach jeder (unterjährigen) Zeiteinheit t die Zinsen hinzugefügt, aber im weiteren nicht mit verzinst. Damit kann das Kapital K_n, auf das K_0 nach n Zeiteinheiten angewachsen ist, als Glied einer arithmetischen Zahlenfolge betrachtet werden:

$$K_n = K_0 + n\,d. \tag{1}$$

Dabei wird (in den vorliegenden Aufgaben) der Jahreszins ($p\%$ p.a. bedeutet $i = \frac{p}{100}$ pro Jahr) auf entsprechend kleinere Zeiteinheiten (Monate (1 Monat=30 Tage), Tage (1 Jahr= 360 Tage)) umgerechnet, und d hat die Gestalt

$$d = \frac{t}{360} \cdot \frac{p}{100} \cdot K_0.$$

Bei Verzinsung mit Zinseszins (A 7.12 - 7.14) läßt sich das Kapital K_n, auf das K_0 nach n (jährlichen) Zinsperioden angewachsen ist, als Glied einer geometrischen Zahlenfolge interpretieren:

$$K_n = K_0\, q^n \quad \text{mit} \quad q = 1 + \frac{p}{100}. \tag{2}$$

Um zwei oder mehrere Kapitalien miteinander vergleichen zu können, muß man sie an einem gemeinsamen Bezugstermin betrachten (auf dieses Datum hin mit Hilfe von (1) bzw. (2) auf- oder abzinsen).

$\boxed{\text{H 7.15}}$ Die Konzentration von B während der 1. Spülung ($c_0 = \dfrac{g_0}{v + V}$) ist dieselbe wie die im verbleibenden Haftwasser ($= \dfrac{g_1}{v}$). Daraus erhält man g_1 (und allgemein g_n) in Abhängigkeit von g_0.

8 Grenzwert und Stetigkeit von Funktionen

Entsprechend der Definition des Grenzwerts bei Funktionen mittels des Grenzwerts bei Zahlenfolgen werden in A 8.1 **Grenzwertuntersuchungen** unter Verwendung spezieller Zahlenfolgen durchgeführt. A 8.2 erfordert die Anwendung bekannter *Grenzwertsätze*, gegebenenfalls mit vorherigen geeigneten Umformungen der Funktionen. Bei den in A 8.4 auf **Stetigkeit** zu untersuchenden Funktionen ermittelt man zunächst diejenigen $x \in \mathbb{R}$, für die $f(x)$ nicht definiert ist. Zur Charakterisierung von **Unstetigkeitsstellen** im Innern oder auf dem Rand des Definitionsbereichs betrachtet man die *rechts- und linksseitigen Grenzwerte* an diesen Stellen. In analoger Weise sind die Aufgaben A 8.5 - 8.8 zu behandeln.

8.1 Grenzwertuntersuchungen

$\boxed{\text{A 8.1}}$ Untersuchen Sie unter Verwendung der Zahlenfolgen $(\hat{x}_n) = \left(1 + \dfrac{1}{n}\right)$, $(\tilde{x}_n) = \left(\dfrac{n+1}{n+2}\right)$, $n = 1, 2, \dots$, ob die folgenden Funktionen an der Stelle $x = 1$ einen Grenzwert besitzen:

a) $f(x) = x - 1$ b) $f(x) = |x - 1| + 2$ c) $f(x) = \sqrt{x - 1}$ d) $f(x) = \dfrac{1}{x - 1}$.

e) $f(x) = \dfrac{1}{(x - 1)^2}$ f) $f(x) = \dfrac{x^2 - 1}{x - 1}$

$\boxed{\text{A 8.2}}$ Berechnen Sie folgende Grenzwerte:

a) $\displaystyle\lim_{x \to \pm\infty} \frac{x^2 + 5x - 6}{2x^2 - 3x + 1}$ b) $\displaystyle\lim_{x \to \pm\infty} \frac{4x - 2}{x^2 + 1}$ c) $\displaystyle\lim_{x \to -\infty} \frac{x^2 + 1}{x - 1}$

d) $\displaystyle\lim_{x \to 2} \frac{x^2 + 2x - 8}{x^2 - 2x}$ e) $\displaystyle\lim_{x \to \pm\infty} \frac{\sum_{i=1}^{20}(ix + 1)^2}{x^2 + 4}$ f) $\displaystyle\lim_{x \to 1} \frac{x^n - 1}{x - 1}$, $n \in \mathbb{N}$

g) $\displaystyle\lim_{x \to \pm\infty} \frac{(x + 3)(x - 4)(3x + 5)}{(x^2 + 1)\sqrt{3 + 4x^2}}$ h) $\displaystyle\lim_{x \to 0} \frac{x}{\sqrt{x + 4} - 2}$ i) $\displaystyle\lim_{x \to \pm\infty} (\sqrt{4x^2 - 3x} - 2x)$.

$\boxed{\text{A 8.3}}$ Wiederholen Sie die Grundfunktionen und überzeugen Sie sich anhand ihrer Graphen von der Richtigkeit der nachstehenden Aussagen:

$$\lim_{x \to 0+0} \ln x = -\infty, \qquad \lim_{x \to +\infty} \ln x = +\infty,$$

$$\lim_{x \to -\infty} e^x = 0, \qquad \lim_{x \to +\infty} e^x = +\infty, \qquad \lim_{x \to \pm\infty} e^{\frac{1}{x}} = \lim_{x \to \pm\infty} e^{-\frac{1}{x}} = 1,$$

$$\lim_{x \to -\frac{\pi}{2}+0} \tan x = -\infty, \qquad \lim_{x \to \frac{\pi}{2}-0} \tan x = +\infty,$$

$$\lim_{x \to 0-0} \cot x = -\infty, \qquad \lim_{x \to 0+0} \cot x = +\infty.$$

8.2 Stetigkeit / Unstetigkeit von Funktionen

A 8.4 Untersuchen Sie, wo die folgenden Funktionen $f : y = f(x)$ stetig sind, charakterisieren Sie evtl. auftretende Unstetigkeiten und skizzieren Sie jeweils den Graph von f (die natürlichen Definitionsbereiche wurden bewußt *nicht* angegeben):

a) $f : y = \dfrac{x^2 + x + 6}{x^2 + 1}$ b) $f : y = \dfrac{4x^2 - 16x + 16}{x - 2}$ c) $f : y = \dfrac{x^2 + x - 6}{x^2 + 3x}$

d) $f : y = 2 - |2x - 2|$ e) $f : y = \dfrac{|x + 2| - |2 - x|}{2|x|}$ f) $f : y = \sqrt{x^2 - x - 6}$

g) $f : y = \dfrac{\sqrt{4x^2 - 16x + 16}}{x - 2}$ h) $f : y = \dfrac{3x + 4}{\sqrt{(x + 2)^2 - 8x} - x + 2}$

i) $f : y = \ln(x^2 - 4)$ j) $f : y = \ln|x^2 - 4|$

k) $f : y = \sqrt{1 - e^{2x}}$ l) $f : y = \dfrac{1}{1 + e^{\frac{1}{x}}}$

A 8.5 Geben Sie die Stetigkeitsbereiche der Arcus-Funktionen an.

A 8.6 Skizzieren Sie folgende Funktionen und charakterisieren Sie deren Unstetigkeiten:

a) $f(x) = \dfrac{x}{|x|}$ b) $f(x) = k$ für $x \in [k, k + 1)$, $k \in \mathbb{Z}$

c) $f(x) = x$, $x \in (-1, 1]$ d) $f(x) = \begin{cases} -1 & , \quad x \in [-2, 0) \\ 0 & , \quad x = 0 \\ 1 & , \quad x \in (0, 2) \end{cases}$

     $f(x + 2) = f(x)$ $f(x + 4) = f(x)$

e) $f(x) = \begin{cases} 1 - e^x & , \quad x < 0 \\ x^2 - x & , \quad x \in [0, 2) \\ 1 - x & , \quad x \geq 2 \end{cases}$ f) $f(x) = \begin{cases} x^2 & , \quad x < -1 \\ 0 & , \quad x = -1 \\ \sin(\frac{\pi}{2} x + \pi) & , \quad x > -1 \end{cases}$

A 8.7 Wie müssen die Konstanten A und B gewählt werden, damit die Funktion

$$f : y = \begin{cases} 1 - Ax & \text{für} \quad x < -2 \\ x^2 + Bx + 3 & \text{für} \quad x \in [-2, 1] \\ 2A + x & \text{für} \quad x > 1 \end{cases} \quad \text{in ganz } \mathbb{R} \text{ stetig ist ?}$$

A 8.8 Das Porto für Postwurfsendungen beträgt (Stand vom 1.1.1998)

für Sendungen	bis	10 g	0.23 DM,
	über	10 g bis 20 g	0.27 DM,
	über	20 g bis 30 g	0.30 DM,
	über	30 g bis 50 g	0.35 DM,
	über	50 g bis 100 g	0.45 DM.

Skizzieren Sie die Funktion f, die das Porto (in DM) in Abhängigkeit vom Gewicht der Sendung (in g) beschreibt, und charakterisieren Sie ihre Unstetigkeiten.

8.3 Hinweise

$\boxed{\text{H 8.1}}$ Man hat zunächst zu untersuchen, ob die Zahlenfolgen $(f(\hat{x}_n))$ und $(f(\tilde{x}_n))$ für $n \to \infty$ denselben Grenzwert g besitzen. Danach ist festzustellen, ob für *beliebige* Zahlenfolgen (x_n) mit $\lim\limits_{n\to\infty} x_n = 1$ gilt: $\lim\limits_{n\to\infty} |f(x_n) - g| = 0$.
Bei c), d) betrachte man die links- und rechtsseitigen Grenzwerte, bei f) vereinfache man *vor* dem Grenzübergang durch Verwendung der 3. binomischen Formel.

$\boxed{\text{H 8.2}}$ a)-c), e), g) *Vor* dem Grenzübergang im Zähler und Nenner die höchste x-Potenz ausklammern und soweit wie möglich kürzen.
d) Produktdarstellung von Zähler und Nenner; gemeinsame Faktoren *vor* dem Grenzübergang kürzen.
e) Man verwende A 2.30a und d.
f) Man verwende A 2.30b.
h), i) Unter Verwendung der 3. binomischen Formel sind die auftretenden Brüche geeignet zu erweitern.

$\boxed{\text{H 8.4}}$ Bekanntlich sind alle Grundfunktionen in ihrem Definitionsbereich stetig. Ermitteln Sie daher die $x \in I\!R$, für die f *nicht* definiert ist, und untersuchen Sie das Verhalten von f an den Randpunkten des Definitionsbereichs genauer.

$\boxed{\text{H 8.7}}$ An den Stellen $x = -2$ und $x = 1$ ist die Übereinstimmung von Funktionswert und von links- und rechtsseitigem Grenzwert von f zu fordern.

9 Differentialrechnung

Für die Differentialrechnung von Funktionen einer reellen Variablen ist der Begriff der (1.) Ableitung der Funktion $f: y = f(x)$,

$$y' = f'(x) = \frac{df}{dx} = \lim_{h \to 0} \frac{f(x+h) - f(x)}{h}, \qquad (A)$$

von fundamentaler Bedeutung; hierauf aufbauend werden die 2. und höheren Ableitungen definiert. Der Ableitungsbegriff und seine Anwendung sind Gegenstand aller Aufgaben dieses Kapitels, in dem zu folgenden Schwerpunkten geübt wird:

Bilden von Ableitungen (A 9.1 - 9.4)

mit Hilfe der Definition (A), unter Verwendung der bekannten Ableitungen der Grundfunktionen, von Summen-, Produkt-, Quotienten- und Kettenregel, sowie der Regel für die Ableitung der Umkehrfunktion. Dabei wird besonderes Augenmerk auf die Handhabung der Kettenregel gelegt.

Anwendung der 1. Ableitung in der Geometrie (A 9.5 - 9.9)

Ermittelt werden die Gleichungen von Tangente und Normale ebener Kurven sowie die Winkel, unter denen sich ebene Kurven schneiden.

Extrema und Wendepunkte (A 9.10 - 9.11, A 9.17 - 9.29)

Die Theorie der relativen (= lokalen) und absoluten (= globalen) Extrema sowie der Wendepunkte bei differenzierbaren Funktionen wird zur Kurvendiskussion und zur Lösung verschiedenartiger, praxisbezogener Extremwertaufgaben angewendet.

Die Aufgaben A 9.12 - 9.14 bzw. 9.15 - 9.16 weisen auf die Bedeutung des Ableitungsbegriffs in verschiedenen Wissensgebieten bzw. auf Anwendungsmöglichkeiten des Mittelwertsatzes der Differentialrechnung hin.

9.1 Technik des Differenzierens

A 9.1 Mit Hilfe der Definition (A) ermittle man die erste Ableitung (an einer beliebigen Stelle x des Definitionsbereichs) von

a) $f(x) = x^3$ b) $f(x) = x^3 + 2x^2 - x + 3$ c) $f(x) = \dfrac{1}{x+2}$

d) $f(x) = \sqrt{x+1}$ e) $f(x) = \dfrac{1}{\sqrt{x}}$ f) $f(x) = \cos x$.

A 9.2 Unter Verwendung der Ableitungsregel für Umkehrfunktionen ermittle man die erste Ableitung von

a) $f^{-1}(x) = e^x$ b) $f^{-1}(x) = \arccos x$, $|x| < 1$,   c) $f^{-1}(x) = \arctan x$.

A 9.3 Unter Verwendung geeigneter Differentiationsregeln bilde man die erste und zweite Ableitung der folgenden Funktionen und vergleiche die Definitionsbereiche von f, f' und f'':

a) $f(x) = x^2 + \dfrac{1}{x} - \dfrac{1}{x^2}$ b) $f(x) = 2\sqrt{x} - 3\sqrt[3]{x} + 4\sqrt[4]{x}$

c) $f(x) = \sqrt{x\sqrt[3]{x\sqrt[4]{x}}}$ d) $f(x) = \sqrt[3]{2x^2}$

e) $f(x) = 2\ln x + 3\cos x + \sqrt{x}$ f) $f(x) = \frac{1}{2}e^x - 2x^2 + 4x + 5\sin x$

g) $f(x) = e^x \sin x$ h) $f(x) = x^2 \ln x$ i) $f(x) = \dfrac{x^2}{e^x}$

j) $f(x) = \dfrac{e^x + 1}{x + 1}$ k) $f(x) = \dfrac{\sin x}{\cos x}$ l) $f(x) = |\sin x|$

$\boxed{\text{A 9.4}}$ Differenzieren Sie und geben Sie jeweils D_f und $D_{f'}$ an:

a) $f(x) = \cos(x + 3)$ b) $f(x) = \sin(ax)$, $a \in \mathbb{R}$

c) $f(x) = e^{-bx}$, $b \in \mathbb{R}$ d) $f(x) = \dfrac{1}{(x + 2)^n}$, $n \in \mathbb{N} \setminus \{0\}$

e) $f(x) = \sqrt{x^2 + px + q}$, $p, q \in \mathbb{R}$ f) $f(x) = \ln(1 + \sin x)$

g) $f(x) = \ln \dfrac{x^2}{1 - x^2}$ h) $f(x) = \cos\sqrt{x^2 + 1}$

i) $f(x) = \arctan\sqrt{x + 2}$ j) $f(x) = \cos^n(bx)$, $n \in \mathbb{N} \setminus \{0\}$, $b \in \mathbb{R}$

k) $f(x) = (\ln(ax^3))^n$, $n \in \mathbb{N}$, $a \in \mathbb{R}^+$ l) $f(x) = \sqrt{2 + \cos^2(2x^3 - 1)}$

m) $f(x) = (x^2 + 2)\exp\sqrt{x + 1}$ n) $f(x) = \dfrac{\sqrt{\exp\sqrt{x} - 1}}{\sqrt{\exp\sqrt{x} + 1}}$

o) $f(x) = \arcsin\sqrt{1 - x^2}$ p) $f(x) = \sqrt{x(x + 2)(x - 3) + 3x^2 + 6x}$

9.2   Anwendungen der 1. Ableitung in der Geometrie

$\boxed{\text{A 9.5}}$ Für die Funktionen

a) $f(x) = e^{-x^2 + 1}$ b) $f(x) = \frac{4}{\pi}\cot(\frac{\pi}{4}x)$ c) $f(x) = (x + 1)^2 \ln x$

gebe man die Gleichung der Tangente und der Normale in dem zu $x_0 = 1$ gehörenden Kurvenpunkt an.

$\boxed{\text{A 9.6}}$ In welchen Kurvenpunkten bildet die Tangente an den Graphen von f den jeweils angegebenen Winkel α mit der positiv orientierten x-Achse ?

a) $f(x) = \dfrac{1}{x^2}$, $\alpha = 135^0$ b) $f(x) = \arctan(x + 2)$, $\alpha = 45^0$

c) $f(x) = \sqrt{x^3}$, $\alpha = 60^0$ d) $f(x) = |\sin(2x)|$, $\alpha = 60^0$

$\boxed{\text{A 9.7}}$ Unter welchem Winkel schneiden sich

a) die in den Kurvenpunkten $P_1(-2, y_1)$ und $P_2(2, y_2)$ an den Graphen der Funktion $y = \dfrac{1}{3}x^3 - 2x^2 + 3x + 1$ gelegten Tangenten ,

b) die Graphen von $y_1 = \tan x$ und $y_2 = \cot x$,

c) die Graphen von $y_1 = \sin x$ und $y_2 = \cos x$?

$\boxed{\text{A 9.8}}$ a) Wie muß der Punkt $P(x^*, y^*)$ zum Graphen der Funktion $f : y = x^2 + ax + b$ gelegen sein, damit sich von ihm aus zwei oder eine oder keine Tangenten an den Graphen ziehen lassen ?

b) Läßt sich bei beliebig vorgegebenem $\overline{x} \in I\!R$ stets ein $\overline{y} \in I\!R$ so angeben, daß man vom Punkt $P(\overline{x}, \overline{y})$ aus zwei sich senkrecht schneidende Tangenten an den Graphen von f der Aufgabe a) legen kann? Welchen Wert hat man für $\overline{y}$ zu wählen ?

$\boxed{\text{A 9.9}}$ Man zeige, daß für alle $x > 0$ gilt: $\ln(1 + x) < 1 + x$.

9.3 Kurvendiskussionen

$\boxed{\text{A 9.10}}$ Für die folgenden Funktionen führe man eine Kurvendiskussion durch:

a) $f(x) = x^3 + x^2 - x - 1$ b) $f(x) = \dfrac{x^3 - 2x^2}{2x - 2}$

c) $f(x) = \dfrac{x - 1}{x(x^2 - 1)}$ d) $f(x) = \dfrac{x}{\sqrt{x - 2}}$

e) $f(x) = \sqrt{2x^2 - 4x + 1.5}$ f) $f(x) = x^3 - \sqrt[3]{x}$

g) $f(x) = (x + 2)^2 \ln(x + 2)$ h) $f(x) = (x + 1)e^{1-x}$

i) $f(x) = e^{-\frac{x^2}{2}}$ j) $f(x) = x^2 e^{-x^2}$

k) $f(x) = e^{-x} \sin x$ l) $f(x) = \sqrt{x(x + 2)(x - 3) + 3x^2 + 6x}$

$\boxed{\text{A 9.11}}$ Man ermittle die absoluten Extrema von

a) $f(x) = x^3 - 1.5x^2 - 18x + 25$ in $[-5, 5]$ b) $f(x) = 2x + \sqrt{1125 - x^2}$ in D_f.

9.4 Anwendungsaufgaben

$\boxed{\text{A 9.12}}$ Bei der chemischen Reaktion $2\mathrm{NO}_2 \rightarrow 2\mathrm{NO} + \mathrm{O}_2$ ist die Konzentration $C = y(t)$ des Stoffes NO_2 eine Funktion der Zeit. Man bestimme die Reaktionsgeschwindigkeit $\dfrac{dy}{dt}$ und drücke sie als Funktion von y aus, falls

$$y(t) = \left(K \cdot t + \frac{1}{y_0} \right)^{-1} \text{ ist. } (K = \text{const.}, \; y_0 = y(0) \text{ Anfangskonzentration})$$

$\boxed{\text{A 9.13}}$ In einem elektrischen Stromkreis mit Widerstand R und Induktivität L ist die in der Zeit t durch den Leiterquerschnitt fließende Ladung $Q(t)$ beim Einschalten

$$Q(t) = \frac{E}{R} \left(t + \frac{L}{R} \exp\left(-\frac{R\,t}{L} \right) - \frac{L}{R} \right), \; L, R, E \text{ Konstanten .}$$

Berechnen Sie die Stromstärke $I(t) = \dfrac{dQ}{dt}$.

$\boxed{\text{A 9.14}}$ Der Absprung eines Fallschirmspringers erfolge in 3 200 m Höhe, der Fallschirm öffne sich 200 m über dem Erdboden. Der bis dahin im freien Fall (ohne

Berücksichtigung des Luftwiderstandes) zurückgelegte Weg ergibt sich aus
$s(t) = \frac{1}{2} gt^2$ (g $= 9.81$ m/s^2 Erdbeschleunigung).
Welche Geschwindigkeit hat der Fallschirmspringer in dem Moment, wo sich der
Fallschirm öffnet ?

$\boxed{\textbf{A 9.15}}$ Mit Hilfe des Mittelwertsatzes gebe man eine obere Schranke für den Fehler an, den man begeht, wenn
  a) $\sqrt{4.01}$ durch $\sqrt{4} = 2$ b) $\sqrt[1000]{2}$ durch 1 ersetzt wird.

$\boxed{\textbf{A 9.16}}$ Die folgenden Ungleichungen beweise man mit Hilfe des Mittelwertsatzes:
  a) $|\sin x - \sin y| \leq |x - y|$ b) $|\arctan x - \arctan y| \leq |x - y|$
  c) $\dfrac{x}{1+x} < \ln(1 + x) < x$ für $x > 0$.
  d) Gilt die Ungleichung in c) auch für $-1 < x < 0$?

$\boxed{\textbf{A 9.17}}$ Man zeige: Die Summe zweier positiver Zahlen, deren Produkt gleich A ist, wird genau dann minimal, wenn beide Zahlen gleich $\sqrt{A}$ sind.

$\boxed{\textbf{A 9.18}}$ Man zeige: Unter allen rechtwinkligen Dreiecken mit vorgegebener Hypotenusenlänge c haben die gleichschenkligen sowohl maximalen Umfang als auch maximalen Flächeninhalt.

$\boxed{\textbf{A 9.19}}$ Unter allen Rechtecken, die einem Kreis vom Radius r einbeschrieben werden, ist das mit größtem und das mit kleinstem Flächeninhalt gesucht.

$\boxed{\textbf{A 9.20}}$ Aus einem zylindrischen Baumstamm (Querschnittsradius r) soll ein Balken von rechteckigem Querschnitt (Grundseite a, Höhe h) und maximaler Bruchfestigkeit ausgeschnitten werden. (Die Bruchfestigkeit ist proportional zu a und h^2.) Wie sind a und h zu wählen ?

$\boxed{\textbf{A 9.21}}$ Welches von allen gleichschenkligen Dreiecken, die einem Quadrat der Seitenlänge a so einbeschrieben werden, daß die Spitze des Dreiecks mit einer Ecke des Quadrats zusammenfällt, hat maximalen Flächeninhalt? Wie groß ist dieser ?

$\boxed{\textbf{A 9.22}}$ Einem gleichschenkligen Dreieck Δ (Basislänge c, Höhe h) ist ein gleichschenkliges Dreieck maximalen Flächeninhalts so einzubeschreiben, daß seine Spitze die Basis von Δ halbiert.

$\boxed{\textbf{A 9.23}}$ Einem Kreiskegel mit Radius R und Höhe H soll ein Zylinder
a) maximalen Volumens
b) maximaler Oberfläche
einbeschrieben werden. Wie sind dessen Radius r und Höhe h zu wählen ?

$\boxed{\textbf{A 9.24}}$ Unter allen Dreiecken mit $\gamma = 90^0$ und vorgegebener Höhe $h_c = h$ ist dasjenige mit dem kleinsten Umfang gesucht.

$\boxed{\textbf{A 9.25}}$ Welcher von allen Kreiszylindern mit dem Volumen V hat die kleinste Oberfläche ?

A 9.26 Einem Viertelkreis mit Radius r wird ein Dreieck so einbeschrieben, daß seine Spitze im Kreismittelpunkt liegt. Gesucht ist das Dreieck mit maximalem Flächeninhalt.

A 9.27 Vom Ort A zum Ort B ist eine Gasleitung zu verlegen. A ist mit dem Ort C durch eine geradlinige, 14 km lange Straße verbunden; B ist von C - senkrecht zur Straße $\overline{AC}$ gemessen - 12 km entfernt.
Die Kosten für das Verlegen der Leitung betragen längs der Straße $\overline{AC}$ 30 TDM/km, in dem zwischen der Straße und B liegenden Gelände 50 TDM/km.
Wie ist die Leitung zu verlegen, damit die Kosten minimal werden ? Wie hoch sind die minimalen Kosten ?

A 9.28 Welche Höhe h muß die Tür eines Turmes mit kreisförmigem Querschnitt mit dem Innendurchmesser 3m mindestens haben, damit durch sie eine Fahnenstange von 8 m Länge in den Turm geschoben werden kann ?

A 9.29 Welcher Punkt des Graphen der Funktion $y = \dfrac{2}{x}$, $x > 0$, hat vom Punkt $P_0(2,\ 2.5)$ minimalen Abstand ?

9.5 Hinweise

H 9.1 Umformung von $\dfrac{f(x+h) - f(x)}{h}$ bei
- a), b) unter Verwendung der binomischen Formel für $(x+h)^n$, $\quad n = 2$ bzw. 3;
- c) durch Gleichnamigmachen;
- d) durch Erweitern unter Verwendung der 3. binomischen Formel;
- e) durch Gleichnamigmachen und Erweitern unter Verwendung der 3. binomischen Formel;
- f) unter Verwendung von Additionstheoremen und von $\displaystyle\lim_{x\to 0}\frac{\sin x}{x} = 1$;

H 9.2 Die Funktionen in a), b), c) sind die Umkehrfunktionen von $\ln x$, $\cos x$, $\tan x$; daher wende man die Regel zur Ableitung der Umkehrfunktion an:

$$(f^{-1})'(x_0) = \frac{1}{f'(y_0)} \ \text{mit}\ y_0 = f^{-1}(x_0). \tag{U}$$

H 9.3 Beachte in
a), b): $\dfrac{1}{x^n} = x^{-n}$, $x \neq 0$, $\sqrt[n]{x} = x^{\frac{1}{n}}$, $x \geq 0$, $n \in I\!N \setminus \{0\}$;
c): $f(x)$ in die Form $f(x) = x^\alpha$, $\alpha \in \mathbb{Q}$ bringen;
d): $f(x)$ in die Form $f(x) = c|x|^\alpha$, $\alpha \in \mathbb{Q}$ bringen und getrennt für $x < 0$ und $x \geq 0$ betrachten;
e), f): Summenregel; g), h): Produktregel; i), j), k): Quotientenregel;
l): Fallunterscheidungen vornehmen.
An "kritischen Stellen", an denen f z.B. eine Spitze oder eine Unstetigkeit besitzt, muß man bei der Untersuchung der Differenzierbarkeit auf die Definition (A) zurückgehen und dort gegebenenfalls den links- und rechtsseitigen Grenzwert betrachten.

$\boxed{\text{H 9.4}}$ Anwendung der Kettenregel. Man stelle sich die Frage: "Was hindert mich am 'unmittelbaren' Differenzieren ?", ersetze dieses "Hindernis" durch eine neu einzuführende Funktion $z = h(x)$, interpretiere die gegebene Funktion als "mittelbare" Funktion $f(x) = g(h(x))$ und differenziere sie nach der Kettenregel.
Beispiel a): Unmittelbar differenzieren ließe sich $y = \cos x$. Statt x lautet das Argument des cos aber $x + 3$. Daher setzt man $z = h(x) = x + 3$, $g(z) = \cos z$. Dann gilt $f(x) = g(h(x))$, und man erhält mit der Kettenregel $f'(x) = g'(z)\big|_{z=h(x)} \cdot h'(x) = -\sin z\,|_{z=x+3} \cdot 1 = -\sin(x + 3)$.
Analog b) - f).
g): Vor dem Differenzieren mit Logarithmengesetz vereinfachen.
h) - l), o): Hier differenziere man $f(x) = g(h(l(x)))$ nach der Kettenregel $f'(x) = g'(z) \cdot h'(u) \cdot l'(x)$. Dabei setze man z.B. in h): $u = l(x) = x^2 + 1$, $z = h(u) = \sqrt{u}$, $g(z) = \cos z$.
m) Produkt- und Kettenregel anwenden. n) Quotienten- und Kettenregel anwenden.
p) Vor dem Differenzieren Radikanden zusammenfassen und f vereinfachen.

$\boxed{\text{H 9.5}}$ Punkt-Richtungs-Gleichung ansetzen und verwenden, daß der Anstieg der Tangente $m = f'(x_0)$, der Anstieg der Normale $\tilde{m} = -(f'(x_0))^{-1}$ ist.

$\boxed{\text{H 9.6}}$ Setze $f'(x)$ gleich dem Tangens des vorgegebenen Winkels.

$\boxed{\text{H 9.7}}$ Der Schnittwinkel zweier Kurven ist als Schnittwinkel ihrer Tangenten definiert. Für den Schnittwinkel α der Geraden $y_1 = m_1 x + b_1$, $y_2 = m_2 x + b_2$ gilt:
$$\cos \alpha = \frac{1 + m_1 m_2}{\sqrt{1 + m_1^2}\sqrt{1 + m_2^2}}.$$

$\boxed{\text{H 9.8}}$ Man stelle die Gleichung der von $P(x^*, y^*)$ ausgehenden Tangente auf, die die vorgegebene Parabel im Punkt $P(x_0, y_0)$ berühren möge, und berücksichtige, daß $P(x_0, y_0)$ sowohl die Tangenten- als auch die Parabelgleichung erfüllt.

$\boxed{\text{H 9.9}}$ Man vergleiche beide Seiten der Ungleichung für $x = 0$ und ihre Ableitungen für $x > 0$.

$\boxed{\text{H 9.10}}$ Man bestimme D_f und untersuche f auf Nullstellen, Unstetigkeitsstellen (z.B. Lücken, Polstellen), relative Extrema, Wendepunkte und das Verhalten im Unendlichen.

$\boxed{\text{H 9.11}}$ Die Funktion f hat bei $x = x_a$ ihr **absolutes** (oder **globales**)
$\left\{\begin{array}{l}\textbf{Maximum} \\ \textbf{Minimum}\end{array}\right\}$ auf D_f (bzw. auf $[a, b] \subset D_f$), wenn gilt: $\left\{\begin{array}{l}f(x_a) \geq f(x) \\ f(x_a) \leq f(x)\end{array}\right\}$ für alle $x \in D_f$ (bzw. $x \in [a, b]$).
Die Funktion f nimmt ihre absoluten Extrema entweder an lokalen Extremstellen oder auf dem Rand von D_f (bzw. von $[a, b]$) an.

$\boxed{\text{H 9.14}}$ Beachte: $v(t) = \dfrac{ds}{dt}$.

$\boxed{\text{H 9.15}}$ Betrachte in a) z.B. $f(x) = \sqrt{x}$ in $[4,\ 4.01]$, in b) z.B. $f(x) = \sqrt[1000]{1 + x}$ in $[0, 1]$.

$\boxed{\textbf{H 9.16}}$ Analog A 9.15 (jeweils Abschätzung von $f'(\xi)$).

$\boxed{\textbf{H 9.17}}$ Minimiere die Zielfunktion $x + y$ unter Berücksichtigung der Nebenbedingung $x \cdot y = A$.

$\boxed{\textbf{H 9.18}}$ Zielfunktion $U = x + y + c$ bzw. $A = \frac{1}{2}xy$. Nebenbedingung jeweils aus dem Satz des Pythagoras.

$\boxed{\textbf{H 9.19}}$ Satz des Pythagoras verwenden $\boxed{\textbf{H 9.20}}$ Satz des Pythagoras verwenden $\boxed{\textbf{H 9.21}}$ Summe der weißen Dreiecksflächen betrachten

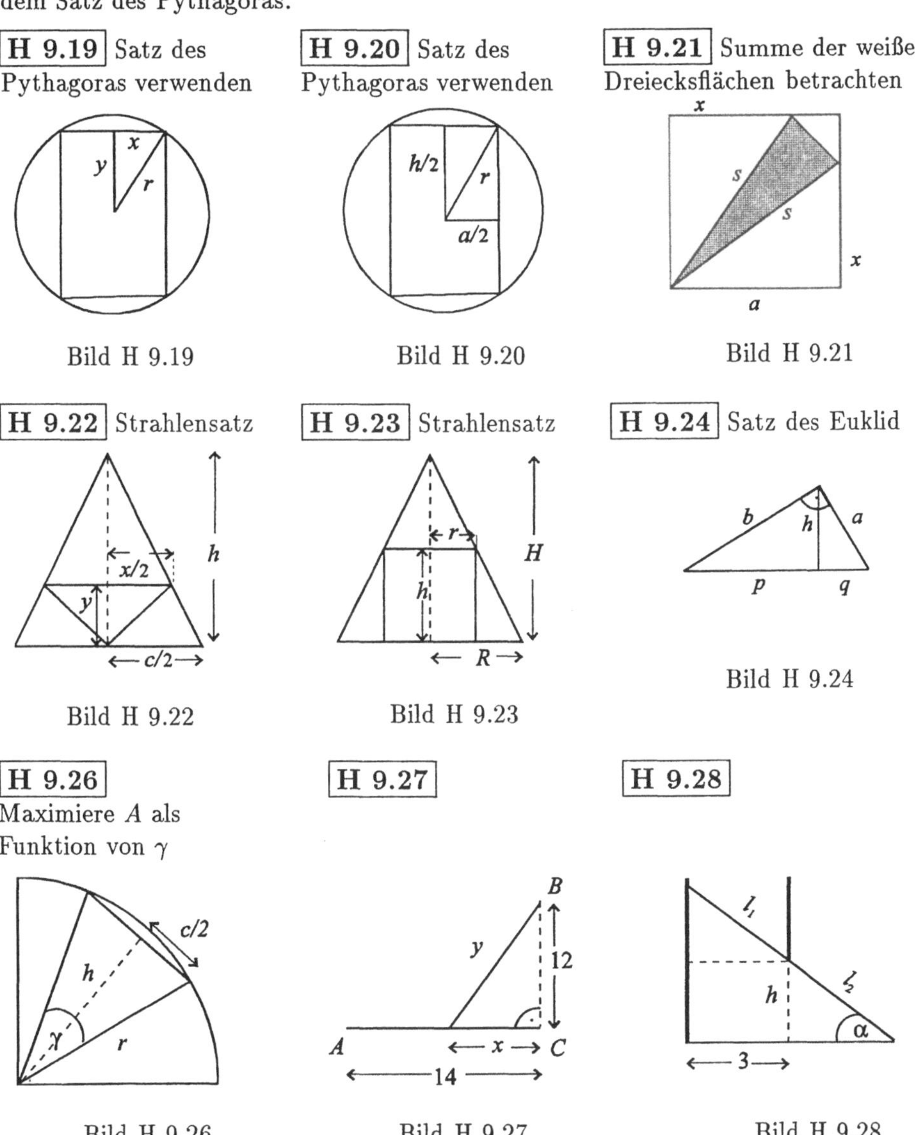

Bild H 9.19   Bild H 9.20   Bild H 9.21

$\boxed{\textbf{H 9.22}}$ Strahlensatz $\boxed{\textbf{H 9.23}}$ Strahlensatz $\boxed{\textbf{H 9.24}}$ Satz des Euklid

Bild H 9.22   Bild H 9.23

Bild H 9.24

$\boxed{\textbf{H 9.26}}$ Maximiere A als Funktion von γ

$\boxed{\textbf{H 9.27}}$

$\boxed{\textbf{H 9.28}}$

Bild H 9.26   Bild H 9.27   Bild H 9.28

$\boxed{\textbf{H 9.29}}$ Minimiere das Quadrat des Abstands der Punkte $P_0(2,\ 2.5)$ und $P_1\left(x,\ \frac{2}{x}\right)$.

10 Integralrechnung

Das Hauptanliegen dieses Kapitels besteht darin, handwerkliche Fertigkeiten beim
Ermitteln unbestimmter Integrale anzutrainieren. Die Anwendungsmöglichkeiten
der Integralrechnung sind vielgestaltig. Im Rahmen dieses Übungsbuches können
nur einige ausgewählte Beispiele behandelt werden.

Die inhaltlichen Schwerpunkte sind:

Integrale, die sich (durch einfache Umformungen) **auf Grundintegrale zurückführen lassen** (A 10.1 - 10.2)

Partielle Integration (A 10.5)
des Produkts von Funktionen. Geübt wird insbesondere die richtige Wahl des An-
satzes für die partielle Integration (s. H 10.5).

Integration durch Substitution (A 10.6 - 10.8)
Durch die Aufgaben soll der Blick geschärft werden für das Auffinden geeigneter Sub-
stitutionsfunktionen: Einerseits durch die Frage: "Was hindert mich, das Integral
als Grundintegral zu lösen?" und andererseits durch die Frage: "Kommt im Integranden eine Funktion vor, deren Ableitung als Faktor des Integranden auftritt?"

Integration nach vorheriger Partialbruchzerlegung (A 10.9)
Die Integration gebrochen rationaler Funktionen erfordert i. allg. deren vorherige
Zerlegung in Partialbrüche. Zu den Ansätzen für Partialbruchzerlegungen und zur
Integration der Partialbrüche siehe H 10.9.

Anwendungsaufgaben
Diese Aufgaben sollen verdeutlichen, daß das bestimmte Integral nicht nur zur
Flächenberechnung benötigt wird, sondern in den verschiedensten Wissensgebieten
Anwendung findet (A 10.10 - 10.14).

Bei den Aufgaben zur Flächenberechnung (A 10.3, 10.4, 10.12) beachte man H 10.3
und die Tatsache, daß sich Flächenstücke, die von mehreren Kurven begrenzt werden, aus Flächenstücken zusammensetzen lassen, die man durch Integration ihrer
Begrenzungskurven über Intervallen der x-Achse berechnen kann.

10.1 Integrale, die sich unmittelbar auf Grundintegrale zurückführen lassen

A 10.1 Ermitteln Sie die unbestimmten Integrale

a) $\int (2x - 3x^2 + 4x^3)\, dx$

b) $\int \left(x^4 + \dfrac{1}{x^4}\right) dx, \ x \neq 0$

c) $\int \dfrac{3x^3 + 2x^2 + 1}{x^2}\, dx, \ x \neq 0$

d) $\int (x + \sqrt{x} + \sqrt[3]{x^4})\, dx, \ x \geq 0$

e) $\int \left(\sqrt[5]{2x} - \dfrac{1}{\sqrt[3]{x^2}}\right) dx, \ x > 0$

f) $\int \sqrt{x \, \sqrt[3]{x} \, \sqrt[4]{x}}\, dx, \ x \geq 0$

und berechnen Sie die zugehörigen bestimmten Integrale in den Grenzen 1 bis 2.

A 10.2 Berechnen Sie

a) $\int\limits_1^3 \left(\sqrt{x} + \dfrac{1}{\sqrt{x}}\right)^2 dx$

b) $\int\limits_{-\sqrt{3}}^{\sqrt{3}} \dfrac{4}{1 + x^2}\, dx$

c) $\int\limits_{-1}^1 e^x \left(3 + \dfrac{2e^{-x}}{1 + x^2}\right) dx$

d) $\int\limits_0^{\frac{\pi}{2}} \left(\cos(\tfrac{x}{2}) + \sin(\tfrac{x}{2})\right)^2 dx$

e) $\int\limits_{-\frac{\pi}{4}}^{\frac{\pi}{4}} \dfrac{2 + \cos^3 x}{\cos^2 x}\, dx$

f) $\int\limits_{-\frac{1}{2}}^{\frac{1}{2}} \dfrac{4}{\sqrt{1 - x^2}}\, dx$.

A 10.3 Zu berechnen ist der Flächeninhalt A (in Flächeneinheiten FE) des Bereichs, der von dem Graphen der Funktion f, den Geraden $x = x_1$, $x = x_2$ und der x-Achse eingeschlossen wird, für

a) $f: \ y = x + 2, \ x_1 = 0, \ x_2 = 1$

b) $f: \ y = -\dfrac{1}{\sin^2 x}, \ x_1 = \dfrac{\pi}{4}, \ x_2 = \dfrac{\pi}{2}$

c) $f: \ y = x^2 - x, \ x_1 = 0, \ x_2 = 2$

d) $f: \ y = \sin x, \ x_1 = 0, \ x_2 = 2\pi$.

A 10.4 Man berechne den Flächeninhalt A (in Flächeneinheiten FE) des Bereichs, der von den Graphen der Funktionen f_1 und f_2 eingeschlossen wird:

a) $f_1: \ y = x, \ f_2: \ y = x^2$

b) $f_1: \ y = \cos x, \ x \in [-\tfrac{\pi}{2}, \tfrac{\pi}{2}], \ f_2: \ y = \tfrac{1}{2}$

c) $f_1: \ y = x^4, \ f_2:$ die Umkehrfunktion von f_1 für $x \geq 0$

d) $f_1: \ y = \sin x, \ f_2: \ y = x(x - \pi)$.

10.2 Partielle Integration

A 10.5 Durch partielle Integration ermittle man

a) $\int (2 + x)\, e^x\, dx$

b) $\int x \sin x\, dx$

c) $\int x^2 e^x\, dx$

d) $\int \sqrt[3]{x} \ln x\, dx, \ x > 0$

e) $\int 2^x\, e^x\, dx$

f) $\int \cos^3 x\, dx$

g) $\int e^x \sin x\, dx$

h) $\int \ln x\, dx, \ x > 0$

i) $\int x \arctan x\, dx$

j) $\int x^2 \cos x\, dx$

k) $\int x(\ln x)^2\, dx, \ x > 0$.

10.3   Substitutionsmethode

A 10.6 Durch geeignete Substitutionen lassen sich die folgenden Integrale auf Grundintegrale zurückführen:

a) $\displaystyle\int \sin(x+1)\,dx$ b) $\displaystyle\int \cos(2x)\,dx$ c) $\displaystyle\int \frac{dx}{x+4},\ x \neq -4$

d) $\displaystyle\int e^{2x-3}\,dx$ e) $\displaystyle\int \frac{dx}{5x-2},\ x \neq \frac{2}{5}$ f) $\displaystyle\int \frac{dx}{\cos^2(4x-1)}$

$$(x \neq \tfrac{1}{4}(1 + \tfrac{\pi}{2} + k\pi),\ k \in \mathbb{Z})$$

g) $\displaystyle\int \frac{dx}{1+9x^2}$ h) $\displaystyle\int \frac{dx}{x^2+2x+1},\ x \neq -1$ i) $\displaystyle\int \frac{dx}{x^2+4x+5}$

j) $\displaystyle\int \frac{dx}{\sqrt{3-4x^2}}$ k) $\displaystyle\int \frac{dx}{\sqrt{-x^2+2x}}$ l) $\displaystyle\int \frac{dx}{\sqrt{7-12x-4x^2}}\ .$

$\left(x \in \left(-\tfrac{\sqrt{3}}{2}, \tfrac{\sqrt{3}}{2}\right)\right)$ $(x \in (0,2))$ $\left(x \in \left(-\tfrac{7}{2}, \tfrac{1}{2}\right)\right)$

A 10.7 Man beachte, daß die Integranden der folgenden Beispiele die Gestalt $f(\varphi(x))\varphi'(x)$ besitzen, und führe $u = \varphi(x)$ als neue Variable ein; damit entsteht
$$\int f(\varphi(x))\varphi'(x)\,dx = \int f(u)\,du.$$

a) $\displaystyle\int \sin^5 x \cos x\,dx$ b) $\displaystyle\int 2x\,e^{x^2+1}\,dx$ c) $\displaystyle\int \frac{\sqrt[3]{\ln x}}{x}\,dx,\ x \geq 1$

d) $\displaystyle\int \frac{(3x^2-10x+8)\,dx}{x^3-5x^2+8x-4}$ e) $\displaystyle\int \frac{4x-3}{\sqrt{4-3x+2x^2}}\,dx$ f) $\displaystyle\int \frac{dx}{\sqrt{1-x^2}\,\arcsin x}$

$(x \neq 1,\ \neq 2)$ $(x \in (-1,1) \setminus \{0\})$

g) $\displaystyle\int (\tan^2 x + \tan^4 x)\,dx$ h) $\displaystyle\int \frac{\sin(\arctan x)}{1+x^2}\,dx$ i) $\displaystyle\int \frac{4\sqrt{3}\cos(2x) - 3\sin(3x)}{\cos(3x) + 2\sqrt{3}\sin(2x)}\,dx$

$(x \neq \tfrac{\pi}{2} + k\pi,\ k \in \mathbb{Z})$ $\left(\begin{array}{l} x \neq \tfrac{\pi}{2}+k\pi,\ x \neq \arcsin\left(\tfrac{\sqrt{3}}{2}-1\right)+2k\pi, \\ x \neq \pi - \arcsin\left(\tfrac{\sqrt{3}}{2}-1\right)+2k\pi,\ k \in \mathbb{Z} \end{array}\right) .$

A 10.8 Mittels partieller Integration *und* Substitution ermittle man folgende Integrale:

a) $\displaystyle\int \arctan x\,dx$ b) $\displaystyle\int \arcsin x\,dx$ c) $\displaystyle\int \sin\sqrt{x+2}\,dx$ d) $\displaystyle\int x^5\,e^{x^2}\,dx\ .$

$(x \in [-1,1])$ $(x \geq -2)$

10.4 Integration gebrochen rationaler Funktionen

A 10.9 Nach vorheriger Zerlegung der Integranden in Partialbrüche integriere man:

a) $\int \dfrac{2\,dx}{x^2 - 1}$, $|x| \neq 1$

b) $\int \dfrac{(x+5)\,dx}{x^2 + x - 2}$, $x \neq 1$, $\neq -2$

c) $\int \dfrac{x^2 + 8x - 2}{(x-2)(x+1)^2}\,dx$, $x \neq 2$, $\neq -1$

d) $\int \dfrac{5x^2 + 2x + 1}{(x+1)(x^2+1)}\,dx$, $x \neq -1$.

10.5 Weitere Anwendungen des bestimmten Integrals

A 10.10 Ein Fallschirmspringer, der aus großer Höhe abspringt, kann vor dem Öffnen des Schirmes als Massenpunkt betrachtet werden, der mit der Geschwindigkeit $v(t) = gt$ fällt ($g \approx 9.81\ \mathrm{ms}^{-2}$).
a) Zur Ermittlung des Weges $s(t^*)$, den der Fallschirmspringer in der Zeit $t^* = 5\,\mathrm{s}$ senkrecht fällt, zerlege man das Zeitintervall $[0, 5]$ in n gleichgroße Teilintervalle, bilde für die Funktion $v(t) = gt$ zu dieser Zerlegung die Ober- und Untersumme und berechne deren Grenzwerte.
b) Beim Öffnen des Fallschirms nach 5 s freien Falls wird dieser durch Aufwind und Luftwiderstand gebremst. Die dabei der Erdbeschleunigung entgegengerichtete Bremswirkung lasse sich durch die Funktion $b(t) = (k + at)\mathrm{e}^{-\alpha t}$ mit $\alpha = 0.1\,\mathrm{s}^{-1}$, $a = 1\,\mathrm{m\,s}^{-3}$, $k = \text{const.}\,\mathrm{ms}^{-2}$, $t \geq 0$ beschreiben. Welchen Wert muß k haben, wenn die Geschwindigkeit $\tilde{v}(t)$ des Fallschirmspringers 10 s nach Öffnen des Fallschirms nur noch $2\,\mathrm{ms}^{-1}$ betragen soll ?

A 10.11 Durch das Zuflußrohr (Querschnitt $q = \text{const.}$) einer "pulsierenden" Fontaine fließt Wasser mit der an jeder Stelle des Querschnitts gleichen, aber zeitabhängigen Geschwindigkeit $v(t) = 200 + 100\,|\sin(\pi t)|$ (in $\mathrm{cm\,s}^{-1}$).
Berechnen Sie, wieviele Liter Wasser pro Stunde durch den Querschnitt des Zuflußrohres strömen, falls $q = 10\,\mathrm{cm}^2$ ist.

A 10.12
a) Welchen Flächeninhalt A hat die Fläche, die der Graph der Funktion

$f : y = \dfrac{1}{(\sqrt[3]{x+1} - 1)(x+1)}$ mit der x-Achse zwischen den Geraden $x_1 = 7$ und $x_2 = 26$ einschließt ?

b) Wie muß $x_0 \in [7, 26]$ gewählt werden, damit

$$\int_7^{x_0} y(x)\,dx = \frac{1}{2} \int_7^{26} y(x)\,dx \quad \text{gilt ?}$$

A 10.13 In einem elektrischen Wechselstromkreis mit der Kreisfrequenz ω genügen Stromstärke $i = i(t)$, Ohmscher Widerstand R, Induktivität L und Spannung V der Beziehung

$$i(t) = \frac{V}{L}\,\mathrm{e}^{-\frac{R}{L}t} \int_0^t \mathrm{e}^{\frac{R}{L}\tau} \sin(\omega\tau)\,d\tau \; . \quad \text{Dabei seien } V,\ L,\ R,\ \omega \text{ konstant.}$$

Geben Sie eine integralfreie Darstellung für $i(t)$ an.

$\boxed{\textbf{A 10.14}}$ Die Reaktionszeit t einer irreversiblen chemischen Reaktion zweier Stoffe A_1, A_2 zum Stoff C genügt der Beziehung

$$k(t - t_0) = \int_{y_0}^{y} \frac{dc}{(a_1 - c)(a_2 - c)}\,.$$

Dabei sind a_1, a_2, y_0 die Konzentrationen der Stoffe A_1, A_2, C zum Zeitpunkt t_0, $y = y(t)$ die Konzentration von C zum Zeitpunkt t; k ist eine Reaktionskonstante.

a) Geben Sie eine Formel zur Berechnung von $y(t)$ für den Fall an, daß $t_0 = 0$ und $y(t_0) = y_0 = 0$ ist.

b) Wie groß ist die Konzentration des Stoffes C 10 Sekunden nach Reaktionsbeginn, wenn $k = 0.01\,\dfrac{\mathrm{cm}^3}{\mathrm{mol}\cdot\mathrm{s}}$ ist und für die Anfangskonzentrationen gilt:

$$y_0 = 0,\ a_1 = 20\,\frac{\mathrm{mol}}{\mathrm{cm}^3},\ a_2 = 10\,\frac{\mathrm{mol}}{\mathrm{cm}^3}\ ?$$

c) Gegen welchen Wert strebt $y(t)$ für $t \to +\infty$?

10.6   Hinweise

$\boxed{\textbf{H 10.1}}$ Anwendung von $\int x^\alpha\,dx = \frac{x^{\alpha+1}}{\alpha+1} + C$, $\alpha \neq -1$.
Wurzeln schreibe man als Potenzen mit rationalen Exponenten.
Zu f) beachte man H 9.3c.

$\boxed{\textbf{H 10.2}}$ d) Integrand nach binomischer Formel unter Verwendung geeigneter Beziehungen für trigonometrische Funktionen vereinfachen.

$\boxed{\textbf{H 10.3}}$ Beachte: $A = \int_{x_1}^{x_2} |f(x)|\,dx$. Man suche daher zunächst die Nullstellen von f in $[x_1,\ x_2]$ auf, untersuche, in welchen Teilintervallen $f(x) \geq 0$ bzw. $f(x) \leq 0$ gilt und integriere dann über diese Teilintervalle f bzw. $-f$.
c) $f(x) \leq 0$ für $x \in [0, 1]$, $f(x) \geq 0$ für $x \in [1, 2]$.
d) $f(x) \geq 0$ für $x \in [0, \pi]$, $f(x) \leq 0$ für $x \in [\pi, 2\pi]$.

$\boxed{\textbf{H 10.4}}$ Man ermittle die Abszissen x_i der Schnittpunkte von f_1 und f_2 und integriere zwischen diesen Grenzen $|f_1(x) - f_2(x)|$.
   a) $x_1 = 0$, $x_2 = 1$ b) $x_1 = -\frac{\pi}{3}$, $x_2 = \frac{\pi}{3}$
   c) $x_1 = 0$, $x_2 = 1$ (s. A 4.33g)   d) $x_1 = 0$, $x_2 = \pi$.

$\boxed{\textbf{H 10.5}}$ Partielle Integration: $\int u(x)v'(x)\,dx = u(x)v(x) - \int u'(x)v(x)\,dx$.
In einem aus zwei Faktoren bestehenden Integranden setzt man denjenigen gleich u, der sich durch Differenzieren vereinfacht (zumindest nicht komplizierter wird), und denjenigen gleich v', der sich ohne weiteres integrieren läßt. Insgesamt muß sich

$\int u'(x)v(x)\,dx$ leichter ermitteln lassen als das Ausgangsintegral $\int u(x)v'(x)\,dx$.
c) Zweimal partiell integrieren; dabei jeweils $e^x = v'$ setzen.
d) Alle Integrale der Form $\int x^\alpha \ln x\,dx$, $x > 0$ mit *beliebigem* $\alpha > 0$, lassen sich durch partielle Integration lösen.
f) $\cos^3 x$ als $\cos^2 x \cdot \cos x$ schreiben.
g) Zweimal partiell integrieren; dabei jeweils $e^x = v'$ setzen. Nach der zweiten partiellen Integration erscheint das Ausgangsintegral wieder auf der rechten Seite, allerdings mit einem Vorfaktor $\neq 1$. Zusammenfassen mit dem auf der linken Seite stehenden Ausgangsintegral führt zum Ergebnis.
h) $\ln x$ als $1 \cdot \ln x$ schreiben.
j), k) Zweimal partiell integrieren.

$\boxed{\text{H 10.6}}$ Anzustreben sind die Grundintegrale

a) $\int \sin u\,du$ b) $\int \cos u\,du$ c) $\int \frac{du}{u}$ d) $\int e^u\,du$ e) $\int \frac{du}{u}$ f) $\int \frac{du}{\cos^2 u}$

h) $\int \frac{du}{u^2}$ g), i) $\int \frac{du}{1+u^2}$ j), k), l) $\int \frac{du}{\sqrt{1-u^2}}$

Dazu führe man eine geeignete Funktion $u = \varphi(x)$ ein, ersetze dx mit Hilfe von du und integriere das entstehende Integral über u. Danach muß die Substitution wieder "rückgängig gemacht", d.h. u durch $\varphi(x)$ ersetzt werden.

$\boxed{\text{H 10.7}}$ a) Die Methode ist auch bei *beliebigem* $n = 2, 3, \ldots$ für $\int \sin^n x \cos x\,dx$ und analog für $\int \cos^n x \sin x\,dx$ anwendbar.
b) Die Methode ist auch bei $\int p'_n(x)e^{p_n(x)}\,dx$ mit *beliebigen* Polynomen p_n vom Grade n anwendbar.
d), i) sind Integrale der Gestalt $\int \frac{\varphi'(x)}{\varphi(x)}\,dx = \ln|\varphi(x)| + C$.

g) Man verwende $\tan^2 x + \tan^4 x = \tan^2 x(1 + \tan^2 x) = \tan^2 x(\tan x)'$.

$\boxed{\text{H 10.8}}$ a), b) Mit partieller Integration beginnen und $\arctan x = 1 \cdot \arctan x$ bzw. $\arcsin x = 1 \cdot \arcsin x$ verwenden.
c), d) Mit Substitution beginnen.

$\boxed{\text{H 10.9}}$ Hat der Nenner einer echt gebrochen rationalen Funktion $q(x)$

- nur einfache reelle Nullstellen $x_1, x_2, \ldots, x_n$, so lautet der Ansatz für die Partialbruchzerlegung

$$q(x) = \frac{A_1}{x - x_1} + \frac{A_2}{x - x_2} + \ldots + \frac{A_n}{x - x_n} \tag{$*$}$$

- nur reelle, aber auch mehrfache Nullstellen, so ist - wenn z.B. x_1 eine r-fache Nullstelle ist und die andern Nullstellen einfach sind - der Ansatz $(*)$ zu ergänzen durch

$$+\frac{A_{12}}{(x - x_1)^2} + \frac{A_{13}}{(x - x_1)^3} + \ldots + \frac{A_{1r}}{(x - x_1)^r} \tag{$**$}$$

- auch nicht-reelle Nullstellen, d.h., die Produktdarstellung des Nenners enthält Faktoren der Gestalt $(x^2 + p_i x + q_i)$ mit $p_i^2 - 4q_i < 0$, so ist für jeden solchen Faktor der Ansatz (*) bzw. (**) durch einen Partialbruch der Gestalt $\dfrac{C_i x + D_i}{x^2 + p_i x + q_i}$ zu ergänzen.

Falls $q(x)$ unecht gebrochen rational ist (d.h. der Grad des Nennerpolynoms kleiner ist als der Grad des Zählerpolynoms), dann hat man den Ansatz der Partialbruchzerlegung durch ein Polynom zu ergänzen, dessen Grad gleich der Differenz von Zählergrad und Nennergrad ist.

Die Ermittlung der Ansatzkoeffizienten erfolgt so, daß man den Ansatz mit dem Hauptnenner multipliziert und in die entstehende Gleichung geeignete x-Werte (am günstigsten die Nullstellen des Nenners von $q(x)$) einsetzt oder einen Koeffizientenvergleich bezüglich der verschiedenen x-Potenzen durchführt.

Für die Integration der auftretenden Partialbrüche beachte man:

$$\int \frac{dx}{x - x_0} = \ln|x - x_0| + C, \quad \int \frac{dx}{(x - x_0)^n} = -\frac{1}{(n-1)(x - x_0)^{n-1}} + C, \; n > 1,$$

$$\int \frac{Ax + B}{x^2 + a^2}\,dx = \frac{A}{2}\int \frac{2x\,dx}{x^2 + a^2} + B\int \frac{dx}{x^2 + a^2} = \frac{A}{2}\ln(x^2 + a^2) + B\arctan\frac{x}{a} + C.$$

$\boxed{\textbf{H 10.10}}$ a) Man zerlegt das Zeitintervall $[0, 5]$ in n gleichgroße Teilintervalle mit den Randpunkten $t_i = ih$, $i = 0, 1, \ldots, n$, $h = \frac{5}{n}$. Wegen des monotonen Wachsens der Funktion $v(t) = g\,t$ erhält man als Unter- bzw. Obersumme dieser Zerlegung

$$s_n = g \sum_{i=0}^{n-1} t_i(t_{i+1} - t_i) \quad \text{bzw.} \quad S_n = g \sum_{i=0}^{n-1} t_{i+1}(t_{i+1} - t_i).$$

b) Es ist $\tilde{v}(10) = \tilde{v}_0 + \int\limits_0^{10}(g - (k + at)\mathrm{e}^{-\alpha t})\,dt$, wobei $\tilde{v}_0$ die Geschwindigkeit des Fallschirmspringers im Moment der Öffnung des Fallschirms ist.

$\boxed{\textbf{H 10.11}}$ Für das Volumen $V(t)$ gilt $V(t) = q\int\limits_0^t v(\tau)d\tau$.

$\boxed{\textbf{H 10.12}}$ $A = \int_7^{26} y(x)\,dx$, da $y(x) > 0$ für $x \in [7, 26]$.
Substitution: $x + 1 = z^3$, $dx = 3z^2\,dz$. Partialbruchzerlegung.

$\boxed{\textbf{H 10.13}}$ Zweimal partiell integrieren.

$\boxed{\textbf{H 10.14}}$ Partialbruchzerlegung und Integration liefert zunächst $t = t(y)$. Auflösung nach $y = y(t)$ läßt sich durch Umformen erreichen.

11 Lösungen

11.1 Lösungen zu Kapitel 1

$\boxed{\text{L 1.1}}$ a) $M = \{\,x \mid x$ ist Buchstabe des Namens "Gauß"$\} = \{G, a, u, ß\}$
b) $M = \{\,x \in \mathbb{Z} \mid x^2 < 10\} = \{0, -1, 1, -2, 2, -3, 3\} = \{-3, -2, -1, 0, 1, 2, 3\}$.
(Beachte: Die Reihenfolge innerhalb der Aufzählung ist beliebig.)
c) Keine Menge, da nicht von jedem Professor eindeutig und objektiv entschieden werden kann, ob er nett ist oder nicht.
d) $M = \{\,x \in \mathbb{N} \mid 5 < x < 20$ und x ist nur durch 1 und durch sich selbst teilbar$\}$
$= \{7, 11, 13, 17, 19\}$
e) $M = \{\,x \mid x$ ist ein im Jahre 2050 in Dresden geborener Mensch$\}$.
Eine Aufzählung der Mengenelemente ist erst im Jahre 2051 möglich.
f) Keine Menge.
g) $M = \{\,x \mid x$ ist Apfel oder Birne oder Pflaume und wurde 1997 von Herrn Y in seinem Garten geerntet$\}$
h) $M = \{\,x \in \mathbb{R} \mid |x| < 1\} = (-1, 1)$.
Anstelle einer unmöglichen Aufzählung der unendlich vielen zu M gehörigen reellen Zahlen benutzt man die Intervallschreibweise (vgl. auch A 2.23).
i) $M = \{\,g \mid g : y = 2x + a,\ a \neq -3\}$.

$\boxed{\text{L 1.2}}$ a) $A \cup B = \{1, 2, 3, 4, 5, 7, 8, 9, 10\} = G \setminus \{6\}$, $\quad A \cap B = \{1, 5\}$,
$A \setminus B = \{4\}$, $\quad B \setminus A = \{2, 3, 7, 8, 9, 10\}$, $\quad \overline{A \cap B} = \{2, 3, 4, 6, 7, 8, 9, 10\} =$
$G \setminus \{1, 5\}$, $\overline{A} \setminus B = \{2, 3, 6, 7, 8, 9, 10\} \setminus B = \{6\}$, $\overline{(B \cap \overline{A}) \cup A} = \overline{\{2, 3, 7, 8, 9, 10\} \cup}$
$A = \{1, 4, 5, 6\} \cup A = \{1, 4, 5, 6\}$, $A \times \overline{B} = \{(1,4), (1,6), (4,4), (4,6), (5,4), (5,6)\}$
b) $\{1\}$, $\{4\}$, $\{5\}$, $\{1, 4\}$, $\{1, 5\}$, $\{4, 5\}$, $\{1, 4, 5\}$, $\emptyset$.

$\boxed{\text{L 1.3}}$ $M \cup N = [-2, 3] \cup \{4, 5\}$, $\quad M \cap N = \{0, 1, 2\}$, $\quad M \setminus N = [-2, 0) \cup$
$(0,1) \cup (1, 2) \cup (2,3)$, $\quad N \setminus M = \{3, 4, 5\}$.

$\boxed{\text{L 1.4}}$

Bild L 1.4

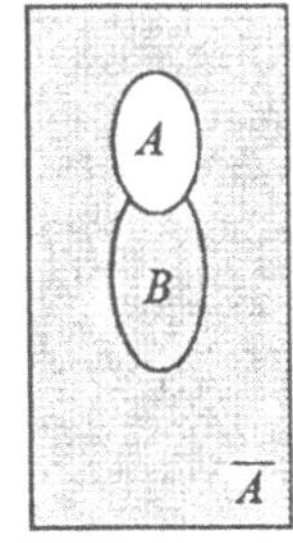

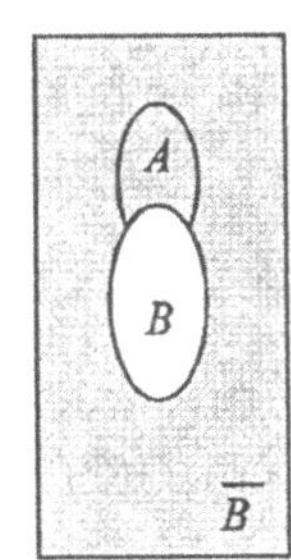

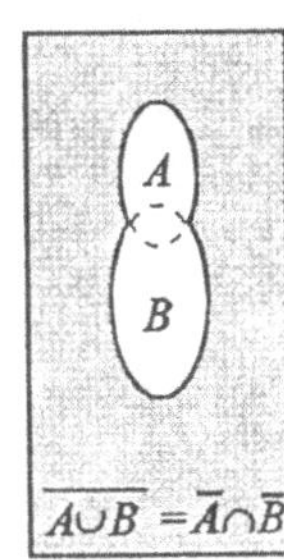

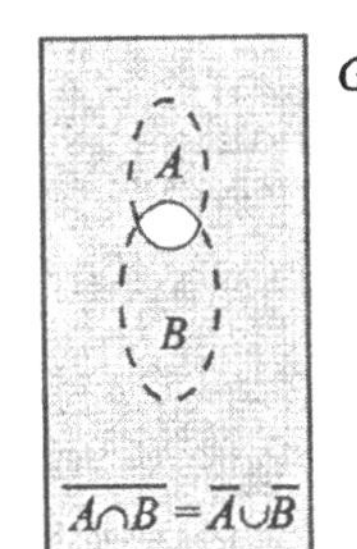

$\boxed{\text{L 1.5}}$ a) Die Gruppe umfaßt alle Klavier spielenden sächsischen Maschinenbau-Studenten, die am 1.1.1999 an einer Universität oder Fachhochschule Deutschlands immatrikuliert sind und BAföG erhalten.
b) Die Gruppe umfaßt alle am 1.1.1999 an einer Universität oder Fachhochschule

Deutschlands immatrikulierten Studenten, die aus Sachsen stammen, Maschinenbau studieren und kein $\overline{\text{BAföG}}$ erhalten, oder die nicht Klavier spielen.

c) Da nach A 1.4 $\overline{(A \cap C)} \cup A = (A \cap C) \cap \overline{A} = \emptyset$ gilt, gehört keine Person zur Gruppe.

d) $(B \cap D) \cup \overline{(\overline{B} \cup D)} = (B \cap D) \cup (B \cap \overline{D}) = B \cap (D \cup \overline{D}) = B$: Die Gruppe umfaßt alle am 1.1.1999 an einer Universität oder Fachhochschule Deutschlands immatrikulierten Maschinenbau-Studenten.

$\boxed{\textbf{L 1.6}}$ Da die quadratische Parabel $y = x^2 + x - 2$ nach oben geöffnet ist und die Nullstellen $x_1 = -2$, $x_2 = 1$ hat, ist $x^2 + x - 2 < 0$ für $x \in (-2, 1)$, d.h. $X = (-2, 1)$.

Die quadratische Parabel $y = -z^2 + z + 2$ ist nach unten geöffnet und hat die Nullstellen $z_1 = -1$, $z_2 = 2$. Daher ist $-z^2 + z + 2 \geq 0$ für $z \in [-1, 2]$, d.h. $Z = [-1, 2]$. $X \cap Z = [-1, 1)$. Somit sind X und Z nicht disjunkt.

$\boxed{\textbf{L 1.7}}$ **a)** $X = \{1, 2, 3, 6\}$, $Y = \{1, 2, 3, 6\}$, $Z = \{1, 2\}$.
Daher gilt: $X = Y$, $Z \subset X$, $Z \subset Y$.

b) $A = \emptyset$, $B = \{1\}$, $C = \{\frac{1}{2}, 1\}$. Daher gilt: $A \subset B$, $A \subset C$, $B \subset C$.

$\boxed{\textbf{L 1.8}}$ **a)** Es gilt: $F \subset E = C \subset B \subset A$ und $F \subset D \subset B \subset A$.

b) (i) x ist ein Quadrat. (ii) x ist ein Parallelogramm, aber kein Rechteck.
(iii) x ist ein Quadrat. (iv) x ist ein Rhombus.

$\boxed{\textbf{L 1.9}}$ Wir bezeichnen mit G die Menge der in der Gärtnerei geernteten Gurken, mit Δl die Differenz zwischen der Länge x einer Gurke und dem Sollmaß und mit $[X]$ die Anzahl der Gurken, die zur Menge X gehören. Mit
$A = \{x \in G \mid |\Delta l| \leq 2\} = \{x \in G \mid -2 \leq \Delta l \leq 2\}$, $[A] = 93$,
$B = \{x \in G \mid \Delta l > 0\}$, $[B] = 58$, $C = \{x \in G \mid 0 < \Delta l \leq 2\}$, $[C] = 55$,
$D = \{x \in G \mid \Delta l < -2\}$, $[D] = ?$
kann G in der Form $G = D \cup A \cup (B \setminus C)$ dargestellt werden (vgl. H 1.9). Da D, A, $B \setminus C$ disjunkt sind, ergibt sich:
$[G] = [D] + [A] + [B] - [C] \Rightarrow [D] = [G] - [A] - [B] + [C] = 100 - 93 - 58 + 55 = 4$,
d.h. 4 Gurken unterschreiten das Sollmaß um mehr als 2 cm.

$\boxed{\textbf{L 1.10}}$ **a)** s. Bilder L 1.10a (i1-i4), (ii), (iii), (iv), (v), (vi), (vii), (viii), (ix).

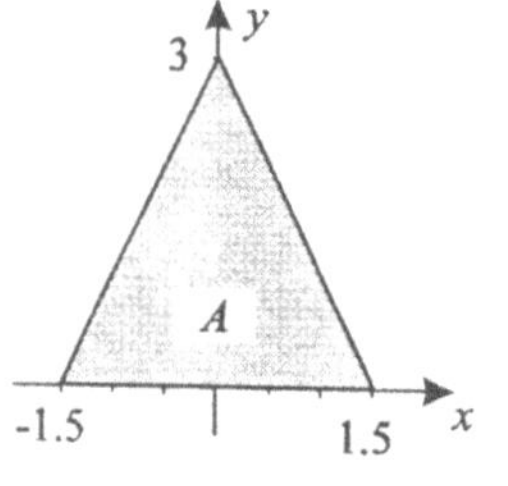

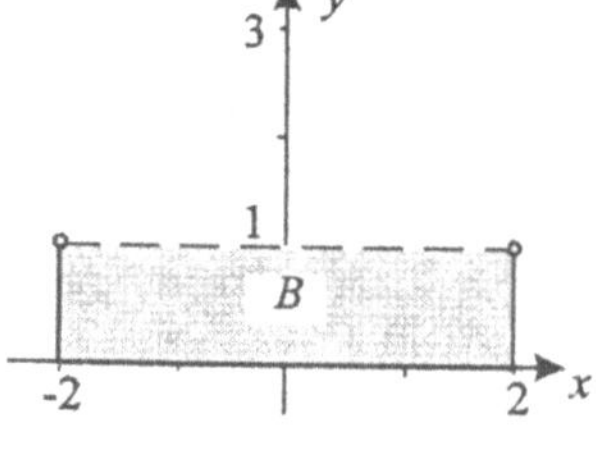

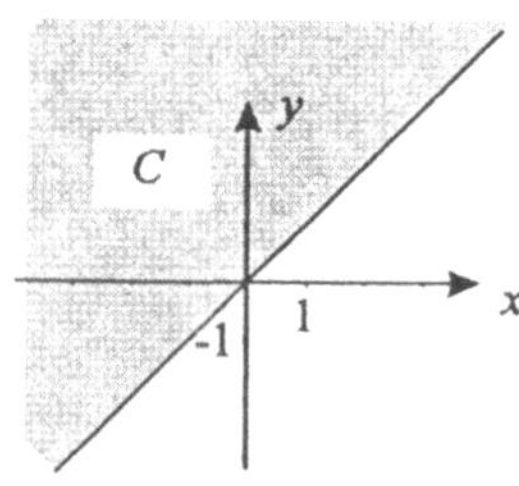

Bild L 1.10a(i1)   Bild L 1.10a(i2)   Bild L 1.10a(i3)

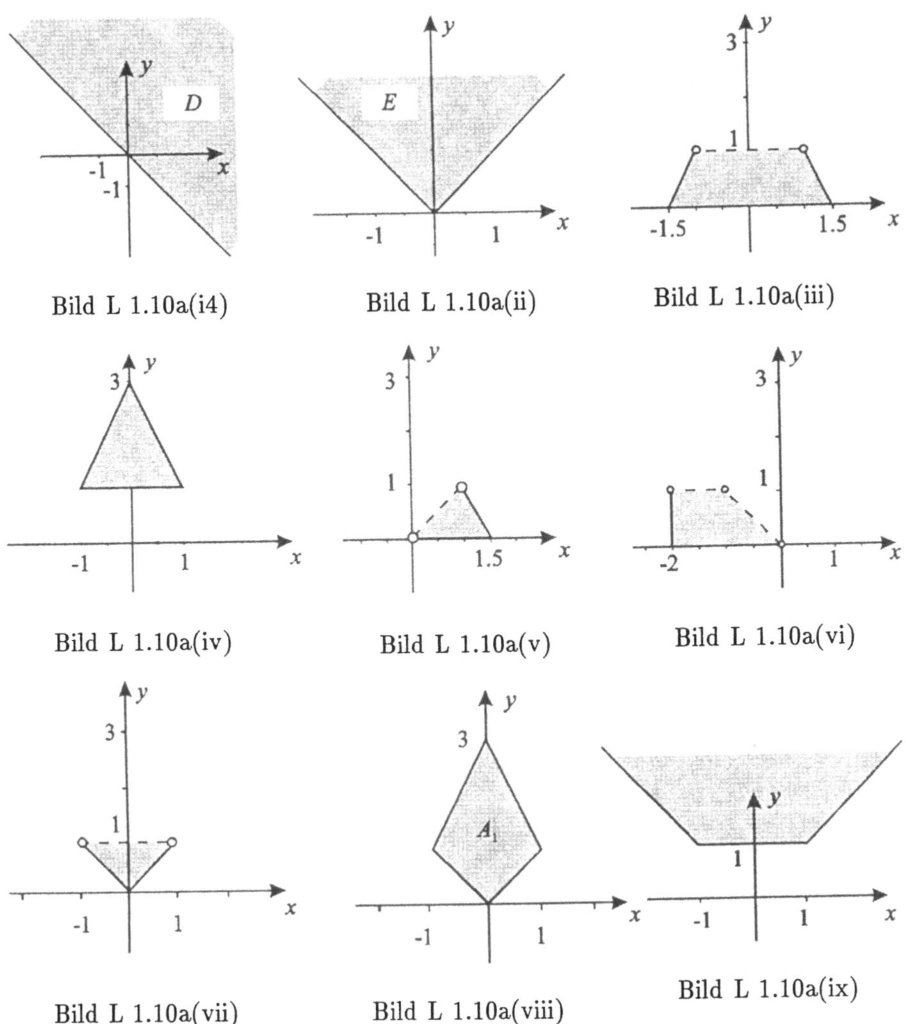

Bild L 1.10a(i4)   Bild L 1.10a(ii)   Bild L 1.10a(iii)

Bild L 1.10a(iv)   Bild L 1.10a(v)   Bild L 1.10a(vi)

Bild L 1.10a(vii)   Bild L 1.10a(viii)   Bild L 1.10a(ix)

b) Da sich A_1 z.B. durch

$$A_1 = \{(x,y) \in I\!R^2 \mid -1 \le x \le 0 \ \wedge \ -x \le y \le 3 + 2x\} \ \cup$$
$$\{(x,y) \in I\!R^2 \mid \ \ 0 \le x \le 1 \ \wedge \ \ \ x \le y \le 3 - 2x\}$$

beschreiben läßt, erhält man A_2, indem man in A_1 x und y vertauscht:

$$A_2 = \{(x,y) \in I\!R^2 \mid -1 \le y \le 0 \ \wedge \ -y \le x \le 3 + 2y\} \ \cup$$
$$\{(x,y) \in I\!R^2 \mid \ \ 0 \le y \le 1 \ \wedge \ \ \ y \le x \le 3 - 2y\}$$

c) Man hat $A_1 \cup A_2$ an der Geraden $y = -x$ zu spiegeln. Dabei ergibt sich
als Spiegelung von A_1:

$$A_4 = \{(x,y) \in I\!R^2 \mid -1 \le -y \le 0 \ \wedge \ \ \ y \le -x \le 3 - 2y\} \ \cup$$
$$\{(x,y) \in I\!R^2 \mid \ \ 0 \le -y \le 1 \ \wedge \ -y \le -x \le 3 + 2y\}$$

$$= \{(x,y) \in \mathbb{R}^2 | \quad 0 \leq y \leq 1 \quad \wedge \quad 2y - 3 \leq x \leq -y\} \cup$$
$$\{(x,y) \in \mathbb{R}^2 | -1 \leq y \leq 0 \quad \wedge \quad -2y - 3 \leq x \leq y\};$$

als Spiegelung von A_2:

$$A_3 = \{(x,y) \in \mathbb{R}^2 | -1 \leq -x \leq 0 \quad \wedge \quad x \leq -y \leq 3 - 2x\} \cup$$
$$\{(x,y) \in \mathbb{R}^2 | \quad 0 \leq -x \leq 1 \quad \wedge \quad -x \leq -y \leq 3 + 2x\}$$
$$= \{(x,y) \in \mathbb{R}^2 | \quad 0 \leq x \leq 1 \quad \wedge \quad 2x - 3 \leq y \leq -x\} \cup$$
$$\{(x,y) \in \mathbb{R}^2 | -1 \leq x \leq 0 \quad \wedge \quad -3 - 2x \leq y \leq x\}.$$

Bemerkung: Man kann auch von A_1 in der Darstellung

$$A_1 = \{(x,y) \in \mathbb{R}^2 | 0 \leq y \leq 1 \wedge -y \leq x \leq y\} \cup$$
$$\{(x,y) \in \mathbb{R}^2 | 1 \leq y \leq 3 \wedge \tfrac{1}{2}(y - 3) \leq x \leq$$
$$\tfrac{1}{2}(3 - y)\} \text{ ausgehen.}$$

Zur graphischen Darstellung von $A_1 \cup A_2 \cup A_3 \cup A_4$ s. Bild L 1.10b.

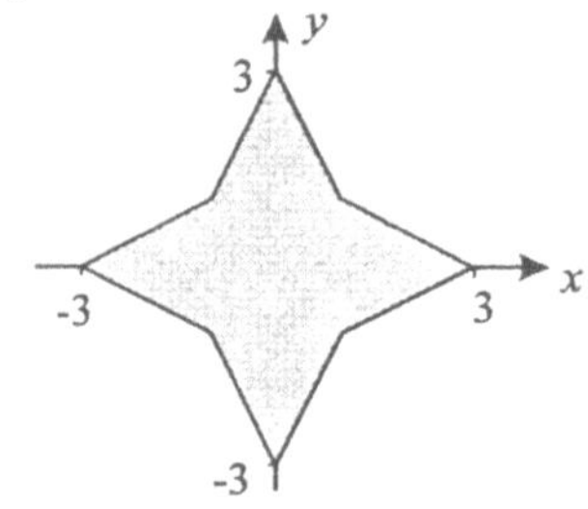

Bild L 1.10b

L 1.11 a) Wenn ich meine Lücken im Abiturstoff des Faches Mathematik schließe, kann ich der Mathematik-Vorlesung gut folgen.

b) Wenn ich der Mathematik-Vorlesung gut folgen kann, schließe ich meine Lücken im Abiturstoff des Faches Mathematik.

c) Wenn ich meine Lücken im Abiturstoff des Faches Mathematik nicht schließe, kann ich der Mathematik-Vorlesung nicht gut folgen.

d) Es stimmt nicht, daß ich meine Lücken im Abiturstoff des Faches Mathematik nicht schließe und (trotzdem) der Mathematik-Vorlesung gut folgen kann.

L 1.12 a) A: $p \wedge q$.   B: $\bar{q}$. $p \wedge r$.   A: $r \wedge s$.   B: $r \wedge \bar{s}$.   A: $\bar{s} \Rightarrow \bar{t}$. C: $t \Leftrightarrow (r \wedge s \wedge u)$.

b) Als *notwendig*. Die Aussage $\bar{s} \Rightarrow \bar{t}$ ist äquivalent zur Aussage $t \Rightarrow s$ (vgl. A 1.20d).

c) $\overline{p \wedge q}$: Es stimmt nicht, daß A Informatik studiert und wöchentlich 6 Stunden Mathematik hat. Das heißt, A studiert nicht Informatik *oder* hat nicht wöchentlich 6 Stunden Mathematik.

q : A hat wöchentlich 6 Stunden Mathematik.

$\overline{p \wedge r}$: Es stimmt nicht, daß B Informatik studiert und wöchentlich 4 Stunden Mathematik-Vorlesung hat. Das heißt, B studiert nicht Informatik *oder* hat nicht wöchentlich 4 Stunden Mathematik-Vorlesung (vgl. A 1.20a).

$\overline{r \wedge s}$: A hat nicht wöchentlich 4 Stunden Mathematik-Vorlesung *oder* nicht wöchentlich 2 Stunden Mathematik-Übungen.

$\overline{r \wedge \bar{s}}$: B besucht nicht wöchentlich 4 Stunden Mathematik-Vorlesung *oder* er besucht wöchentlich 2 Stunden Mathematik-Übungen.

$\overline{s} \Rightarrow \overline{t}$: Es stimmt nicht, daß A keine Chance sieht, die Prüfung zu bestehen, wenn sie nicht wöchentlich die 2-stündigen Mathematik-Übungen besucht.   Oder: Es

stimmt nicht, daß der wöchentliche Besuch der 2-stündigen Mathematik-Übungen *notwendig* ist für die Chance, die Mathematik-Prüfung zu bestehen (vgl. A 1.20e).
$\overline{t \Leftrightarrow (r \wedge s \wedge u)}$: Es stimmt nicht, daß C *dann und nur dann* eine Chance sieht, die Prüfung zu bestehen, wenn er die Mathematik- Vorlesung und -Übung regelmäßig besucht und beide gründlich durcharbeitet. Das heißt, C sieht Chancen, die Prüfung auch ohne regelmäßigen Besuch der Mathematik-Vorlesung *oder* -Übung *oder* deren gründliches Durcharbeiten zu bestehen.

L 1.13 a) $\overline{a}$: Der Kreis ist nicht eckig. (Falsch wäre: Der Kreis ist rund.)
b) $\overline{b}$: Die Wandtafel ist nicht weiß. (Falsch wäre: Die Wandtafel ist schwarz.)
c) $\overline{c}$: Die reelle Zahl x ist > 0 oder $= 0$. (Falsch wäre: Die reelle Zahl x ist positiv.)
d) $\overline{d}$: x liegt nicht in $(1,2)$, d.h. $(x \le 1) \vee (x \ge 2)$.
e) $\overline{e}$: Die quadratische Gleichung $x^2 + px + q = 0$ hat eine oder zwei reelle Lösungen.
f) $\overline{f}$: Die Funktion F ist nicht monoton wachsend (d.h. monoton fallend oder gar nicht monoton).
g) $\overline{g}$: Die Funktion f ist nicht gerade (d.h. ungerade oder weder gerade noch ungerade).

L 1.14 Bekanntlich gilt: Hat die quadratische Gleichung $x^2 + 2x + q = 0$ $(q \in I\!R)$ reelle Lösungen, so lauten diese $x_{1,2} = -1 \pm \sqrt{1 - q}$. $(*)$
Gilt $1 - q < 0$, so existieren keine reellen Lösungen. Daraus ergibt sich:

$s \Rightarrow r$ Denn: Falls s gilt, ist $1 - q > 0$, und somit liefert $(*)$ die zwei reellen Lösungen x_1 und x_2. Also ist s *hinreichend* für r. s ist aber nicht *notwendig* für r, denn r gilt z.B. auch, wenn $q = 0$ ist.
Andererseits ist r aber *notwendig* für s. Denn mit $\overline{r}$ ist s nicht möglich.

$r \Rightarrow t$ Denn: $(*)$ liefert sicher keine reellen Lösungen, falls $q \ge 5$ ist. Demnach ist t *notwendig* für r. t ist aber nicht *hinreichend* für r, da $(*)$ z.B. für $q = 3$ keine reellen Lösungen liefert.
Andererseits ist r *hinreichend*, aber nicht notwendig für t, weil die Existenz zweier reeller Lösungen von $(*)$ bereits für $q < 1$ gesichert ist.

$u \Leftrightarrow r$ Denn: Falls u gilt, ist $1 - q > 0$, also $\sqrt{1 - q}$ reell, und $(*)$ liefert 2 voneinander verschiedene Lösungen, d.h. r gilt. Somit ist u *hinreichend* für r, und r ist *notwendig* für u.
Andererseits: Wenn r gilt, muß $\sqrt{1 - q}$ reell sein. Dazu muß $q < 1$, also u gelten. Demnach ist r *hinreichend* für u, und u ist *notwendig* für r.

L 1.15 a) p : Es gilt: $a + b > c$. Da p auch für spitzwinklige Dreiecke gilt, ist p *notwendig*, aber nicht *hinreichend* für q.
b) p : Es gilt: $\alpha > 90^0$. Da statt α auch $\beta > 90^0$ oder $\gamma > 90^0$ sein könnte, ist p zwar *hinreichend*, aber nicht *notwendig* für q.
c) p : Es gilt: $(\alpha > 90^0) \vee (\beta > 90^0) \vee (\gamma > 90^0)$.
Oder (mit dem Kosinussatz der ebenen Trigonometrie (z.B. $c^2 = a^2 + b^2 - 2ab\cos\gamma$) unter Berücksichtigung von $\cos\varphi < 0$ für $\varphi \in (\frac{\pi}{2}, \pi)$):
p : $(c^2 > a^2 + b^2) \vee (a^2 > b^2 + c^2) \vee (b^2 > a^2 + c^2)$.

L 1.16 a) A hat - obwohl von rechts kommend - nicht unbedingt Vorfahrt vor B.
Ist B z.B. eine Straßenbahn, dann hat B Vorfahrt vor A; also wird die Vorfahrtregel
"rechts vor links" *nicht* durch "$\forall x : p \Rightarrow q$" beschrieben.
Hat aber der Pkw A an der Kreuzung gleichberechtigter Straßen Vorfahrt vor B,
dann muß A bezüglich B von rechts kommen. Daher wird die Vorfahrtregel "rechts
vor links" durch "$\forall x : q \Rightarrow p$" beschrieben.

b) (i) Es gibt eine Kreuzung gleichberechtigter Straßen, an der grundsätzlich ein
von rechts kommender Pkw *keine* Vorfahrt hat. (Widerspruch zur StVO)
(ii) Für alle Kreuzungen gleichberechtigter Straßen gilt: Vorfahrt hat nur, wer nicht
von rechts kommt. (Widerspruch zur StVO)
(iii) Für alle Kreuzungen gleichberechtigter Straßen gilt: Wenn A keine Vorfahrt
vor B hat, kann A nicht von rechts gekommen sein. (Nicht im Einklang mit der
Vorfahrtregelung für Straßenbahnen.)
(iv) Es gibt eine Kreuzung gleichberechtigter Straßen, für die gilt: Wer (als Pkw A)
nicht von rechts kommt, hat keine Vorfahrt vor B. (Im Einklang mit der StVO). Der
Quantor $\exists$ kann sogar durch den Quantor $\forall$ ersetzt werden.

L 1.17 a) $\forall x \in I\!R : (\exists y > 0 : y = x^2)$. Die Aussage ist falsch, da für $x = 0$ auch
$y = x^2 = 0$ ist, so daß für diesen Fall kein $y > 0$ mit $y = x^2$ existiert.
b) $\forall x \in I\!R : (x^3 + x^2 - 2x = x(x-1)(x+2))$. Die Aussage ist wahr, wie man durch
Ausmultiplizieren von $x(x-1)(x+2)$ bestätigt.
c) $\forall n \in I\!N \; \forall a \in I\!R : (\exists x \in I\!R : x^n - a = 0)$. Die Aussage ist falsch. Die Gleichung
$x^n - a = 0$ hat für $a \in I\!R^-$ bei geradem n keine reelle Lösung.

L 1.18 a) richtig (binomische Formel)
b) falsch: $x = -1$ ($\notin I\!N$) ist einzige Lösung der Gleichung.
c) falsch: Die Ungleichung gilt nur für $x > 1$ (vgl. Kap. 3.3).
d) falsch: Die Lösungen der Gleichung lauten $x_1 = -3$, $x_2 = -1$ (vgl. Kap. 3.1)
und sind keine natürlichen, sondern ganze Zahlen.

L 1.19 Die Aussagen von Britta und Dörte widersprechen sich. Daher muß eine
von beiden falsch sein, d.h. aber, entweder Britta oder Dörte muß die 5 haben. Alle
andern Aussagen sind als richtig anzusehen.
1.Fall: Britta sagt die Unwahrheit, d.h. Britta hat die 5. Damit erhält man: Claudia 2, Friederike 2, Dörte 3 (da sie schlechter als Claudia ist und es keine 4 gibt).
Die drei Einsen haben somit Anne, Elke und Gabi.
2.Fall: Dörte sagt die Unwahrheit, d.h. Britta hat keine 5, sondern Dörte hat die 5.
Das steht im Widerspruch zu der als richtig angenommenen Aussage von Friederike.
Somit trifft Fall 2 nicht zu.
Ergebnis: Die Noten verteilen sich so, wie für den 1.Fall angegeben.

L 1.20 Die Wahrheitstafeln für die Aussagen p und q und ihre Verneinungen haben die Gestalt

p	q	$\overline{p}$	$\overline{q}$
w	w	f	f
w	f	f	w
f	w	w	f
f	f	w	w

Damit: **a)**

$p \wedge q$	$\overline{p \wedge q}$	$\overline{p} \vee \overline{q}$
w	f	f
f	w	w
f	w	w
f	w	w

b)

$p \vee q$	$\overline{p \vee q}$	$\overline{p} \wedge \overline{q}$
w	f	f
w	f	f
w	f	f
f	w	w

c)

$p \Rightarrow q$	$\overline{p \Rightarrow q}$	$p \wedge \overline{q}$
w	f	f
f	w	w
w	f	f
w	f	f

d)

$\overline{p} \Rightarrow \overline{q}$	$q \Rightarrow p$
w	w
w	w
f	f
w	w

e)

$\overline{p \Rightarrow q}$	$\overline{q} \Rightarrow \overline{p}$	$\overline{\overline{q} \Rightarrow \overline{p}}$
f	w	f
w	f	w
f	w	f
f	w	f

L 1.21 **a)** Mit p : x_1, $x_2 \in \mathbb{R}$, $x_1, x_2 \geq 0$; q : $\sqrt{x_1 \cdot x - 2} \leq \frac{1}{2}(x_1 + x_2)$ ist $p \Rightarrow q$ zu zeigen. Für den indirekten Beweis nehmen wir an, daß $p \Rightarrow q$ *nicht* richtig ist, d.h. $\overline{p \Rightarrow q}$ gilt. Nach A 1.20c ist dies äquivalent zu $p \wedge \overline{q}$. Somit nehmen wir an, daß mit x_1, $x_2 \in \mathbb{R}$, x_1, $x_2 \geq 0$ die Ungleichung $\sqrt{x_1 \cdot x_2} > \frac{1}{2}(x_1 + x_2)$ gilt. Da beide Seiten dieser Ungleichung > 0 sind, kann die Ungleichung unter Beibehaltung des Relationszeichens quadriert werden: $x_1 \cdot x_2 > \frac{1}{4}(x_1^2 + 2x_1 x_2 + x_2^2)$. Dies ist äquivalent zu $4x_1 x_2 > x_1^2 + 2x_1 x_2 + x_2^2 \Leftrightarrow 0 > (x_1 - x_2)^2$. Das steht im Widerspruch zur Tatsache, daß ein Quadrat reeller Zahlen stets ≥ 0 ist. Damit muß die Annahme $\overline{p \Rightarrow q}$ fallengelassen werden, und $p \Rightarrow q$ gilt. Was zu beweisen war.

b) Mit p : $a, b \in \mathbb{R}^+$; q : $a + b > \sqrt{a^2 + b^2}$ ist $p \Rightarrow q$ zu zeigen. Für den indirekten Beweis nehmen wir an, daß $p \Rightarrow q$ *nicht* richtig ist, d.h. $\overline{p \Rightarrow q}$ bzw. (nach A 1.20c) $p \wedge \overline{q}$ gilt. Wir nehmen also an, daß für $a, b \in \mathbb{R}^+$ gilt: $a + b < \sqrt{a^2 + b^2}$. Da beide Seiten dieser Ungleichung > 0 sind, gilt die Ungleichung auch für die Quadrate der linken und rechten Seite: $a^2 + 2ab + b^2 < a^2 + b^2$. Dies ist äquivalent zu $2ab < 0$ im Widerspruch zur vorausgesetzten Gültigkeit von p. Damit muß die Annahme $\overline{p \Rightarrow q}$ fallengelassen werden, und $p \Rightarrow q$ gilt. Was zu beweisen war.

c) Für die Aussagen p : $a \in \mathbb{R} \setminus \mathbb{Q}$; q : $\sqrt{a} \in \mathbb{R} \setminus \mathbb{Q}$ ist $p \Rightarrow q$ zu zeigen. Annahme für den indirekten Beweis: $p \Rightarrow q$ ist *nicht* richtig, sondern $\overline{p \Rightarrow q}$ bzw. (nach A 1.20c) $p \wedge \overline{q}$ gilt. Unter dieser Annahme läßt sich (wegen $\overline{q}$: $\sqrt{a} \in \mathbb{Q}$) $\sqrt{a}$ als Bruch darstellen, d.h. $\sqrt{a} = \dfrac{u}{v}$ mit $u, v \in \mathbb{Z}$, $v \neq 0$. Folglich ist $a = \dfrac{u^2}{v^2}$, wobei natürlich auch u^2, $v^2 \in \mathbb{Z}$, $v^2 \neq 0$ sind. Das bedeutet aber, daß $a \in \mathbb{Q}$ ist, d.h. $\overline{p}$: $a \in \mathbb{Q}$ gilt. Dies steht jedoch im Widerspruch zur Annahme, daß $p \wedge \overline{q}$ richtig ist. (Denn: $p \wedge \overline{q}$ ist nur richtig, wenn p richtig ist. p kann aber nicht gleichzeitig mit $\overline{p}$ richtig sein.) Aufgrund dieses Widerspruchs muß die Annahme $\overline{p \Rightarrow q}$ fallengelassen werden, so daß $p \Rightarrow q$ gilt. Was zu beweisen war.

11.2   Lösungen zu Kapitel 2

$\boxed{\textbf{L 2.1}}$ **a)** 0.8125.   **b)** $0.\overline{990}$.   **c)** $0.0444\,4444$.   **d)** $1.0\overline{4}$.   **e)** $2.\overline{0019}$.   **f)** $2.00.\overline{19}$.

$\boxed{\textbf{L 2.2}}$ **a)** $\dfrac{21\,875}{100\,000} = \dfrac{7}{32}$.   **b)** $x = 1.\overline{00423}$, $100\,000x = 100\,423.\overline{00423}$ $\Rightarrow$

$$99\,999x = 100\,422 \;\Rightarrow\; x = \frac{100\,422}{99\,999} = \frac{11\,158}{11\,111}.$$

c) $x = 1.00\overline{423}$, $1000x = 1004.23\overline{423}$ $\Rightarrow$ $999x = 1003.23$ $\Rightarrow$ $x = \dfrac{1003.23}{999} = \dfrac{100323}{99\,900} = \dfrac{11\,147}{11\,100}$.

d) $\dfrac{10\,666}{10\,000} = \dfrac{5\,333}{5\,000}$.

e) $x = 1.0\overline{6}$, $10x = 10.\overline{6}$ $\Rightarrow$ $9x = 9.6$ $\Rightarrow$ $x = \dfrac{9.6}{9} = \dfrac{96}{90} = \dfrac{16}{15}$.

f) $x = 0.\overline{9}$, $10x = 9.\overline{9}$ $\Rightarrow$ $9x = 9$ $\Rightarrow$ $x = 1$.

$\boxed{\textbf{L 2.3}}$ **a)** $a = 0.507\,042... > b = 0.506\,172...$.   **b)** $b = 0.122\,122 < a = 0.\overline{122}$.
c) $a = 0.123\,456 < b = 0.123\,456\,25$.   **d)** $a = -0.\overline{851} > b = -0.851\,852$.

$\boxed{\textbf{L 2.4}}$

a)
$$
\begin{aligned}
3694 &= 1847\cdot 2 &+&\quad 0 &\Rightarrow&\quad r_1 = 0\\
1847 &= 923\cdot 2 &+&\quad 1 &\Rightarrow&\quad r_2 = 1\\
923 &= 461\cdot 2 &+&\quad 1 &\Rightarrow&\quad r_3 = 1\\
\cdots & \quad\cdots & & \cdots & &\\
3 &= 1\cdot 2 &+&\quad 1 &\Rightarrow&\quad r_{11} = 1\\
1 &= 0\cdot 2 &+&\quad 1 &\Rightarrow&\quad r_{12} = 1
\end{aligned}
$$
Ergebnis: $(111001101110)_2$.

$$
\begin{aligned}
3694 &= 461\cdot 8 &+&\quad 6 &\Rightarrow&\quad r_1 = 6\\
461 &= 57\cdot 8 &+&\quad 5 &\Rightarrow&\quad r_2 = 5\\
57 &= 7\cdot 8 &+&\quad 1 &\Rightarrow&\quad r_3 = 1\\
7 &= 0\cdot 8 &+&\quad 7 &\Rightarrow&\quad r_4 = 7
\end{aligned}
$$
Ergebnis: $(7156)_8$.

$$
\begin{aligned}
3694 &= 230\cdot 16 &+&\quad 14 &\Rightarrow&\quad r_1 = 14 = E\\
230 &= 14\cdot 16 &+&\quad 6 &\Rightarrow&\quad r_2 = 6\\
14 &= 0\cdot 16 &+&\quad 14 &\Rightarrow&\quad r_3 = 14 = E
\end{aligned}
$$
Ergebnis: $(E6E)_{16}$.

b)
$$
\begin{aligned}
2\cdot 0.875 &= 1.750 &=& 1+0.750 &\Rightarrow&\quad s_1 = 1\\
2\cdot 0.750 &= 1.5 &=& 1+0.5 &\Rightarrow&\quad s_2 = 1\\
2\cdot 0.5 &= 1 &=& 1+0 &\Rightarrow&\quad s_3 = 1
\end{aligned}
$$
Ergebnis: $(11.111)_2$.

$$8\cdot 0.875 = 7 \;=\; 7+0 \;\Rightarrow\; s_1 = 7 \qquad \text{Ergebnis: } (3.7)_8.$$

$$16\cdot 0.875 = 14 \;=\; 14+0 \;\Rightarrow\; s_1 = 14 = E \qquad \text{Ergebnis: } (3.E)_{16}.$$

c)
$$
\begin{aligned}
2\cdot 0.085\,9375 &= 0+0.171\,875 &\Rightarrow&\quad s_1 = 0\\
2\cdot 0.171\,875 &= 0+0.343\,75 &\Rightarrow&\quad s_2 = 0\\
2\cdot 0.343\,75 &= 0+0.6875 &\Rightarrow&\quad s_3 = 0\\
2\cdot 0.6875 &= 1+0.375 &\Rightarrow&\quad s_4 = 1
\end{aligned}
$$

$$
\begin{aligned}
2 \cdot 0.375 &= 0+0.75 &\Rightarrow\quad s_5 &= 0 \\
2 \cdot 0.75 &= 1+0.5 &\Rightarrow\quad s_6 &= 1 \\
2 \cdot 0.5 &= 1+0 &\Rightarrow\quad s_7 &= 1 \quad \text{Ergebnis: } (-0.0001011)_2.
\end{aligned}
$$

$$
\begin{aligned}
8 \cdot 0.085\,9375 &= 0+0.6875 &\Rightarrow\quad s_1 &= 0 \\
8 \cdot 0.6875 &= 5+0.5 &\Rightarrow\quad s_2 &= 5 \\
8 \cdot 0.5 &= 4+0 &\Rightarrow\quad s_3 &= 4 \quad \text{Ergebnis: } (-0.054)_8.
\end{aligned}
$$

$$
\begin{aligned}
16 \cdot 0.085\,9375 &= 1+0.375 &\Rightarrow\quad s_1 &= 1 \\
16 \cdot 0.375 &= 6+0 &\Rightarrow\quad s_2 &= 6 \quad \text{Ergebnis: } (-0.16)_{16}.
\end{aligned}
$$

$\boxed{\textbf{L 2.5}}$ **a)** $1 \cdot 2^0 + 1 \cdot 2^1 + 1 \cdot 2^2 + 0 \cdot 2^3 + 0 \cdot 2^4 + 1 \cdot 2^5 + 0 \cdot 2^6 + 1 \cdot 2^7 = 167.$

b) $7 \cdot 8^0 + 5 \cdot 8^1 + 0 \cdot 8^2 + 1 \cdot 8^3 + 2 \cdot 8^4 = 8\,751.$

c) $14 \cdot 16^0 + 5 \cdot 16^1 + 10 \cdot 16^2 + 6 \cdot 16^3 + 3 \cdot 16^4 = 223\,838.$

$\boxed{\textbf{L 2.6}}$ **a)** $2a - 6b + 2c + 3d - da - c - 2a + ad - 3d + 6b = c.$

b) $2ab + ac - bc - 2ab + cb - ca = 0.$

c) $9a - 6b - [6a - 12b - 3c - 2a + 4c - 8b] = 5a + 14b - c.$

$\boxed{\textbf{L 2.7}}$ **a)** $(a - 2b)(a - c) + (c - 2b)(a - 2b) = (a - 2b)(a - c + c - 2b) = (a - 2b)^2.$

b) $(5b - 1)(c + 1)(6a + 2 - 2(3a + 1)) = 0.$

c) $2(a^2 - ab - 6b^2)(b + a) + (12b^2 - 11ab + 2a^2)(b - a) = 2(a^3 - 7ab^2 - 6b^3) + 12b^3$
$- 23ab^2 + 13a^2b - 2a^3 = ab(13a - 37b).$

$\boxed{\textbf{L 2.8}}$ **a)** $3a(a + 4b) + 4b(a + 4b) = (3a + 4b)(a + 4b).$

b) $4a^2(ac + bd) - 12ab(ac + bd) + 9b^2(ac + bd) = (ac + bd)(4a^2 - 12ab + 9b^2) =$
$(ac + bd)(2a - 3b)^2.$

c) $a^2(4a - 3b) + 2ab(4a - 3b) + b^2(4a - 3b) = (a^2 + 2ab + b^2)(4a - 3b) = (a + b)^2(4a - 3b).$

d) $a^2b(a - b) + a^2c(a - b) + 4bc^2(a - b) + 4abc(a - b) + 4ac^2(a - b) + 4c^3(a - b) =$
$(a - b)[a^2(b + c) + 4c^2(b + c) + 4ac(b + c)] = (a - b)(b + c)(a^2 + 4ac + 4c^2) =$
$(a - b)(b + c)(a + 2c)^2.$

$\boxed{\textbf{L 2.9}}$ **a)** $a^2 + 2ab + b^2 + a^2 - 2ab + b^2 = 2(a^2 + b^2).$

b) $a^2 - 2ab + b^2 - (a^2 + 2ab + b^2) = -4ab.$ **c)** $(b - a)^2 - (b - a)^2 = 0.$

d) $(a + b)^2 + (a + b)(a - b) = (a + b)(a + b + a - b) = 2a(a + b).$

e) $(a + b)(a - b) - (a - b)^2 = (a - b)(a + b - a + b) = 2b(a - b).$

f) $a^2 + b^2 + c^2 + 2ab + 2ac + 2bc - (a^2 + 2ab + b^2) - (a^2 + 2ac + c^2) - (b^2 + 2bc + c^2) =$
$-(a^2 + b^2 + c^2).$

g) $a^2 + b^2 + c^2 + 2ab - 2ac - 2bc + a^2 + 2ac + c^2 + b^2 + 2bc + c^2 = 2(a^2 + b^2 + ab) + 3c^2.$

h) $a^2 + b^2 + c^2 - 2ab - 2ac + 2bc + a^2 + 2ab + b^2 - b^2 - 2bc - c^2 = 2a(a - c) + b^2.$

$\boxed{\textbf{L 2.10}}$ **a)** $(2a + 3b)^2.$ **b)** $(\sqrt{a} - \frac{2}{b})^2.$ **c)** $(\sqrt{b} + \frac{1}{\sqrt{b}})^2.$ **d)** $(\frac{\sqrt{2}}{a} - \frac{a}{2\sqrt{2}})^2.$

L 2.11   a) $(x+2)^2 + 2$ b) $(x-3)^2 - 1.$ c) $2(y^2 - 4y) + 4 = 2(y-2)^2 - 4.$

d) $(x+3)^2 - (y-2)^2.$ e) $3(x^2 - 2x) + 4(y^2 + 4y) + 20 = 3(x-1)^2 + 4(y+2)^2 + 1.$

f) $\left(\dfrac{x}{y} + \dfrac{y}{x}\right)^2 - 1.$ g) $\left(xy + \dfrac{1}{y}\right)^2 + \dfrac{1}{y^2}.$

L 2.12   a) $\dfrac{7 - 3 + 13 - 9}{8} = 1.$ b) $\dfrac{28 - 10 - 11 + 3}{12} = \dfrac{10}{12} = \dfrac{5}{6}.$

c) $\dfrac{32 - 18 + 4 - 27}{24} \cdot \dfrac{3 + 4 + 1}{6} = -\dfrac{9}{24} \cdot \dfrac{8}{6} = -\dfrac{1}{2}.$

d) $\dfrac{10 - 4 - 15 - 18}{20} \cdot \dfrac{2 + 3 + 6 - 1}{18} = -\dfrac{27}{20} \cdot \dfrac{10}{18} = -\dfrac{3}{4}.$

e) $\dfrac{6 - 2 + 5 + 15}{24} : \dfrac{4 - 7 + 6 + 3}{18} = 1 : \dfrac{1}{3} = 3.$

f) $\dfrac{4 - 3 + 6}{30} : \dfrac{45 - 30 - 15 - 10 - 4}{90} = \dfrac{7}{30} : \left(-\dfrac{14}{90}\right) = -\dfrac{3}{2}.$

L 2.13   a) $\dfrac{bc + 2ac + ab}{abc}.$ b) $\dfrac{a + b + c}{abc}.$ c) $\dfrac{7a - ab + 8}{2(a+2)(b+3)}.$

d) $\dfrac{(b - 4a)(a + b) + 2a^2 + 5ab + 3b^2 - a^2 - 2ab - b^2}{(a+b)^2} =$

$\dfrac{-3(a^2 - b^2)}{(a+b)^2} = -\dfrac{3(a-b)}{a+b}.$ e) $\dfrac{a^2 + c^2 - 2ac}{ab^2c} = \dfrac{(a-c)^2}{ab^2c}.$

f) $\dfrac{(u - 10)(u - 2) - (2u + 3)(u + 2) + u^2 + 7u + 10}{(u+2)(u-2)} = -\dfrac{12}{u+2}.$

g) $\dfrac{3(a + 1) - 6 - 5(a - 1)}{(a-1)(a+1)} = -\dfrac{2}{a+1}$

h) $\dfrac{(2z - 1)(z - 3) + (3z + 4)(z + 2) - 5z^2 - 3z - 11}{(z+2)(z-3)} = 0.$

i) $\dfrac{3(b - 1) - 3b + 1}{b^2 - 1} + \dfrac{b - 2 - 3(b + 2) + 2b + 10}{b^2 - 4} =$

$\dfrac{-2(b^2 - 4) + 2(b^2 - 1)}{(b^2 - 1)(b^2 - 4)} = \dfrac{6}{(b^2 - 1)(b^2 - 4)}.$

j) $\dfrac{(a + b)(a + 2b) - (4a - 6b)(a - b) + (3a + 23b)(a + 2b)}{(a-b)(a+b)(a+2b)} =$

$\dfrac{42ab + 42b^2}{(a - b)(a + b)(a + 2b)} = \dfrac{42b}{(a - b)(a + 2b)}.$

k) $\dfrac{(a + b) \cdot 4(b + a)(b - a)}{(b - a) \cdot 2(a + b)} = 2(a + b).$ l) $\dfrac{(a - 1)(a + 2)(a - 1)(a - 3)}{a(a - 1)(a - 3)(a + 2)} = \dfrac{a - 1}{a}.$

m) $\dfrac{(a - b)^2 \cdot 2(a + b)^2}{2(a + b)(b - a)(b + a)} = b - a.$ n) $\dfrac{(a - 1)(a + 2)(a - 3)(a + 2)}{a(a - 1)(a - 1)(a - 3)} = \dfrac{(a + 2)^2}{a(a - 1)}.$

o) $\dfrac{b(ab+1)-a-b}{a(1+ab)-a^2b+ab} = \dfrac{a(b^2-1)}{a(b+1)} = b-1.$

p) $\dfrac{a-\dfrac{a^3}{a^2-b^2}}{b-\dfrac{b^2}{b+a}} = \dfrac{\dfrac{a(a^2-b^2)-a^3}{(a-b)(a+b)}}{\dfrac{b(b+a)-b^2}{b+a}} = -\dfrac{b}{a-b}\,.$

q) $\dfrac{\dfrac{x^2+2xy+y^2}{x^2y^2}}{\dfrac{x^2-y^2}{x^2y^2}} = \dfrac{(x+y)^2}{(x+y)(x-y)} = \dfrac{x+y}{x-y}\,.$

r) $\dfrac{\dfrac{2ab^2-a(b^2-a^2)}{(b^2-a^2)(b^2+a^2)}}{\dfrac{b-a+a}{b^2-a^2}} = \dfrac{ab^2+a^3}{b(b^2+a^2)} = \dfrac{a}{b}\,.$

$\boxed{\text{L 2.14}}$ **a)** $\alpha(T-T_0) = \dfrac{R}{R_0}-1 = \dfrac{R-R_0}{R_0} \;\Rightarrow\; T = T_0 + \dfrac{R-R_0}{\alpha R_0}\,.$

b) $\epsilon(T_1-T_2) = T_2 \;\Rightarrow\; T_1 = T_2(\dfrac{1}{\epsilon}+1),\; T_2 = \dfrac{T_1}{\dfrac{1}{\epsilon}+1} = \dfrac{\epsilon T_1}{1+\epsilon}\,.$

c) $T_1 = T_m + \dfrac{(m_2c_2+C)(T_m-T_2)}{m_1c_1}\,,\quad m_1c_1T_1 + (m_2c_2+C)T_2 =$

$m_1c_1T_m + (m_2c_2+C)T_m \;\Rightarrow\; T_m = \dfrac{m_1c_1T_1 + (m_2c_2+C)T_2}{m_1c_1 + m_2c_2 + C}\,,$

$\dfrac{m_1c_1(T_1-T_m)}{T_m-T_2} = m_2c_2 + C \;\Rightarrow\; c_2 = \dfrac{1}{m_2}\left(\dfrac{m_1c_1(T_1-T_m)}{T_m-T_2} - C\right).$

d) $1-\dfrac{u'v}{c_0^2} = \dfrac{u'+v}{u} \;\Rightarrow\; \dfrac{u'v}{c_0^2} = \dfrac{u-u'-v}{u} \;\Rightarrow\; c_0^2 = \dfrac{uu'v}{u-u'-v}\,,$

$u(1-\dfrac{u'v}{c_0^2}) = u'+v \;\;(+) \Rightarrow\; u-v = u'(1+\dfrac{uv}{c_0^2}) \;\Rightarrow\; u' = \dfrac{c_0^2(u-v)}{c_0^2+uv}\,.$

Andererseits folgt aus $(+):$ $\;u-u' = v(1+\dfrac{uu'}{c_0^2}) \;\Rightarrow\; v = \dfrac{c_0^2(u-u')}{c_0^2+uu'}\,.$

e) $\dfrac{1}{r_1} = \dfrac{D}{n-1} - \dfrac{1}{r_2} = \dfrac{Dr_2-n+1}{(n-1)r_2} \;\Rightarrow\; r_1 = \dfrac{(n-1)r_2}{Dr_2-n+1}\,.$

f) $\dfrac{1}{f} = \dfrac{f_2+f_1-e}{f_1f_2} \;\Rightarrow\; f = \dfrac{f_1f_2}{f_1+f_2-e}\,,$

$\dfrac{1}{f} - \dfrac{1}{f_1} = \dfrac{1}{f_2}(1-\dfrac{e}{f_1}) \;\Rightarrow\; \dfrac{f_1-f}{ff_1} = \dfrac{1}{f_2}\cdot\dfrac{f_1-e}{f_1} \;\Rightarrow\; f_2 = \dfrac{f(f_1-e)}{f_1-f}\,.$

g) $1 + \dfrac{m_e}{m_k} = \dfrac{m_e e^4}{8h^3 c_0 \epsilon_0^2 R_X}$.　$(*)$

$\Rightarrow \dfrac{m_e}{m_k} = \dfrac{m_e e^4 - 8h^3 c_0 \epsilon_0^2 R_X}{8h^3 c_0 \epsilon_0^2 R_X} \Rightarrow m_k = \dfrac{8h^3 c_0 \epsilon_0^2 R_X m_e}{m_e e^4 - 8h^3 c_0 \epsilon_0^2 R_X}$.

Aus $(*)$ folgt andererseits $\;1 = m_e \left(\dfrac{e^4}{8h^3 c_0 \epsilon_0^2 R_X} - \dfrac{1}{m_k} \right) =$

$m_e \left(\dfrac{m_k e^4 - 8h^3 c_0 \epsilon_0^2 R_X}{8h^3 c_0 \epsilon_0^2 R_X m_k} \right) \;\Rightarrow\; m_e = \dfrac{8h^3 c_0 \epsilon_0^2 R_X m_k}{m_k e^4 - 8h^3 c_0 \epsilon_0^2 R_X}$.

$\boxed{\textbf{L 2.15}}$ **a)** $a^{3n-5-2n+6}\, b^{3n+4-4n-5}\, c^{2m-3+n-2m+4}\, d^{6-r+r-n-7} =$

$a^{n+1} b^{-n-1} c^{n+1} d^{-n-1} = \left(\dfrac{ac}{bd} \right)^{n+1}$.

b) $x^{n+2+n} y^{2-n-3n-2} a^{3-2n-1} b^{5n+2-3n} = x^{2(n+1)} b^{2(n+1)} a^{-2(n-1)} y^{-4n} = \left(\dfrac{(bx)^{n+1}}{a^{n-1} y^{2n}} \right)^2$.

c) $\left(\dfrac{x^2 y^3 z^2 (x+y)}{x^4 y^3 z^3 (y-z)} \right)^n = \dfrac{1}{(x^2 z)^n} \left(\dfrac{x+y}{y-z} \right)^n \quad (y \neq z).$

d) $(2^6 a^6 x^6 2^{-2} 3^{-2} c^{-2} y^{-6}) \cdot (3^9 b^9 y^9 2^{-6} a^{-15} x^{-9} c^{-3}) \cdot (2^4 a^8 x^4 c^4 3^{-8} y^{-4} b^{-8}) =$

$2^{6-2-6+4} 3^{-2+9-8} a^{6-15+8} b^{9-8} c^{-2-3+4} x^{6-9+4} y^{-6+9-4} = 2^2 3^{-1} a^{-1} b^1 c^{-1} x^1 y^{-1} = \dfrac{4bx}{3acy}.$

e) $a^{n-1-2n+1} (-b)^{n-3n} c^{-2n-1+n+1} x^{3+2n-3} y^{-n-2+2} = a^{-n} (-b)^{-2n} c^{-n} x^{2n} y^{-n} = \left(\dfrac{x^2}{ab^2 cy} \right)^n$.

f) $\dfrac{3^2\, a^4 (2c+3d)^4}{x^3 (4c^2-9d^2)^3} \cdot \dfrac{2^4 c^4 (2c-3d)^4 \cdot 3^2 a^2 (4c^2-9d^2)^2}{a\,(4c^2-9d^2)^2 \cdot ax(2c+3d)} = \dfrac{2^4 3^4 a^4 c^4 (2c+3d)^3 (2c-3d)^4}{x^4 (4c^2-9d^2)^3}$

$= \left(\dfrac{6ac}{x} \right)^4 \dfrac{(2c+3d)^3 (2c-3d)^4}{(2c-3d)^3 (2c+3d)^3} = \left(\dfrac{6ac}{x} \right)^4 (2c-3d).$

$\boxed{\textbf{L 2.16}}$ **a)** $\left(a \cdot a^{\frac{2}{3}} \cdot (a^{\frac{3}{4}})^{\frac{1}{3}} \right)^{\frac{1}{2}} = \left(a^{1+\frac{2}{3}+\frac{1}{4}} \right)^{\frac{1}{2}} = a^{\frac{23}{24}} = \sqrt[24]{a^{23}}.$

b) $\sqrt[4]{\left(\dfrac{9a^6}{b^2 c} \right)^n \cdot \left(\dfrac{27 b^5}{a^5 c^{3/2}} \right)^{2n}} = \sqrt[4]{\dfrac{3^{2n} a^{6n} 3^{6n} b^{10n}}{b^{2n} c^n a^{10n} c^{3n}}} = \sqrt[4]{3^{8n} a^{-4n} b^{8n} c^{-4n}} = \left(\dfrac{9b^2}{ac} \right)^n$.

c) $\sqrt[6]{\dfrac{a^4 b^{10} b^2}{c^2 ac}} = \sqrt{\dfrac{a}{c}}\, b^2.$

d) $\left(a^3 (a^4 \cdot a^{\frac{8}{3}})^{\frac{1}{5}} \right)^{\frac{1}{4}} : \left(a^2 (a^4 \cdot a^{\frac{5}{4}})^{\frac{1}{5}} \right)^{\frac{1}{3}} = \left(a^3 \cdot a^{\frac{4}{3}} \right)^{1/4} : \left(a^2 \cdot a^{\frac{21}{20}} \right)^{\frac{1}{3}} =$

$a^{\frac{13}{12}} : a^{\frac{61}{60}} = a^{\frac{4}{60}} = \sqrt[15]{a}.$

e) $\dfrac{a^{\frac{3}{4}} (x+y)^{\frac{3}{4}}}{b^{\frac{4}{3}} (x-y)^{\frac{4}{3}} (x+y)^{\frac{4}{3}}} \cdot \dfrac{a^{\frac{8}{6}} (x-y)^{\frac{8}{6}} (x+y)^{\frac{8}{6}}}{b^{-\frac{1}{4}} (x+y)^{-\frac{1}{4}}} = a^{\frac{3}{4}+\frac{8}{6}} b^{-\frac{4}{3}+\frac{1}{4}} (x+y)^{\frac{3}{4}-\frac{4}{3}+\frac{8}{6}+\frac{1}{4}} =$

$$a^{\frac{25}{12}}b^{-\frac{13}{12}}(x+y) = \sqrt[12]{\frac{a^{25}}{b^{13}}}\,(x+y) = \frac{a^2}{b}\,(x+y)\,\sqrt[12]{\frac{a}{b}}.$$

$\boxed{\text{L 2.17}}$ a) $3\cdot 8 + 3 - 4 = 23.$ b) $5\sqrt{3} - 2\sqrt{3} + 6\sqrt{3} + \sqrt{3} = 10\sqrt{3}.$

c) $\dfrac{a^2 - b^2 - \sqrt{a^2+b^2}^{\,2}}{\sqrt{a^2+b^2}} = \dfrac{-2b^2}{\sqrt{a^2+b^2}}\,,\quad a^2+b^2 \neq 0\,.$

d) $\sqrt{x^2+4x+4-6x-3} = \sqrt{x^2-2x+1} = \sqrt{(x-1)^2} = |x-1|.$

e) $\dfrac{(x-3)^2}{\sqrt{x^2-8x+16}+2x-7} = \dfrac{(x-3)^2}{\sqrt{x^2-6x+9}} = \dfrac{(x-3)^2}{\sqrt{(x-3)^2}} = |x-3|,\quad x \neq 3\,.$

f) $\sqrt{\dfrac{(x-y)(x+y)^2}{x-y}} = |x+y| = x+y \quad (\text{da } -x \leq y < x \text{ gelten muß}).$

g) $\dfrac{\sqrt{\sqrt{x}+\sqrt{y}}\cdot\sqrt{x+y}}{\sqrt{x+y}\cdot\sqrt{x-y}} = \dfrac{\sqrt{\sqrt{x}+\sqrt{y}}}{\sqrt{(\sqrt{x}+\sqrt{y})(\sqrt{x}-\sqrt{y})}} = \dfrac{1}{\sqrt{\sqrt{x}-\sqrt{y}}}\,,\quad x > y \geq 0\,.$

h) $\dfrac{(a-b)(\sqrt{a}+\sqrt{b})-(a+b)(\sqrt{a}-\sqrt{b})}{(\sqrt{a}-\sqrt{b})(\sqrt{a}+\sqrt{b})} = \dfrac{2(a\sqrt{b}-b\sqrt{a})}{a-b}\,,\quad a,b\geq 0,\ a\neq b\,.$

i) $(\sqrt[3]{a}-\sqrt[3]{b})^3\,,\quad a,b\geq 0\,.$ j) $\left(a+\dfrac{1}{\sqrt[3]{a}}\right)^3\,,\quad a > 0\,.$

$\boxed{\text{L 2.18}}$ a) $\sqrt{2}+1.$ b) $\dfrac{(1-\sqrt{2})^2}{1-2} = -3+2\sqrt{2}.$ c) $\dfrac{(a+b)(\sqrt{a}+\sqrt{b})}{a-b}.$

d) $\dfrac{(1+\sqrt{3})(2\sqrt{3}-3\sqrt{2})}{4\cdot 3 - 9\cdot 2} = -1 - \dfrac{1}{3}\sqrt{3} + \dfrac{1}{2}\sqrt{2} + \dfrac{1}{2}\sqrt{6}.$

e) $\dfrac{(1+\sqrt{2}-\sqrt{3})(1-\sqrt{2}-\sqrt{6})}{(1-\sqrt{2})^2 - 6} = \dfrac{-1+3\sqrt{2}-3\sqrt{3}}{-2\sqrt{2}-3} = \dfrac{(1-3\sqrt{2}+3\sqrt{3})(2\sqrt{2}-3)}{(2\sqrt{2}+3)(2\sqrt{2}-3)}$

$= 15 - 11\sqrt{2} + 9\sqrt{3} - 6\sqrt{6}.$ f) $\dfrac{\sqrt{3}-\sqrt{2}}{\sqrt{2}+\sqrt{3}-2\sqrt{2}} = 1.$

$\boxed{\text{L 2.19}}$ a) $27 = 3^x \Rightarrow x = 3.$ b) $27 = \left(\frac{1}{3}\right)^x \Rightarrow x = -3$.

c) $x = \sqrt[3]{10^3\cdot 10^{\lg 5}} = 10\sqrt[3]{5}.$ d) $x = \sqrt{2+\sqrt{4}} = 2.$

e) $x = \sqrt{10 + 9\cdot 10^{4-3}} = 10.$

f) $x = 64^1\cdot\dfrac{1}{8^{2\log_8 2}} + \dfrac{1}{6^{\log_6 4}} = 64\cdot\dfrac{1}{8^{\log_8 4}} + \dfrac{1}{6^{\log_6 4}} = 64\cdot\dfrac{1}{4} + \dfrac{1}{4} = 16.25.$

g) $x = 5^2 = 25.$ h) $x = \left(\frac{1}{5}\right)^{-2} = 25.$ i) $x^4 = 81 \Rightarrow x = 3.$

j) $\left(\frac{1}{x}\right)^4 = 81 \Rightarrow x = \frac{1}{3}.$

k) $2\log_3[1+\log_2(1+3\log_2 x)] = 8^{\frac{1}{3}} = 2 \Leftrightarrow \log_3[1+\log_2(1+3\log_2 x)] = 1 \Leftrightarrow$

   $1+\log_2(1+3\log_2 x) = 3 \Leftrightarrow \log_2(1+3\log_2 x) = 2 \Leftrightarrow 1+3\log_2 x = 4 \Leftrightarrow$

   $3\log_2 x = 3 \Leftrightarrow \log_2 x = 1 \Leftrightarrow x = 2.$

$\boxed{\textbf{L 2.20}}$ **a)** $\log_a x^2 + \log_a y - \log_a \sqrt{1+x^2} - \log_a x^2 + \log_a(1+x^2)^{\frac{1}{2}} = \log_a y$.

b) $\ln x^2 + \ln(8x) - \ln(2x)^3 = \ln \dfrac{8x^3}{(2x)^3} = \ln 1 = 0$.

c) $\frac{1}{3} \log_5[(a^2 - ab + b^2)(a+b)] = \frac{1}{3} \log_5(a^3 + b^3) = \log_5 \sqrt[3]{a^3 + b^3}$.

d) $\dfrac{(\log_x x^a - \log_x b)(\log_y b + \log_y x^a)}{\log_y x} = (a - \log_x b)\left(\dfrac{\log_y b}{\log_y x} + a\, \dfrac{\log_y x}{\log_y x}\right) =$

$(a - \log_x b)(\log_x b + a) = a^2 - (\log_x b)^2$.

$\boxed{\textbf{L 2.21}}$ **a)** $\log_a \dfrac{x(x+5)}{150} = 0 \Leftrightarrow \dfrac{x(x+5)}{150} = 1 \Leftrightarrow x^2 + 5x - 150 = 0 \Rightarrow x_1 = -15$
(entfällt), $x_2 = 10 \Rightarrow L = \{10\}$.

b) $\log_5 \dfrac{3x - 9}{x(x-7)} = 0 \Rightarrow 3x - 9 = x(x-7) \Leftrightarrow x^2 - 10x + 9 = 0 \Rightarrow x_1 = 1$ (entfällt),
$x_2 = 9 \Rightarrow L = \{9\}$.

c) $(\log_3 x)^2 - 3 \cdot 2 \cdot \log_3 x - 7 = 0$. Setze $\log_3 x = z \Rightarrow z^2 - 6z - 7 = 0 \Rightarrow z_1 = -1 =$
$\log_3 x_1 \Rightarrow x_1 = \frac{1}{3}; \quad z_2 = 7 = \log_3 x_2 \Rightarrow x_2 = 3^7 = 2187. \Rightarrow L = \{\frac{1}{3}, \, 2187\}$.

d) $\log_b x - \dfrac{\log_b x}{\log_b b^2} + \dfrac{\log_b x}{\log_b b^4} = \dfrac{3}{4} \Leftrightarrow \log_b x\left(1 - \dfrac{1}{2} + \dfrac{1}{4}\right) = \dfrac{3}{4} \Leftrightarrow \log_b x = 1 \Rightarrow L = \{b\}$.

e) $\log_9(x+2) \cdot \dfrac{\log_9 3}{\log_9 x} = 1 \Leftrightarrow \dfrac{\log_9(x+2)}{\log_9 x} \cdot \log_9 9^{\frac{1}{2}} = 1 \Leftrightarrow \log_9(x+2) = 2\log_9 x \Leftrightarrow$
$x + 2 = x^2 \Rightarrow x_1 = -1$ (entfällt), $x_2 = 2 \Rightarrow L = \{2\}$.

f) $64 \cdot \sqrt[24]{2^{x^2 - 40x}} = 1 \Leftrightarrow 2^6 (2^{x^2 - 40x})^{\frac{1}{24}} = 1 \Leftrightarrow \frac{1}{24}(x^2 - 40x) + 6 = 0 \Rightarrow L = \{4, \, 36\}$.

g) $(2^{-2})^{x^2} \cdot 2^{2x-1} = 2^{-5} \Leftrightarrow -2x^2 + 2x - 1 = -5 \Rightarrow L = \{-1, \, 2\}$.

h) $2^{2(x+\frac{1}{2})} + 2^{2x-1} = 3^{x+1} + 3^{x-1} \Leftrightarrow 2^{2x}(2 + \frac{1}{2}) = 3^x(3 + \frac{1}{3}) \Leftrightarrow \left(\dfrac{4}{3}\right)^x = \dfrac{10/3}{5/2} = \dfrac{4}{3} \Rightarrow$
$L = \{1\}$.

i) $3^{4x-3}\, 7^{4x-3} = 3^{2x-2}\, 7^{6x-4} \Leftrightarrow 3^{2x-1} = 7^{2x-1} \Rightarrow 2x - 1 = 0 \Rightarrow L = \{\frac{1}{2}\}$.

j) $\log_3 \dfrac{4^{x+1} - 10}{2^{x+1} - 2} = 2 \Leftrightarrow \dfrac{4^{x+1} - 10}{2^{x+1} - 2} = 3^2 \Leftrightarrow 4 \cdot (2^2)^x - 10 = 9(2 \cdot 2^x - 2)$. Setze
$z = 2^x \Rightarrow 4z^2 - 18z + 8 = 0 \Rightarrow z_1 = \frac{1}{2} = 2^{x_1} \Rightarrow x_1 = -1$ (entfällt nach Probe),
$z_2 = 4 = 2^{x_2} \Rightarrow x_2 = 2 \Rightarrow L = \{2\}$.

k) $(3x - 7)(\log_a 3 - \log_a 7) = (7x - 3)(\log_a 1 - \log_a 3) \Leftrightarrow x(3\log_a 3 - 3\log_a 7 +$
$7\log_a 3) = 3\log_a 3 + 7\log_a 3 - 7\log_a 7 \Rightarrow L = \left\{\dfrac{10\log_a 3 - 7\log_a 7}{10\log_a 3 - 3\log_a 7}\right\}$.

(Die Basis a kann beliebig (aber > 0, $\neq 1$) gewählt werden.)

l) $\ln \dfrac{3^2 \cdot 2^{\frac{1}{2x}-1}}{2^{\frac{1}{x}} + 2} = 0 \Leftrightarrow \dfrac{9 \cdot 2^{-1} \cdot 2^{\frac{1}{2x}}}{2^{\frac{1}{x}} + 2} = 1 \Leftrightarrow \dfrac{9}{2} \cdot 2^{\frac{1}{2x}} = 2^{\frac{1}{x}} + 2$. Setze $2^{\frac{1}{2x}} = z \Rightarrow$

$z^2 - \dfrac{9}{2}z + 2 = 0 \Rightarrow z_1 = \dfrac{1}{2} = 2^{\frac{1}{2x_1}} \Rightarrow \dfrac{1}{2x_1} = -1 \Rightarrow x_1 = -\dfrac{1}{2}; \, z_2 = 4 = 2^{\frac{1}{2x_2}} \Rightarrow$

$\dfrac{1}{2x_2} = 2 \Rightarrow x_2 = \dfrac{1}{4}. \Rightarrow L = \{-\dfrac{1}{2}, \dfrac{1}{4}\}$.

$\boxed{\textbf{L 2.22}}$ **a)** $\rho(gh + \frac{1}{2}v^2) = c^* - p_s \;\Rightarrow\; \rho = \dfrac{c^* - p_s}{gh + \frac{1}{2}v^2}, \; v = \sqrt{\dfrac{2(c^* - p_s - \rho gh)}{\rho}} \; .$

b) $f'^2 = \dfrac{f^2(c_0 + v)}{c_0 - v} \;\Leftrightarrow\; f'^2(c_0 - v) = f^2(c_0 + v) \;\Leftrightarrow\;$

$c_0(f'^2 - f^2) = v(f^2 + f'^2) \;\Rightarrow\; v = \dfrac{c_0(f'^2 - f^2)}{f'^2 + f^2} \; .$

c) $m^2 = \dfrac{m_0^2}{1 - \frac{v^2}{c_0^2}} \;\Leftrightarrow\; m^2 - m^2\dfrac{v^2}{c_0^2} = m_0^2$

$\Leftrightarrow\; m^2 - m_0^2 = m^2\dfrac{v^2}{c_0^2} \;\Leftrightarrow\; v = \dfrac{c_0}{m}\sqrt{m^2 - m_0^2}; \quad c_0 = \dfrac{mv}{\sqrt{m^2 - m_0^2}} \; .$

d) $m^2 x_m^2(\omega_0^2 - \omega^2)^2 + m^2 x_m^2(2\delta\omega)^2 = F_m^2 \;\Leftrightarrow\; (2\delta\omega)^2 = \dfrac{F_m^2 - m^2 x_m^2(\omega_0^2 - \omega^2)^2}{m^2 x_m^2} \;\Leftrightarrow\;$

$\delta = \dfrac{\sqrt{F_m^2 - m^2 x_m^2(\omega_0^2 - \omega^2)^2}}{2\omega m x_m} \; ;$

$|\omega_0^2 - \omega^2| = \dfrac{\sqrt{F_m^2 - m^2 x_m^2(2\delta\omega)^2}}{m x_m} \;\Rightarrow\; \omega_0 = \pm\sqrt{\omega^2 \pm \dfrac{\sqrt{F_m^2 - m^2 x_m^2(2\delta\omega)^2}}{m x_m}} \; ;$

$\omega^4 m^2 x_m^2 + \omega^2(4\delta^2 m^2 x_m^2 - 2\omega_0^2 m^2 x_m^2) + m^2 x_m^2\omega_0^4 - F_m^2 = 0 \;\Leftrightarrow\;$

$\omega^4 + (4\delta^2 - 2\omega_0^2)\omega^2 + \omega_0^4 - \dfrac{F_m^2}{m^2 x_m^2} = 0 \text{ (biquadratische Gleichung für } \omega) \;\Rightarrow\; \omega_{1,2}^2 =$

$-2\delta^2 + \omega_0^2 \pm \sqrt{(-2\delta^2 + \omega_0^2)^2 - \omega_0^4 + \dfrac{F_m^2}{m^2 x_m^2}} = -2\delta^2 + \omega_0^2 \pm \sqrt{4\delta^4 - 4\delta^2\omega_0^2 + \dfrac{F_m^2}{m^2 x_m^2}}$

$\Rightarrow\; \omega_{1,2,3,4} = \pm\sqrt{-2\delta^2 + \omega_0^2 \pm \sqrt{4\delta^4 - 4\delta^2\omega_0^2 + \dfrac{F_m^2}{m^2 x_m^2}}} \; .$

e) $P_{th} = e^{\frac{S}{k}} .$

f) $T = (\hat{c} \cdot p^{\kappa-1})^{\frac{1}{\kappa}} ; \quad T^\kappa = \hat{c} \cdot p^{\kappa-1}; \quad \log_a T^\kappa = \log_a \hat{c} + \log_a p^{\kappa-1} \;\Leftrightarrow\;$

$\kappa \log_a T + (1 - \kappa)\log_a p = \log_a \hat{c} \;\Leftrightarrow\; \kappa(\log_a T - \log_a p) = \log_a \hat{c} - \log_a p$

$\Leftrightarrow\; \kappa = \dfrac{\log_a \hat{c} - \log_a p}{\log_a T - \log_a p} = \dfrac{\log_a \frac{\hat{c}}{p}}{\log_a \frac{T}{p}} \quad (a > 0, \neq 1 \text{ beliebige Basis})$

g) $\ln\dfrac{p}{p_0} = -\dfrac{\rho_0 g h}{p_0} \;\Rightarrow\; \rho_0 = -\dfrac{p_0}{gh}\ln\dfrac{p}{p_0} \; .$

h) $\exp\left(\dfrac{U_D e}{kT}\right) = \dfrac{n_A n_D}{n_i^2} \;\Rightarrow\; n_A = \dfrac{n_i^2}{n_D}\exp\left(\dfrac{U_D e}{kT}\right) \;\Rightarrow\; n_i^2 = \dfrac{n_A}{n_D}\exp\left(-\dfrac{U_D e}{kT}\right) \;\Rightarrow\;$

$n_i = \sqrt{\dfrac{n_A}{n_D}}\exp\left(-\dfrac{U_D e}{2kT}\right) \; .$

L 2.23　　　a) $[-4,4)$.　b) $[0,3]$.　c) I_1.　　　d) I_3.　e) $[-4,0)$.　f) $[1,4)$.

g) $\emptyset$. h) I_5. i) $\emptyset$.　　　j) $[0,6)$.　k) $(-1,6)$.　l) $[0,5)$.　m) $[4,5)$.　　n) I_1.

L 2.24　a) $\frac{1}{3} + \frac{2}{4} + \frac{3}{5} + \frac{4}{6} = 2.1$.　　　b) $\frac{16}{1} + \frac{25}{2} + \frac{36}{3} + \frac{49}{4} = 52.75$.

c) $\frac{1}{2} - \frac{1}{3} + \frac{1}{4} - \frac{1}{5} + \frac{1}{6} = \frac{23}{60}$.　d) $-1 + \frac{4}{2} - \frac{27}{6} + \frac{256}{24} - \frac{3125}{120} = -\frac{151}{8}$.

e) Mit H 2.24e ergibt sich $\frac{1}{2} \cdot 10 \cdot 11 = 55$.

f) $\sum\limits_{j=6}^{16} 2 = 2 \sum\limits_{j=6}^{16} 1^j = 2(1^6 + 1^7 + ... + 1^{16}) = 2 \cdot 11 = 22$.

g) $\sum\limits_{i=1}^{5} (2i - 1) = 2 \sum\limits_{i=1}^{5} i - \sum\limits_{i=1}^{5} 1^i = 2 \cdot \frac{1}{2} \cdot 5 \cdot 6 - 5 = 25$ mit H 2.24e.

h) $\sum\limits_{i=100}^{110} (100 - i) = - \sum\limits_{i=100}^{110} (i - 100)$. Setze $k = i - 100 \Rightarrow$

$- \sum\limits_{k=0}^{10} k = - \sum\limits_{k=1}^{10} k = -\frac{1}{2} \cdot 10 \cdot 11 = -55$ mit H 2.24e.

i) $\sum\limits_{k=10}^{25} \frac{2(k - 10)}{5} = \frac{2}{5} \sum\limits_{k=10}^{25} (k - 10)$. Setze $j = k - 10 \Rightarrow$

$\frac{2}{5} \sum\limits_{j=0}^{15} j = \frac{2}{5} \sum\limits_{j=1}^{15} j = \frac{2}{5} \cdot \frac{1}{2} \cdot 15 \cdot 16 = 48$ mit H 2.24e.

j) Nach H 2.24j erhält man $\sum\limits_{i=50}^{60} (i - 1) = \sum\limits_{j=49}^{59} j = \sum\limits_{j=1}^{59} j - \sum\limits_{j=1}^{48} j =$

$\frac{1}{2} \cdot 59 \cdot 60 - \frac{1}{2} \cdot 48 \cdot 49 = 594$ mit H 2.24e.

k) $\sum\limits_{i=0}^{4} (\frac{1}{3})^j = \frac{(\frac{1}{3})^5 - 1}{\frac{1}{3} - 1} = \frac{121}{81}$ mit H 2.24k.

l) $2^4 \sum\limits_{i=1}^{5} (\frac{1}{2})^i = 2^4 \left(\frac{(\frac{1}{2})^6 - 1}{\frac{1}{2} - 1} - 1 \right) = \frac{31}{2}$ mit H 2.24l.

m) Mit H 2.24m ergibt sich $\sum\limits_{i=1}^{16} (\frac{1}{i} - \frac{1}{i+1}) = \sum\limits_{i=1}^{16} \frac{1}{i} - \sum\limits_{j=2}^{17} \frac{1}{j} = 1 - \frac{1}{17} = \frac{16}{17}$.

L 2.25　a) $\sum\limits_{i=1}^{5} \frac{1}{i}$.　　b) $a \sum\limits_{i=1}^{4} (2i - 1)$.　c) $\sum\limits_{i=1}^{4} (-1)^{i+1} \frac{i}{i+1}$.

d) $\sum\limits_{i=0}^{5} 2^i$.　e) $\sum\limits_{i=1}^{5} \frac{(-1)^i}{2i}$.　f) $\sum\limits_{i=0}^{4} \frac{1}{2^i}$.　　g) $\frac{a}{10} \sum\limits_{i=1}^{4} \frac{(-1)^{i+1}}{2i(2i - 1)}$.

h) $\sum\limits_{i=1}^{5} \frac{i}{i^2 + 1}$.　i) $\sum\limits_{i=1}^{5} \frac{ix + (i - 1)y}{(2i - 1)x + 2iy}$.

L 2.26 a) $\frac{1}{2} \sum\limits_{i=1}^{n} \frac{1}{i} - \frac{1}{2} \sum\limits_{i=2}^{n+1} \frac{1}{i - 1} = \frac{1}{2}(\sum\limits_{i=1}^{n} \frac{1}{i} - \sum\limits_{j=1}^{n} \frac{1}{j}) = 0$.

b) $\sum\limits_{k=0}^{n} (k + 1)^2 = \sum\limits_{j=1}^{n+1} j^2 = \frac{1}{6}(n + 1)(n + 2)(2n + 3)$ nach A 2.30d.

c) Mit H 2.26c ergibt sich $\sum\limits_{k=1}^{n} \ln k - \sum\limits_{j=2}^{n+1} \ln j = \ln 1 - \ln(n + 1) = -\ln(n + 1)$.

d) Mit H 2.26d erhält man $\displaystyle\sum_{i=1}^{n}\frac{1}{i(i+1)}=\sum_{i=1}^{n}\frac{1}{i}-\sum_{i=1}^{n}\frac{1}{i+1}=$

$$\sum_{i=1}^{n}\frac{1}{i}-\sum_{j=2}^{n+1}\frac{1}{j}=\frac{1}{1}-\frac{1}{n+1}=\frac{n}{n+1}.$$

e) Mit H 2.26e erhält man $\displaystyle\sum_{i=1}^{n}\frac{1}{(3i-2)(3i+1)}=\frac{1}{3}\sum_{i=1}^{n}\frac{1}{3i-2}-\frac{1}{3}\sum_{i=1}^{n}\frac{1}{3i+1}$. Ersetzt

man in der zweiten Summe i durch $k-1$, so ergibt sich:

$$\frac{1}{3}\left(\sum_{i=1}^{n}\frac{1}{3i-2}-\sum_{k=2}^{n+1}\frac{1}{3k-2}\right)=\frac{1}{3}\left(\frac{1}{1}-\frac{1}{3(n+1)-2}\right)=\frac{n}{3n+1}.$$

f) Mit H 2.26f erhält man $\displaystyle\sum_{j=1}^{n}\frac{1}{4j^2-1}=\frac{1}{2}\left(\sum_{i=1}^{n}\frac{1}{2j-1}-\sum_{j=1}^{n}\frac{1}{2j+1}\right)=($ mit $j=k-1$

in der zweiten Summe $)\ \dfrac{1}{2}\left(\displaystyle\sum_{j=1}^{n}\frac{1}{2j-1}-\sum_{k=2}^{n+1}\frac{1}{2k-1}\right)=\frac{1}{2}\left(\frac{1}{1}-\frac{1}{2(n+1)-1}\right)=\frac{n}{2n+1}.$

L 2.27 **a)** $\displaystyle\sum_{i=3}^{5}[(i-1)^2+(i-2)^2+(i-3)^2]=[2^2+1^2+0^2]+[3^2+2^2+1^2]+[4^2+$

$3^2+2^2]=48.$

b) $\displaystyle 2\sum_{j=4}^{6}1^j\cdot\sum_{i=1}^{3}i+3\sum_{i=1}^{3}1^i\cdot\sum_{j=4}^{6}j=2\cdot3(1+2+3)+3\cdot3(4+5+6)=171.$

Beachte: $\displaystyle\sum_{i=1}^{n}\sum_{j=1}^{m}(a_i+b_j)=m\sum_{i=1}^{n}a_i+n\sum_{j=1}^{m}b_j\neq\sum_{i=1}^{n}a_i+\sum_{j=1}^{m}b_j.$

c) $\displaystyle\sum_{i=1}^{4}\sum_{j=1}^{3}i\cdot j^2=\sum_{i=1}^{4}i\cdot\sum_{j=1}^{3}j^2=$
$\frac{1}{2}\cdot4\cdot5(1+2^2+3^2)=140.$

d) Als Summanden ergeben sich für:

$i=0:\quad 0$

$i=1:\quad \frac{1}{1}+\frac{1}{2}$

$i=2:\quad \frac{2}{1}+\frac{2}{2}+\frac{2}{3}$

$i=3:\quad \frac{3}{1}+\frac{3}{2}+\frac{3}{3}+\frac{3}{4}$

$i=4:\quad \frac{4}{1}+\frac{4}{2}+\frac{4}{3}+\frac{4}{4}+\frac{4}{5}$

Insgesamt: $\displaystyle\sum_{i=0}^{4}\sum_{j=0}^{i}\frac{i}{j+1}=20.55.$

e) Als Summanden ergeben sich für:

$j=1:\quad 0$

$j=2:\quad -3$

$j=3:\quad 4-4^2$

$j=4:\quad -5+5^2-5^3$

Insgesamt: $\displaystyle\sum_{j=1}^{4}\sum_{i=1}^{j-1}(-1)^{i+j}(j+1)^i$
$=-120.$

f) Als Summanden ergeben sich für:

$j=1:\quad \frac{4}{6}+\frac{5}{7}+\frac{6}{8}$

$j=2:\quad \frac{3}{7}+\frac{4}{8}$

$j=3:\quad \frac{2}{8}$

$j=4\quad 0$

Insgesamt: $\displaystyle\sum_{j=1}^{4}\sum_{i=5}^{8-j}=\frac{139}{42}.$

L 2.28 Unter Verwendung von H 2.28 erhält man:

a) $\sum\limits_{i=2}^{4}\sum\limits_{j=0}^{i}(i-1)^j$ oder (mit $k=i-1$) $\sum\limits_{k=1}^{3}\sum\limits_{j=0}^{k+1}k^j = 139.$

b) $\sum\limits_{j=1}^{3}\sum\limits_{i=2}^{7-j}\dfrac{j+1}{i-1}$ oder (mit $k=j+1,\ l=i-1$) $\sum\limits_{k=2}^{4}\sum\limits_{l=1}^{7-k}\dfrac{k}{l} = 18.15.$

$\boxed{\textbf{L 2.29}}$ **a)** $\displaystyle\binom{\alpha}{n} = \frac{\alpha(\alpha-1)(\alpha-2)...(\alpha-n+1)}{1\cdot 2\cdot 3\cdot...\cdot n} =$

$$\frac{\alpha(\alpha-1)(\alpha-2)...(\alpha-n+1)(\alpha-n)(\alpha-n-1)...\cdot 2\cdot 1}{1\cdot 2\cdot 3\cdot...\cdot n(\alpha-n)(\alpha-n-1)...\cdot 2\cdot 1} = \frac{\alpha!}{n!(\alpha-n)!}.$$

Damit ist $\displaystyle\binom{n}{n} = \frac{n!}{n!\,0!} = 1.$

$$\binom{\alpha}{\alpha-n} = \frac{\alpha!}{(\alpha-n)!(\alpha-(\alpha-n))!} = \frac{\alpha!}{(\alpha-n)!\,n!} = \binom{\alpha}{n}.$$

$$\binom{\alpha}{n} + \binom{\alpha}{n+1} = \frac{\alpha!}{n!(\alpha-n)!} + \frac{\alpha!}{(n+1)!(\alpha-n-1)!} =$$

$$\frac{\alpha!(n+1) + \alpha!(\alpha-n)}{(n+1)!(\alpha-n)!} = \frac{\alpha!(n+1+\alpha-n)}{(n+1)!(\alpha-n)!} = \frac{(\alpha+1)!}{(n+1)!(\alpha-n)!} = \binom{\alpha+1}{n+1}.$$

b) $\displaystyle\binom{8}{5} = \binom{8}{3} = \frac{8\cdot 7\cdot 6}{1\cdot 2\cdot 3} = 56,$

$$\binom{100}{95} = \binom{100}{5} = \frac{100\cdot 99\cdot 98\cdot 97\cdot 96}{1\cdot 2\cdot 3\cdot 4\cdot 5} = 75\,287\,520,$$

$$\binom{20}{3} = \frac{20\cdot 19\cdot 18}{1\cdot 2\cdot 3} = 1\,140, \qquad \binom{20}{4} = \frac{20\cdot 19\cdot 18\cdot 17}{1\cdot 2\cdot 3\cdot 4} = 4\,845,$$

$$\binom{21}{4} = \binom{20}{3} + \binom{20}{4} = 5\,985.$$

c) Wegen $\displaystyle\binom{5}{0}=1,\ \binom{5}{1}=5,\ \binom{5}{2}=10,\ \binom{5}{3}=10,\ \binom{5}{4}=5,\ \binom{5}{5}=1$

erhält man nach dem binomischen Satz: $(x+2)^5 = x^5+10x^4+40x^3+80x^2+80x+32.$

d) Binomischer Satz mit $a=1,\ b=1$:

$$(1+1)^n = 2^n = \sum_{i=0}^{n}\binom{n}{i}1^{n-i}1^i = \sum_{i=0}^{n}\binom{n}{i}.$$

Binomischer Satz mit $a=1,\ b=-1$:

$$(1-1)^n = 0 = \sum_{i=0}^{n}\binom{n}{i}1^{n-i}(-1)^i = \sum_{i=0}^{n}(-1)^i\binom{n}{i}.$$

$\boxed{\textbf{L 2.30}}$ **a)** $p(1):\ \sum\limits_{i=1}^{1}i = 1 = \frac{1}{2}\cdot 1\cdot 2$ ist richtig.

Annahme: Es gelte $p(n)$ für $n=k$ ($k\in\mathbb{N},\ k\geq 1$), d.h., es ist $\sum\limits_{i=1}^{k}i = \frac{1}{2}k(k+1).(+)$

Zu zeigen ist, daß $p(n)$ dann auch für $n = k + 1$ gilt, also

$$p(k+1): \sum_{i=1}^{k+1} i = \tfrac{1}{2}(k+1)(k+2) \quad \text{richtig ist.}$$

Zum Beweis dieser Behauptung gehen wir von der linken Seite dieser Gleichung aus und formen sie wie folgt um:

$$\sum_{i=1}^{k+1} i = \sum_{i=1}^{k} i + k + 1 = \tfrac{1}{2}k(k+1) + k + 1 \quad [\text{wegen } (+)]$$

$= (k+1)(\tfrac{1}{2}k + 1) = (k+1)(\tfrac{k+2}{2}) = \tfrac{1}{2}(k+1)(k+2)$. Dies ist die rechte Seite der zu beweisenden Gleichung. Somit gilt $p(n)$ für alle natürlichen Zahlen.

b) Wegen $\sum_{i=0}^{1} x^i = 1 + x = \frac{(x+1)(x-1)}{x-1} = \frac{x^2-1}{x-1}$ ist $p(1)$ richtig. Nimmt man $p(n)$ für $n = k$ ($k \in \mathbb{N}$, $k \geq 1$) als richtig an, dann ergibt sich für

$$\sum_{i=0}^{k+1} x^i = \sum_{i=0}^{k} x^i + x^{k+1} = \quad [\text{wegen } p(k)] \quad \frac{x^{k+1} - 1}{x - 1} + x^{k+1} = \frac{x^{k+1} - 1 + x^{k+1}(x - 1)}{x - 1} =$$

$\frac{x^{k+2} - 1}{x - 1}$. Also gilt $p(n)$ auch für $n = k + 1$ und somit für alle natürlichen Zahlen.

c) $p(1)$ ist richtig; denn $\sum_{i=1}^{1} (2i-1) = 1 = 1^2$. Falls $p(n)$ auch für $n = k$ ($k \in \mathbb{N}$, $k \geq 2$)

gilt, dann ergibt sich für $\sum_{i=1}^{k+1} (2i - 1) = \sum_{i=1}^{k} (2i - 1) + 2(k + 1) - 1 = \quad [\text{wegen } p(k)]$

$k^2 + 2k + 2 - 1 = (k + 1)^2$, d.h., es gilt $p(n)$ für $n = k + 1$.

d) $p(n)$ gilt für $n = 1$: $\sum_{i=1}^{1} i^2 = 1 = \tfrac{1}{6} \cdot 1 \cdot 2 \cdot 3$. Mit der angenommenen Gültigkeit von $p(n)$ für $n = k$ ($k \in \mathbb{N}$, $k \geq 1$) ergibt sich

$$\sum_{i=1}^{k+1} i^2 = \sum_{i=1}^{k} i^2 + (k + 1)^2 = \quad [\text{mit } p(k)] \quad \tfrac{1}{6}k(k + 1)(2k + 1) + (k + 1)^2 =$$

$\tfrac{1}{6}(k + 1)[k(2k + 1) + 6(k + 1)] = \tfrac{1}{6}(k + 1)[2k^2 + 7k + 6] = \tfrac{1}{6}(k + 1)(k + 2)(2k + 3)$.
(Denn: Nach Aufsuchen der Nullstellen von $2k^2 + 7k + 6 = 0$ bzw. von $k^2 + \tfrac{7}{2}k + 3 = 0$ mit der Lösungsformel, die $k_1 = -2$, $k_2 = -\tfrac{3}{2}$ liefert, kann man $2k^2 + 7k + 6$ in Produktform schreiben als $2(k + 2)(k + \tfrac{3}{2}) = (k + 2)(2k + 3)$ (vgl. H 4.37 zur Produktdarstellung von Polynomen).) Somit gilt $p(n)$ auch für $n = k + 1$.

e) $p(3): \tfrac{1}{3!} = \tfrac{1}{6} < \tfrac{1}{2^2} = \tfrac{1}{4}$ ist richtig.
Angenommen, $p(n)$ ist auch richtig für $n = k$ ($k \in \mathbb{N}$, $k \geq 4$), dann ist

$$\frac{1}{(k + 1)!} = \frac{1}{k!(k + 1)} < \frac{1}{2^{k-1}(k + 1)} < \frac{1}{2^{k-1} \cdot 2} = \frac{1}{2^k}. \quad \text{(Die letzte Abschätzung gilt}$$

wegen $k + 1 > 2$, $\frac{1}{k+1} < \tfrac{1}{2}$.) Also gilt $p(n)$ auch für $n = k + 1$.

f) $p(0): a_0 = 4^0 + 1 = 2$ ist richtig. Ebenso ist $p(1): a_1 = 4^1 + 1 = 5$ richtig.
Angenommen, $p(n)$ gilt auch für $n = k$ ($k \in \mathbb{N}$, $k \geq 2$), dann ist $a_{k+1} = 5a_k - 4a_{k-1}$
[nach Voraussetzung] $= 5(4^k + 1) - 4(4^{k-1} + 1) = 5 \cdot 4^k + 5 - 4^k - 4 = 4 \cdot 4^k + 1 =$
$4^{k+1} + 1$. Also gilt $p(n)$ auch für $n = k + 1$.

g) $p_1(1):\ a_2 = \sqrt{6+2} > \sqrt{4} = a_1$ ist richtig.

Angenommen, $p_1(n)$ gilt auch für $n = k$ ($k \in I\!N$, $k \geq 2$). Dann kann also angenommen werden, daß $a_k > a_{k-1}$ ist. Somit gilt: $6 + a_k > 6 + a_{k-1}$ und folglich $a_{k+1} = \sqrt{6 + a_k} > \sqrt{6 + a_{k-1}} = a_k$ (wegen der Monotonie der Wurzelfunktion). Dies ist $p_1(n)$ für $n = k + 1$.

$p_2(1):\ b_2 = \sqrt{6+7} < \sqrt{49} = 7 = b_1\ \Rightarrow\ p_2(1)$ ist richtig.

Angenommen, $p_2(n)$ gilt auch für $n = k$ ($k \in I\!N$, $k \geq 2$). Dann kann also angenommen werden, daß $b_k < b_{k-1}$ ist. Somit gilt: $6 + b_k < 6 + b_{k-1}$ und folglich ist $b_{k+1} = \sqrt{6 + b_k} < \sqrt{6 + b_{k-1}} = b_k$ (wegen der Monotonie der Wurzelfunktion). Dies ist $p_2(n)$ für $n = k + 1$.

$p_3(1):\ b_1 - a_1 = 7 - 2 > 0$ ist richtig.

Angenommen, $p_3(n)$ gilt auch für $n = k$ ($k \in I\!N$, $k \geq 2$). Nach dieser Annahme ist $b_k - a_k > 0$, also $b_k > a_k$ (+), und man erhält $6 + b_k > 6 + a_k \Rightarrow \sqrt{6 + b_k} > \sqrt{6 + a_k}$ und damit $b_{k+1} - a_{k+1} = \sqrt{6 + b_k} - \sqrt{6 + a_k} > 0$ (wegen (+)).

Also gilt $p_3(n)$ auch für $n = k + 1$.

h) $p(2):\ (1 + x)^2 = 1 + 2x + x^2 > 1 + 2x$ ist richtig, da $x^2 > 0$ für $x \neq 0$.

Angenommen, $p(n)$ gilt auch für $n = k$ ($k \in I\!N$, $k \geq 3$), d.h., es gilt $(1 + x)^k > 1 + kx$. Durch Multiplikation dieser Ungleichung mit $(1 + x) > 0$ (nach Voraussetzung) ergibt sich

$(1 + x)^{k+1} > (1 + kx)(1 + x) = 1 + (k + 1)x + kx^2 > 1 + (k + 1)x$, da $kx^2 > 0$.

Damit ist $p(n)$ auch für $n = k + 1$ richtig.

i) $p(1):\ (a + b)^1 = \sum_{i=0}^{1} \binom{1}{i} a^{1-i}b^i = \binom{1}{0} a^1 + \binom{1}{1} b^1 = a + b$ ist offenbar richtig.

Angenommen, $p(n)$ gelte auch für $n = k$ ($k \in I\!N$, $k \geq 2$), d.h, u.a. ist auch $(a+b)^k = \sum_{i=0}^{k} \binom{k}{i} a^{k-i}b^i$. Dann ist $(a + b)^{k+1} = (a + b)(a + b)^k = (a + b) \sum_{i=0}^{k} \binom{k}{i} a^{k-i}b^i = \sum_{i=0}^{k} \binom{k}{i} a^{k+1-i}b^i + \sum_{i=0}^{k} \binom{k}{i} a^{k-i}b^{i+1}$.

Wir spalten von der ersten Summe den ersten Summanden ab und führen in der zweiten Summe $j = i + 1$ als neuen Summationsindex ein. Damit ergibt sich:

$$(a + b)^k = \binom{k}{0} a^{k+1} + \sum_{i=1}^{k} \binom{k}{i} a^{k+1-i}b^i + \sum_{j=1}^{k+1} \binom{k}{j-1} a^{k+1-j}b^j.$$

Nun spalten wir von der zweiten Summe den letzten Summanden ab und fassen die beiden Summen unter einem gemeinsamen Summationszeichen mit dem Summationsindex j zusammen:

$$(a + b)^{k+1} = \binom{k}{0} a^{k+1} + \sum_{j=1}^{k} \left[\binom{k}{j} + \binom{k}{j-1} \right] a^{k+1-j}b^j + \binom{k}{k} b^{k+1}.$$

Beachtet man, daß $\begin{pmatrix} k \\ 0 \end{pmatrix} = 1 = \begin{pmatrix} k+1 \\ 0 \end{pmatrix}$, $\begin{pmatrix} k \\ k \end{pmatrix} = 1 = \begin{pmatrix} k+1 \\ k+1 \end{pmatrix}$ und (vgl. A

2.29) $\begin{pmatrix} k \\ j \end{pmatrix} + \begin{pmatrix} k \\ j-1 \end{pmatrix} = \begin{pmatrix} k+1 \\ j \end{pmatrix}$ gilt, so kann man alle Ausdrücke zusammen-

fassen zu $(a+b)^{k+1} = \sum_{j=0}^{k+1} \begin{pmatrix} k+1 \\ j \end{pmatrix} a^{k+1-j} b^j$. Damit ist die Gültigkeit von $p(n)$

für $n = k+1$ bewiesen.

11.3 Lösungen zu Kapitel 3

$\boxed{\text{L 3.1}}$ a) $5x - 15 - 6x - 3 = 3x + 8 - 2x \;\Rightarrow\; L = \{-13\}$.

b) $-x^2 + 2x + 8 + 2x^2 + 9x - 5 = 4x^2 + 11x - 3 - 3x^2 - 21x - 30 + 15 \;\Rightarrow\; L = \{-1\}$.

c) $\frac{5}{6}x + \frac{1}{3} + \frac{3}{8} - \frac{1}{8}x - \frac{8}{3}x + \frac{2}{3} = \frac{3}{4}x - \frac{1}{4} \;\Leftrightarrow\; -\frac{65}{24}x = -\frac{13}{8} \;\Rightarrow\; L = \{\frac{3}{5}\}$.

$\boxed{\text{L 3.2}}$ a) $x(a - b) = b(3c - 2)$ (∗)

Falls $\quad a \neq b \;\Rightarrow\; L = \left\{ \dfrac{b(3c - 2)}{a - b} \right\}$.

Falls $\quad a = b = 0$
oder $\quad a = b \neq 0$ und $c = \frac{2}{3}$ $\left.\right\} \;\Rightarrow\; L = I\!R$, da (∗) die Identität $0 = 0$ darstellt, also
für jedes $x \in I\!R$ erfüllt ist.

Falls $\quad a = b \neq 0$ und $c \neq \frac{2}{3} \;\Rightarrow\; L = \emptyset$ ((∗) ist für jedes $x \in I\!R$ widersprüchlich).

b) $x[a^2 + ab - a - ab - b^2 + a] = \frac{3}{2}ab + a^2 - b^2 - \frac{2}{3}ab - a^2 b + \frac{1}{6}ab + a^2 + a^2 b \;\Leftrightarrow$
$x[a^2 - b^2] = ab + 2a^2 - b^2 \;\Leftrightarrow\; x(a+b)(a-b) = a(a+b) + (a+b)(a-b)$.

Falls $a = -b$ oder $a = b = 0 \;\Rightarrow\; L = I\!R$. Falls $a = b \neq 0 \;\Rightarrow\; L = \emptyset$.

Falls $|a| \neq |b| \;\Rightarrow\; L = \left\{ \dfrac{2a - b}{a - b} \right\}$.

c) Voraussetzung: $a \neq 0$, $b \neq 0$, $x \neq 0$.

$\dfrac{ax(bx - a) + a \cdot ab - b \cdot ab + bx(b - ax)}{abx} = 0 \;\Leftrightarrow$

$x^2(ab - ab) + x(-a^2 + b^2) + ab(a - b) = 0 \;\Leftrightarrow\; x(b - a)(b + a) - ab(b - a) = 0$.

Falls $a = b$, ist $L = I\!R \setminus \{0\}$. Falls $a = -b$, ist $L = \emptyset$.

Falls $|a| \neq |b|$, ist $L = \left\{ \dfrac{ab}{a + b} \right\}$.

$\boxed{\text{L 3.3}}$ a) Mit der Lösungsformel für quadratische Gleichungen erhält man:
$x_{1,2} = \frac{1}{2} \pm \sqrt{\frac{1}{4} + 12}$. Somit ist $L = \{-3,\, 4\}$.

b) Normalform: $x^2 + x - 2 = 0 \;\Rightarrow\; x_{1,2} = -\frac{1}{2} \pm \sqrt{\frac{1}{4} + 2}$, also ist $L = \{-2,\, 1\}$.

c) Normalform: $x^2 - 2x + 6 = 0 \;\Rightarrow\; x_{1,2} = 1 \pm \sqrt{1 - 6}$: Es gibt keine reellen
Lösungen, d.h. $L = \emptyset$.

d) Normalform: $x^2 + \frac{1}{12}x - \frac{1}{12} = 0 \;\Rightarrow\; x_{1,2} = -\frac{1}{24} \pm \sqrt{\frac{1}{576} + \frac{1}{12}} \;\Rightarrow\; L = \{-\frac{1}{3},\, \frac{1}{4}\}$.

e) $x^2 = 4 \Leftrightarrow |x| = 2$, daher ist $L = \{-2, 2\}$.

f) $|1 - x| = 2$, d.h. $1 - x = 2$ oder $-(1 - x) = 2$, folglich ist $L = \{-1, 3\}$.

$\boxed{\textbf{L 3.4}}$ **a)** $(x+3)(x-4)(x+5) = 0 \Leftrightarrow (x+3 = 0) \lor (x-4 = 0) \lor (x+5 = 0) \Rightarrow$
$L = \{-3, 4, -5\}$.

b) $(x+2)(x-2)(x+1) = 0 \Leftrightarrow (x+2 = 0) \lor (x-2 = 0) \lor (x+1 = 0) \Rightarrow$
$L = \{-2, 2, -1\}$.

c) $x(x^2 - 3x - 10) = 0 \Leftrightarrow (x = 0) \lor (x^2 - 3x - 10 = 0)$;
$x^2 - 3x - 10 = 0 \Leftrightarrow x_{1,2} = \frac{3}{2} \pm \sqrt{\frac{9}{4} + 10}$. Somit ist $L = \{0, -2, 5\}$.

d) Mit H 3.4d ergibt sich die Normalform $z^2 - \frac{3}{4}z + \frac{1}{8} = 0 \Leftrightarrow z_{1,2} = \frac{3}{8} \pm \sqrt{\frac{9}{64} - \frac{1}{8}} \Rightarrow$
$z_1 = x^2 = \frac{1}{4} \Rightarrow x_1 = -\frac{1}{2}, \ x_2 = \frac{1}{2}$,
$z_2 = x^2 = \frac{1}{2} \Rightarrow x_3 = -\frac{1}{\sqrt{2}}, \ x_4 = \frac{1}{\sqrt{2}}$. Also gilt: $L = \{-\frac{1}{2}, \frac{1}{2}, -\frac{1}{\sqrt{2}}, \frac{1}{\sqrt{2}}\}$.

e) Mit H 3.4d ergibt sich die Normalform $z^2 - \frac{4}{5}z - \frac{1}{5} = 0 \Leftrightarrow z_{1,2} = \frac{2}{5} \pm \sqrt{\frac{4}{25} + \frac{1}{5}} \Rightarrow$
$z_1 = x^2 = -\frac{1}{5}$ entfällt, da $x^2 \geq 0$ sein muß.
$z_2 = x^2 = 1 \Rightarrow x_1 = -1, \ x_2 = 1$. Daher ist $L = \{-1, 1\}$.

f) $\frac{1}{x^3} - \frac{2}{x} = -x \Leftrightarrow (1 - 2x^2 + x^4 = 0) \land (x \neq 0) \Leftrightarrow (z-1)^2 = 0$ (mit $z = x^2$). $\Leftrightarrow$
$z = 1 \Leftrightarrow x_1 = 1, \ x_2 = -1$. Daher ist $L = \{-1, 1\}$.

$\boxed{\textbf{L 3.5}}$ **a)** Voraussetzung: $x \neq 2, \ x \neq -2$. Gleichnamigmachen:
$$\frac{(5x - 3)(x - 2) - (x + 1)2(x + 2)}{2(x + 2)(x - 2)} = \frac{26 \cdot 2 + (3x - 25)(x + 2)}{2(x + 2)(x - 2)}.$$
Beseitigen des Hauptnenners, Ausmultiplizieren und Ordnen führt zu der Gleichung
$0 \cdot x^2 + 0 \cdot x - 0 = 0$, die für alle $x \in \mathbb{R}$ erfüllbar ist; daher folgt $L = \mathbb{R} \setminus \{-2, 2\}$.

b) Voraussetzung: $x \neq -1, \ x \neq 3$. Kürzen der rechts stehenden Brüche, Gleichnamigmachen und Multiplikation mit dem Hauptnenner $(x - 3)(x + 1)$ liefert:
$(1 - 2x)(x + 1) - (5 - x)(x - 3) = -(3x + 6)(x + 1) + (2x + 1)(x - 3)$.
Nach x-Potenzen geordnet, ergibt dies $0 \cdot x^2 + 5x + 25 = 0$. Folglich ist $L = \{-5\}$.

c) Voraussetzung: $x \neq -2, \ x \neq 1$. Gleichnamigmachen, Multiplikation mit dem Hauptnenner $6(x - 1)(x + 2)$ und Ordnen nach x-Potenzen ergibt: $3x^2 - 4x + 1 = 0 \Leftrightarrow x^2 - \frac{4}{3}x + \frac{1}{3} = 0 \Leftrightarrow x_{1,2} = \frac{2}{3} \pm \sqrt{\frac{4}{9} - \frac{1}{3}} \Rightarrow x_1 = \frac{1}{3}, \ x_2 = 1$ (entfällt nach Voraussetzung). Daher ist $L = \{\frac{1}{3}\}$.
Anderer Lösungsweg (unter derselben Voraussetzung): Durch Umordnen der Ausgangsgleichung erhält man zunächst $\frac{7x + 5}{3(x - 1)} - \frac{3x + 5}{2(x - 1)} = \frac{1 - 2x}{3(x + 2)} + \frac{2x + 3}{2(x + 2)}$.

Nach Multiplikation mit 6 ergibt sich: $\dfrac{2(7x + 5) - 3(3x + 5)}{6(x - 1)} = \dfrac{2(1 - 2x) + 3(2x + 3)}{6(x + 2)}$

$\Leftrightarrow \dfrac{5x - 5}{6(x - 1)} = \dfrac{2x + 11}{6(x + 2)} \Leftrightarrow \dfrac{5}{6} = \dfrac{2x + 11}{6(x + 2)} \Leftrightarrow 5(x + 2) = 2x + 11 \Leftrightarrow x = \dfrac{1}{3}$.

d) Voraussetzung: $x \neq -1, \ x \neq 1, \ x \neq -2$. Gleichnamigmachen, Multiplikation mit dem Hauptnenner $(x + 2)(x^2 - 1)$ und Ordnen nach x-Potenzen ergibt:

$x^4 - 5x^2 + 4 = 0$. Mit $z = x^2$ erhält man $z^2 - 5z + 4 = 0$. Daraus folgt $z_1 = 1$ - also $x_1 = -1$, $x_2 = 1$ - und $z_2 = 4$ - also $x_3 = -2$, $x_4 = 2$. Wegen der obigen Voraussetzung ist $L = \{2\}$.

$\boxed{\textbf{L 3.6}}$ **a)** Falls $a = 0$ und $b = 0$, ist die Gleichung identisch erfüllt, daher $L = \mathbb{R}$.
Falls $a = 0$ und $b \neq 0$, hat die Gleichung $-2bx + b^2 = 0$ die Lösungsmenge $L = \{\frac{1}{2}b\}$.
Falls $a \neq 0$, hat die Gleichung die Normalform $x^2 - \dfrac{2b}{a}x + \dfrac{b^2}{a} = 0$. Die Lösungsformel
liefert $x_{1,2} = \dfrac{b}{a} \pm \sqrt{\dfrac{b^2}{a^2} - \dfrac{b^2}{a}} = \dfrac{b}{a}(1 \pm \sqrt{1-a})$.
Falls $a \leq 1$, $a \neq 0$, ist $L = \{\frac{b}{a}(1 - \sqrt{1-a}), \ \frac{b}{a}(1 + \sqrt{1-a})\}$.
Falls $a > 1$, hat die Gleichung keine reelle Lösung, d.h. $L = \emptyset$.
b) Es ist $x_{1,2} = -(a+b) \pm \sqrt{(a+b)^2 - 4ab} = -a - b \pm \sqrt{(a-b)^2} = -a - b \pm |a - b|$.
Sowohl für $a \geq b$, als auch für $a < b$ ist $L = \{-2a, \ -2b\}$.
c) Unter der Voraussetzung $a \neq 0$, $b \neq 0$, $x \neq 0$ werden beide Seiten der Gleichung auf den Hauptnenner abx gebracht und anschließend mit dem Hauptnenner multipliziert. Danach ordnet man nach x-Potenzen und erhält:
$x^2(b-a) + 2x(b^2 - a^2 - b + a) + 4(ab^2 - ab - a^2b + a^2) = 0 \ \Leftrightarrow$
$x^2(b-a) + 2x(b-a)(b+a-1) + 4a(b-a)(b-1) = 0$.
Falls $b = a$, ist $L = \mathbb{R}$.
Falls $b \neq a$, hat man die Gleichung $x^2 + 2x(b+a-1) + 4a(b-1) = 0$ zu lösen.
Die Lösungsformel liefert $x_{1,2} = -(b+a-1) \pm \sqrt{(b+a-1)^2 - 4a(b-1)}$.
Wegen $(b+a-1)^2 - 4a(b-1) = b^2 + a^2 + 1 + 2ab - 2b - 2a - 4ab + 4a = b^2 + a^2 + 1 - 2ab - 2b + 2a = (b-a-1)^2$ erhält man
$x_{1,2} = -(b+a-1) \pm |b-a-1|$, somit $L = \{-2a, \ 2-2b\}$.

$\boxed{\textbf{L 3.7}}$ **a)** Voraussetzungen: $x \geq 1 \wedge x \geq 4$, d.h. $x \geq 4$.
$\sqrt{x-1} = 1 + \sqrt{x-4} \ \Rightarrow \ x - 1 = 1 + 2\sqrt{x-4} + x - 4 \ \Leftrightarrow \ 2 = 2\sqrt{x-4} \ \Rightarrow \ 1 = x - 4$.
Somit ist $L = \{5\}$.
b) Voraussetzung: $|x| \geq 3$.
$\sqrt{x^2 - 9} = 10 - \sqrt{x^2 + 11} \ \Rightarrow \ x^2 - 9 = 100 - 20\sqrt{x^2 + 11} + x^2 + 11 \ \Leftrightarrow \ 20\sqrt{x^2 + 11} = 120 \ \Leftrightarrow \ x^2 + 11 = 36 \ \Leftrightarrow \ x^2 = 25$. Also ist $L = \{-5, 5\}$.
c) Voraussetzungen: $x \geq 3 \wedge x \geq -\frac{7}{3} \wedge x \geq -5$, d.h. $x \geq 3$.
$x - 3 + 2\sqrt{x-3}\sqrt{3x+7} + 3x + 7 = 2x + 10 \ \Leftrightarrow \ 2x - 6 = -2\sqrt{x-3}\sqrt{3x+7} \ \Leftrightarrow$
$x - 3 = -\sqrt{x-3}\sqrt{3x+7} \ \Rightarrow \ (x-3)^2 = (x-3)(3x+7) \ \Leftrightarrow \ (x = 3) \vee (x - 3 = 3x + 7) \ \Leftrightarrow \ (x = 3) \vee (x = -5)$. $x = -5$ ist Scheinlösung (folgt aus der Voraussetzung), so daß man $L = \{3\}$ erhält.
d) Voraussetzungen: $x \leq 3 \wedge x \geq -5 \wedge x \leq 4$, d.h. $x \in [-5, 3]$.
$3 - x + 2\sqrt{3-x}\sqrt{x+10} + x + 10 = 20 - 5x \ \Leftrightarrow \ 5x - 7 = -2\sqrt{3-x}\sqrt{x+10} \ \Rightarrow$
$(5x - 7)^2 = 4(3-x)(x+10) \ \Leftrightarrow \ 29x^2 - 42x - 71 = 0 \ \Leftrightarrow \ x_1 = \frac{71}{29}, \ x_2 = -1$. Da $x = 71/29$ Scheinlösung ist (nach Probe), erhält man $L = \{-1\}$.

e) Voraussetzungen: $x \geq 0 \wedge x \geq 1 \wedge x \geq -1$, d.h. $x \geq 1$.

$4x + 4\sqrt{x}\,\sqrt{2x-2} + 2x - 2 = x + 1 \Leftrightarrow 5x - 3 = -4\sqrt{2}\sqrt{x}\,\sqrt{x-1} \Rightarrow (5x-3)^2 = 32x(x-1) \Leftrightarrow 7x^2 - 2x - 9 = 0$. Da $x = -1$ Scheinlösung ist (folgt aus der Voraussetzung) und $x = \frac{9}{7}$ Scheinlösung ist (nach Probe), gilt $L = \emptyset$.

f) Voraussetzungen: $x \leq 1 \wedge x \geq 2 \wedge x \geq 1$, d.h. $L = \emptyset$.

g) Voraussetzungen: $x \leq 5 \wedge x \geq 1 \wedge x \geq -\frac{1}{2} \wedge x \leq 1$, d.h. als Lösung kommt nur $x = 1$ in Frage. Durch Einsetzen stellt man fest: $L = \{1\}$.

h) Voraussetzungen: $x \geq -5 \wedge x \geq 2 \wedge x \geq -14 \wedge x \geq 7$, d.h. $x \geq 7$.

$x + 5 + 2\sqrt{x+5}\,\sqrt{x-2} + x - 2 = x + 14 + 2\sqrt{x+14}\,\sqrt{x-7} + x - 7 \Leftrightarrow \sqrt{x+5}\,\sqrt{x-2} = \sqrt{x+14}\,\sqrt{x-7} + 2 \Rightarrow (x+5)(x-2) = (x+14)(x-7) + 4\sqrt{x+14}\,\sqrt{x-7} + 4 \Leftrightarrow -4x + 84 = 4\sqrt{x+14}\,\sqrt{x-7} \Rightarrow (-x+21)^2 = (x+14)(x-7) \Leftrightarrow 49x = 539$. Folglich ist $L = \{11\}$.

i) Voraussetzung: $x \geq 0$. Setze $\sqrt[3]{x} = z$. Dann gilt: $11z - 6z^2 + z^3 - 6 = 0$.

Mit der in H 4.39 beschriebenen Methode erhält man $z_1 = 1 \Rightarrow x_1 = z_1^3 = 1$; $z_2 = 2 \Rightarrow x_2 = z_2^3 = 8$; $z_3 = 3 \Rightarrow x_3 = z_3^3 = 27$. Somit ist $L = \{1, 8, 27\}$.

j) Voraussetzungen: $x \geq 0 \wedge \sqrt{x} \geq 1$, d.h. $x \geq 1$.

$2 + 2\sqrt{x} - 2\sqrt{2 + 2\sqrt{x}}\,\sqrt{\sqrt{x} - 1} + \sqrt{x} - 1 = 4\sqrt{x}$. Setze $\sqrt{x} = z$ (wegen der Voraussetzung ≥ 1). Das liefert $-2\sqrt{2}\sqrt{1+z}\sqrt{z-1} = z - 1 \Rightarrow 8(z^2 - 1) = (z-1)^2 \Leftrightarrow (z-1)(8(z+1) - (z-1)) = 0 \Rightarrow z_1 = 1 \Rightarrow x_1 = z_1^2 = 1$; $z_2 = -\frac{9}{7}$ ist Scheinlösung (da $z \geq 1$ vorausgesetzt ist). Daher ist $L = \{1\}$.

k) Voraussetzungen: $x \geq -2 \wedge x \leq \frac{5}{2}$, d.h. $x \in [-2, 2.5]$.

$2x + 4 + 3\sqrt[3]{2x+4}\,^2 \cdot \sqrt[3]{5-2x} + 3\sqrt[3]{2x+4} \cdot \sqrt{5-2x}\,^2 + 5 - 2x = 27 \Leftrightarrow 3\sqrt[3]{2x+4} \cdot \sqrt[3]{5-2x}\left(\sqrt[3]{2x+4} + \sqrt[3]{5-2x}\right) = 18$. Nach Aufgabenstellung ist $\sqrt[3]{2x+4} + \sqrt[3]{5-2x} = 3$. Somit folgt $9\sqrt[3]{2x+4}\,\sqrt[3]{5-2x} = 18 \Rightarrow (2x+4)(5-2x) = 8 \Leftrightarrow -4x^2 + 2x + 12 = 0$. Daraus erhält man die Lösungsmenge $L = \{-1.5, 2\}$.

l) Voraussetzung: $|x| \geq 1$.

$x^2 - 1 + 3\sqrt[3]{x^2-1}\,^2 \cdot \sqrt[3]{2(x+1)} + 3\sqrt[3]{x^2-1} \cdot \sqrt[3]{2(x+1)}\,^2 + 2(x+1) = (x+1)^2$. Nach Aufgabenstellung ist $\sqrt[3]{x^2-1} + \sqrt[3]{2(x+1)} = \sqrt[3]{(x+1)^2}$. Somit folgt $(x+1)(x-1) + 3\sqrt[3]{x^2-1}\sqrt[3]{2(x+1)}\sqrt[3]{(x+1)^2} + 2(x+1) = (x+1)^2 \Leftrightarrow 3\sqrt[3]{x^2-1}\sqrt[3]{2(x+1)}\sqrt[3]{(x+1)^2} = 0$. Daraus ergibt sich $L = \{-1, 1\}$.

$\boxed{\textbf{L 3.8}}$ **a)** $x > -5$, d.h $L = (-5, +\infty)$.

b) $(a-2)x > 3$. Falls $a > 2$: $L = (\frac{3}{a-2}, +\infty)$; falls $a < 2$: $L = (-\infty, \frac{3}{a-2})$; falls $a = 2$: $L = \emptyset$.

c) $x^2 - 5x + 6 = 0$ für $x_1 = 2$, $x_2 = 3$. Der Graph von $y = -x^2 + 5x - 6$ verläuft *oberhalb* der x-Achse für $x \in (2,3)$. Daher: $L = (2,3)$.
Anderer Lösungsweg: Es ist $-x^2 + 5x > 6 \Leftrightarrow -(x^2 - 5x + \frac{25}{4}) > 6 - \frac{25}{4} \Leftrightarrow -(x-\frac{5}{2})^2 > -\frac{1}{4} \Leftrightarrow (x-\frac{5}{2})^2 < \frac{1}{4} \Leftrightarrow |x-\frac{5}{2}| < \frac{1}{2} \Leftrightarrow -\frac{1}{2} < x - \frac{5}{2} < \frac{1}{2} \Leftrightarrow 2 < x < 3$. Damit: $L = (2,3)$.

d) $x^2 - 4x + 3 = 0$ für $x_1 = 1$, $x_2 = 3$. Der Graph von $y = 2x^2 - 8x + 6$ verläuft *unterhalb* der x-Achse für $x \in (1,3)$. Daher: $L = (-\infty, 1] \cup [3, +\infty)$.
Anderer Lösungsweg: Es ist $8x - 6 \leq 2x^2 \Leftrightarrow x^2 - 4x + 3 \geq 0 \Leftrightarrow (x - 2)^2 \geq 1 \Leftrightarrow |x - 2| \geq 1 \Leftrightarrow (x - 2 \geq 1) \vee (-x + 2 \geq 1) \Leftrightarrow (x \geq 3) \vee (x \leq 1)$. Damit: $L = (-\infty, 1] \cup [3, +\infty)$.

e) Voraussetzung: $x \neq 1$.
1.Fall: $x \in I_1 = (-\infty, 1):\ 3x + 2 > 4(x - 1) \Leftrightarrow 6 > x$,
       d.h. $x \in M_1 = (-\infty, 6)$. Daher: $L_1 = I_1 \cap M_1 = (-\infty, 1)$.
2.Fall: $x \in I_2 = (1, +\infty):\ 3x + 2 < 4(x - 1) \Leftrightarrow 6 < x$,
       d.h. $x \in M_2 = (6, +\infty)$. Daher: $L_2 = I_2 \cap M_2 = (6, +\infty)$.
Ergebnis: $L = L_1 \cup L_2 = (-\infty, 1) \cup (6, +\infty)$.

f) Voraussetzung: $x \neq -2$.
1.Fall: $x \in I_1 = (-\infty, -2):\ 2x^2 - 1 > (2x - 3)(x + 2) \Leftrightarrow 5 > x$,
       d.h. $x \in M_1 = (-\infty, 5)$. Daher: $L_1 = (-\infty, -2)$.
2.Fall: $x \in I_2 = (-2, +\infty):\ 2x^2 - 1 < (2x - 3)(x + 2) \Leftrightarrow 5 < x$,
       d.h. $x \in M_2 = (5, +\infty)$. Daher: $L_2 = (5, +\infty)$.
Ergebnis: $L = (-\infty, -2) \cup (5, +\infty)$.

g) Voraussetzung: $|x| \neq 1$.
1.Fall: $x \in I_1 = (-\infty, -1):\ 3x^2 - 4 > 3(x^2 - 1) \Leftrightarrow -4 > -3$. Dies ist ein Widerspruch, also für *kein* $x \in \mathbb{R}$ erfüllbar; d.h. $M_1 = \emptyset$. $L_1 = I_1 \cap M_1 = \emptyset$.
2.Fall: $x \in I_2 = (-1, 1):\ 3x^2 - 4 < 3(x^2 - 1) \Leftrightarrow -4 < -3$. Dies ist *immer* richtig, unabhängig von x, d.h. $M_2 = \mathbb{R}$. $L_2 = I_2 \cap M_2 = (-1, 1)$.
3.Fall: $x \in I_3 = (1, +\infty):\ 3x^2 - 4 > 3(x^2 - 1) \Leftrightarrow -4 > -3$. Daher: $M_3 = L_3 = \emptyset$.
Ergebnis: $L = (-1, 1)$.
Anderer Lösungsweg: Es ist $\dfrac{3x^2 - 4}{x^2 - 1} > 3 \Leftrightarrow \dfrac{3(x^2 - 1) - 1}{x^2 - 1} \Leftrightarrow 3 - \dfrac{1}{x^2 - 1} > 3 \Leftrightarrow$
$\dfrac{1}{x^2 - 1} < 0 \Leftrightarrow x^2 < 1 \Leftrightarrow -1 < x < 1$. Somit: $L = (-1, 1)$.

h) Voraussetzung: $x \neq -1 \wedge x \neq 2$.
1.Fall: $x \in I_1 = (-\infty, -1)$: Da die Ungleichung mit $(x + 1) < 0$ *und* mit $(2x - 4) < 0$ multipliziert wird, bleibt das Relationszeichen erhalten. Es ergibt sich:
      $(4x - 5)(x + 1) < (2x + 3)(2x - 4) \Leftrightarrow x < -7$, d.h. $x \in M_1 = (-\infty, -7)$.
      Somit ist $L_1 = I_1 \cap M_1 = (-\infty, -7)$.
2.Fall: $x \in I_2 = (-1, 2)$: Diesmal wird mit $(x + 1) > 0$ und mit $(2x - 4) < 0$ multipliziert; daher kehrt sich das Relationszeichen um, und man erhält:
      $(4x - 5)(x + 1) > (2x + 3)(2x - 4) \Leftrightarrow x > -7$, d.h. $x \in M_2 = (-7, \infty)$.
      Daher: $L_2 = I_2 \cap M_2 = (-1, 2)$.
3.Fall: $x \in I_3 = (2, +\infty)$: Nach Multiplikation mit $(x + 1) > 0$ und mit $(2x - 4) > 0$ ergibt sich: $(4x - 5)(x + 1) < (2x + 3)(2x - 4) \Leftrightarrow x < -7$, d.h. $x \in M_3 = (-\infty, -7)$. Daher: $L_3 = I_3 \cap M_3 = \emptyset$.
Ergebnis: $L = (-\infty, -7) \cup (-1, 2)$.

i) Voraussetzung: $x \neq -5 \wedge x \neq -4$.
1.Fall: $x \in I_1 = (-\infty, -5):\ (10x + 2)(x + 4) < (9x + 3)(x + 5) \Leftrightarrow x^2 - 6x - 7 < 0$.

Der Graph von $y = x^2 - 6x - 7$ ist eine nach oben geöffnete Parabel mit den Nullstellen $x_1 = -1$, $x_2 = 7$. Daher gilt: $x^2 - 6x - 7 < 0 \Leftrightarrow x \in M_1 = (-1, 7)$. Also ist $L_1 = I_1 \cap M_1 = \emptyset$.

2.Fall: $x \in I_2 = (-5, -4): (10x + 2)(x + 4) > (9x + 3)(x + 5) \Leftrightarrow x^2 - 6x - 7 > 0 \Leftrightarrow x \in M_2 = (-\infty, -1) \cup (7, \infty)$. Daher: $L_2 = I_2 \cap M_2 = (-5, -4)$.

3.Fall: $x \in I_3 = (-4, +\infty): (10x + 2)(x + 4) < (9x + 3)(x + 5) \Leftrightarrow x^2 - 6x - 7 < 0 \Leftrightarrow x \in M_3 = (-1, 7)$. Somit ist $L_3 = I_3 \cap M_3 = (-1, 7)$.

Ergebnis: $L = (-5, -4) \cup (-1, 7)$.

$\boxed{\textbf{L 3.9}}$ **a)** 1.Fall: $x \in I_1 = (-\infty, 5): -x + 5 = 1 \Leftrightarrow x = 4$, d.h. $x \in M_1 = \{4\}$. Folglich ist $L_1 = I_1 \cap M_1 = \{4\}$.

2.Fall: $x \in I_2 = [5, +\infty): x - 5 = 1 \Leftrightarrow x = 6$, d.h. $x \in M_2 = \{6\}$. Daher ist $L_2 = I_2 \cap M_2 = \{6\}$.

Ergebnis: $L = L_1 \cup L_2 = \{4, 6\}$.

Man erhält das Ergebnis auch unmittelbar aus der Überlegung, daß $x - 5 = 1$ oder $= -1$ sein muß.

b) 1.Fall: $x \in I_1 = (-\infty, 1): -x + 1 + x = 2 - x \Leftrightarrow x = 1$, d.h. $x \in M_1 = \{1\}$. Somit ist $L_1 = \emptyset$.

2.Fall: $x \in I_2 = [1, +\infty): x - 1 + x = 2 - x \Leftrightarrow x = 1$, d.h. $x \in M_2 = \{1\}; L_2 = \{1\}$.
Ergebnis: $L = \{1\}$.

c) 1.Fall: $x \in I_1 = (-\infty, -1): -x + 2 - x - 1 = 2x + 2 \Leftrightarrow 4x = -1$, d.h. $x \in M_1 = \{-\frac{1}{4}\}$. Damit folgt $L_1 = \emptyset$.

2.Fall: $x \in I_2 = [-1, 2): -x + 2 + x + 1 = 2x + 2 \Leftrightarrow 2x = 1$, d.h. $x \in M_2 = \{\frac{1}{2}\}$ und folglich $L_2 = \{\frac{1}{2}\}$.

3.Fall: $x \in I_3 = [2, +\infty): x - 2 + x + 1 = 2x + 2$ ist widerspruchsvoll, daher für kein $x \in \mathbb{R}$ erfüllbar: $L_3 = \emptyset$.

Ergebnis: $L = \{\frac{1}{2}\}$.

d) 1.Fall: $x \in I_1 = (-\infty, -2): -x + 1 - x - 2 = 3 \Leftrightarrow -2x = 4$, d.h. $x \in M_1 = \{-\frac{1}{2}\}$ und folglich $L_1 = \emptyset$.

2.Fall: $x \in I_2 = [-2, 1]: -x + 1 + x + 2 = 3$. Dies ist für alle $x \in M_2 = \mathbb{R}$ erfüllt. Daher ist $L_2 = I_2 \cap M_2 = [-2, 1]$.

3.Fall: $x \in I_3 = (1, +\infty): x - 1 + x + 2 = 3 \Leftrightarrow 2x = 2$, d.h. $x \in M_3 = \{1\}$. $L_3 = \emptyset$.
Ergebnis: $L = [-2, 1]$.

e) 1.Fall: $x \in I_1 = (-\infty, -1): -x - 1 - x + 1 = -x \Leftrightarrow x = 0$, d.h. $x \in M_1 = \{0\}$. Daher: $L_1 = \emptyset$.

2.Fall: $x \in I_2 = [-1, 0): x + 1 - x + 1 = -x \Leftrightarrow x = -2$, d.h. $x \in M_2 = \{-2\}$. Somit: $L_2 = \emptyset$.

3.Fall: $x \in I_3 = [0, 1): x + 1 - x + 1 = x \Leftrightarrow x = 2$, d.h. $x \in M_3 = \{2\}$. $L_3 = \emptyset$.

4.Fall: $x \in I_4 = [1, +\infty): x + 1 + x - 1 = x \Leftrightarrow x = 0$, d.h. $x \in M_4 = \{0\}$. $L_4 = \emptyset$.
Ergebnis: $L = \emptyset$.

f) 1.Fall: $x \in I_1 = (-\infty, -1): -x - 1 + x - 1 = -x \Leftrightarrow x = 2$, d.h. $x \in M_1 = \{2\}$. Folglich: $L_1 = \emptyset$.

2.Fall: $x \in I_2 = [-1, 0): x + 1 + x - 1 = -x \Leftrightarrow x = 0$, d.h. $x \in M_2 = \{0\}$. $L_2 = \emptyset$.

3.Fall: $x \in I_3 = [0,1)$: $x+1+x-1 = x \Leftrightarrow x = 0$, d.h. $x \in M_3 = \{0\}$. $L_3 = \{0\}$.
4.Fall: $x \in I_4 = [1,+\infty)$: $x+1-x+1 = x \Leftrightarrow x = 2$, d.h. $x \in M_4 = \{2\}$. $L_4 = \{2\}$.
Ergebnis: $L = \{0,2\}$.

g) 1.Fall: $x \in I_1 = (-\infty,-2)$: $-x-2-2+x = -2x \Leftrightarrow x = 2$, d.h. $x \in M_1 = \{2\}$.
    Somit: $L_1 = \emptyset$.
2.Fall: $x \in I_2 = [-2,0)$: $x+2-2+x = -2x \Leftrightarrow x = 0$, d.h. $x \in M_2 = \{0\}$. $L_2 = \emptyset$.
3.Fall: $x \in I_3 = [0,2)$: $x+2-2+x = 2x$. Dies ist erfüllt für alle $x \in I\!R$. $L_3 = [0,2)$.
4.Fall: $x \in I_4 = [2,+\infty)$: $x+2+2-x = 2x \Leftrightarrow x = 2$, d.h. $x \in M_4 = \{2\}$. $L_4 = \{2\}$.
Ergebnis: $L = [0,2]$.

h) 1.Fall: $x \in I_1 = (-\infty,-2)$: $|-x-2+x-1| = 3$. Dies ist erfüllt für alle $x \in I\!R$.
    Somit ist $L_1 = (-\infty,-2)$.
2.Fall: $x \in I_2 = [-2,1]$: $|x+2+x-1| = 3 \Leftrightarrow (2x+1 = -3) \vee (2x+1 = 3)$, d.h.
    $(x \in M_{21} = \{-2\}) \vee (x \in M_{22} = \{1\})$. $L_2 = I_2 \cap (M_{21} \cup M_{22}) = \{-2,1\}$.
3.Fall: $x \in I_3 = (1,+\infty)$: $|x+2-x+1| = 3$. Dies ist für alle $x \in I\!R$ erfüllt. Daher
    ist $L_3 = (1,+\infty)$.
Ergebnis: $L = (-\infty,-2] \cup [1,+\infty)$.

$\boxed{\text{L 3.10}}$ **a)** 1.Fall: $x \in I_1 = (-\infty,2)$: $-x+2 \leq 3 \Leftrightarrow -1 \leq x$,
    d.h. $x \in M_1 = [-1,\infty)$. $L_1 = I_1 \cap M_1 = [-1,2)$.
2.Fall: $x \in I_2 = [2,+\infty)$: $x-2 \leq 3 \Leftrightarrow x \leq 5$, d.h. $x \in M_2 = (-\infty,5]$. Folglich:
    $L_2 = I_2 \cap M_2 = [2,5]$.
Ergebnis: $L = L_1 \cup L_2 = [-1,5]$.
Man erhält dieses Ergebnis auch aus $|x-2| \leq 3 \Leftrightarrow -3 \leq x-2 \leq 3 \Leftrightarrow -1 \leq x \leq 5$.

b) 1.Fall: $x \in I_1 = (-\infty,-4)$: $-x-4 > 2 \Leftrightarrow x < -6$, d.h. $x \in M_1 = (-\infty,-6)$.
    $L_1 = (-\infty,-6)$.
2.Fall: $x \in I_2 = [-4,+\infty)$: $x+4 > 2 \Leftrightarrow x > -2$, d.h. $x \in M_2 = (-2,+\infty)$.
    $L_2 = (-2,+\infty)$.
Ergebnis: $L = (-\infty,-6) \cup (-2,+\infty) = I\!R \setminus [-6,-2]$.
(Dabei ist $[-6,-2]$ die Lösungsmenge von $|x+4| \leq 2$; denn analog zu a) ist
$|x+4| \leq 2 \Leftrightarrow -2 \leq x+4 \leq 2 \Leftrightarrow -6 \leq x \leq -2$).

c) 1.Fall: $x \in I_1 = (-\infty,-1)$: $-x-1-x \geq 1 \Leftrightarrow x \leq -1$, d.h. $x \in M_1 = (-\infty,-1]$.
    $L_1 = (-\infty,-1)$.
2.Fall: $x \in I_2 = [-1,+\infty)$: $x+1-x \geq 1$. Dies ist (mit Gleichheitszeichen) für alle
    $x \in I\!R$ erfüllt. $L_2 = [-1,+\infty)$.
Ergebnis: $L = I\!R$.
Bemerkung: Man erhält dieses Ergebnis auch unmittelbar aus folgender Überlegung:
$|x+1| - x \geq 1 \Leftrightarrow |x+1| \geq x+1$. Diese Ungleichung ist für alle $x \in I\!R$ erfüllt, da
$|a| \geq a$ für alle $a \in I\!R$ gilt. Daher ist $L = I\!R$.

d) 1.Fall: $x \in I_1 = (-\infty,-3)$: $-x-3 < 4+x-2 \Leftrightarrow x > -\frac{5}{2}$, d.h.
    $x \in M_1 = (-\frac{5}{2},+\infty)$. $L_1 = \emptyset$.
2.Fall: $x \in I_2 = [-3,2)$: $x+3 < 4+x-2$. Dies ist für *kein* $x \in I\!R$ erfüllbar:
    $L_2 = \emptyset$.

3.Fall: $x \in I_3 = [2, +\infty) : x + 3 < 4 - x + 2 \Leftrightarrow x < \frac{3}{2}$, d.h. $x \in M_3 = (-\infty, \frac{3}{2})$.
$\quad L_3 = \emptyset$.
Ergebnis: $L = \emptyset$.

e) 1.Fall: $x \in I_1 = (-\infty, -1) : -x + 3 - x - 1 \le 2 + x \Leftrightarrow x \ge 0$, d.h. $x \in M_1 = [0, +\infty)$. $L_1 = \emptyset$.
2.Fall: $x \in I_2 = [-1, 3) : -x + 3 + x + 1 \le 2 + x \Leftrightarrow x \ge 2$, d.h. $x \in M_2 = [2, +\infty)$.
$\quad L_2 = [2, 3)$.
3.Fall: $x \in I_3 = [3, +\infty) : x - 3 + x + 1 \le 2 + x \Leftrightarrow x \le 4$, d.h. $x \in M_3 = (-\infty, 4]$.
$\quad L_3 = [3, 4]$.
Ergebnis: $L = [2, 4]$.

Bemerkung: Wir zeigen an diesem Beispiel, wie Ungleichungen auch graphisch gelöst werden können: Wir betrachten die Funktion $y = |x - 3| + |x + 1| - 2 - x$ und untersuchen, wo $y \le 0$ ist. Zum Zeichnen des Graphen von y verwenden wir, daß gilt:

$$y = \begin{cases} -x + 3 - x - 1 - 2 - x = & -3x & \text{für} & x \le -1 \\ -x + 3 + x + 1 - 2 - x = & -x + 2 & \text{für} & -1 < x \le 3 \\ x - 3 + x + 1 - 2 - x = & x - 4 & \text{für} & x > 3 \end{cases}$$

Bild L 3.10e entnimmt man $L = [2, 4]$.

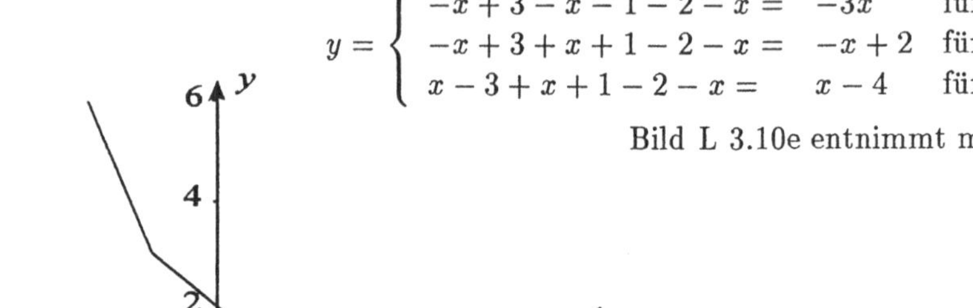

Bild L 3.10e

f) 1.Fall: $x \in I_1 = (-\infty, -2) : -x - 2 - x - x + 4 \ge 0 \Leftrightarrow x \le \frac{2}{3}$, d.h. $x \in M_1 = (-\infty, \frac{2}{3}]$. $L_1 = (-\infty, -2)$.
2.Fall: $x \in I_2 = [-2, 4) : x + 2 - x - x + 4 \ge 0 \Leftrightarrow x \le 6$, d.h. $x \in M_2 = (-\infty, 6]$).
$\quad L_2 = [-2, 4)$.
3.Fall: $x \in I_3 = [4, +\infty) : x + 2 - x + x - 4 \ge 0 \Leftrightarrow x \ge 2$, d.h. $x \in M_3 = [2, \infty)$.
$\quad L_3 = [4, +\infty)$.
Ergebnis: $L = L_1 \cup L_2 \cup L_3 = \mathbb{R}$.

g) Die Nullstellen von $y = x^2 + 2x - 24$ sind $x_1 = -6$, $x_2 = 4$. Daher ist $y \le 0$ für $x \in [-6, 4]$.
1.Fall: $x \in I_1 = (-\infty, -6) : x^2 + 2x - 24 \le 24$. $\tilde{y} = x^2 + 2x - 48$ hat die Nullstellen $x_1 = -8$, $x_2 = 6$. Somit ist $\tilde{y} \le 0$ für $x \in M_1 = [-8, 6]$. $L_1 = I_1 \cap M_1 = [-8, -6)$.
2.Fall: $x \in I_2 = [-6, 4] : -x^2 - 2x + 24 \le 24$. $\hat{y} = -x^2 - 2x$ hat die Nullstellen $x_1 = -2$, $x_2 = 0$, so daß $\hat{y} \le 0$ ist für $x \in M_2 = (-\infty, -2] \cup [0, +\infty)$.
$\quad L_2 = I_2 \cap M_2 = [-6, -2] \cup [0, 4]$.
3.Fall: $x \in I_3 = (4, +\infty) : x^2 + 2x - 24 \le 24$. Nach Fall 1 gilt dies für $x \in M_1 =$

$[-8,6]. L_3 = I_3 \cap M_1 = (4,6]$.
Ergebnis: $L = L_1 \cup L_2 \cup L_3 = [-8,-2] \cup [0,6]$.

h) Die Nullstellen von $y = x^2 - 7$ sind $x_1 = -\sqrt{7}$ und $x_2 = \sqrt{7}$.
1.Fall: $x \in I_1 = (-\infty, -\sqrt{7}) : \ -x + 5 \le x^2 - 7. \ \Leftrightarrow \ 0 \le x^2 + x - 12$.
$\quad y = x^2 + x - 12$ hat die Nullstellen $x_1 = -4$, $x_2 = 3$. Somit ist $y \ge 0$ für
$\quad x \in M_1 = (-\infty, -4] \cup [3, +\infty)$. $L_1 = I_1 \cap M_1 = (-\infty, -4]$.
2.Fall: $x \in I_2 = [-\sqrt{7}, \sqrt{7}] : \ -x + 5 \le -x^2 + 7. \Leftrightarrow x^2 - x - 2 \le 0$.
$\quad \tilde{y} = x^2 - x - 2$ hat die Nullstellen $x_1 = -1$, $x_2 = 2$, so daß $\tilde{y} \le 0$ ist für
$\quad x \in M_2 = [-1, 2]$. $L_2 = I_2 \cap M_2 = [-1, 2]$.
3.Fall: $x \in I_3 = (\sqrt{7}, 5) : \ -x + 5 \le x^2 - 7 \ \Leftrightarrow \ 0 \le x^2 + x - 12$ (vgl. Fall 1).
$\quad L_3 = I_3 \cap M_1 = [3, 5)$.
4.Fall: $x \in I_4 = [5, +\infty) : \ x - 5 \le x^2 - 7 \ \Leftrightarrow \ 0 \le x^2 - x - 2$. Nach Fall 2 gilt dies
$\quad$ für $x \in M_4 = (-\infty, -1] \cup [2, +\infty)$. $L_4 = I_4 \cap M_4 = [5, +\infty)$.
Ergebnis: $L = L_1 \cup L_2 \cup L_3 = [-\infty, -4] \cup [-1, 2] \cup [3, +\infty)$.

i) Der Nenner wechselt sein Vorzeichen bei $x = 2$, der Betragsinhalt bei $x = 12$.
Damit sind folgende Fälle zu unterscheiden ($x \neq 2$!):
1.Fall: $x \in I_1 = (-\infty, 2) : \ -x + 12 \le (x - 2)(6 + x) \ \Leftrightarrow \ 0 \le x^2 + 5x - 24$.
$\quad y = x^2 + 5x - 24$ hat die Nullstellen $x_1 = -8$, $x_2 = 3$. Daher ist $y \ge 0$ für
$\quad x \in M_1 = (-\infty, -8] \cup [3, +\infty)$. $L_1 = I_1 \cap M_1 = (-\infty, -8]$.
2.Fall: $x \in I_2 = (2, 12] : \ -x + 12 \ge (x - 2)(6 + x) \ \Leftrightarrow \ 0 \ge x^2 + 5x - 24$. Nach Fall 1
$\quad$ ist $y = x^2 + 5x - 24 \le 0$ für $x \in M_2 = [-8; 3]$. $L_2 = I_2 \cap M_2 = (2, 3]$.
3.Fall: $x \in I_3 = (12, +\infty) : \ x - 12 \ge (x - 2)(6 + x) \ \Leftrightarrow \ 0 \ge x^2 + 3x$. Der Graph von
$\quad \tilde{y} = x^2 + 3x$ hat die Nullstellen $x_1 = -3$, $x_2 = 0$. Daher ist $\tilde{y} \le 0$ für
$\quad x \in M_3 = [-3, 0]$. $L_3 = I_3 \cap M_3 = \emptyset$.
Ergebnis: $L = (-\infty, -8] \cup (2, 3]$.

j) 1.Fall: $x \in I_1 = (-\infty, 0) : \ 3 - x(5 - x) < -(x - 5)(5 - x) \ \Leftrightarrow \ x < \frac{22}{5}$, d.h.
$\quad x \in M_1 = (-\infty, \frac{22}{5})$. $L_1 = I_1$.
2.Fall: $x \in I_2 = [0, 5) : \ 3 + x(5 - x) < -(x - 5)(5 - x) \ \Leftrightarrow \ 2x^2 - 15x + 22 > 0$.
$\quad y = 2x^2 - 15x + 22$ hat die Nullstellen $x_1 = 2$, $x_2 = \frac{11}{2}$. Daher ist $y > 0$ für
$\quad x \in M_2 = (-\infty, 2) \cup (\frac{11}{2}, +\infty)$. $L_2 = I_2 \cap M_2 = [0, 2)$.
3.Fall: $x \in I_3 = (5, +\infty) : \ 3 + x(5 - x) > (x - 5)(5 - x) \ \Leftrightarrow \ x < \frac{28}{5}$, d.h.
$\quad x \in M_3 = (-\infty, \frac{28}{5})$. $L_3 = I_3 \cap M_3 = (5, \frac{28}{5})$.
Ergebnis: $L = (-\infty, 2) \cup (5, \frac{28}{5})$.

k) Wir lösen die Aufgabe, indem wir die "inneren" Betragsstriche beseitigen und
anschließend die Äquivalenz von $|f(x)| \le a$ und $-a \le f(x) \le a$ benutzen. Da die
Inhalte der "inneren" Betragsstriche bei $x = -1$ bzw. bei $x = 2$ ihr Vorzeichen
wechseln, sind folgende Fälle zu unterscheiden:
1.Fall: $x \in I_1 = (-\infty, -1) : \ |-x + 2 + x + 1 + 6| \le 3$ ist für *kein* $x \in \mathbb{R}$ erfüllbar.
$\quad$ Daher ist $L_1 = \emptyset$.
2.Fall: $x \in I_2 = [-1, 2] : \ |-x + 2 - x - 1 + 6| \le 3 \ \Leftrightarrow \ |-2x + 7| \le 3 \ \Leftrightarrow$
$\quad -3 \le -2x + 7 \le 3 \ \Leftrightarrow \ 2 \le x \le 5$, d.h. $x \in M_2 = [2, 5]$. Daher: $L_2 = \{2\}$.

3.Fall: $x \in I_3 = (2, +\infty)$: $|x - 2 - x - 1 + 6| \leq 3$ ist (mit dem Gleichheitszeichen)
für alle $x \in I\!R$ erfüllt. Somit: $L_3 = I_3$.
Ergebnis: $L = L_2 \cup L_3 = [2, +\infty)$.

l) Da die Betragsinhalte $x - 1$ bzw. x ihr Vorzeichen bei $x = 1$ bzw. $x = 0$ wechseln
und der auftretende Nenner sein Vorzeichen bei $x = -2$ wechselt, betrachten wir
folgende 4 Fälle:

1.Fall: $x \in I_1 = (-\infty, -2)$: $|x - x + 1| > \dfrac{-x}{x + 2}$ $\Leftrightarrow$ $x + 2 < -x$ $\Leftrightarrow$ $x < -1$, d.h.

$x \in M_1 = (-\infty, -1)$. $L_1 = (-\infty, -2)$.

2.Fall: $x \in I_2 = (-2, 0]$: $|x - x + 1| > \dfrac{-x}{x + 2}$ $\Leftrightarrow$ $x + 2 > -x$ $\Leftrightarrow$ $x > -1$, d.h.

$x \in M_2 = (-1, +\infty)$. Folglich: $L_2 = (-1, 0]$.

3.Fall: $x \in I_3 = (0, 1]$: $|x - x + 1| > \dfrac{x}{x + 2}$ $\Leftrightarrow$ $x + 2 > x$. Dies ist für alle $x \in I\!R$

erfüllt, d.h. $x \in M_3 = I\!R$. Daher: $L_3 = (0, 1]$.

4.Fall: $x \in I_4 = (1, +\infty)$: $|x + x - 1| > \dfrac{x}{x + 2}$ $\Leftrightarrow$ $(2x - 1)(x + 2) > x$ (da $2x - 1 > 0$

für $x \in I_4$) $\Leftrightarrow$ $2x^2 + 2x - 2 > 0$. Da $y = 2x^2 + 2x - 2$ die Nullstellen

$x_{1,2} = \frac{1}{2}(-1 \pm \sqrt{3})$ besitzt, ist $y > 0$ für $x \in M_4 = (-\infty, \frac{1}{2}(-1 - \sqrt{3})) \cup$

$(\frac{1}{2}(-1 + \sqrt{3}), +\infty)$. Somit: $L_4 = (1, +\infty)$.
Ergebnis: $L = (-\infty, -2) \cup (-1, +\infty) = I\!R \setminus [-2, -1]$.

11.4   Lösungen zu Kapitel 4

$\boxed{\text{L 4.1}}$ a) Da jedes Bienenvolk genau eine Königin besitzt, ist f eine Funktion.
b) Jedes Bienenvolk besteht aus mehr als einer Biene. Daher ist f keine Funktion.
c) Jede Arbeitsbiene gehört genau einem Volk an; daher ist g eine Funktion. Auch
f ist eine Funktion (siehe a)). Die mittelbare (= verkettete) Funktion $f \circ g$ ordnet
jeder Arbeitsbiene ihre Königin zu.
d) Da es Frauen gibt, die mehr als ein Kind geboren haben, ist f keine Funktion.
Da jedes Kind nur *eine* leibliche Mutter hat, ist g eine Funktion.
e) Jeder Einwohner Deutschlands hat ein eindeutig bestimmtes Geburtsdatum; daher ist f eine Funktion.
f) Da es mindestens einen Tag gibt, an dem mehrere Einwohner Deutschlands Geburtstag haben, ist f keine Funktion.
g) Zu jedem Paar (α, β) gibt es unendlich viele Dreiecke mit den Innenwinkeln α
und β und dem rechtem Winkel $\gamma = \alpha + \beta = \pi/2$; f ist daher keine Funktion.
h) Zwischen den Koeffizienten p, q der quadratischen Gleichung und den beiden
reellen Nullstellen $x = a$, $x = b$ bestehen nach dem Satz von Vieta die Beziehungen
$a + b = -p$, $a \cdot b = q$, aus denen sich p und q und damit die Gleichung $x^2 + px + q = 0$
eindeutig ermitteln lassen. Somit ist f eine Funktion.

$\boxed{\text{L 4.2}}$ **a)** und **c)** stellen Funktionen dar (zu jedem x gehört genau ein y).
b) und **d)** stellen keine Funktionen dar (zu $x = 1$ gehören jeweils zwei verschiedene y-Werte).

$\boxed{\text{L 4.3}}$ **a)** Keine Funktion: Zu jedem $x \in (-1,1)$ gehören zwei verschiedene y-Werte.
b) Funktion.
c) Keine Funktion: Zu jedem $x > 0$ gehören zwei verschiedene y-Werte.

$\boxed{\text{L 4.4}}$ **a)** f ist eine Funktion. Sie wird als "Signumfunktion" bezeichnet und $y =\text{sign}(x)$ geschrieben.
b) Für $x \in (0,1]$ ist einerseits $y = x$, andererseits $y = x - 1$. $\Rightarrow$ f ist keine Funktion.
c) Faßt man die definierende Gleichung als quadratische Gleichung für y auf, so liefert die Lösungsformel

$$y = -x \pm \sqrt{x^2 - x + \tfrac{1}{4}} = -x \pm \sqrt{(x - \tfrac{1}{2})^2} = -x \pm |x - \tfrac{1}{2}|.$$

Jedem $x \in \mathbb{R}$ wird demnach sowohl $y = -2x + \tfrac{1}{2}$ als auch $y = -\tfrac{1}{2}$ zugeordnet. f mit $y = f(x)$ ist also keine Funktion.
d) $f : \mathbb{R} \setminus (-1,1) \to \mathbb{R}^+$ ist eine Funktion.
e) Für jedes $x > \tfrac{1}{2}$ hat die Gleichung $\sin y = \dfrac{1 - x}{x}$ wegen der Periodizität des Sinus unendlich viele Lösungen. Daher ist f mit $y = f(x)$ keine Funktion.
f) f ist eine Funktion.

$\boxed{\text{L 4.5}}$ A 4.1a) und 4.1h).

$\boxed{\text{L 4.6}}$

a)
$$f_1(x) = x + \frac{1}{x} + 1 \quad x \neq 0 \qquad\qquad f_2(x) = x + 1 + \frac{1}{x+1}, \quad x \neq -1$$

$$f_3(x) = 2x + \frac{2}{x}, \quad x \neq 0 \qquad\qquad f_4(x) = 2x + \frac{1}{2x}, \quad x \neq 0$$

$$f_5(x) = -x - \frac{1}{x}, \quad x \neq 0 \qquad\qquad f_6(x) = -x - \frac{1}{x}, \quad x \neq 0$$

$$f_7(x) = \frac{1}{x + \frac{1}{x}} = \frac{x}{x^2 + 1}, \quad x \neq 0 \qquad f_8(x) = \frac{1}{x} + \frac{1}{\frac{1}{x}} = \frac{1}{x} + x, \quad x \neq 0$$

$$f_9(x) = x^2 + \frac{1}{x^2}, \quad x \neq 0 \qquad\qquad f_{10}(x) = (x + \frac{1}{x})^2 = x^2 + 2 + \frac{1}{x^2}, \quad x \neq 0$$

b)
$$f_1(c) = \frac{x^2}{\sqrt{x - 1}} + 1, \quad x > 1 \qquad\qquad f_2(x) = \frac{(x + 1)^2}{\sqrt{x}}, \quad x > 0$$

$$f_3(x) = \frac{2x^2}{\sqrt{x - 1}}, \quad x > 1 \qquad\qquad f_4(x) = \frac{4x^2}{\sqrt{2x - 1}}, \quad x > \frac{1}{2}$$

$$f_5(x) = -\frac{x^2}{\sqrt{x - 1}}, \quad x > 1 \qquad\qquad f_6(x) = \frac{x^2}{\sqrt{-x - 1}}, \quad x < -1$$

$$f_7(x) = \frac{\sqrt{x-1}}{x^2}, \ x > 1 \qquad\qquad f_8(x) = \frac{\frac{1}{x^2}}{\sqrt{\frac{1}{x}-1}} = \frac{1}{x^2}\sqrt{\frac{x}{1-x}}, \ 0 < x < 1$$

$$f_9(x) = \frac{x^4}{\sqrt{x^2-1}}, \ |x| > 1 \qquad\qquad f_{10}(x) = \frac{x^4}{x-1}, \ x > 1.$$

f_1 : Verschieben des Graphen von f um 1 in y-Richtung

f_2 : Verschieben des Graphen von f um 1 in Richtung der negativ orientierten x-Achse

f_3 : Strecken des Graphen von f in y-Richtung mit dem Faktor 2

f_4 : Stauchen des Graphen von f in x-Richtung mit dem Faktor 1/2

f_5 : Spiegelung des Graphen von f an der x-Achse

f_6 : Spiegelung des Graphen von f an der y-Achse

Vgl. Bilder L 4.6a (0-10), L 4.6b (0-10)

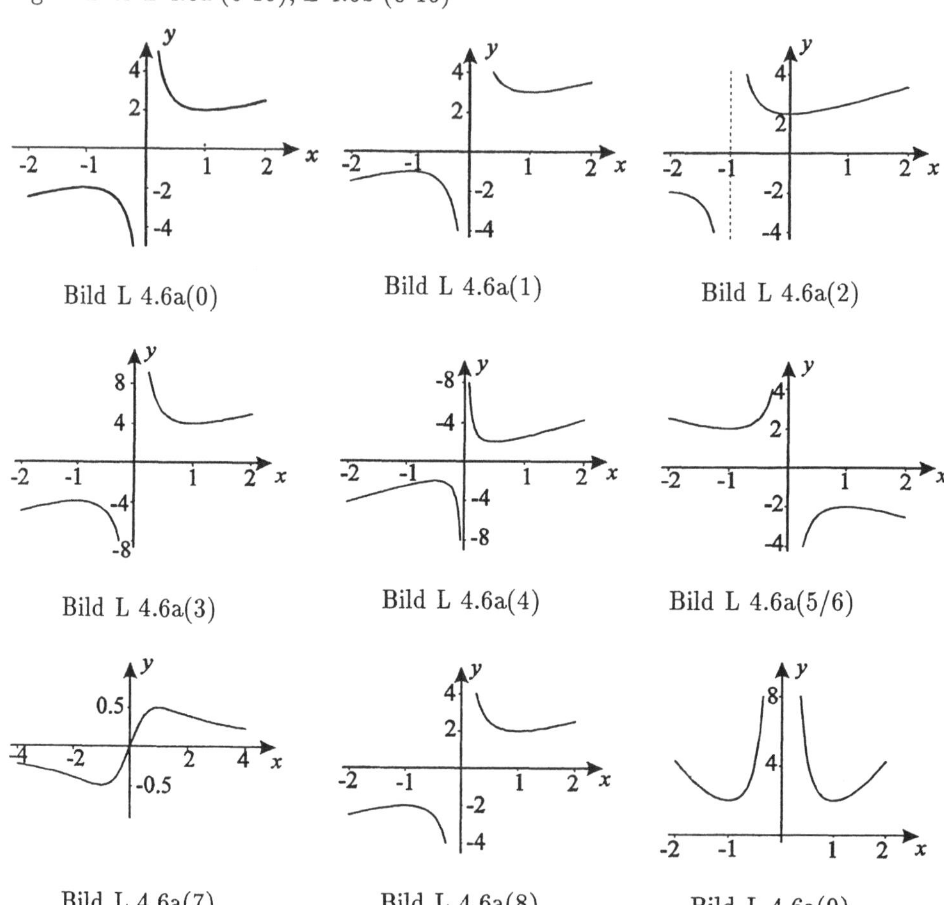

Bild L 4.6a(0)   Bild L 4.6a(1)   Bild L 4.6a(2)

Bild L 4.6a(3)   Bild L 4.6a(4)   Bild L 4.6a(5/6)

Bild L 4.6a(7)   Bild L 4.6a(8)   Bild L 4.6a(9)

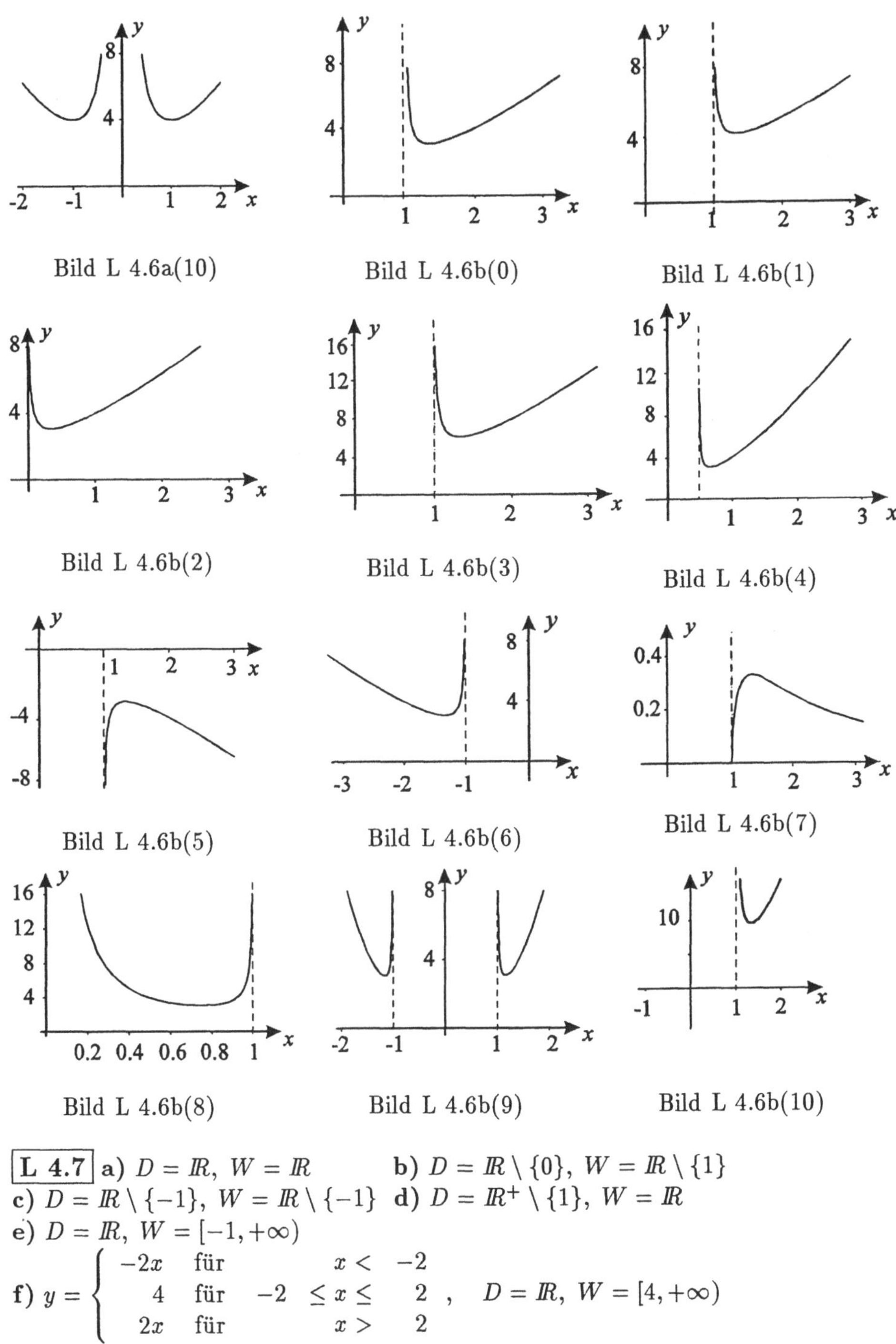

Bild L 4.6a(10)   Bild L 4.6b(0)   Bild L 4.6b(1)

Bild L 4.6b(2)   Bild L 4.6b(3)   Bild L 4.6b(4)

Bild L 4.6b(5)   Bild L 4.6b(6)   Bild L 4.6b(7)

Bild L 4.6b(8)   Bild L 4.6b(9)   Bild L 4.6b(10)

L 4.7 a) $D = \mathbb{R}$, $W = \mathbb{R}$ b) $D = \mathbb{R} \setminus \{0\}$, $W = \mathbb{R} \setminus \{1\}$

c) $D = \mathbb{R} \setminus \{-1\}$, $W = \mathbb{R} \setminus \{-1\}$ d) $D = \mathbb{R}^+ \setminus \{1\}$, $W = \mathbb{R}$

e) $D = \mathbb{R}$, $W = [-1, +\infty)$

f) $y = \begin{cases} -2x & \text{für} & x < -2 \\ 4 & \text{für} & -2 \leq x \leq 2 \\ 2x & \text{für} & x > 2 \end{cases}$, $D = \mathbb{R}$, $W = [4, +\infty)$

g) $y = \begin{cases} -2 & \text{für} & x < -3 \\ 4x+10 & \text{für} & -3 \leq x \leq -2 \\ 2 & \text{für} & x > -2 \end{cases}$, $D = I\!R$, $W = [-2, 2]$

h) $D = (-\infty, \, -1]$, $W = I\!R^+ \cup \{0\}$

i) Die Wurzel existiert nur für $x^2 - x - 2 \geq 0 \;\Rightarrow\; (\text{vgl.H } 3.8\,(4))$
$D = (-\infty, \, -1] \cup [2, \, +\infty)$, $W = I\!R^+ \cup \{0\}$

j) $D = I\!R^+ \cup \{0\}$; da $f(x) = 0$ für alle $x \in D$, ist $W = \{0\}$ **k)** $D = I\!R^-$, $W = I\!R^+$

l) $D = I\!R \setminus \{-1\}$, $W = I\!R^+ \cup \{0\}$.

Vgl. Bilder L 4.7a-l.

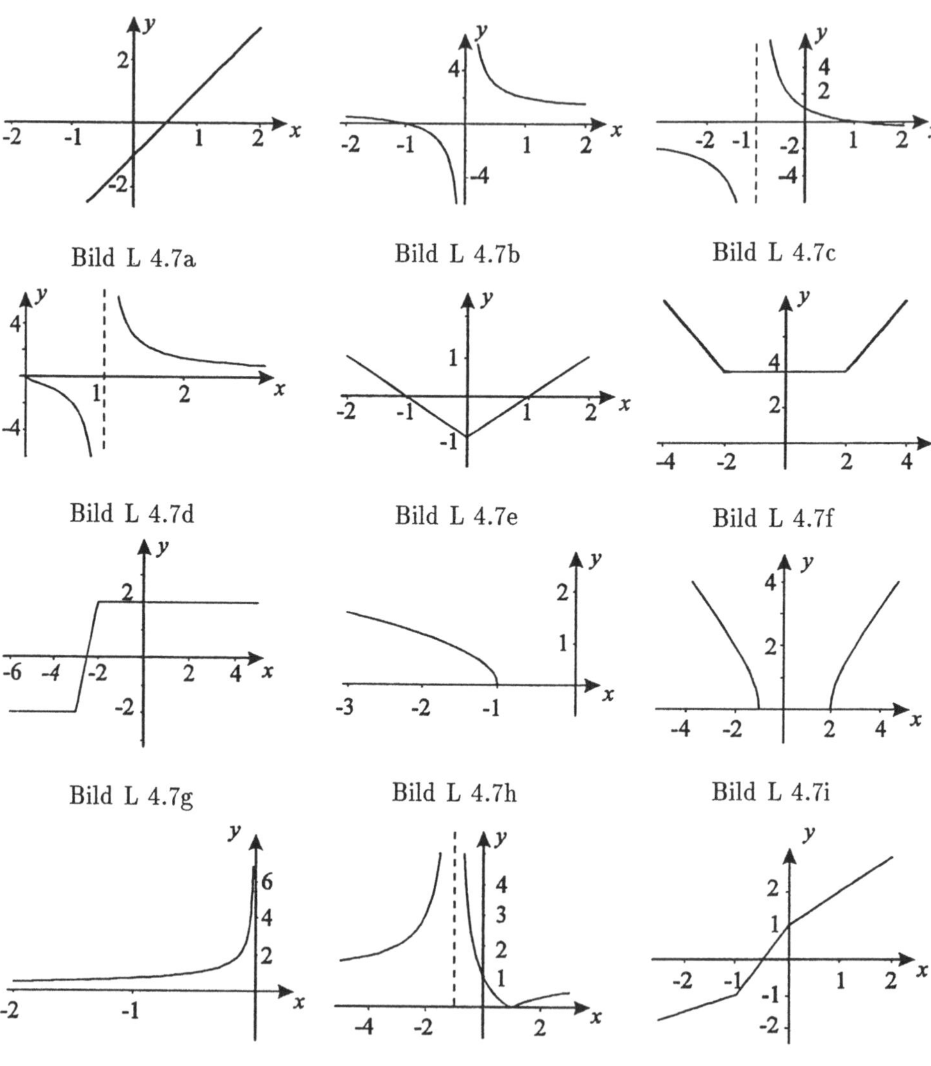

Bild L 4.7a   Bild L 4.7b   Bild L 4.7c

Bild L 4.7d   Bild L 4.7e   Bild L 4.7f

Bild L 4.7g   Bild L 4.7h   Bild L 4.7i

Bild L 4.7k   Bild L 4.7l   Bild L 4.8a

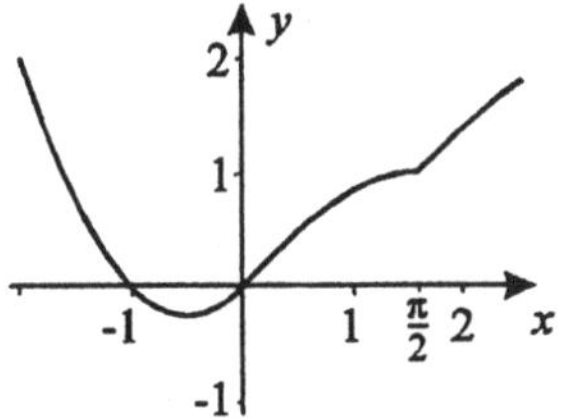

Bild L 4.8b

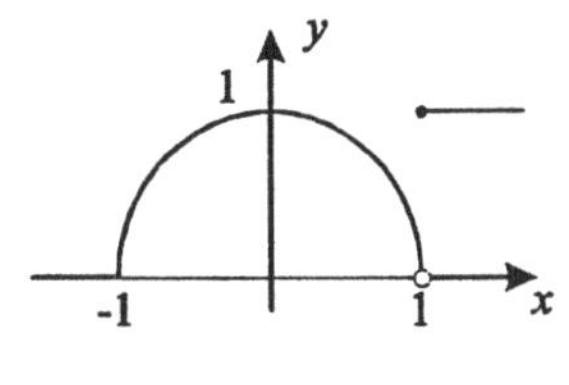

Bild L 4.8c

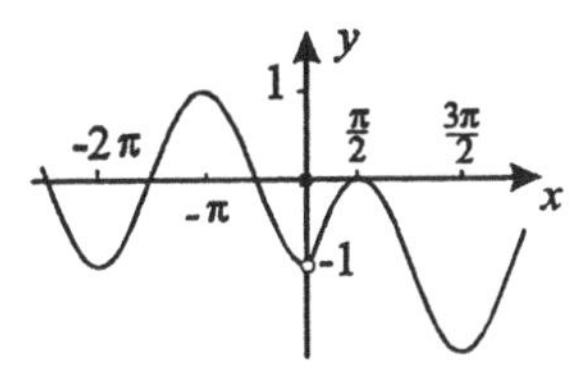

Bild L 4.8d

L 4.8 Siehe Bilder L 4.8a-d

L 4.9 **a)** $(f \circ g)(x) = \dfrac{\frac{1}{x^2}}{\frac{1}{x}+1} = \dfrac{1}{x(x+1)}$, $x \neq 0, \neq -1$, $(f \circ g)(1) = \dfrac{1}{2}$.

b) $(g \circ f)(x) = \dfrac{1}{\frac{x^2}{x+1}} = \dfrac{x+1}{x^2}$, $x \neq 0, \neq -1$, $(g \circ f)(1) = 2$.

c) $(f \circ h)(x) = \dfrac{(1-x)^2}{(1-x)+1} = \dfrac{(1-x)^2}{2-x}$, $x \neq 2$, $(f \circ h)(1) = 0$.

d) $(h \circ f)(x) = 1 - \dfrac{x^2}{x+1}$, $x \neq -1$, $(h \circ f)(1) = \dfrac{1}{2}$.

e) $(g \circ h)(x) = \dfrac{1}{1-x}$, $x \neq 1$, $(g \circ h)(1)$ existiert nicht.

f) $(h \circ g)(x) = 1 - \dfrac{1}{x}$, $x \neq 0$, $(h \circ g)(1) = 0$.

g) $(f \circ f)(x) = \dfrac{(\frac{x^2}{x+1})^2}{\frac{x^2}{x+1}+1} = \dfrac{x^4}{(x+1)(x^2+x+1)}$, $x \neq -1$, $(f \circ f)(1) = \dfrac{1}{6}$.

h) $(g \circ g)(x) = \dfrac{1}{\frac{1}{x}} = x$, $x \neq 0$, $(g \circ g)(1) = 1$.

i) $(h \circ h)(x) = 1 - (1-x) = x$, $(h \circ h)(1) = 1$.

j) $(f \circ (g \circ h))(x) = \dfrac{(\frac{1}{1-x})^2}{\frac{1}{1-x}+1} = \dfrac{1}{(1-x)(2-x)}$, $x \neq 1, \neq 2$,

   $(f \circ (g \circ h))(1)$ existiert nicht.

k) $((f \circ g) \circ h)(x) = \dfrac{1}{(1-x)(1-x+1)} = \dfrac{1}{(1-x)(2-x)}$, $x \neq 1, \neq 2$,

   $((f \circ g) \circ h)(1)$ existiert nicht.

l) $(g \circ (f \circ h))(x) = \dfrac{1}{\frac{(1-x)^2}{(2-x)}} = \dfrac{2-x}{(1-x)^2}$, $x \neq 2, \neq 1$, $(g \circ (f \circ h))(1)$ existiert nicht.

m) $(h \circ (g \circ f))(x) = 1 - \dfrac{x+1}{x^2}$, $x \neq 0, \neq -1$, $(h \circ (g \circ f))(1) = -1$.

n) $((h \circ g) \circ f)(x) = 1 - \dfrac{1}{\frac{x^2}{x+1}} = 1 - \dfrac{x+1}{x^2}$, $x \neq 0, \neq -1$, $((h \circ g) \circ f)(1) = -1$.

L 4.10 Siehe Bilder L 4.10a-f.

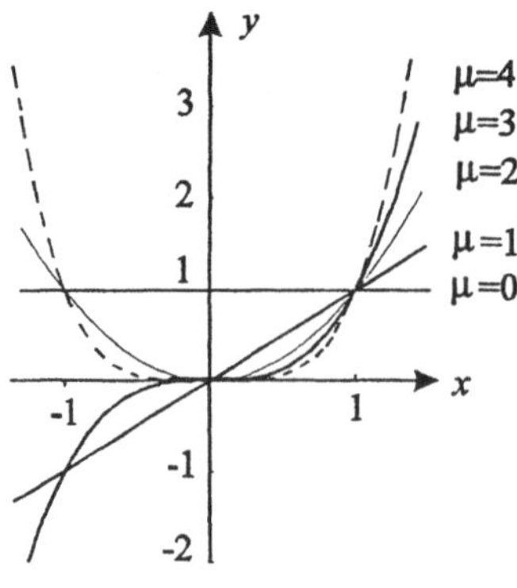

Bild L 4.10a

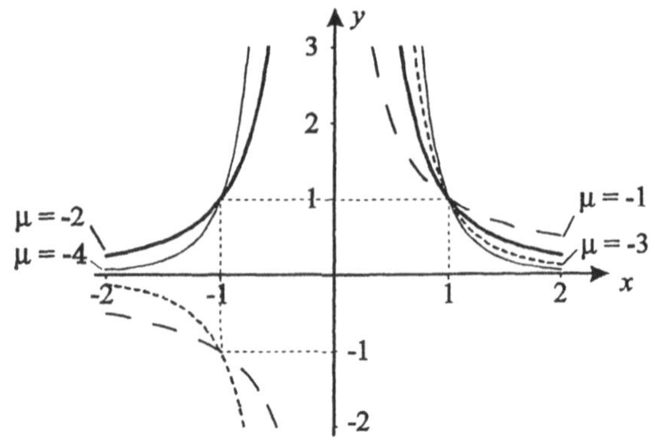

Bild L 4.10b

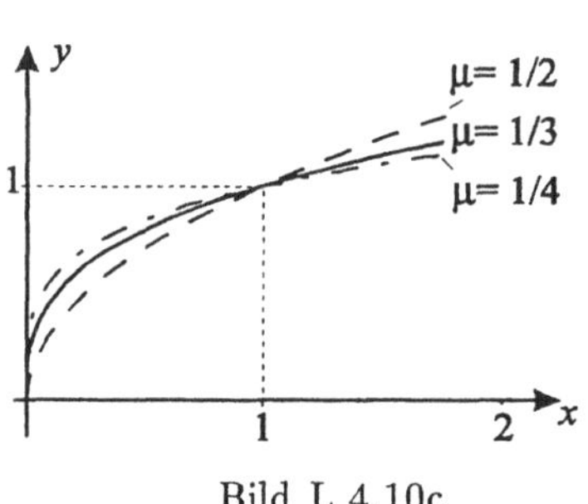

Bild L 4.10c

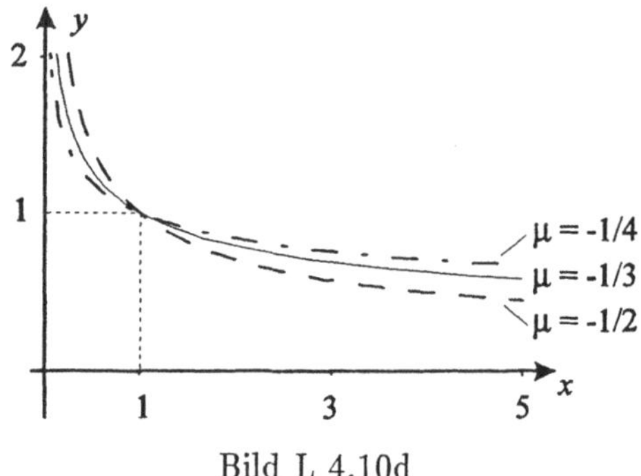

Bild L 4.10d

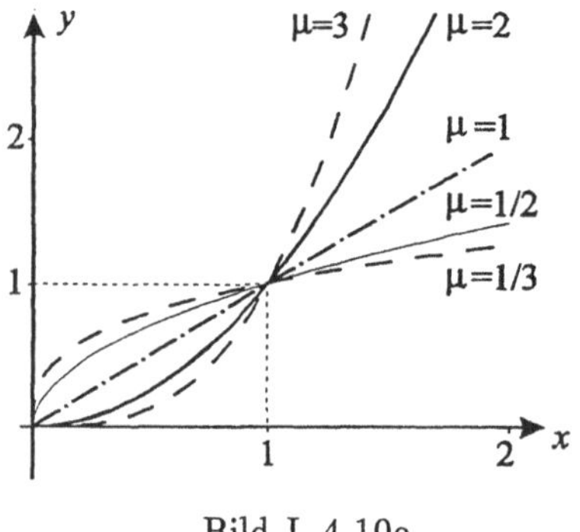

Bild L 4.10e

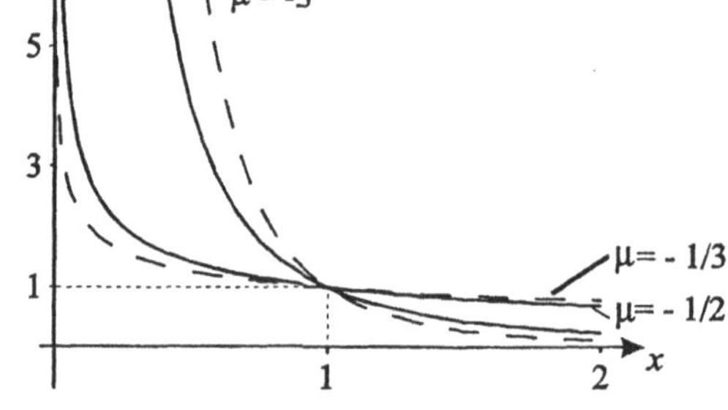

Bild L 4.10f

L 4.11 Siehe Bilder L 4.11a-d.

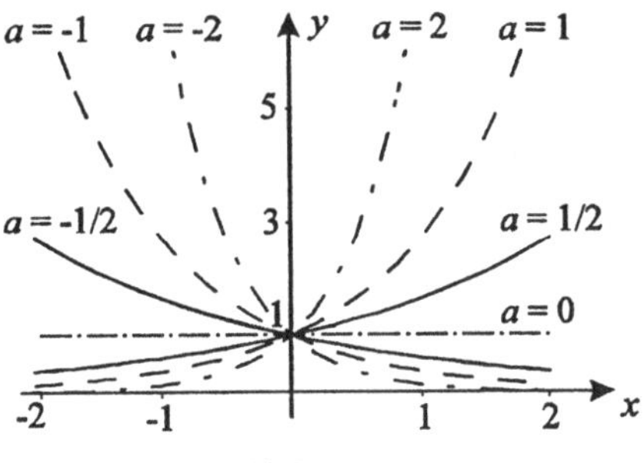

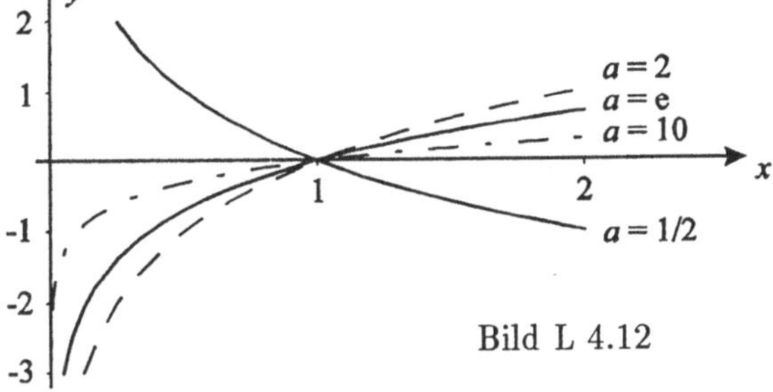

Bild L 4.11a

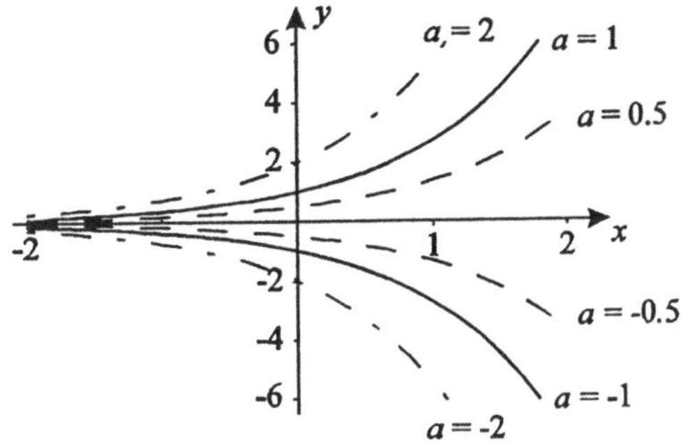

Bild L 4.11b

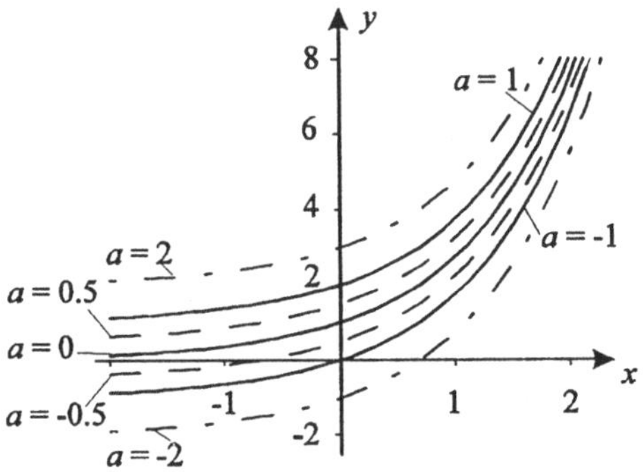

Bild L 4.11c

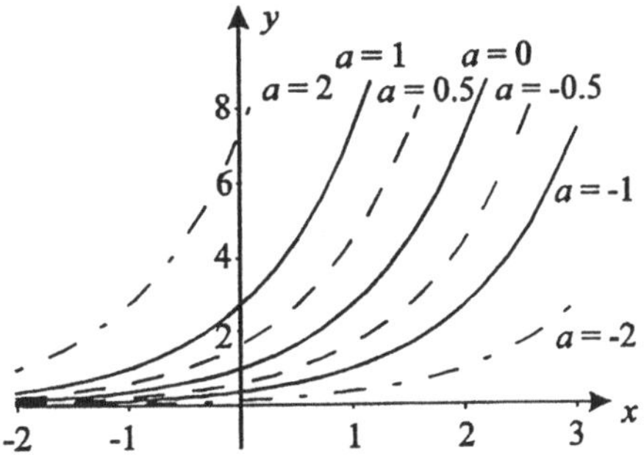

Bild L 4.11d

L 4.12

Siehe Bild L 4.12

Bild L 4.12

L 4.13 a) $c(1) = 2.29\%$, $c(10) = 15.96\%$, $c(60) = 34.98\%$.

b) Auflösung der Formel für $c(t)$ nach t:

$$c(t)(b - ae^{(a-b)kt}) = ab - abe^{(a-b)kt} \quad \Leftrightarrow \quad e^{(a-b)kt}a(c-b) = b(c-a) \quad \Leftrightarrow$$

$$e^{(a-b)kt} = \frac{b(c-a)}{a(c-b)} \quad \Leftrightarrow \quad (a-b)kt = \ln\frac{b(c-a)}{a(c-b)} \quad \Leftrightarrow \quad t = \frac{1}{(a-b)k}\ln\frac{b(c-a)}{a(c-b)} \quad (a \neq b)$$

($a \neq 0$, $b \neq 0$ kann vorausgesetzt werden, da die Reaktion ansonsten nicht stattfände.
Ferner kann c nicht größer als a oder b werden.)

Aus der Forderung $c = 39.9\%$ erhält man $t = 244.89$ s.

L 4.14 Siehe die Bilder L 4.14 a(sin) - f(sin) für die Sinusfunktionen bzw. die Bilder L 4.14 a(cos) - f(cos) für die Kosinusfunktionen.

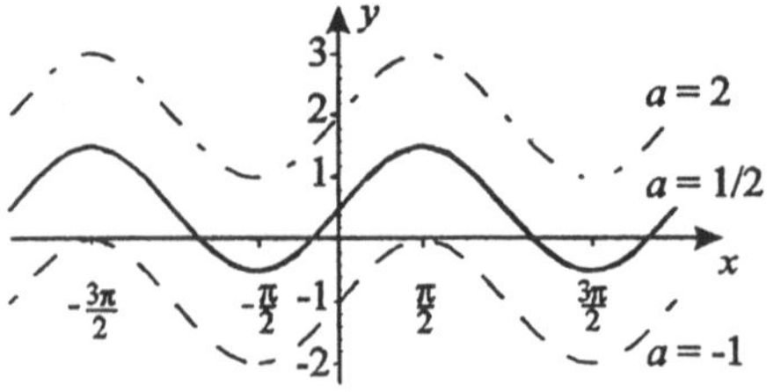

Bild L 4.14 a(sin)

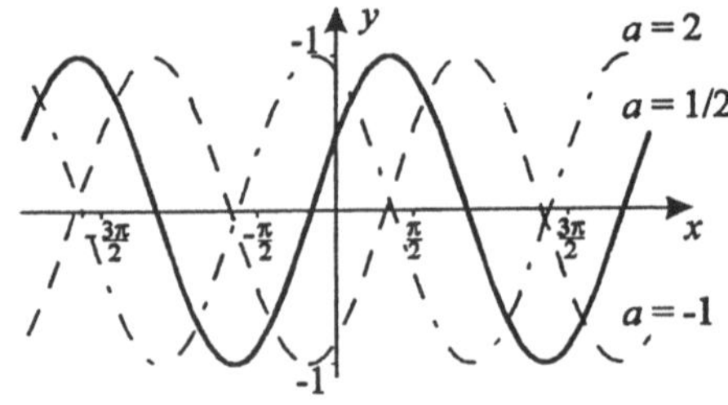

Bild L 4.14 b(sin)

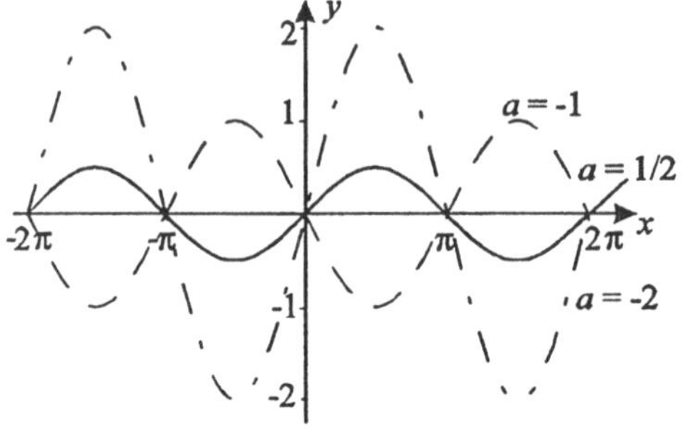

Bild L 4.14 c(sin)

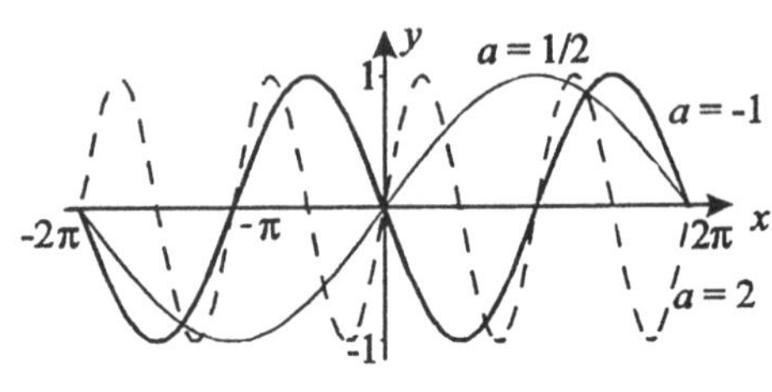

Bild L 4.14 d(sin)

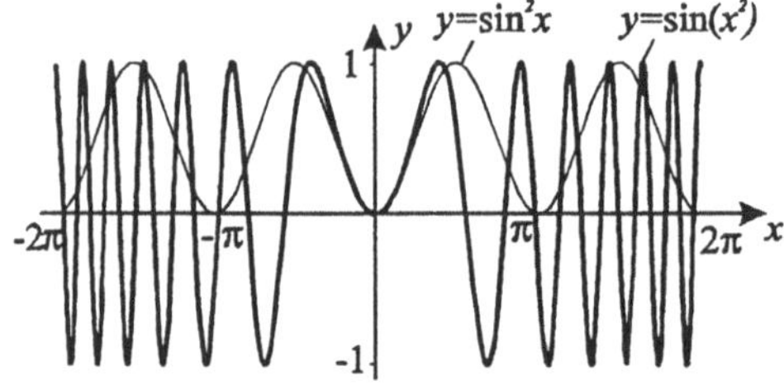

Bild L 4.14 e(sin)

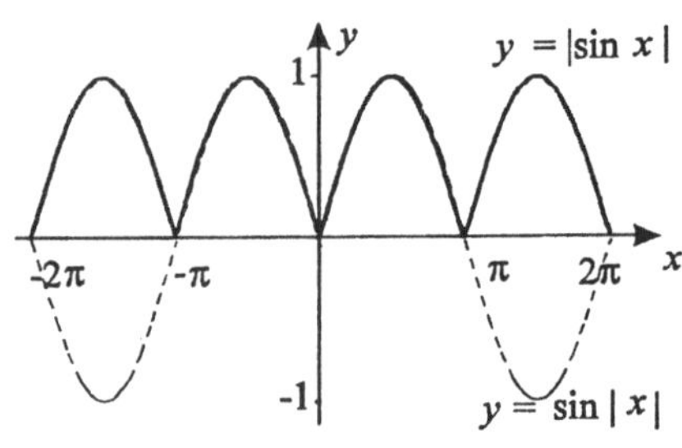

Bild L 4.14 f(sin)

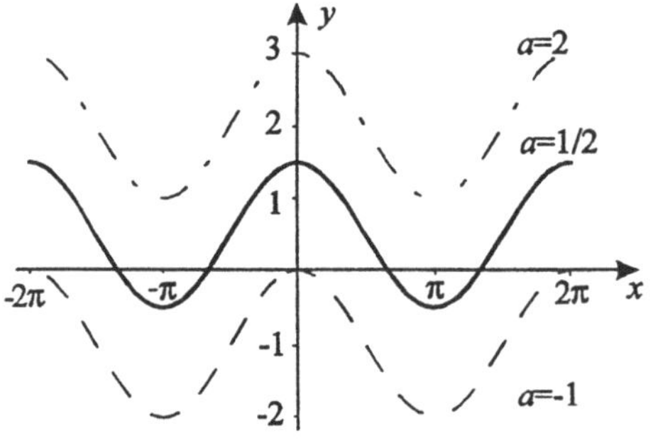

Bild L 4.14 a(cos)

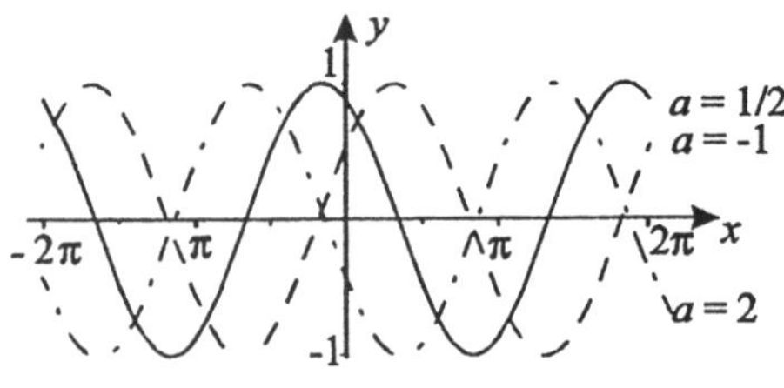

Bild L 4.14 b(cos)

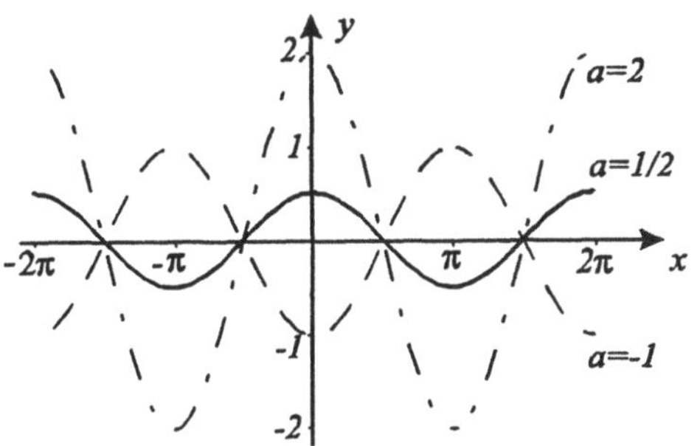

Bild L 4.14 c(cos)

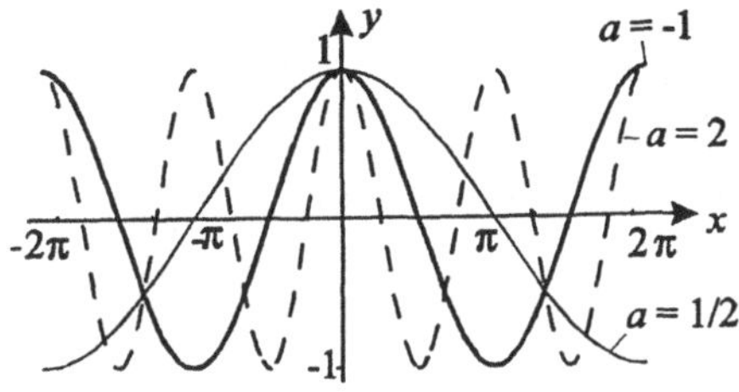

Bild L 4.14 d(cos)

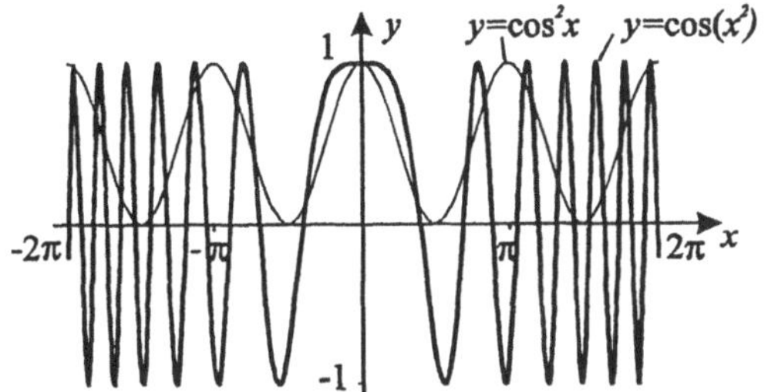

Bild L 4.14 e(cos)

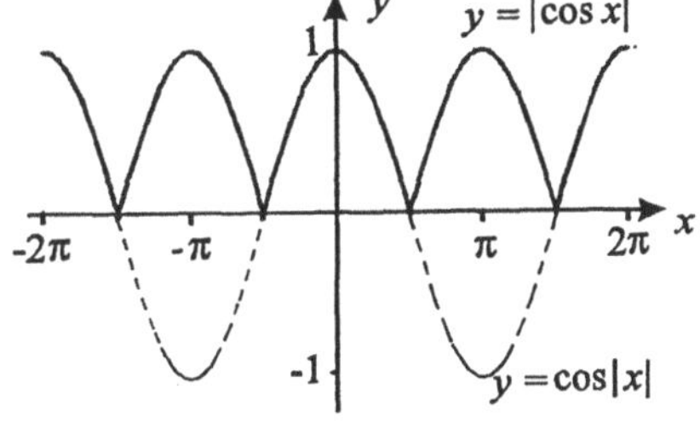

Bild L 4.14 f(cos)

$\boxed{\text{L 4.15}}$ **a)** $\cot x = \dfrac{\cos x}{\sin x} = \dfrac{\cos x}{\sqrt{1 - \cos^2 x}}$ für $0 < x < \pi$

b) $\tan x = \dfrac{\sin x}{\cos x} = \begin{cases} \dfrac{\sin x}{\sqrt{1 - \sin^2 x}} & \text{für} \quad x \in [0, \frac{\pi}{2}) \\[2ex] -\dfrac{\sin x}{\sqrt{1 - \sin^2 x}} & \text{für} \quad x \in (\frac{\pi}{2}, \pi] \end{cases}$

c) $\cos^2 x = \dfrac{\cos^2 x}{\cos^2 x + \sin^2 x} = \dfrac{1}{\dfrac{\cos^2 x + \sin^2 x}{\cos^2 x}} = \dfrac{1}{1 + \tan^2 x} \;\Rightarrow$

$\cos x = \begin{cases} \dfrac{1}{\sqrt{1 + \tan^2 x}} & \text{für} \quad x \in [0, \frac{\pi}{2}) \\[2ex] -\dfrac{1}{\sqrt{1 + \tan^2 x}} & \text{für} \quad x \in (\frac{\pi}{2}, \pi] \end{cases}$

d) $\sin^2 x = \dfrac{\sin^2 x}{\sin^2 x + \cos^2 x} = \dfrac{\dfrac{\sin^2 x}{\cos^2 x}}{\dfrac{\sin^2 x + \cos^2 x}{\cos^2 x}} = \dfrac{\tan^2 x}{1 + \tan^2 x} \;\Rightarrow$

$\sin x = \begin{cases} \dfrac{\tan x}{\sqrt{1 + \tan^2 x}} & \text{für} \quad x \in [0, \frac{\pi}{2}) \quad (\text{gilt auch für } x \in (-\frac{\pi}{2}, 0]) \\[2ex] -\dfrac{\tan x}{\sqrt{1 + \tan^2 x}} & \text{für} \quad x \in (\frac{\pi}{2}, \pi] \quad (\text{gilt auch für } x \in [-\pi, -\frac{\pi}{2})) \end{cases}$

e) $\sin x = 2\sin\frac{x}{2}\cos\frac{x}{2} = \dfrac{2\sin\frac{x}{2}\cos^2\frac{x}{2}}{\cos\frac{x}{2}} = 2\tan\frac{x}{2}\cos^2\frac{x}{2} = \dfrac{2\tan\frac{x}{2}}{1+\tan^2\frac{x}{2}}$ (vgl. c))

für $0 \le x < \pi$.

$\cos x = \cos^2\frac{x}{2} - \sin^2\frac{x}{2} = \cos^2\frac{x}{2}\left(1 - \tan^2\frac{x}{2}\right) = \dfrac{1 - \tan^2\frac{x}{2}}{1 + \tan^2\frac{x}{2}}$ (vgl. c)) für $0 \le x < \pi$.

f) $\tan x = \dfrac{\sin x}{\cos x} = \dfrac{2\tan\frac{x}{2}}{1 - \tan^2\frac{x}{2}}$ (vgl. e)) für $0 \le x < \dfrac{\pi}{2}$ und für $\dfrac{\pi}{2} < x < \pi$.

$\boxed{\text{L 4.16}}$ **a)** Da $y = \arccos x$ den Definitionsbereich $[-1, 1]$ hat, ist zu fordern $-1 \le \frac{x-2}{3} \le 1 \Leftrightarrow -3 \le x-2 \le 3 \Leftrightarrow -1 \le x \le 5$. Daher: $D = [-1, 5]$, $W = [0, \pi]$.

b) Forderung: $-1 \le \frac{1-2x}{5} \le 1 \Leftrightarrow -5 \le 1 - 2x \le 5 \Leftrightarrow -6 \le -2x \le 4$ $\Leftrightarrow -2 \le x \le 3$. Ergebnis: $D = [-2, 3]$, $W = [-\arctan\frac{\pi}{2}, \arctan\frac{\pi}{2}]$.

$\boxed{\text{L 4.17}}$ **a)** f ist streng monoton fallend, besitzt also eine Umkehrfunktion f^{-1}. Führt man die neue Variable $\overline{x} = \pi - x$ ein, so gilt für diese $-\frac{\pi}{2} \le \overline{x} \le \frac{\pi}{2}$ bei $x \in [\frac{\pi}{2}, \frac{3\pi}{2}]$. Wegen $y = \sin x = \sin(\pi - \overline{x}) = \sin\overline{x}$ ist $\overline{x} = \arcsin y$ und damit $\pi - x = \arcsin y$, d.h. $x = \pi - \arcsin y$. Durch Vertauschen von x und y erhält man die Umkehrfunktion $f^{-1}: y = \pi - \arcsin x$, $x \in [-1, 1]$, $y \in [\frac{\pi}{2}, \frac{3\pi}{2}]$.

b) f ist streng monoton fallend, besitzt also eine Umkehrfunktion f^{-1}. Für $\overline{x} = x + \pi$ gilt wegen $x \in (-\pi, 0): 0 < \overline{x} < \pi$. Wegen der Periodizität von cot ist $y = \cot x = \cot\overline{x}$, und es gilt $\overline{x} = \operatorname{arccot} y$ oder $x + \pi = \operatorname{arccot} y$. Folglich lautet die Umkehrfunktion $f^{-1}: y = \operatorname{arccot} x - \pi$, $x \in \mathbb{R}$, $y \in (-\pi, 0)$.

$\boxed{\text{L 4.18}}$ **a)** Sei $-x = \sin y$, $y \in [-\frac{\pi}{2}, \frac{\pi}{2}]$ $(\ast)$ $\Rightarrow$ $x = -\sin y = \sin(-y)$ $(\ast\ast)$ (wegen der Ungeradheit von sin). Aufgrund der strengen Monotonie von sin in $[-\frac{\pi}{2}, \frac{\pi}{2}]$ existiert die Umkehrfunktion, und es ist einerseits (nach $(\ast)$) $\arcsin(-x) = y$, andererseits (nach $(\ast\ast)$) $\arcsin x = -y$. Somit gilt die Behauptung.

b) Sei $-x = \cos y$, $y \in [0, \pi]$ $(\ast)$ $\Rightarrow$ $x = -\cos y = \cos(\pi - y)$ $(\ast\ast)$. Wegen der strengen Monotonie von cos in $[0, \pi]$ existiert die Umkehrfunktion, und es ist nach $(\ast)$: $\arccos(-x) = y$, nach $(\ast\ast)$: $\arccos x = \pi - y$, d.h. $\arccos x = \pi - \arccos(-x)$.

c) Sei $x = \sin y$, $y \in [-\frac{\pi}{2}, \frac{\pi}{2}]$ $(\ast)$ $\Rightarrow$ $x = \cos(\frac{\pi}{2} - y)$ $(\ast\ast)$. Da $y \in [-\frac{\pi}{2}, \frac{\pi}{2}]$, sind $\sin y$ und $\cos(\frac{\pi}{2} - y)$ streng monoton wachsend, so daß die jeweilige Umkehrfunktion existiert. Nach $(\ast)$ gilt $\arcsin x = y$, nach $(\ast\ast)$ gilt $\arccos x = \frac{\pi}{2} - y$, somit ist $\arccos x = \frac{\pi}{2} - \arcsin x$ für $x \in (-\frac{\pi}{2}, \frac{\pi}{2})$.

d) Sei $x = \tan y$, $y \in [-\frac{\pi}{2}, \frac{\pi}{2}]$. Dann ist (vgl. A 4.15d) $\sin y = \dfrac{\tan y}{\sqrt{1 + \tan^2 y}} = \dfrac{x}{\sqrt{1 + x^2}}$. Wegen der strengen Monotonie von $\tan y$ und $\sin y$ für $y \in [-\frac{\pi}{2}, \frac{\pi}{2}]$ existiert die jeweilige Umkehrfunktion, und man erhält einerseits $y = \arctan x$ und andererseits $y = \arcsin\dfrac{x}{\sqrt{1 + x^2}}$, also die Behauptung.

$\boxed{\text{L 4.19}}$ **a)** $x = \frac{\pi}{3} + 2k\pi$, $x = -\frac{\pi}{3} + 2k\pi$, $k \in \mathbb{Z}$.

b) $2\sin x\cos x - \cos x = 0 \Leftrightarrow \cos x(2\sin x - 1) = 0 \Leftrightarrow (\cos x = 0$ oder $\sin x = \frac{1}{2}) \Leftrightarrow (x = \frac{\pi}{2} + k\pi$, $k \in \mathbb{Z}$, oder $x = \frac{\pi}{6} + 2k\pi$, $k \in \mathbb{Z}$, oder $x = \frac{5}{6}\pi + 2k\pi$, $k \in \mathbb{Z})$.

c) $\cos x = 1 + \sin x \;\Rightarrow\; 1 - \sin^2 x = (1 + \sin x)^2 \;\Leftrightarrow\; 2\sin x(\sin x + 1) = 0 \;\Leftrightarrow\;$
($\sin x = 0$ oder $\sin x = -1$) $\Leftrightarrow$ ($x = k\pi,\ k \in \mathbb{Z}$, oder $x = \frac{3}{2}\pi + 2k\pi,\ k \in \mathbb{Z}$).
Durch die Probe stellt man fest, daß nur $x = 2k\pi$ und $x = \frac{3}{2}\pi + 2k\pi,\ k \in \mathbb{Z}$,
Lösungen der Aufgabe sind.

d) $\sin x + \dfrac{\cos x}{\sin x} = 0,\ \sin x \neq 0 \;\Leftrightarrow\; \sin^2 x + \cos x = 0 \;\Leftrightarrow\; 1 - \cos^2 x + \cos x = 0.$
Dies ist eine quadratische Gleichung für $\cos x \;\Rightarrow\; (\cos x)_{1,2} = \frac{1}{2} \pm \frac{\sqrt{5}}{2}.$
$(\cos x)_1 = \frac{1}{2} + \frac{\sqrt{5}}{2} > 1 \;\Rightarrow\;$ entfällt. $(\cos x)_2 = \frac{1}{2} - \frac{\sqrt{5}}{2} = -0.6180 \;\Rightarrow\;$
$x = 2.2370\,358 + 2k\pi,\ x = -2.2370\,358 + 2k\pi,\ k \in \mathbb{Z}.$

$\boxed{\textbf{L 4.20}}$ Aus den Nulldurchgängen der beiden Schwingungen kann man folgern:
$\Omega = \pi/4,\ \omega = 2\pi$; die Amplitude ist $A = 1$.

$\boxed{\textbf{L 4.21}}$ Wegen $\sin(\omega + \Delta\omega)t = \sin(\omega t)\cos(\Delta\omega t) + \cos(\omega t)\sin(\Delta\omega t)$,
$1 + \cos(\Delta\omega t) = 2\cos^2(\frac{\Delta\omega}{2}t)$ und $\sin(\Delta\omega t) = 2\sin(\frac{\Delta\omega}{2}t)\cos(\frac{\Delta\omega}{2}t)$ ergibt sich:
$A\sin(\omega t) + A\sin(\omega + \Delta\omega)t = A\sin(\omega t)(1 + \cos(\Delta\omega t)) + A\cos(\omega t)\sin(\Delta\omega t) =$
$2A\sin(\omega t)\cos^2(\frac{\Delta\omega}{2}t) + 2A\cos(\omega t)\sin(\frac{\Delta\omega}{2}t)\cos(\frac{\Delta\omega}{2}t) =$
$2A\cos(\frac{\Delta\omega}{2}t)(\sin(\omega t)\cos(\frac{\Delta\omega}{2}t) + \cos(\omega t)\sin(\frac{\Delta\omega}{2}t)).$
Mit $\sin(\omega t)\cos(\frac{\Delta\omega}{2}t) + \cos(\omega t)\sin(\frac{\Delta\omega}{2}t) = \sin(\omega + \frac{\Delta\omega}{2})t$ erhält man schließlich das
nachzuweisende Ergebnis.

$\boxed{\textbf{L 4.22}}$ **a)** f ist nicht beschränkt: Mit wachsendem x überschreitet $f(x)$ jede beliebige reelle Zahl, mit fallendem x unterschreitet $f(x)$ jede beliebige reelle Zahl.
b) f ist nach unten nicht beschränkt (mit wachsendem x fällt $f(x)$ unter jede beliebige reelle Zahl), aber nach oben beschränkt durch $f(-4) = 5$.
c) f kann nicht negativ werden, daher ist f nach unten beschränkt durch 0. Nach oben ist f nicht beschränkt (bei Annäherung von x an -1 wächst $f(x)$ über alle Grenzen).
d) f ist nach unten beschränkt durch 0 und nach oben beschränkt durch 1. Diesem Wert nähert sich f am rechten Rand von D: Für jedes $x < 0$ ist $x - 1 < -1$, daher ist $(x - 1)^2 > 1$ und $\dfrac{1}{(x - 1)^2} < 1$.
e) f kann nicht negativ werden, daher ist es nach unten durch 0 beschränkt. (Für $|x| \gg 1$ kommt $f(x)$ diesem Wert beliebig nahe.) Ferner ist wegen $x^2 \geq 0$ und $1 + x^2 \geq 1$ stets $\dfrac{1}{1 + x^2} \leq 1$. Somit ist f auch nach oben beschränkt, und zwar durch $f(0) = 1$.
f) Der Graph von f ist eine nach unten geöffnete Parabel mit dem Scheitelpunkt $S(0, 4)$. f ist daher nach oben beschränkt durch 4, nach unten nicht beschränkt (mit wachsendem $|x|$ unterschreitet $f(x)$ jede beliebige reelle Zahl).
g) Wegen $-1 \leq \cos(2x) \leq +1$ ist f beschränkt: $f(\frac{\pi}{2}) = 1 \leq f(x) \leq f(0) = 3$.
h) f ist nicht beschränkt: Für $x \to -\frac{\pi}{2}$ gilt $\tan x \to -\infty$, für $x \to \frac{\pi}{2}$ gilt $\tan x \to +\infty$.
i) Da die Exponentialfunktion stets > 0 ist, kann $f(x)$ nie kleiner als 1 werden. Somit ist f nach unten beschränkt durch 1. (Es gilt $f(x) \to 1$ für $x \to +\infty$.) Nach

oben ist f nicht beschränkt (für $x \to -\infty$ gilt $e^{-2x} \to +\infty$).

j) Wegen $1 < 1 + e^x$ ist $0 < \dfrac{1}{1 + e^x} < 1$, somit ist f beschränkt mit der unteren Schranke 0 und der oberen Schranke 1. (Es gilt $f(x) \to 0$ für $x \to +\infty$, $f(x) \to 1$ für $x \to -\infty$.)

$\boxed{\textbf{L 4.23}}$ **a)** Aus $x_1 < x_2$ folgt $f(x_1) = x_1 - 2 < x_2 - 2 = f(x_2) \Rightarrow f$ wächst streng monoton.

b) $x_1 < x_2 \Rightarrow -x_1 > -x_2 \Rightarrow f(x_1) = -3x_1 + 1 > -3x_2 + 1 = f(x_2) \Rightarrow f$ fällt streng monoton.

c) $x_1 < x_2 < 0 \Rightarrow f(x_1) = x_1^2 > x_2^2 = f(x_2)$. Also ist f auf $D = \mathbb{R}^-$ streng monoton fallend.

d) Sei $x_1 < x_2 \leq -1$, dann ist $x_1 + 1 < x_2 + 1 \leq 0$ und $(x_1 + 1)^2 > (x_2 + 1)^2$. Somit gilt $f(x_1) = (x_1 + 1)^2 - 5 > (x_2 + 1)^2 - 5 = f(x_2)$; daher fällt f streng monoton auf $(-\infty, -1]$.
Sei $-1 \leq x_1 < x_2$, dann ist $0 \leq x_1 + 1 < x_2 + 1$ und $(x_1 + 1)^2 < (x_2 + 1)^2$. Somit gilt $f(x_1) = (x_1 + 1)^2 - 5 < (x_2 + 1)^2 - 5 = f(x_2)$; daher wächst f streng monoton auf $[-1, +\infty)$.

e) Sowohl für $x_1 < x_2 < 0$ als auch für $0 \leq x_1 < x_2$ und für $x_1 < 0 < x_2$ ist $f(x_1) = -x_1^3 + 1 > -x_2^3 + 1 = f(x_2)$. Daher fällt f monoton auf ganz $\mathbb{R}$.

f) Es gilt (vgl. H 3.9 (B)) $y = f(x) = \begin{cases} -x + 1 & \text{für} \quad x \leq 1 \\ x - 1 & \text{für} \quad x \geq 1 \end{cases}$. Analog a), b)
erhält man unmittelbar: f ist streng monoton fallend auf $(-\infty, 1]$, streng monoton wachsend auf $[1, +\infty)$.

g) Vgl. Abb. L 4.14 d(sin): f wächst streng monoton auf $[-\pi, -\frac{3}{4}\pi]$ bzw. $[-\frac{\pi}{4}, \frac{\pi}{4}]$ bzw. $[\frac{3}{4}\pi, \pi]$ und fällt streng monoton auf $[-\frac{3}{4}\pi, -\frac{\pi}{4}]$ bzw. $[\frac{\pi}{4}, \frac{3}{4}\pi]$.

h) Für $x_1 < x_2 < 1$ ist $x_1 - 1 < x_2 - 1 < 0$ und daher $f(x_1) = \dfrac{1}{x_1 - 1} > \dfrac{1}{x_2 - 1} = f(x_2)$ (vgl. die Regeln für das Rechnen mit Ungleichungen).
Für $1 < x_1 < x_2$ ist $0 < x_1 - 1 < x_2 - 1$, und auch hier gilt $f(x_1) = \dfrac{1}{x_1 - 1} > \dfrac{1}{x_2 - 1} = f(x_2)$. Somit fällt f streng monoton sowohl auf $(-\infty, 1)$ als auch auf $(1, +\infty)$.
Aber: f ist *nicht* monoton fallend in ihrem Definitionsbereich; denn es ist z.B. $f(-1) = -\frac{1}{2} < 1 = f(2)$.

i) Sei $x_1 < x_2 < 0$, dann ist $x_1^2 > x_2^2$ und $\dfrac{1}{x_1^2} < \dfrac{1}{x_2^2}$, somit $f(x_1) = \dfrac{1}{x_1^2} + 2 < \dfrac{1}{x_2^2} + 2 = f(x_2)$.
Sei $0 < x_1 < x_2$, dann ist $0 < x_1^2 < x_2^2 > 0$ und $\dfrac{1}{x_1^2} > \dfrac{1}{x_2^2}$, somit $f(x_1) = \dfrac{1}{x_1^2} + 2 > \dfrac{1}{x_2^2} + 2 = f(x_2)$.
Ergebnis: f wächst monoton auf $(-\infty, 0)$ und fällt monoton auf $(0, +\infty)$.

j) Es ist *nicht* möglich, durch eine getrennte Monotonieuntersuchung des Zählers und des Nenners zu einer Monotonieaussage für f zu kommen. Man formt deshalb $f(x)$ zunächst um: $f(x) = \dfrac{(x+1)-2}{x+1} = 1 - \dfrac{2}{x+1}$ und untersucht nun weiter analog Aufgabe h):

Für $x_1 < x_2 < -1$ ist $x_1 + 1 < x_2 + 1 < 0$ und daher $\dfrac{2}{x_1+1} > \dfrac{2}{x_2+1}$. Nach Multiplikation der Ungleichung mit -1 (dabei kehrt sich das Relationszeichen um!) und Addition von 1 erhält man:

$$f(x_1) = 1 - \frac{2}{x_1+1} < 1 - \frac{2}{x_2+1} = f(x_2).$$

Für $-1 < x_1 < x_2$ ist $0 < x_1 + 1 < x_2 + 1 \;\Rightarrow\; \dfrac{2}{x_1+1} > \dfrac{2}{x_2+1} \;\Rightarrow$

$$f(x_1) = 1 - \frac{2}{x_1+1} < 1 - \frac{2}{x_2+1} = f(x_2).$$

f ist also jeweils streng monoton wachsend auf $(-\infty, -1)$ und auf $(-1, +\infty)$, aber nicht auf D (z.B. ist $f(-2) = 3 > -1 = f(0)$).

$\boxed{\textbf{L 4.24}}$ **a)** $f(-x) = 3(-x)^2 - 7(-x)^4 + 2 = 3x^2 - 7x^4 + 2 = f(x) \;\Rightarrow\; f$ ist gerade.
b) $f(-x) = 4(-x)^5 - 2(-x)^3 + 6(-x) = -4x^5 + 2x^3 - 6x = -(4x^5 - 2x^3 + 6x) = -f(x) \;\Rightarrow\; f$ ist ungerade.
c) $f(-x) = 2(-x)^2 - (-x) + 1 = 2x^2 + x + 1$ ist weder gleich $f(x)$ noch gleich $-f(x)$; daher ist f weder gerade noch ungerade.
d) $f(-x) = \dfrac{1}{(-x)^2 + 1} = \dfrac{1}{x^2 + 1} = f(x) \;\Rightarrow\; f$ ist gerade.
e) $f(-x) = \dfrac{1}{-x} + (-x) = -(\dfrac{1}{x} + x) = -f(x) \;\Rightarrow\; f$ ist ungerade.
f) $f(-x) = \dfrac{-x}{(-x)^2 + 1} = -\dfrac{x}{x^2 + 1} = -f(x) \;\Rightarrow\; f$ ist ungerade.
g) $f(-x) = \dfrac{-x}{(-x)^3 - x} = \dfrac{-x}{-(x^3 + x)} = \dfrac{x}{x^3 + x} = f(x) \;\Rightarrow\; f$ ist gerade.
h) $f(-x) = |-x| + 1 = |x| + 1 \;(\text{da } |-x| = |x|) \;\Rightarrow\; f$ ist gerade.
i) $f(-x) = |-x + 1|$ ist weder gleich $f(x)$ noch gleich $-f(x)$; daher ist f weder gerade noch ungerade.
Bemerkung: Da $f(-1 - x) = |-x| = |x| = f(-1 + x)$, ist f gerade bezüglich der Geraden $x = -1$.
j) f ist nur für $x \geq 0$ definiert. Daher ist f weder gerade noch ungerade.
k) $f(-x) = \sqrt[3]{(-x)^4 + 2} = \sqrt[3]{x^4 + 2} = f(x) \;\Rightarrow\; f$ ist gerade.
l) $f(-x) = \ln(-x)^2 = \ln(x^2) = f(x) \;\Rightarrow\; f$ ist gerade.
m), n) f ist nur für $x > 0$ definiert, also weder gerade noch ungerade.
o) $f(-x) = \dfrac{e^{-x} - e^x}{-x} = \dfrac{-(e^x - e^{-x})}{-x} = \dfrac{e^x - e^{-x}}{x} = f(x) \;\Rightarrow\; f$ ist gerade.
p) $f(-x) = \dfrac{e^{-x} - 1}{e^{-x} + 1} = $ (Multiplikation des Zählers und Nenners mit e^x)
$\dfrac{1 - e^x}{1 + e^x} = -\dfrac{e^x - 1}{e^x + 1} = -f(x) \;\Rightarrow\; f$ ist ungerade.

q) $f(-x) = \sqrt{\cos(-x) + 1} = \sqrt{\cos x + 1} = f(x) \Rightarrow f$ ist gerade.

r) Da f nur für $x \geq 0$ definiert ist, kann f weder gerade noch ungerade sein.

L 4.25 **a)** Nach Voraussetzung ist: $f(-x) = f(x)$, $g(-x) = g(x)$. Daraus folgt

$f(-x) + g(-x) = f(x) + g(x)$; $f(-x) - g(-x) = f(x) - g(x)$;

$f(-x) \cdot g(-x) = f(x) \cdot g(x)$; $\dfrac{f(-x)}{g(-x)} = \dfrac{f(x)}{g(x)}$;

$f(g(-x)) = f(g(x))$; $g(f(-x)) = g(f(x))$.

b) Nach Voraussetzung ist: $f(-x) = -f(x)$, $g(-x) = -g(x)$. Daraus folgt

$f(-x) + g(-x) = -f(x) - g(x) = -(f(x) + g(x))$;

$f(-x) - g(-x) = -f(x) + g(x) = -(f(x) - g(x))$;

$f(g(-x)) = f(-g(x)) = -f(g(x))$; $g(f(-x)) = g(-f(x)) = -g(f(x))$;

$f(-x) \cdot g(-x) = (-f(x)) \cdot (-g(x)) = f(x) \cdot g(x)$; $\dfrac{f(-x)}{g(-x)} = \dfrac{-f(x)}{-g(x)} = \dfrac{f(x)}{g(x)}$.

c) Setzt man $f(-x) = f(x)$, $g(-x) = -g(x)$ voraus, dann ergibt sich

$f(-x) \cdot g(-x) = f(x) \cdot (-g(x)) = -f(x)g(x)$; $\dfrac{f(-x)}{g(-x)} = \dfrac{f(x)}{-g(x)} = -\dfrac{f(x)}{g(x)}$;

$f(g(-x)) = f(-g(x)) = f(g(x))$; $g(f(-x)) = g(f(x))$.

Der Fall $f(-x) = -f(x)$, $g(-x) = g(x)$ läßt sich in gleicher Weise behandeln.

d) Da $g(-x) = g(x)$ vorausgesetzt wurde, ist $f(g(-x)) = f(g(x))$.

L 4.26 **a)** Es ist $f = f_1 + f_2$ mit $f_1 : y = x^2$, $f_2 : y = \cos x$. Da f_1, f_2 gerade sind, ist nach A 4.25a) auch f gerade.

b) Es ist $f = \dfrac{f_1}{f_2}$ mit $f_1 : y = \sin x$, $f_2 : y = \cos x$. Da f_1 ungerade, f_2 gerade, ist f ungerade (nach A 4.25c).

c) Da $f = f_1 \cdot f_2$ mit $f_1 : y = \sin x$, $f_2 : y = \cos x$ und f_1 ungerade, f_2 gerade, ist f ungerade (nach A 4.25c).

d) Es ist $f = f_1 \circ f_2$ mit der geraden Funktion $f_2 : z = x^2$. Daher ist f nach A 4.25d) gerade.

e) Es ist $f = f_1 \circ f_2$ mit $f_2 : z = x^3 - x$ (ungerade), $f_1 : y = z^3$ (ungerade); daher ist f ungerade (nach A 4.25b).

f) Es ist $f = f_1 \circ f_2$ mit $f_2 : z = x^3 - x$ (ungerade), $f_1 : y = z^2$ (gerade); daher ist f gerade (nach A 4.25c).

g) Es ist $f = f_1 \circ f_2$ mit $f_2 : z = \sin x$ (ungerade), $f_1 : y = \cos z$ (gerade); daher ist f gerade (nach A 4.25c).

h) Es ist $f = f_1 \circ f_2 \circ f_3$ mit $f_3 : u = \cos x$ (gerade), $f_2 : z = \sin u$ (ungerade), $f_1 : y = z^2$ (gerade); daher ist f gerade. (Nach A 4.25c ist $g = f_2 \circ f_3$ gerade, nach A 4.25a oder nach A 4.25d ist $f = f_1 \circ g$ gerade.).

L 4.27 **a)** Angenommen, es gibt für f eine Darstellung der Form

$$f = g + u \quad \text{mit } g(-x) = g(x) \text{ und } u(-x) = -u(x), \quad (*)$$

dann folgt $f(x) = g(x) + u(x)$ und $f(-x) = g(x) - u(x)$, und daraus ergibt sich

$$\boxed{g(x) = \tfrac{1}{2}(f(x) + f(-x))} \quad \text{und} \quad \boxed{u(x) = \tfrac{1}{2}(f(x) - f(-x))}. \quad (**)$$

Andererseits folgt aus $(**)$

$g(-x) = \frac{1}{2}[f(-x) + f(x)] = g(x)$, d.h., g ist gerade,

$u(-x) = \frac{1}{2}[f(-x) - f(x)] = -u(x)$, d.h., u ist ungerade,   und

$g(x) + u(x) = \frac{1}{2}[f(x) + f(-x)] + \frac{1}{2}[f(x) - f(-x)] = f(x)$, d.h.,

die Darstellung $(*)$ ist stets in eindeutiger Weise möglich.

b) $\alpha)$ $g(x) = \frac{1}{2}(x^2 + 2x - 1 + (-x)^2 + 2(-x) - 1) = x^2 - 1$, $x \in \mathbb{R}$

$\quad\quad u(x) = \frac{1}{2}(x^2 + 2x - 1 - ((-x)^2 + 2(-x) - 1)) = 2x$, $x \in \mathbb{R}$.

$\beta)$ $g(x) = \frac{1}{2}(\sqrt{x^2 + x + 1} + \sqrt{x^2 - x + 1})$, $x \in \mathbb{R}$

$\quad u(x) = \frac{1}{2}(\sqrt{x^2 + x + 1} - \sqrt{x^2 - x + 1})$, $x \in \mathbb{R}$.

$\gamma)$ Wegen $y = \dfrac{x-1}{x+1} = \dfrac{(x-1)^2}{x^2-1} = \dfrac{x^2 - 2x + 1}{x^2 - 1}$ folgt

$\quad g(x) = \dfrac{x^2 + 1}{x^2 - 1}$, $u(x) = -\dfrac{2x}{x^2 - 1}$, $|x| \neq 1$.

$\delta)$ $g(x) = \frac{1}{2}(|x + 2| - x + |-x + 2| + x) = \frac{1}{2}(|x + 2| + |2 - x|)$

$\quad = \begin{cases} -x & \text{für} & x < -2 \\ 2 & \text{für} -2 \leq x \leq 2 \\ x & \text{für} & x > 2 \end{cases}$,

$u(x) = \frac{1}{2}(|x + 2| - x - |-x + 2| - x) = \frac{1}{2}(|x + 2| - |2 - x|) - x$

$\quad = \begin{cases} -2 & \text{für} & x < -2 \\ 0 & \text{für} -2 \leq x \leq 2 \\ 2 - x & \text{für} & x > 2 \end{cases}$

(Zur Auflösung von Beträgen vgl. H 3.9 (B).)

$\varepsilon)$ $y = \ln(x^2)$, $x \neq 0$, ist eine gerade Funktion; somit gilt: $g(x) = \ln(x^2)$, $u(x) = 0$.

$\zeta)$ Da $y = \cos(x + \frac{\pi}{4}) = \cos x \cos \frac{\pi}{4} - \sin x \sin \frac{\pi}{4} = \frac{\sqrt{2}}{2}(\cos x - \sin x)$ gilt und $\cos x$ eine

gerade, $\sin x$ eine ungerade Funktion ist, folgt: $g(x) = \frac{\sqrt{2}}{2}\cos x$, $u(x) = -\frac{\sqrt{2}}{2}\sin x$.

$\boxed{\textbf{L 4.28}}$

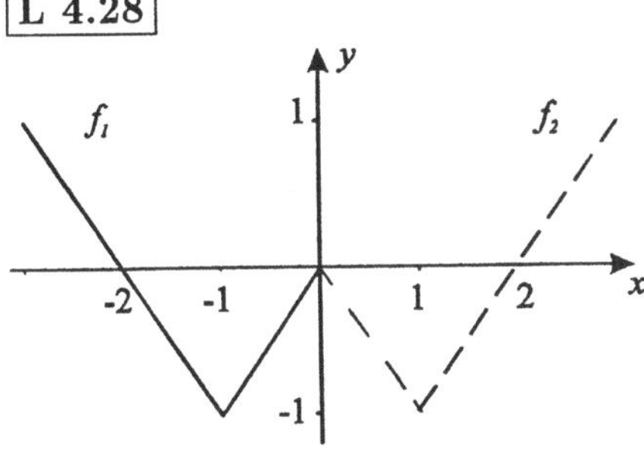

Bild L 4.28 a

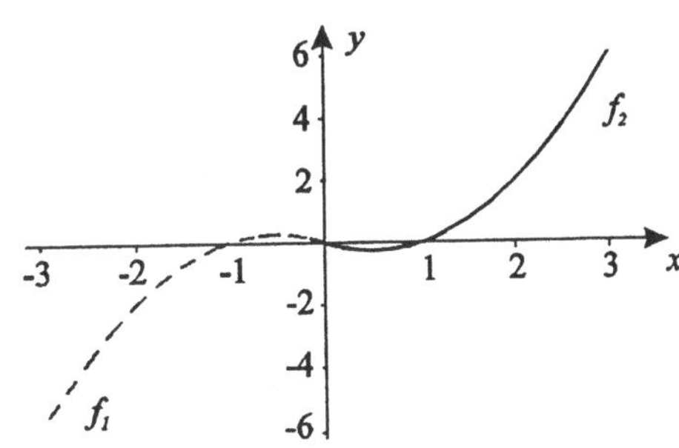

Bild L 4.28 b

a) Für $x > 0$ ergibt sich aus der Forderung $f_2(x) = f_1(-x)$ sofort $f_2 :$ $y = |-x + 1| - 1$. Oder: Da

$$f_1 : y = \begin{cases} -x - 2 & \text{für} & x < -1 \\ x & \text{für} & -1 \le x \le 0 \end{cases} \quad \text{folgt durch Spiegelung an der } y\text{-Achse}$$

$$f_2 : y = \begin{cases} x - 2 & \text{für} & x > 1 \\ -x & \text{für} & 0 < x \le 1 \end{cases} \quad \text{(vgl. Bild L 4.28a)},$$

was äquivalent ist zu $f_2 : y = |-x + 1| - 1$ für $x > 0$.

b) Für $x \le 0$ erhält man aus der Forderung $f_1(x) = -f_2(-x)$ unmittelbar $f_1 : y = -x^2 - x$ (vgl. Bild L 4.28b).

L 4.29 **a)** Nein, da zwar $\sin x$ periodisch ($T = 2\pi$), aber e^x nicht periodisch ist: $f(x+2\pi) = \sin(x+2\pi)+e^{x+2\pi} = \sin x+e^x\,e^{2\pi} \ne f(x)$. Ebenso ist auch $f(x+2k\pi) \ne f(x)$, $k \in \mathbb{Z}$.

b) f hat die Grundperiode $T = 2\pi$; denn $\cos x$ hat diese Grundperiode, und damit gilt: $f(x + 2\pi) = 4\cos(x + 2\pi - 2) = 4(\cos(x - 2) + 2\pi) = 4\cos(x - 2) = f(x)$.

c) Die Forderung $f(x + T) = \tan(4x + 4T) + 5 = \tan(4x) + 5 = f(x)$ ist erfüllt, falls $4T = \pi$ (= Grundperiode von $\tan x$) ist. Somit ist f periodisch mit der Grundperiode $T = \pi/4$.

d) Die Forderung $f(x + T) = \exp\{\cos(2x + 2T + 1)\} + \frac{1}{2} = \exp\{\cos(2x + 1)\} + \frac{1}{2}$ ist genau dann erfüllt, wenn $\cos(2x + 2T + 1) = \cos(2x + 1 + 2T) = \cos(2x + 1)$ für alle x gilt. Dies ist der Fall, wenn $2T = 2\pi$ (=Grundperiode von $\cos x$) ist. Somit hat die Funktion f die Grundperiode $T = \pi$.

e) Da $\sin x$ die Grundperiode $T = 2\pi$ besitzt, ist auch $\ln |\sin x|$ periodisch mit $T = 2\pi$. $\tan(\frac{x}{4})$ hat die Grundperiode 4π (den Nachweis hierfür führt man analog c)). Die gemeinsame Grundperiode von $\ln |\sin x|$ und $\tan(\frac{x}{4})$ und damit auch von f ist somit 4π.

f) $\sin(3x)$ hat die Grundperiode $\frac{2}{3}\pi$, $\tan(2x)$ hat die Grundperiode $\frac{\pi}{2}$. Die kleinste gemeinsame Periode von beiden ist das kleinste Vielfache von π, das $\frac{2}{3}$ und $\frac{1}{2}$ als Faktoren enthält: Die Grundperiode von f ist $T = \frac{12}{6}\pi = 2\pi$.

L 4.30
a) Da $e^{-\gamma t}$ nicht periodisch ist, kann auch f nicht periodisch sein.
b) Siehe Bild L 4.30.

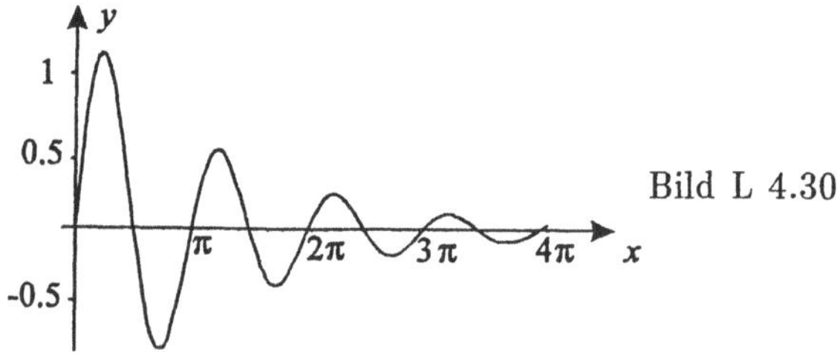

Bild L 4.30

L 4.31 Siehe Bild L 4.31.

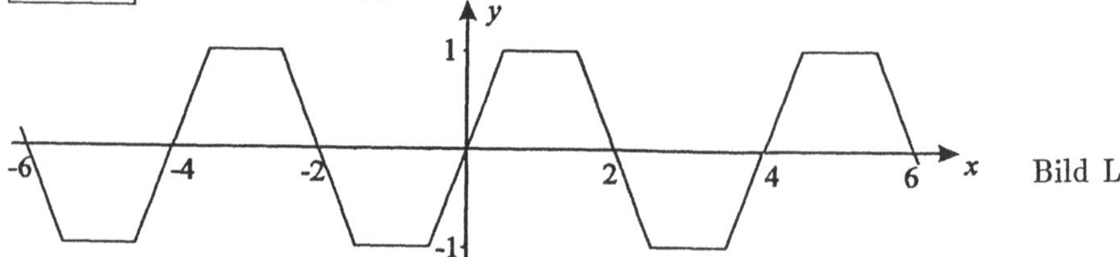

Bild L 4.31

L 4.32
$f:\ y = (x - 2n)^2$ für
$x \in [2n - 1, 2n + 1]$, $n \in \mathbb{Z}$.
Grundperiode: $T = 2$.
Siehe Bild L 4.32.

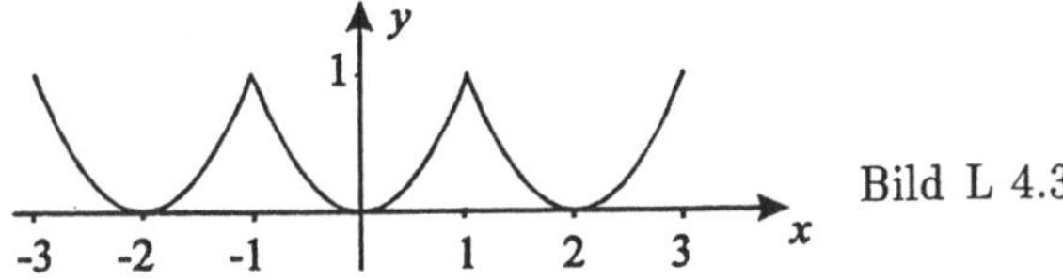

Bild L 4.32

L 4.33 a) Da aus $x_1 < x_2$ bekanntlich $-2x_1 > -2x_2$ und $3 - 2x_1 > 3 - 2x_2$
folgt, ist $f(x_1) > f(x_2)$, d.h. f fällt streng monoton; ferner ist $W_f = \mathbb{R}$. Somit
existiert f^{-1} mit $D_{f^{-1}} = W_f = \mathbb{R}$, $W_{f^{-1}} = D_f = \mathbb{R}$. Aus $x = -\frac{1}{2}y + \frac{3}{2}$ folgt
$f^{-1}:\ y = -\frac{1}{2}x + \frac{3}{2}$.

b) Es ist $y = 1 + \dfrac{1}{x}$, und wegen $\dfrac{1}{x_1} > \dfrac{1}{x_2}$ für $1 \le x_1 < x_2 \le 100$ gilt $f(x_1) =$
$1 + \dfrac{1}{x_1} > 1 + \dfrac{1}{x_2} = f(x_2)$, d.h., f ist streng monoton fallend. Folglich nimmt f
am linken Rand des Definitionsbereichs seinen größten Funktionswert ($f(1) = 2$),
am rechten Rand seinen kleinsten Funktionswert ($f(100) = 1.01$) an. Daher ist
$W_f = [1.01, 2]$. Somit existiert f^{-1} mit $D_{f^{-1}} = [1.01, 2]$, $W_{f^{-1}} = [1, 100]$, und aus
$y = \dfrac{x + 1}{x} \Leftrightarrow yx = x + 1 \Leftrightarrow x(y - 1) = 1$ folgt: $f^{-1}:\ y = \dfrac{1}{x - 1}$.

c) Zur Untersuchung der Monotonie formen wir y zunächst etwas um: $y = \dfrac{x + 1 - 3}{x + 1} =$
$1 - \dfrac{3}{x + 1}$. Für $0 \le x_1 < x_2 < 3$ ist $x_1 + 1 < x_2 + 1$, $\dfrac{1}{x_1 + 1} > \dfrac{1}{x_2 + 1}$, $-\dfrac{3}{x_1 + 1} <$
$-\dfrac{3}{x_2 + 1}$ und schließlich $f(x_1) = 1 - \dfrac{3}{x_1 + 1} < 1 - \dfrac{3}{x_2 + 1} = f(x_2)$, d.h. f wächst
streng monoton. Daher ist $W_f = [f(0), f(3)) = [-2, \frac{1}{4})$. Somit existiert f^{-1}.
Aus $y = \dfrac{x - 2}{x + 1} \Leftrightarrow y(x + 1) = x - 2 \Leftrightarrow x(y - 1) = -2 - y \Leftrightarrow x = -\dfrac{2 + y}{y - 1}$ folgt
$f^{-1}:\ y = \dfrac{2 + x}{1 - x}$, $D_{f^{-1}} = [-2, \frac{1}{4})$, $W_{f^{-1}} = [0, 3)$.

d) Aus $0 \le x_1 < x_2$ folgt wegen des streng monotonen Fallens von e^{-x}:
$1 \ge e^{-x_1} > e^{-x_2} \Leftrightarrow -1 \le -e^{-x_1} < -e^{-x_2} \Leftrightarrow 0 < 3 - e^{-x_1} < 3 - e^{-x_2}$. Wegen des
streng monotonen Wachsens von $\ln x$ erhält man $\ln(3 - e^{-x_1}) < \ln(3 - e^{-x_2})$, d.h. f
wächst streng monoton. Daher ist $W_f = [\ln 2, \ln 3)$. ($\lim\limits_{x \to +\infty} \ln(3 - e^{-x}) = \ln(3 - 0) =$
$\ln 3$.) Also existiert f^{-1}. Aus $y = \ln(3 - e^{-x}) \Leftrightarrow e^y = 3 - e^{-x} \Leftrightarrow e^{-x} = 3 - e^y \Leftrightarrow$
$-x = \ln(3 - e^y)$ folgt: $f^{-1}:\ y = -\ln(3 - e^x)$, $D_{f^{-1}} = [\ln 2, \ln 3)$, $W_{f^{-1}} = [0, +\infty)$.

e) Es ist $y = \ln(-\dfrac{1 - x - 2}{1 - x}) = \ln(-1 + \dfrac{2}{1 - x})$, und für $-1 < x_1 < x_2 < 1$ gilt:
$1 - x_1 > 1 - x_2 > 0$, $\dfrac{1}{1 - x_1} < \dfrac{1}{1 - x_2}$ und $-1 + \dfrac{2}{1 - x_1} < -1 + \dfrac{2}{1 - x_2}$. Wegen
des streng monotonen Wachsens von $\ln x$ folgt damit das streng monotone Wachsen

von f, und es ist $W_f = (\lim\limits_{x \to -1+0} f(x), \lim\limits_{x \to 1-0} f(x)) = (-\infty, +\infty)$. Somit existiert

f^{-1}, und man erhält aus $y = \ln(\dfrac{1+x}{1-x}) \Leftrightarrow \mathrm{e}^y = \dfrac{1+x}{1-x} \Leftrightarrow \mathrm{e}^y(1-x) = 1+x \Leftrightarrow$

$\mathrm{e}^y - 1 = x(1 + \mathrm{e}^y) \Leftrightarrow x = \dfrac{\mathrm{e}^y - 1}{1 + \mathrm{e}^y}$ schließlich:

$f^{-1}: \ y = \dfrac{\mathrm{e}^x - 1}{\mathrm{e}^x + 1}, \quad D_{f^{-1}} = (-\infty, +\infty), \ W_{f^{-1}} = (-1, 1)$.

f) Aus $x_1 < x_2$ folgt wegen des streng monotonen Wachsens von e^x: $0 < \mathrm{e}^{x_1} + 1 <$

$\mathrm{e}^{x_2} + 1 \Leftrightarrow \dfrac{2}{\mathrm{e}^{x_1} + 1} > \dfrac{2}{\mathrm{e}^{x_2} + 1} \Leftrightarrow -\dfrac{2}{\mathrm{e}^{x_1} + 1} < -\dfrac{2}{\mathrm{e}^{x_2} + 1}$. Daher gilt:

$f(x_1) = 1 - \dfrac{2}{\mathrm{e}^{x_1} + 1} < 1 - \dfrac{2}{\mathrm{e}^{x_2} + 1} = f(x_2)$, also ist f streng monoton wachsend,

$W_f = (\lim\limits_{x \to -\infty} f(x), \lim\limits_{x \to +\infty} f(x)) = (-1, 1)$. Somit existiert f^{-1}.

Aus $y = 1 - \dfrac{2}{\mathrm{e}^x + 1} \Leftrightarrow 1 - y = \dfrac{2}{\mathrm{e}^x + 1} \Leftrightarrow \dfrac{1}{1-y} = \dfrac{\mathrm{e}^x + 1}{2} \Leftrightarrow \dfrac{2}{1-y} - 1 = \mathrm{e}^x$

erhält man $f^{-1}: \ y = \ln\left(\dfrac{2}{1-x} - 1\right) = \ln\left(\dfrac{1+x}{1-x}\right), \quad D_{f^{-1}} = (-1, 1), \ W_{f^{-1}} = \mathbb{R}$.

g) Falls $x_1 < x_2 < 0$, ist $x_1^4 > x_2^4$, somit $f(x_1) = 1 + x_1^4 > 1 + x_2^4 = f(x_2)$.
Falls $0 < x_1 < x_2$, ist $x_1^4 < x_2^4$, somit $f(x_1) < f(x_2)$. Da also f auf $(-\infty, 0]$ streng
monoton fällt, auf $[0, +\infty)$ streng monoton wächst, ist f *nicht* monoton auf D_f.
Wegen der fehlenden Eineindeutigkeit von f existiert somit *keine* Umkehrfunktion.
Betrachtet man jedoch die *zwei* Funktionen
$f_1: \ y = x^4 + 1, \ D_{f_1} = (-\infty, 0], \ W_{f_1} = [1, +\infty)$
$f_2: \ y = x^4 + 1, \ D_{f_2} = [0, +\infty), \ W_{f_2} = [1, +\infty)$,
so besitzt jede dieser Funktionen (wegen ihres streng monotonen Fallens bzw. Wachsens) eine Umkehrfunktion: Aus
$f_1: \ y = x^4 + 1 = (-x)^4 + 1, \ y \in [1, +\infty), \ x \in (-\infty, 0]$ ergibt sich: $y - 1 = (-x)^4 \Leftrightarrow$
$\sqrt[4]{y-1} = -x$, d.h. $f_1^{-1}: \ y = -\sqrt[4]{x-1}, \ D_{f_1^{-1}} = [1, +\infty), \ W_{f_1^{-1}} = (-\infty, 0]$.
Analog erhält man $f_2^{-1}: \ y = \sqrt[4]{x-1}, \ D_{f_2^{-1}} = [1, +\infty), \ W_{f_2^{-1}} = [0, +\infty)$.

h) Aus $1 \le x_1 < x_2$ ergibt sich zunächst $0 \le x_1 - 1 < x_2 - 1$, daraus wegen des
streng monotonen Wachsens von $\sqrt{x}$ $(x \ge 0)$: $0 < \sqrt{x_1 - 1} + 1 < \sqrt{x_2 - 1} + 1$ und
wegen des streng monotonen Wachsens von $\ln x$ $(x > 0)$: $f(x_1) = \ln(\sqrt{x_1 - 1} + 1) <$
$\ln(\sqrt{x_2 - 1} + 1) = f(x_2)$. $W_f = [f(1), \lim\limits_{x \to +\infty} f(x)) = [0, +\infty)$. Als Umkehrfunktion
erhält man aus $y = \ln(\sqrt{x-1} + 1) \Leftrightarrow \mathrm{e}^y = \sqrt{x-1} + 1 \Leftrightarrow \mathrm{e}^y - 1 = \sqrt{x-1} \Rightarrow (\mathrm{e}^y -$
$1)^2 = x - 1$ schließlich $f^{-1}: \ y = 1 + (\mathrm{e}^x - 1)^2, \ D_{f^{-1}} = [0, +\infty), \ W_{f^{-1}} = [1, +\infty)$.

$\boxed{\textbf{L 4.34}}$ Nur die Funktion f aus A 4.8a besitzt eine Umkehrfunktion:

$$f^{-1}: \ y = \begin{cases} 2x + 1 & \text{für} \quad x \in [-\tfrac{3}{2}, -1) \\ \tfrac{1}{2}(x - 1) & \text{für} \quad x \in [-1, 1] \\ x - 1 & \text{für} \quad x \in (1, +\infty). \end{cases}$$

Die Funktionen f aus A 4.8b, c, d sind nicht eineindeutig.

$\boxed{\textbf{L 4.35}}$ **a)** Da $\sqrt{\ldots} \ge 0$, gilt $\sqrt{x^2} = x$ nur für $x \ge 0$. Da $\sqrt{x}$ nur für $x \ge 0$ existiert, gilt auch $(\sqrt{x})^2 = x$ nur für $x \geq 0$.

b) Da $\arcsin x$ nur für $x \in [-1,\,1]$ definiert ist, gilt $\sin(\arcsin x) = x$ nur für $x \in [-1,\,1]$. $y = \arcsin x$ ist die Umkehrfunktion von $y = \sin x$, $x \in [-\frac{\pi}{2}, \frac{\pi}{2}]$. Daher gilt $\arcsin(\sin x) = x$ für $-\pi/2 \leq x \leq \pi/2$.

c) $y = \ln x$ ist nur für $x > 0$ definiert; somit gilt $e^{\ln x} = x$ nur für $x > 0$. $y = e^x$ existiert für alle $x \in I\!R$ und ist stets > 0. Daher kann $\ln e^x$ für alle $x \in I\!R$ gebildet werden, und es ist $\ln e^x = x$ für $x \in I\!R$.

d) $y = \arccos x$ ist nur für $x \in [-1,\,1]$ definiert. $\Rightarrow$ $\cos(\arccos x) = x$ gilt nur für $x \in [-1,\,1]$. $y = \arccos x$ ist die Umkehrfunktion von $y = \cos x$, $x \in [0, \pi]$. Daher gilt $\arccos(\cos x) = x$ für $0 \leq x \leq \pi$.

e) $y = \arctan x$ ist für alle $x \in I\!R$ definiert und hat dort den Wertebereich $(-\frac{\pi}{2}, \frac{\pi}{2})$. Dort ist $\tan x$ definiert, und es gilt daher für alle $x \in I\!R$: $\tan(\arctan x) = x$. $y = \arctan x$ ist die Umkehrfunktion zu $y = \tan x$, $x \in (-\frac{\pi}{2}, \frac{\pi}{2})$. Deshalb gilt $\arctan(\tan x) = x$ nur für $-\frac{\pi}{2} < x < \frac{\pi}{2}$.

f) Es ist $\cos\alpha = \sqrt{1 - \sin^2\alpha}$ für $\alpha \in [-\frac{\pi}{2}, \frac{\pi}{2}]$. Daher gilt für $\alpha = \arcsin x \in [-\frac{\pi}{2}, \frac{\pi}{2}]$, d.h. für $x \in [-1,\,1]$, die Beziehung $\cos(\arcsin x) = \sqrt{1 - \sin^2(\arcsin x)} = \sqrt{1 - x^2}$. Andererseits ist $\sin\alpha = \sqrt{1 - \cos^2\alpha}$ für $\alpha \in [0, \pi]$. Daher gilt für $\alpha = \arccos x \in [0, \pi]$, d.h. für $x \in [-1,\,1]$, die Beziehung $\sin(\arccos x) = \sqrt{1 - \cos^2(\arccos x)} = \sqrt{1 - x^2}$.

L 4.36 **a)** Führt man $\tilde{x} = \pi - x$ als neue Variable ein, so ist $\tilde{x} \in [-\frac{\pi}{2}, \frac{\pi}{2}]$ für $\frac{\pi}{2} \leq x \leq \frac{3}{2}\pi$. Ferner gilt: $y = \sin\tilde{x} = \sin(\pi - x) = \sin x$. Bekanntlich existiert zu $f: y = \sin\tilde{x}$, $\tilde{x} \in [-\frac{\pi}{2}, \frac{\pi}{2}]$ die Umkehrfunktion f^{-1}, und es ist

$$\pi - x = \tilde{x} = \arcsin y = \arcsin(\sin x), \quad x \in [\tfrac{1}{2}\pi, \tfrac{3}{2}\pi].$$

b) Analog zu a) setzt man $\bar{x} = x - 2\pi$, so daß $\bar{x} \in [-\frac{\pi}{2}, \frac{\pi}{2}]$ für $\frac{3}{2}\pi \leq x \leq \frac{5}{2}\pi$. Wegen der Periodizität der Sinusfunktion ($T = 2\pi$) ist $y = \sin\bar{x} = \sin(x - 2\pi) = \sin x$. Zur Funktion $f: y = \sin\bar{x}$, $\bar{x} \in [-\frac{\pi}{2}, \frac{\pi}{2}]$, existiert die Umkehrfunktion f^{-1}, und es gilt

$$x - 2\pi = \bar{x} = \arcsin y = \arcsin(\sin x), \quad x \in [\tfrac{3}{2}\pi, \tfrac{5}{2}\pi].$$

L 4.37

a) $\sin\beta = \dfrac{z(t) + \frac{1}{2}gt^2}{v_0 t} \Rightarrow \beta = \arcsin\left(\dfrac{z(t) + \frac{1}{2}gt^2}{v_0 t}\right), -1 \leq \dfrac{z(t) + \frac{1}{2}gt^2}{v_0 t} \leq 1.$

b) $\sin(\omega t + \beta) = \dfrac{i(t)}{I_{max}}\, e^{\delta t}$. Für $\omega t + \beta \in [-\frac{\pi}{2}, \frac{\pi}{2}]$ folgt (für andere Intervalle vgl. A 4.36):

$$\omega t + \beta = \arcsin\left(\dfrac{i(t)}{I_{max}}\, e^{\delta t}\right), \quad -1 \leq \dfrac{i(t)}{I_{max}}\, e^{\delta t} \leq 1. \quad \Rightarrow \quad \beta = \arcsin\left(\dfrac{i(t)}{I_{max}}\, e^{\delta t}\right) - \omega t.$$

c) $\tan\dfrac{\vartheta}{2} = \dfrac{m_e\, c_0^2 \cot\varphi}{m_e c_0^2 + hf} \Rightarrow \vartheta = 2\arctan\left(\dfrac{m_e\, c_0^2 \cot\varphi}{m_e c_0^2 + hf}\right).$

d) $\tan\varphi = \dfrac{2\delta\omega}{\omega_0^2 - \omega^2} \Leftrightarrow \omega_0^2 \tan\varphi - \omega^2 \tan\varphi - 2\delta\omega = 0 \Leftrightarrow \omega^2 + 2\delta\omega \cot\varphi - \omega_0^2 = 0$

$$\Rightarrow \omega_{1,2} = -\delta \cot\varphi \pm \sqrt{\delta^2 \cot^2\varphi + \omega_0^2}.$$

L 4.38

a)

$$
\begin{array}{c|rrrrr}
 & 1 & -1 & -7 & 1 & 6 \\
1 & \cdot & 1 & 0 & -7 & -6 \\
\hline
 & 1 & 0 & -7 & -6 & 0
\end{array}
\quad \Rightarrow\ p_4(1) = 0
$$

$$
\begin{array}{c|rrrrr}
 & 1 & -1 & -7 & 1 & 6 \\
2 & \cdot & 2 & 2 & -10 & -18 \\
\hline
 & 1 & 1 & -5 & -9 & -12
\end{array}
\quad \Rightarrow\ p_4(2) = -12
$$

$$
\begin{array}{c|rrrrr}
 & 1 & -1 & -7 & 1 & 6 \\
3 & \cdot & 3 & 6 & -3 & -6 \\
\hline
 & 1 & 2 & -1 & -2 & 0
\end{array}
\quad \Rightarrow\ p_4(3) = 0
$$

$$
\begin{array}{c|rrrrr}
 & 1 & -1 & -7 & 1 & 6 \\
1 & \cdot & 1 & 0 & -7 & -6 \\
\hline
 & 1 & 0 & -7 & -6 & 0 \\
3 & \cdot & 3 & 9 & 6 & \\
\hline
 & 1 & 3 & 2 & 0 &
\end{array}
$$

$\Rightarrow\ x_1 = 1,\ x_2 = 3$
$x^2 + 3x + 2 = 0 \Rightarrow$
$x_3 = -2,\ x_4 = -1$
$p_4(x) =$
$(x-1)(x-3)(x+2)(x+1).$

b)

$$
\begin{array}{c|rrrrrrrr}
 & 3 & 0 & -12 & 0 & 15 & 0 & -6 & 0 \\
-1 & \cdot & -3 & 3 & 9 & -9 & -6 & 6 & 0 \\
\hline
 & 3 & -3 & -9 & 9 & 6 & -6 & 0 & 0
\end{array}
\quad \Rightarrow\ p_7(-1) = 0
$$

$$
\begin{array}{c|rrrrrrrr}
 & 3 & 0 & -12 & 0 & 15 & 0 & -6 & 0 \\
1 & \cdot & 3 & 3 & -9 & -9 & 6 & 6 & 0 \\
\hline
 & 3 & 3 & -9 & -9 & 6 & 6 & 0 & 0
\end{array}
\quad \Rightarrow\ p_7(1) = 0
$$

$$
\begin{array}{c|rrrrrrrr}
 & 3 & 0 & -12 & 0 & 15 & 0 & -6 & 0 \\
2 & \cdot & 6 & 12 & 0 & 0 & 30 & 60 & 108 \\
\hline
 & 3 & 6 & 0 & 0 & 15 & 30 & 54 & 108
\end{array}
$$

$\Rightarrow\ p_7(2) = 108$

$$
\begin{array}{c|rrrrrrr}
 & 3 & 0 & -12 & 0 & 15 & 0 & -6 \\
-1 & \cdot & -3 & 3 & 9 & -9 & -6 & 6 \\
\hline
 & 3 & -3 & -9 & 9 & 6 & -6 & 0 \\
1 & \cdot & 3 & 0 & -9 & 0 & 6 & \\
\hline
 & 3 & 0 & -9 & 0 & 6 & 0 &
\end{array}
$$

Man erhält:
$x_1 = 0,\ x_2 = -1,\ x_3 = 1,$
$3x^4 - 9x^2 + 6 = 0.$
Mit $x^2 = z$ ergibt sich
$z^2 - 3z + 2 = 0 \Rightarrow$
$z_1 = 1 \Rightarrow x_4 = -1,\ x_5 = 1$
$z_2 = 2 \Rightarrow x_6 = -\sqrt{2},\ x_7 = \sqrt{2}$
$p_7(x) =$
$3x(x+1)^2(x-1)^2(x-\sqrt{2})(x+\sqrt{2}).$

L 4.39 Ansatz: $p_4(x) = A(x+1)^2(x-3)(x-a) \Rightarrow$

$$
\begin{array}{ll}
p_4(1) = -8A(1-a) = -2 \\
p_4(2) = -9A(2-a) = -9
\end{array}
\ \Leftrightarrow\
\begin{array}{ll}
4A(1-a) &= 1 \\
A(2-a) &= 1
\end{array}
\ \Rightarrow\ a = \tfrac{2}{3},\ A = \tfrac{3}{4} \Rightarrow
$$

$p_4(x) = \tfrac{3}{4}(x+1)^2(x-3)(x-\tfrac{2}{3}) = \tfrac{1}{4}(x+1)^2(x-3)(3x-2)$

L 4.40 $\tfrac{1}{2}p_4(x) = x^4 + 2x^3 - 7x^2 - 8x + 12.$

$M = \{1, -1, 2, -2, 3, -3, 4, -4, 6, -6, -12, 12\}.$

$$
\begin{array}{c|rrrrr}
 & 1 & 2 & -7 & -8 & 12 \\
1 & \cdot & 1 & 3 & -4 & -12 \\
\hline
 & 1 & 3 & -4 & -12 & 0 \\
2 & \cdot & 2 & 10 & 12 & \\
\hline
 & 1 & 5 & 6 & 0 &
\end{array}
$$

Nullstellenermittlung für p_4 durch systematisches Probieren mit $x_i \in M$:
$\Rightarrow x_1 = 1,\ x_2 = 2$
$x^2 + 5x + 6 = 0 \Rightarrow x_3 = -3,\ x_4 = -2$
$p_4(x) = 2(x-1)(x-2)(x+2)(x+3)$

L 4.41

	1	−2	q	$2-3q$	$3q-1$	$-q$
1 −		1	−1	$-1+q$	$-2q+1$	q
	1	−1	$q-1$	$1-2q$	q	0
1 −		1	0	$-1+q$	$-q$	
	1	0	$q-1$	$-q$	0	
1 −		1	1	q		
	1	1	q	0		

$\Rightarrow$ $x^2 + x + q = 0$ hat keine reellen Nullstellen, falls $\frac{1}{4} - q < 0$, d.h. $q \in (\frac{1}{4}, +\infty)$.

L 4.42

	5	−4	0	a	$-b$
1 −		5	1	1	$1+a$
	5	1	1	$1+a$	$a-b+1$
2 −	5	−4	0	a	$-b$
		10	12	24	$48+2a$
	5	6	12	$24+a$	$2a-b+48$

Forderungen:
$$a - b + 1 = 0$$
$$2a - b + 48 = 49$$
$$\Rightarrow a + 47 = 49 \;\Rightarrow\; a = 2 \;\Rightarrow\; b = 3.$$

L 4.43

a) Nullstellen des Zählers: $x = \frac{1}{2}$, $x = -3$.
Nullstellen des Nenners: $x = 0$, $x = -2$, $x = -3$. $\Bigg\} \Rightarrow y = \dfrac{(2x-1)(x+3)}{x(x+2)(x+3)}$

Lücke: $x = -3$. Für $x \neq -3$ ist $y(x) = \tilde{y}(x) = \dfrac{2x-1}{x(x+2)}$; daher gilt:

$$\lim_{x \to -3} y(x) = \tilde{y}(-3) = -\frac{7}{3}.$$

Polstellen: $x = 0$, $x = -2$ (beide 1. Ordnung), Nullstelle: $x = \frac{1}{2}$ (1. Ordnung).
Asymptote: $y_A = 0$ (da y echt gebrochen ist und somit $\lim\limits_{x \to \pm\infty} y(x) = 0$ gilt).
Vgl. Bild L 4.43 a.

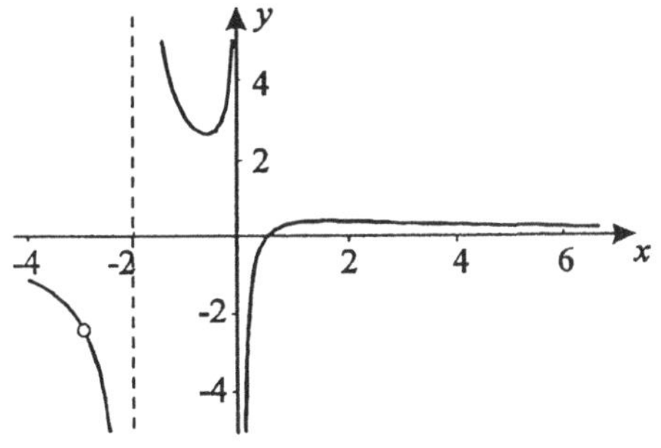

Bild L 4.43 a

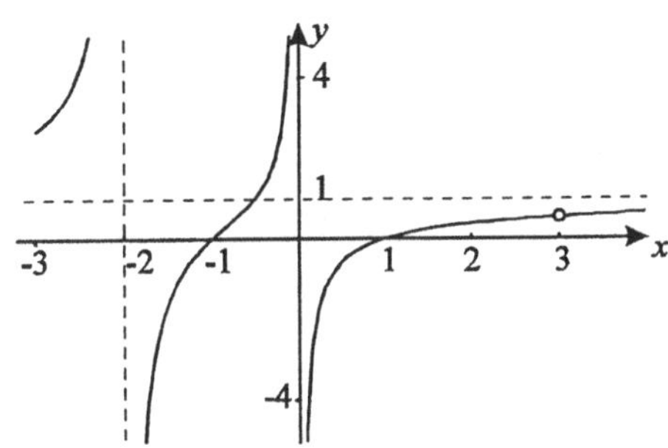

Bild L 4.43 b

b) Nullstellen des Zählers: $x = -1$, $x = 1$, $x = 3$
Nullstellen des Nenners: $x = 0$, $x = -2$, $x = 3$. $\Bigg\} \Rightarrow y = \dfrac{(x+1)(x-1)(x-3)}{x(x+2)(x-3)}$

Lücke: $x = 3$. Für $x \neq 3$ ist $y(x) = \tilde{y}(x) = \dfrac{(x+1)(x-1)}{x(x+2)}$; daraus folgt:

$\lim\limits_{x \to 3} y(x) = \tilde{y}(3) = \frac{8}{15}$.

Polstellen: $x = 0$, $x = -2$ (beide 1. Ordnung), Nullstellen: $x = -1$, $x = 1$ (beide 1. Ordnung).

Asymptote: Da Zähler- und Nennergrad übereinstimmen und die führenden x-Potenzen im Zähler und Nenner dieselben Faktoren haben, ist $y_A = \lim\limits_{x \to \pm\infty} y(x) = 1$.

Vgl. Bild L 4.43 b.

c) Nullstellen des Zählers: $x = -2$, $x = 1$ (doppelt). $\left.\right\} \Rightarrow y = \dfrac{(x-1)^2(x+2)}{(x-1)(x+1)}$
Nullstellen des Nenners: $x = -1$, $x = 1$.

Lücke: $x = 1$. Für $x \neq 1$ ist $y(x) = \tilde{y}(x) = \dfrac{(x-1)(x+2)}{(x+1)}$; daraus folgt:

$\lim\limits_{x \to 1} y(x) = \tilde{y}(1) = 0$.

Polstelle: $x = -1$ (1. Ordnung), Nullstelle: $x = -2$ (1. Ordnung).

Asymptote: Für $x \to \pm\infty$ kann man anstelle von y die Funktion $\tilde{y}$ betrachten:
$\tilde{y} = \dfrac{(x-1)(x+2)}{x+1} = \dfrac{x^2 + x - 2}{x+1}$. Die Aufspaltung von $\tilde{y}$ in ein Polynom und eine echt gebrochen rationale Funktion kann mittels Horner-Schema geschehen:

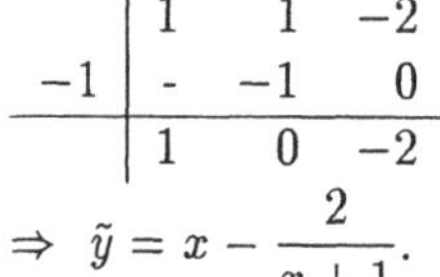

$$
\begin{array}{r|rrr}
 & 1 & 1 & -2 \\
-1 & \cdot & -1 & 0 \\
\hline
 & 1 & 0 & -2
\end{array}
$$

$\Rightarrow \tilde{y} = x - \dfrac{2}{x+1}$.

Da $\dfrac{2}{x+1} \to 0$ gilt für $x \to \pm\infty$, ist die Asymptote $y_A = x$.

Vgl. Bild L 4.43 c.

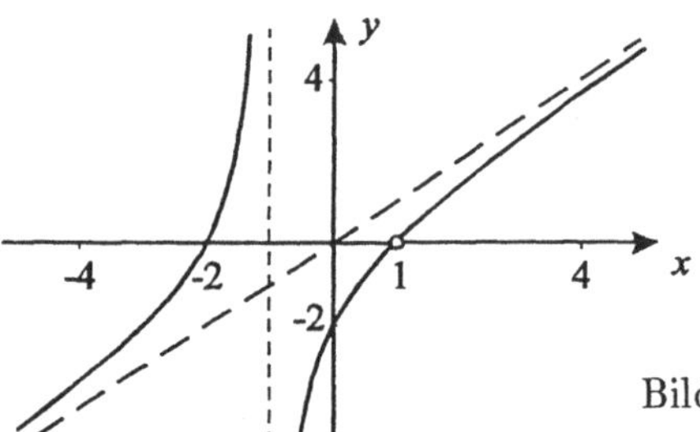

Bild L 4.43 c

d) Nullst. des Zählers: $x = 0$, $x = -2$, $x = 2$ (doppelt). $\left.\right\} \Rightarrow y = \dfrac{x(x+2)(x-2)^2}{(3x+1)^2(x+2)}$
Nullst. des Nenners: $x = -2$, $x = -\frac{1}{3}$ (doppelt).

Lücke: $x = -2$. Für $x \neq -2$ ist $y(x) = \tilde{y}(x) = \dfrac{x(x-2)^2}{(3x+1)^2}$; daraus folgt:

$\lim\limits_{x \to -2} y(x) = \tilde{y}(-2) = -\frac{32}{25}$.

Polstelle: $x = -\frac{1}{3}$ (1. Ordnung),
Nullstellen: $x = 0$ (1. Ordnung), $x = 2$ (2. Ordnung).

Asymptote: Für $x \to \pm\infty$ kann man anstelle von y die Funktion $\tilde{y} = \dfrac{x(x-2)^2}{(3x+1)^2} = $
$\dfrac{x^3 - 4x^2 + 4x}{9(x+\frac{1}{3})^2}$ betrachten und die Division durch $(x+\frac{1}{3})^2$ mit Hilfe des Horner-Schemas durchführen:

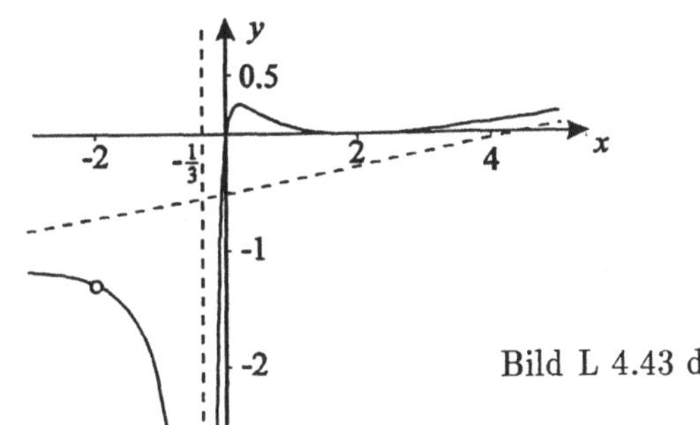

$$
\begin{array}{c|cccc}
 & 1 & -4 & 4 & 0 \\
-\frac{1}{3} & - & -\frac{1}{3} & \frac{13}{9} & \dots \\
\hline
 & 1 & -\frac{13}{3} & \frac{49}{9} & \dots \\
-\frac{1}{3} & - & -\frac{1}{3} & \dots & \\
\hline
 & 1 & -\frac{14}{3} & \dots &
\end{array}
$$

$\Rightarrow y_A = \frac{1}{9}\left(x - \frac{14}{3}\right)$.

Vgl. Bild L 4.43 d.

Bild L 4.43 d

e) Nullstellen des Zählers: $x = 0$ (doppelt), $x = -1$, $x = 2$, $x = 4$.

Nullstellen des Nenners: $x = -2$, $x = 1$ (doppelt).

$$\Rightarrow y = \frac{x^2(x+1)(x-2)(x-4)}{(x+2)(x-1)^2}$$

Lücke: keine, Polstellen: $x = -2$ (1. Ordnung), $x = 1$ (2. Ordnung), Nullstellen: $x = -1$, $x = 2$, $x = 4$ (alle 1. Ordnung), $x = 0$ (2. Ordnung).

Asymptote: Da die Differenz zwischen Zähler- und Nennergrad gleich 2 ist, erhält man als Asymptote eine quadratische Parabel, die sich mit Hilfe des Horner-Schemas ermitteln läßt, indem man das Zählerpolynom zweimal durch $(x - 1)$ und einmal durch $(x + 2)$ dividiert:

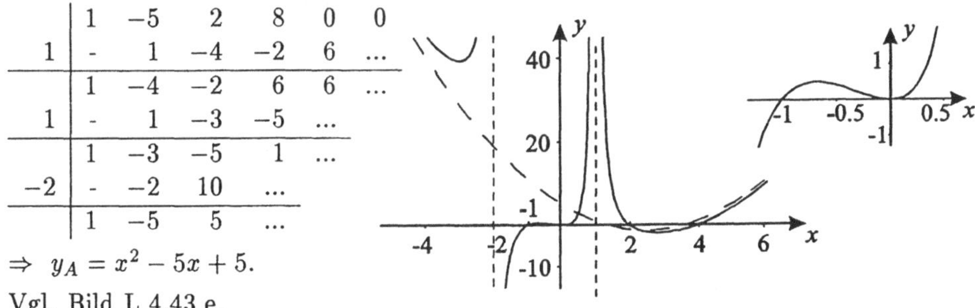

$$
\begin{array}{c|cccccc}
 & 1 & -5 & 2 & 8 & 0 & 0 \\
1 & - & 1 & -4 & -2 & 6 & \dots \\
\hline
 & 1 & -4 & -2 & 6 & 6 & \dots \\
1 & - & 1 & -3 & -5 & \dots & \\
\hline
 & 1 & -3 & -5 & 1 & \dots & \\
-2 & - & -2 & 10 & \dots & & \\
\hline
 & 1 & -5 & 5 & \dots & &
\end{array}
$$

$\Rightarrow y_A = x^2 - 5x + 5$.

Vgl. Bild L 4.43 e.

Bild L 4.43 e

f) Nullstellen des Zählers: $x = 0$ (doppelt), $x = -1$, $x = 2$.

Nullstellen des Nenners: $x = -2$, $x = 1$.

$$\Rightarrow y = \frac{x^2(x+1)(x-2)}{(x+2)(x-1)}$$

Lücke: keine, Polstellen: $x = -2$, $x = 1$ (beide 1. Ordnung), Nullstellen: $x = -1$, $x = 2$ (beide 1. Ordnung), $x = 0$ (2.Ordnung).

Asymptote: Da die Differenz zwischen Zähler- und Nennergrad gleich 2 ist, erhält man als Asymptote eine quadratische Parabel, die sich mit Hilfe des Horner-Schemas ermitteln läßt, indem man das Zählerpolynom nacheinander durch $(x-1)$ und $(x+2)$ dividiert:

	1	−1	−2	0	0
1	-	1	0	−2	−2
	1	0	−2	−2	−2
−2	-	−2	4	−4	
	1	−2	2	−6	

$\Rightarrow y_A = x^2 - 2x + 2 =$

$(x-1)^2 + 1.$

Vgl. Bild L 4.43 f.

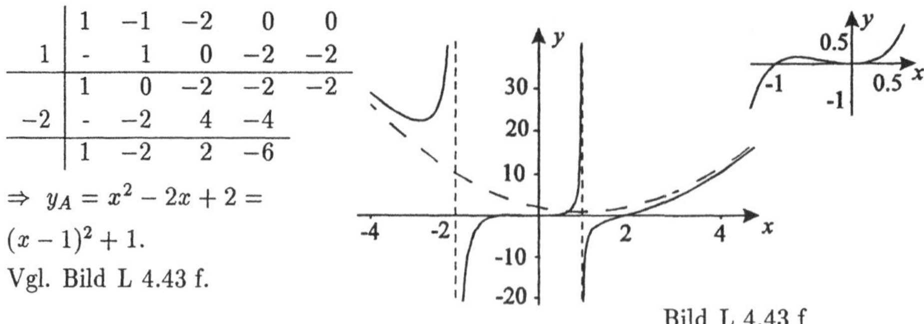

Bild L 4.43 f

L 4.44 Ansatz: $y = \dfrac{Ax(x-1)^2(x-a)}{x(x+1)}.$

$$\begin{aligned} y(-2) &= -9A(-2-a) = 9 \\ y(5) &= \tfrac{8}{3}A(5-a) = -2 \end{aligned} \quad \Rightarrow \quad \frac{9A(2+a)}{\tfrac{8}{3}A(5-a)} = \frac{9}{2} \Leftrightarrow$$

$2 + a = \dfrac{4}{3}(5-a) \Leftrightarrow a = 2 \Rightarrow A = \dfrac{1}{4}.$ Ergebnis: $y = \dfrac{x(x-1)^2(x-2)}{4x(x+1)}.$

L 4.45 **a)** Für die Monotonieuntersuchung schreiben wir (entsprechend H 4.23j)

f als $f(x) = \dfrac{a}{c} - \dfrac{ad-bc}{c(cx+d)}$, $x > -\dfrac{d}{c}$, $c \neq 0$. Dann ergibt sich, falls $-\dfrac{d}{c} < x_1 < x_2$ gilt:

$$f(x_2)-f(x_1) = -\frac{ad-bc}{c(cx_2+d)} + \frac{ad-bc}{c(cx_1+d)} = \frac{(ad-bc)(x_2-x_1)}{(cx_1+d)(cx_2+d)} \quad \begin{cases} > 0 & \text{falls } \Delta > 0 \\ < 0 & \text{falls } \Delta < 0. \end{cases}$$

f ist also im Fall $\Delta > 0$ streng monoton wachsend, im Fall $\Delta < 0$ streng monoton fallend. Damit ist für beide Fälle die Existenz der Umkehrfunktion f^{-1} gesichert.

Für $\Delta > 0$ ist $W_f = (-\infty, \tfrac{a}{c})$, für $\Delta < 0$ ist $W_f = (\tfrac{a}{c}, +\infty)$. Aus $y = \dfrac{ax+b}{cx+d}$

erhält man über $y(cx+d) = ax+b \Leftrightarrow x(cy-a) = b-dy \Leftrightarrow x = \dfrac{b-dy}{cy-a}$ die Umkehrfunktion

$$f^{-1}: y = \frac{-dx+b}{cx-a} \text{ mit } W_{f^{-1}} = (-\tfrac{d}{c}, +\infty), \quad D_{f^{-1}} = \begin{cases} (-\infty, \tfrac{a}{c}) & \text{für } \Delta > 0 \\ (\tfrac{a}{c}, +\infty) & \text{für } \Delta < 0. \end{cases}$$

b) Eine Übereinstimmung von f und f^{-1} ist nur im Fall $\Delta < 0$ möglich. (Im Fall $\Delta > 0$ ist $D_f = D_{f^{-1}}$ nicht zu erreichen.) Aus der Forderung $\dfrac{ax+b}{cx+d} = \dfrac{-dx+b}{cx-a}$, $x > -\dfrac{d}{c}$, ergibt sich $a = -d$. Die Konstanten b, c, d können beliebig gewählt werden, aber so, daß $\Delta < 0$ gilt.

11.5 Lösungen zu Kapitel 5

$\boxed{\text{L 5.1}}$ **a)** $3\vec{a} = \begin{pmatrix} 6 \\ 3 \\ 0 \end{pmatrix}$, $-2\vec{b} = \begin{pmatrix} 0 \\ 2 \\ -2 \end{pmatrix}$, $2\vec{a} + 3\vec{b} - \vec{d} = \begin{pmatrix} 5 \\ -3 \\ 1 \end{pmatrix}$, $2\vec{d} - \vec{c} +$

$3\vec{e}$ ist nicht bildbar, da $\vec{d}$, $\vec{e}$ und $\vec{c}$ unterschiedliche Dimension besitzen; $2\vec{e}^{\,T} = (0, 4, -4)$, $3\vec{c}^{\,T} - \vec{d}^{\,T}$ ist nicht bildbar ($\vec{c}^{\,T}$ und $\vec{d}^{\,T}$ haben unterschiedliche Dimension); $\vec{b}^{\,T} + 4\vec{e}$ ist nicht bildbar ($\vec{b}^{\,T}$ ist Zeilenvektor, $\vec{e}$ ist Spaltenvektor); $|\vec{a}| = \sqrt{2^2 + 1^2 + 0^2} = \sqrt{5}$, $|-2\vec{b}| = 2|\vec{b}| = 2\sqrt{0^2 + (-1)^2 + 1^2} = 2\sqrt{2}$, $-2|\vec{d}| = -2\sqrt{(-1)^2 + 2^2 + 2^2} = -6$, $2|\vec{a}| + 3|\vec{b}| - |\vec{d}| = 2\sqrt{5} + 3\sqrt{2} - 3$, $|2\vec{a} + 3\vec{b} - \vec{d}| = |(5, -3, 1)^T| = \sqrt{25 + 9 + 1} = \sqrt{35}$, $|2\vec{a}| - |\vec{c}| + |3\vec{e}| = 2\sqrt{5} - 5 + 3\sqrt{8}$, $|2\vec{a} - \vec{c} + 3\vec{e}|$ ist nicht bildbar, $2|\vec{e}^{\,T}| = 2\sqrt{8}$, $|3\vec{c}^{\,T}| - |\vec{d}^{\,T}| = 12$, $|\vec{b}^{\,T}| + 4|\vec{e}| = \sqrt{2} + 4\sqrt{8} = 9\sqrt{2}$

b) $\dfrac{\vec{a}}{|\vec{a}|} = \dfrac{1}{\sqrt{5}} \begin{pmatrix} 2 \\ 1 \\ 0 \end{pmatrix}$, $\dfrac{\vec{b}}{|\vec{b}|} = \dfrac{1}{\sqrt{2}} \begin{pmatrix} 0 \\ -1 \\ 1 \end{pmatrix}$, $\dfrac{\vec{c}}{|\vec{c}|} = \dfrac{1}{5} \begin{pmatrix} 4 \\ 3 \end{pmatrix}$.

c) $\vec{b}$ ist parallel zu $\vec{e}$, da $\vec{e} = -2\vec{b}$;
$\vec{d}$ ist orthogonal zu $\vec{a}$, $\vec{b}$ und $\vec{e}$, da $(\vec{d}, \vec{a}) = (\vec{d}, \vec{b}) = (\vec{d}, \vec{e}) = 0$.

d) $\cos \sphericalangle(\vec{a}, \vec{b}) = \dfrac{(\vec{a}, \vec{b})}{|\vec{a}||\vec{b}|} = \dfrac{-1}{\sqrt{5}\sqrt{2}} \Rightarrow \sphericalangle(\vec{a}, \vec{b}) = 108.435^0$,

$\cos \sphericalangle(\vec{d}, \vec{e}) = 0$ (wegen $(\vec{d}, \vec{e}) = 0$) $\Rightarrow \sphericalangle(\vec{d}, \vec{e}) = 90^0$.

e) Betrag der Projektion

$$\text{von } \vec{a} \text{ auf } \vec{e} \text{ ist } \left(\vec{a}, \frac{\vec{e}}{|\vec{e}|}\right) = \frac{1}{\sqrt{2}}; \quad \text{von } \vec{e} \text{ auf } \vec{a} \text{ ist } \left(\vec{e}, \frac{\vec{a}}{|\vec{a}|}\right) = \frac{2}{\sqrt{5}};$$

$$\text{von } \vec{b} \text{ auf } \vec{d} \text{ ist } \left(\vec{b}, \frac{\vec{d}}{|\vec{d}|}\right) = 0; \quad \text{von } \vec{e} \text{ auf } \vec{b} \text{ ist } \left(\vec{e}, \frac{\vec{b}}{|\vec{b}|}\right) = -\frac{4}{\sqrt{2}}.$$

f) $(\vec{a}, \vec{a}) = 2^2 + 1^2 + 0^2 = 5$, $(\vec{a}, \vec{e}) = 2 \cdot 0 + 1 \cdot 2 + 0 \cdot (-2) = 2$,

$$\vec{a} \times \vec{e} = \begin{pmatrix} 1 \cdot (-2) - 0 \cdot 2 \\ 0 \cdot 0 - 2 \cdot (-2) \\ 2 \cdot 2 - 1 \cdot 0 \end{pmatrix} = \begin{pmatrix} -2 \\ 4 \\ 4 \end{pmatrix};$$

$(\vec{b} \times \vec{d}, \vec{e}) = -(\vec{d} \times \vec{b}, \vec{e}) = -(\vec{d}, \vec{b} \times \vec{e}) = \vec{0}$ wegen der Parallelität von $\vec{b}$ und $\vec{e}$.

$$(\vec{a} \times \vec{b}) = \begin{pmatrix} 1 \\ -2 \\ -2 \end{pmatrix}; \quad (\vec{a} \times \vec{b}) \times \vec{e} = \begin{pmatrix} 8 \\ 2 \\ 2 \end{pmatrix}; \quad \vec{a} \times (\vec{b} \times \vec{e}) = \vec{0}, \text{ da } \vec{b} \parallel \vec{e}.$$

$(\vec{a} + \vec{d}) \times (\vec{b} \times \vec{d}) = \vec{a} \times (\vec{b} \times \vec{d}) + \vec{d} \times (\vec{b} \times \vec{d})$. Wegen $\vec{a} \times (\vec{b} \times \vec{d}) = (\vec{a}, \vec{d})\vec{b} - (\vec{a}, \vec{b})\vec{d}$ und $(\vec{a}, \vec{d}) = 0$ sowie $\vec{d} \times (\vec{b} \times \vec{d}) = (\vec{d}, \vec{d})\vec{b} - (\vec{d}, \vec{b})\vec{d}$ und $(\vec{d}, \vec{b}) = 0$ erhält man insgesamt

$$-(\vec{a}, \vec{b})\vec{d} + (\vec{d}, \vec{d})\vec{b} = \vec{d} + 9\vec{b} = \begin{pmatrix} -1 \\ -7 \\ 11 \end{pmatrix}; \quad (\vec{a} \times \vec{e}, \vec{b} \times \vec{e}) = 0 \quad (\text{da } \vec{b} \times \vec{e} = \vec{0}),$$

$$(\vec{a} \times \vec{e}, \vec{d} \times \vec{e}) = \begin{pmatrix} -2 \\ 4 \\ 4 \end{pmatrix} \times \begin{pmatrix} -8 \\ -2 \\ -2 \end{pmatrix} = 2(-2) \begin{pmatrix} -1 \\ 2 \\ 2 \end{pmatrix} \times \begin{pmatrix} 4 \\ 1 \\ 1 \end{pmatrix} = 36 \begin{pmatrix} 0 \\ -1 \\ 1 \end{pmatrix}.$$

g) Forderung: $(\alpha\vec{a}+\vec{b}, \vec{b}) = 0 \Leftrightarrow \alpha(\vec{a}, \vec{b}) + (\vec{b}, \vec{b}) = 0 \Leftrightarrow -\alpha + 2 = 0 \Leftrightarrow \alpha = 2.$
Forderung: $(\vec{a}+\beta\vec{b}, \vec{e}) = 0 \Leftrightarrow (\vec{a}, \vec{e}) + \beta(\vec{b}, \vec{e}) = 0 \Leftrightarrow 2 - 4\beta = 0 \Leftrightarrow \beta = \frac{1}{2}.$

Forderung: $\cos 45^0 = \dfrac{(\vec{a}+\gamma\vec{b}, \vec{e}_y)}{|\vec{a}+\gamma\vec{b}| \cdot 1} \Leftrightarrow \dfrac{\sqrt{2}}{2} = \dfrac{1-\gamma}{\sqrt{4+(1-\gamma)^2+\gamma^2}} \Rightarrow$

$\frac{1}{2}(2\gamma^2 - 2\gamma + 5) = (1-\gamma)^2 \Leftrightarrow \gamma = -\dfrac{3}{2}.$ Probe !

$\boxed{\text{L 5.2}}$ **a)** $\overrightarrow{AB} = \begin{pmatrix} 5 \\ 5 \end{pmatrix}, \ \overrightarrow{BC} = \begin{pmatrix} -3 \\ 4 \end{pmatrix}, \ \overrightarrow{CA} = \begin{pmatrix} -2 \\ -9 \end{pmatrix}.$

b) $a = |\overrightarrow{BC}| = 5, \ b = |\overrightarrow{CA}| = \sqrt{85}, \ c = |\overrightarrow{AB}| = 5\sqrt{2}.$

c) $\cos\alpha = \dfrac{(\overrightarrow{AB}, -\overrightarrow{CA})}{|\overrightarrow{AB}||\overrightarrow{CA}|} = \dfrac{55}{5\sqrt{2}\cdot\sqrt{85}} \Rightarrow \alpha = 32.47^0. \quad \cos\beta = \dfrac{(-\overrightarrow{AB}, \overrightarrow{BC})}{|\overrightarrow{AB}||\overrightarrow{BC}|} =$

$\dfrac{-5}{5\sqrt{2}\cdot 5} \Rightarrow \beta = 98.13^0. \quad \cos\gamma = \dfrac{(\overrightarrow{CA}, -\overrightarrow{BC})}{|\overrightarrow{CA}||\overrightarrow{BC}|} = \dfrac{30}{\sqrt{85}\cdot 5} \Rightarrow \gamma = 49.40^0.$

d) $\overrightarrow{0P} = \frac{1}{2}(\overrightarrow{0B} + \overrightarrow{0C}) = \frac{1}{2}(\begin{pmatrix} 3 \\ 1 \end{pmatrix} + \begin{pmatrix} 0 \\ 5 \end{pmatrix}) = \begin{pmatrix} \frac{3}{2} \\ 3 \end{pmatrix}.$

e) $\vec{w} = \overrightarrow{0A} + t\left(-\dfrac{\overrightarrow{CA}}{|\overrightarrow{CA}|} + \dfrac{\overrightarrow{AB}}{|\overrightarrow{AB}|}\right) = \begin{pmatrix} -2 \\ -4 \end{pmatrix} + t\left(\dfrac{1}{\sqrt{85}}\begin{pmatrix} 2 \\ 9 \end{pmatrix} + \dfrac{1}{5\sqrt{2}}\begin{pmatrix} 5 \\ 5 \end{pmatrix}\right) =$

$\begin{pmatrix} -2 \\ -4 \end{pmatrix} + t\begin{pmatrix} 0.9240 \\ 1.6833 \end{pmatrix}, \ 0 \le t \ (\le 4.0018).$ **f)** $A_D = \frac{1}{2}|\overrightarrow{AB} \times \overrightarrow{AC}| = \frac{1}{2}\left|\begin{pmatrix} 0 \\ 0 \\ 35 \end{pmatrix}\right| = 17.5.$

g) $\overrightarrow{0D} = \overrightarrow{0A} + \overrightarrow{BC} = \begin{pmatrix} -2 \\ -4 \end{pmatrix} + \begin{pmatrix} -3 \\ 4 \end{pmatrix} = \begin{pmatrix} -5 \\ 0 \end{pmatrix}.$

h) $\overrightarrow{AC} = \begin{pmatrix} 2 \\ 9 \end{pmatrix}, \ |\overrightarrow{AC}| = \sqrt{85}, \ \overrightarrow{BD} = \begin{pmatrix} -8 \\ -1 \end{pmatrix}, \ |\overrightarrow{BD}| = \sqrt{65}.$ **i)** $A_P = 2A_D = 35.$

$\boxed{\text{L 5.3}}$ **a)** $\overrightarrow{AB} = \begin{pmatrix} -3 \\ 4 \\ 5 \end{pmatrix}, \ \overrightarrow{BC} = \begin{pmatrix} 2 \\ 0 \\ 4 \end{pmatrix}, \ \overrightarrow{CA} = \begin{pmatrix} 1 \\ -4 \\ -9 \end{pmatrix} = -\overrightarrow{AC}.$

b) $a = |\overrightarrow{BC}| = \sqrt{20} = 2\sqrt{5}, \ b = |\overrightarrow{CA}| = \sqrt{98} = 7\sqrt{2}, \ c = |\overrightarrow{AB}| = \sqrt{50} = 5\sqrt{2}.$

c) $\cos\alpha = \dfrac{(\overrightarrow{AB}, -\overrightarrow{CA})}{|\overrightarrow{AB}||\overrightarrow{CA}|} = \dfrac{64}{5\sqrt{2}\cdot 7\sqrt{2}} = \dfrac{32}{35} \Rightarrow \alpha = 23.90^0$

$\cos\beta = \dfrac{(-\overrightarrow{AB}, \overrightarrow{BC})}{|\overrightarrow{AB}||\overrightarrow{BC}|} = \dfrac{-14}{5\sqrt{2}\cdot 2\sqrt{5}} = -\dfrac{7}{5\sqrt{10}} \Rightarrow \beta = 116.28^0$

$\cos\gamma = \dfrac{(\overrightarrow{CA}, -\overrightarrow{BC})}{|\overrightarrow{CA}||\overrightarrow{BC}|} = \dfrac{34}{7\sqrt{2}\cdot 2\sqrt{5}} \Rightarrow \gamma = 39.83^0.$

d) $\vec{0P} = \frac{1}{2}(\vec{0B} + \vec{0C}) = \frac{1}{2}\left(\begin{pmatrix} -2 \\ 2 \\ 2 \end{pmatrix} + \begin{pmatrix} 0 \\ 2 \\ 6 \end{pmatrix}\right) = \begin{pmatrix} -1 \\ 2 \\ 4 \end{pmatrix}.$

e) $\vec{w} = \vec{0A} + t\left(-\dfrac{\vec{CA}}{|\vec{CA}|} + \dfrac{\vec{AB}}{|\vec{AB}|}\right) = \begin{pmatrix} 1 \\ -2 \\ -3 \end{pmatrix} + t\left(-\dfrac{1}{7\sqrt{2}}\begin{pmatrix} 1 \\ -4 \\ -9 \end{pmatrix} + \dfrac{1}{5\sqrt{2}}\begin{pmatrix} -3 \\ 4 \\ 5 \end{pmatrix}\right) =$

$\begin{pmatrix} 1 \\ -2 \\ -3 \end{pmatrix} + t\begin{pmatrix} -0.5253 \\ 0.9697 \\ 1.6162 \end{pmatrix}$, $0 \leq t \, (\leq 4.1248)$.

f) $A_D = \frac{1}{2}|\vec{AB} \times \vec{AC}| = \frac{1}{2}\left|\begin{pmatrix} 16 \\ 22 \\ -8 \end{pmatrix}\right| = 14.1774.$

g) $\vec{0D} = \vec{0A} + \vec{BC} = \begin{pmatrix} 1 \\ -2 \\ -3 \end{pmatrix} + \begin{pmatrix} 2 \\ 0 \\ 4 \end{pmatrix} = \begin{pmatrix} 3 \\ -2 \\ 1 \end{pmatrix}.$

h) $\vec{AC} = \begin{pmatrix} -1 \\ 4 \\ 9 \end{pmatrix}$, $|\vec{AC}| = 7\sqrt{2}$, $\vec{BD} = \begin{pmatrix} 5 \\ -4 \\ -1 \end{pmatrix}$, $|\vec{BD}| = \sqrt{42}$.

i) $A_P = 2A_D = 28.3548.$

$\boxed{\textbf{L 5.4}}$ **a** α) 1.Möglichkeit: $\overline{P_1P_2} = \overline{P_1P_3}$, d.h.

$\sqrt{(4-1)^2 + (1-5)^2} = \sqrt{(-2-1)^2 + (y-5)^2} \Rightarrow 25 = 9 + (y-5)^2 \Rightarrow |y-5| = 4 \Rightarrow$
$y_1 = 1$, $y_2 = 9$. Der Punkt $P_3(-2,9)$ liegt mit P_1 und P_2 auf einer Geraden. Das
Dreieck $P_1P_2P_3$ entartet zu einer Strecke.   Lösung: $P_3(-2,1)$.
2.Möglichkeit: $\overline{P_1P_3} = \overline{P_2P_3}$, d.h. $\sqrt{(-2-1)^2 + (y-5)^2} = \sqrt{(-2-4)^2 + (y-1)^2} \Rightarrow$
$9 + y^2 - 10y + 25 = 36 + y^2 - 2y + 1 \Rightarrow y = -\frac{3}{8}$. Lösung: $P_3(-2,-\frac{3}{8})$.
3.Möglichkeit: $\overline{P_1P_2} = \overline{P_2P_3}$, d.h. $\sqrt{(4-1)^2 + (1-5)^2} = \sqrt{(-2-4)^2 + (y-1)^2} \Rightarrow$
$25 = 36 + (y-1)^2$. Diese Gleichung hat keine reelle Lösung.

a β) Rechter Winkel bei P_1: Nach dem Satz des Pythagoras ist zu fordern:
$\overline{P_1P_3}^2 + \overline{P_1P_2}^2 = \overline{P_2P_3}^2 \Leftrightarrow 9 + (y-5)^2 + 25 = 36 + (y-1)^2$
oder:
Das Skalarprodukt der die Katheten des rechtwinkligen Dreiecks repräsentierenden

Vektoren muß 0 sein: $(\vec{P_1P_3}, \vec{P_1P_2}) = 0 \Leftrightarrow \left(\begin{pmatrix} -3 \\ y-5 \end{pmatrix}, \begin{pmatrix} 3 \\ -4 \end{pmatrix}\right) = 0$

$\Rightarrow y = \frac{11}{4}$. Lösung: $P_3(-2,\frac{11}{4})$.
Rechter Winkel bei P_2: Es ist zu fordern: $\overline{P_1P_2}^2 + \overline{P_2P_3}^2 = \overline{P_1P_3}^2$ oder
$(\vec{P_1P_2}, \vec{P_2P_3}) = 0. \Rightarrow y = -\frac{7}{2}$. Lösung: $P_3(-2,-\frac{7}{2})$.

b) Es ist zu fordern: $\overline{P_1P_2}^2 = \overline{P_1P}^2 + \overline{P_2P}^2$ oder $(\vec{P_1P}, \vec{P_2P}) = 0$.
$\Leftrightarrow -9 = x^2 - 5x + y^2 - 6y \Leftrightarrow$ (nach quadratischer Ergänzung) $\frac{25}{4} = (x-\frac{5}{2})^2 + (y-3)^2$.

Ergebnis: Jeder Punkt $P(x,y)$, der auf dem Kreis mit Mittelpunkt $M(\frac{5}{2},3)$ und Radius $\frac{5}{2}$ ("Thaleskreis", vgl. A 5.5) liegt, bildet zusammen mit P_1 und P_2 ein rechtwinkliges Dreieck mit rechtem Winkel bei P. (M ist dabei Mittelpunkt der Strecke $\overline{P_1 P_2}$.)

$\boxed{\text{L 5.5}}$ **a)** Wir betrachten ein Dreieck ABC mit $\sphericalangle ACB = 90^0$ und verwenden die Bezeichnungen $\vec{a} = \overrightarrow{CB}$, $\vec{b} = \overrightarrow{AC}$, $\vec{c} = \overrightarrow{AB}$; $a = |\vec{a}|$, $b = |\vec{b}|$, $c = |\vec{c}|$. Offenbar ist dann $\vec{c} = \vec{a} + \vec{b}$ und $(\vec{c},\vec{c}) = (\vec{a}+\vec{b},\vec{a}+\vec{b}) = (\vec{a},\vec{a}) + 2(\vec{a},\vec{b}) + (\vec{b},\vec{b})$.
Wegen der Orthogonalität von $\vec{a}$ und $\vec{b}$ ist $(\vec{a},\vec{b}) = 0$, und wegen $(\vec{x},\vec{x}) = |\vec{x}|^2$ erhält man unmittelbar: $c^2 = a^2 + b^2$, d.h. den Satz des Pythagoras: Im rechtwinkligen Dreieck ist das Quadrat der Hypotenuse gleich der Summe der Kathetenquadrate.

b) Zu beweisen ist (vgl.Bild H 5.5): $\sphericalangle ACB$ ist ein rechter Winkel.
Mit den Bezeichnungen von Bild H 5.5 gilt: $\vec{b} = \frac{1}{2}\vec{c} + \vec{r}$, $\vec{a} = -\vec{r} + \frac{1}{2}\vec{c}$. Daher ist
$(\vec{a},\vec{b}) = (-\vec{r}+\frac{1}{2}\vec{c},\vec{r}+\frac{1}{2}\vec{c}) = -(\vec{r},\vec{r}) + \frac{1}{4}(\vec{c},\vec{c}) = -|\vec{r}|^2 + |\frac{\vec{c}}{2}|^2 = 0$, da $|\frac{\vec{c}}{2}| = |\vec{r}| = r$
($=$ Radius des Halbkreises).

$\boxed{\text{L 5.6}}$ Wir verwenden (vgl. Bild H 5.6) die Vektoren $\overrightarrow{AB}$, $\overrightarrow{AC}$, $\overrightarrow{AD}$, $\overrightarrow{DB}$ und wollen zeigen, daß $(\overrightarrow{AC},\overrightarrow{DB}) = 0$ ist (dann stehen nämlich $\overrightarrow{AC}$ und $\overrightarrow{DB}$ senkrecht aufeinander). Wegen $\overline{AB} = \overline{AD}$ und $\overline{CB} = \overline{CD}$ ist aus Symmetriegründen auch $\alpha = \alpha'$ und daher $(\overrightarrow{AC},\overrightarrow{AB}) = |\overrightarrow{AC}|\,|\overrightarrow{AB}|\cos\alpha = |\overrightarrow{AC}|\,|\overrightarrow{AD}|\cos\alpha' = (\overrightarrow{AC},\overrightarrow{AD})$.
Folglich ist $(\overrightarrow{AC},\overrightarrow{DB}) = (\overrightarrow{AC},\overrightarrow{AB} - \overrightarrow{AD}) = (\overrightarrow{AC},\overrightarrow{AB}) - (\overrightarrow{AC},\overrightarrow{AD}) = 0$.

$\boxed{\text{L 5.7}}$ **a)** Zur Untersuchung der linearen Abhängigkeit der gegebenen Vektoren ist zu prüfen, ob das homogene lineare Gleichungssystem $\alpha_1\vec{x}_1 + \alpha_2\vec{x}_2 + \alpha_3\vec{x}_3 = \vec{0}$ $\quad(*)$ nichttriviale Lösungen $(\alpha_1,\alpha_2,\alpha_3)$ besitzt (d.h. Lösungen $\neq (0,0,0)$). Behandelt man dieses Gleichungssystem mit dem Gaußschen Algorithmus (vgl.Kap. 6), so ergibt sich:

α_1	α_2	α_3	$=$
$\boxed{-1}$	1	1	0
3	-2	0	0
2	-1	1	0
0	$\boxed{1}$	3	0
0	1	3	0
0	0	0	0

D.h., $(*)$ besitzt nichttriviale Lösungen, nämlich: α_3 beliebig, $\alpha_2 = -3\alpha_3$, $\alpha_1 = \alpha_2 + \alpha_3 = -2\alpha_3$. Somit sind $\vec{x}_1$, $\vec{x}_2$, $\vec{x}_3$ linear abhängig, und es gilt z.B. (mit $\alpha_3 = -1$): $2\vec{x}_1 + 3\vec{x}_2 - \vec{x}_3 = \vec{0}$.

b) Der Ansatz $\alpha_1\vec{a} + \alpha_2\vec{b} + \alpha_3\vec{c} = \vec{0}$ $\quad(*)$ wird wiederum mit dem Gaußschen Algorithmus behandelt:

α_1	α_2	α_3	$=$
2	-1	1	0
$\boxed{1}$	0	-1	0
1	1	0	0
0	$\boxed{-1}$	3	0
0	1	1	0
0	0	4	0

Man erhält:
$$4\alpha_3 = 0 \;\Rightarrow\; \alpha_3 = 0$$
$$-\alpha_2 + 3\alpha_3 = 0 \;\Rightarrow\; \alpha_2 = 0$$
$$\alpha_1 - \alpha_3 = 0 \;\Rightarrow\; \alpha_1 = 0.$$
Da der Ansatz $(*)$ nur mit $\alpha_1 = \alpha_2 = \alpha_3 = 0$ richtig ist, sind $\vec{a}$, $\vec{b}$, $\vec{c}$ linear unabhängig.

c) Die 4 Vektoren $\vec{a}$, $\vec{b}$, $\vec{c}$, $\vec{d}$ sind linear abhängig, da sich im $I\!R^3$ jeder Vektor durch 3 linear unabhängige Vektoren eindeutig darstellen läßt. Es muß sich z.B. $\vec{d}$ durch $\vec{a}$, $\vec{b}$, $\vec{c}$ darstellen lassen, da diese linear unabhängig sind (Nachweis wie in b)). Somit muß eine Beziehung der Gestalt $\vec{d} = \alpha_1\vec{a} + \alpha_2\vec{b} + \alpha_3\vec{c}$ bestehen. Zur Ermittlung von $\alpha_1, \alpha_2, \alpha_3$ löst man das lineare Gleichungssystem (im Schema des Gaußschen Algorithmus geschrieben):

α_1	α_2	α_3	$=$
-2	1	1	-1
0	-1	1	3
$\boxed{1}$	-2	-1	1
0	-3	-1	1
0	$\boxed{-1}$	1	3
0	0	-4	-8

$$\Rightarrow\; \alpha_3 = 2$$
$$\Rightarrow\; \alpha_2 = \alpha_3 - 3 = -1$$
$$\Rightarrow\; \alpha_1 = 1 + 2\alpha_2 + \alpha_3 = 1.$$
Somit ist
$$\vec{d} = \vec{a} - \vec{b} + 2\vec{c}.$$

$\boxed{\textbf{L 5.8}}$ Der Ansatz $\alpha_1\vec{x}_1 + \alpha_2\vec{x}_2 + \alpha_3\vec{x}_3 = \vec{a}$ $(*)$ führt auf das lineare Gleichungssystem (im Schema des Gaußschen Algorithmus geschrieben):

α_1	α_2	α_3	$=$
$\boxed{-1}$	1	1	2
3	-2	0	3
2	-1	1	5
0	$\boxed{1}$	3	9
0	1	3	9
0	0	0	0

D.h., eine Darstellung $(*)$ ist möglich.
Dabei kann α_3 beliebig gewählt werden; wir setzen $\alpha_3 = 1$.
$$\Rightarrow\; \alpha_2 = 9 - 3\alpha_3 = 6$$
$$\Rightarrow\; \alpha_1 = \alpha_2 + \alpha_3 - 2 = 5.$$
Somit ist (z.B.) $\vec{a} = 5\vec{x}_1 + 6\vec{x}_2 + \vec{x}_3$.

Der zu $(*)$ analoge Ansatz für $\vec{b}$ führt zu

α_1	α_2	α_3	$=$
$\boxed{-1}$	1	1	3
3	-2	0	2
2	-1	1	1
0	$\boxed{1}$	3	11
0	1	3	7
0	0	0	-4

Dieses Gleichungssystem ist widerspruchsvoll. Daher läßt sich $\vec{b}$ nicht durch $\vec{x}_1$, $\vec{x}_2$, $\vec{x}_3$ darstellen.

Fazit: Da $\vec{x}_1$, $\vec{x}_2$, $\vec{x}_3$ linear abhängig sind, d.h. in einer Ebene E liegen, lassen sich nur solche Vektoren durch $\vec{x}_1$, $\vec{x}_2$, $\vec{x}_3$ darstellen, die ebenfalls in E liegen. Das ist bei $\vec{a}$ der Fall, bei $\vec{b}$ aber nicht.

$\boxed{\text{L 5.9}}$ Zur Untersuchung der linearen Abhängigkeit/Unabhängigkeit von $\vec{x}$, $\vec{y}$, $\vec{z}$ machen wir den Ansatz $\alpha\vec{x} + \beta\vec{y} + \gamma\vec{z} = \vec{0}$, fassen die $\vec{a}$ bzw. $\vec{b}$ bzw. $\vec{c}$ enthaltenden Terme zusammen und setzen - die lineare Unabhängigkeit von $\vec{a}$, $\vec{b}$, $\vec{c}$ ausnutzend - deren Vorfaktoren einzeln gleich 0. Das ergibt bei

a) $\alpha(\vec{a}+2\vec{b}) + \beta(\vec{b}-\vec{c}) + \gamma(\vec{a}+\vec{c}) = \vec{0} \;\Leftrightarrow\; (\alpha+\gamma)\vec{a} + (2\alpha+\beta)\vec{b} + (-\beta+\gamma)\vec{c} = \vec{0} \;\Rightarrow$

$$\begin{aligned}
\alpha + \gamma = 0 &\qquad \Rightarrow \alpha = -\beta &\qquad \Rightarrow \alpha = 0 \\
2\alpha + \beta = 0 &\qquad \qquad\qquad \Rightarrow \beta = 0 \\
-\beta + \gamma = 0 \;\Rightarrow\; \gamma = \beta &\qquad \qquad\qquad \Rightarrow \gamma = 0,
\end{aligned}$$

d.h., $\vec{x}$, $\vec{y}$, $\vec{z}$ sind linear unabhängig.

b) $\alpha(\vec{c}+\vec{b}-2\vec{a}) + \beta(\vec{b}-\vec{a}+3\vec{c}) + \gamma(-4\vec{a}+\vec{b}-3\vec{c}) = \vec{0} \;\Leftrightarrow$
$(-2\alpha-\beta-4\gamma)\vec{a} + (\alpha+\beta+\gamma)\vec{b} + (\alpha+3\beta-3\gamma)\vec{c} = \vec{0} \;\Rightarrow$

$$\begin{aligned}
-2\alpha - \beta - 4\gamma &= 0 \\
\alpha + \beta + \gamma &= 0 \\
\alpha + 3\beta - 3\gamma &= 0
\end{aligned}$$

Mit dem Gaußschen Algorithmus erhält man

α	β	γ	$=$
-2	-1	-4	0
$\boxed{1}$	1	1	0
1	3	-3	0
0	$\boxed{1}$	-2	0
0	2	-4	0
0	0	0	0

d.h., γ kann beliebig (also auch $\neq 0$) gewählt werden, $\beta = 2\gamma$, $\alpha = -\beta - \gamma = -3\gamma$.
Somit sind $\vec{x}$, $\vec{y}$, $\vec{z}$ linear abhängig.

c) $\alpha(\vec{a}-3\vec{b}-4\vec{c}) + \beta(\vec{b}-2\vec{c}+\vec{a}) + \gamma(\vec{a}+3\vec{b}+\vec{c}) = \vec{0} \;\Leftrightarrow$
$(\alpha+\beta+\gamma)\vec{a} + (-3\alpha+\beta+3\gamma)\vec{b} + (-4\alpha-2\beta+\gamma)\vec{c} = \vec{0} \;\Rightarrow$

$$\begin{aligned}
\alpha + \beta + \gamma &= 0 \\
-3\alpha + \beta + 3\gamma &= 0 \\
-4\alpha - 2\beta + \gamma &= 0
\end{aligned}$$

Mit dem Gaußschen Algorithmus erhält man

α	β	γ	$=$
$\boxed{1}$	1	1	0
-3	1	3	0
-4	-2	1	0
0	4	6	0
0	$\boxed{2}$	5	0
0	0	-4	0

$$\begin{aligned}
&\Rightarrow \gamma = 0 \\
&\Rightarrow \beta = -\tfrac{5}{2}\gamma = 0 \\
&\Rightarrow \alpha = -\beta - \gamma = 0.
\end{aligned}$$

Somit sind $\vec{x}$, $\vec{y}$, $\vec{z}$ linear unabhängig.

L 5.10

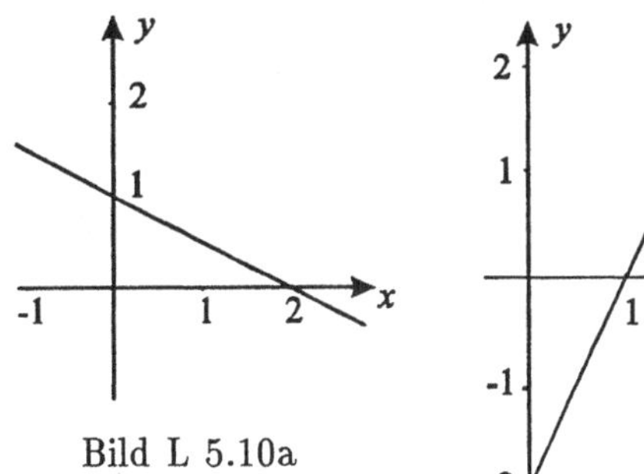

Bild L 5.10a

Bild L 5.10b

Bild L 5.10c

L 5.11 a) $y = 2x$ b) $y = -x$ c) $y = 3$, bzw. $x = 1$.

L 5.12 a) Zwei-Punkte-Form: $g : \dfrac{y-4}{x-2} = \dfrac{3-4}{4-2} = -\dfrac{1}{2} \;\Rightarrow\; y = -\dfrac{1}{2}x + 5$.

Parameterform: $g : \vec{r} = \begin{pmatrix} x \\ y \end{pmatrix} = \overrightarrow{0P_1} + t\cdot \overrightarrow{P_1 P_2} = \begin{pmatrix} 2 \\ 4 \end{pmatrix} + t \begin{pmatrix} 2 \\ -1 \end{pmatrix}, \; t \in \mathbb{R}$.

b) Punkt-Richtungs-Form: $g : \dfrac{y-4}{x-2} = \tan 60^0 = \sqrt{3} \;\Rightarrow\; y = \sqrt{3}x - 2\sqrt{3} + 4$

Parameterform: $g : \vec{r} = \begin{pmatrix} x \\ y \end{pmatrix} = \overrightarrow{0P_1} + \lambda \vec{a}$, wobei $\vec{a}$ ein Vektor ist, dessen Kompo-

nenten sich wie $y : x = \sqrt{3} : 1$ verhalten. $\;\Rightarrow\; g : \vec{r} = \begin{pmatrix} 2 \\ 4 \end{pmatrix} + \lambda \begin{pmatrix} 1 \\ \sqrt{3} \end{pmatrix}, \; \lambda \in \mathbb{R}$.

c) Es gilt: Anstieg von $\overline{g}$ ist gleich $-$ (Anstieg von g)$^{-1}$. Daher ist im

Fall a) $\overline{g} : \dfrac{y-4}{x-2} = 2 \;\Rightarrow\; y = 2x$ bzw. $\overline{g} : \vec{r} = \begin{pmatrix} 2 \\ 4 \end{pmatrix} + \overline{t} \begin{pmatrix} 1 \\ 2 \end{pmatrix}, \; \overline{t} \in \mathbb{R}$.

Fall b) $\overline{g} : \dfrac{y-4}{x-2} = -\dfrac{1}{\sqrt{3}} \;\Rightarrow\; y = -\dfrac{x}{\sqrt{3}} + \dfrac{2}{\sqrt{3}} + 4$ bzw.

$$\overline{g} : \vec{r} = \begin{pmatrix} 2 \\ 4 \end{pmatrix} + \overline{\lambda} \begin{pmatrix} -\sqrt{3} \\ 1 \end{pmatrix}, \; \overline{\lambda} \in \mathbb{R}.$$

d) $P \in \overline{g}$ des Falles a), $Q \in g$ des Falles a), $R \in g$ des Falles b), $S \in \overline{g}$ des Falles b).

e) Die Punkt-Richtungs-Form des Lotes l von P_3 auf g lautet:

$\dfrac{y-8}{x-2} = -\dfrac{1}{\sqrt{3}} \;\Rightarrow\; l : y = -\dfrac{1}{\sqrt{3}}(x-2) + 8$.

Bringt man l mit g zum Schnitt, so ergibt sich: $-\dfrac{1}{\sqrt{3}}(x-2) + 8 = \sqrt{3}x - 2\sqrt{3} + 4$,

und man erhält den Schnittpunkt $S(2 + \sqrt{3}, \; 7)$ als den Punkt von g, der P_3 am

nächsten liegt. Sein Abstand von P_3 ist $|\overrightarrow{SP_3}| = \sqrt{(2 - 2 - \sqrt{3})^2 + (8 - 7)^2} = 2$.

$\boxed{\textbf{L 5.13}}$ Es muß gelten: $\dfrac{y_2 - \frac{8}{3}}{x_2 - 1} = \dfrac{4}{3} \Rightarrow y_2 = \dfrac{4}{3}(x_2 + 1)$.

Den Abstand d zwischen g und $\bar{g}$ erhält man, indem man P_1 in die Hessesche Normalform von g : $\dfrac{4x - 3y + 9}{5} = 0$ einsetzt: $d = \dfrac{4 \cdot 1 - 3 \cdot \frac{8}{3} + 9}{5} = 1$.

$\boxed{\textbf{L 5.14}}$ $x = 0 \Leftrightarrow t = -2 \Rightarrow P_1(0, -6)$; $y = 0 \Leftrightarrow t = 1$. Damit folgt $P_2(3, 0)$. Wegen $x = 2 + t$, d.h. $t = x - 2$, und $y = -2 + 2t$ ergibt sich die allgemeine Form von g : $y = -2 + 2(x - 2) \Leftrightarrow y = 2x - 6$ und daraus die Hessesche Normalform $\dfrac{y - 2x + 6}{\sqrt{5}} = 0$. Einsetzen von $P(2, 3)$ liefert $d_P = \dfrac{3 - 2 \cdot 2 + 6}{\sqrt{5}} = \sqrt{5}$. Einsetzen von $Q(1, -4)$ liefert $d_Q = 0$, d.h. Q liegt auf g.

$\boxed{\textbf{L 5.15}}$ Ansatz: g : $\dfrac{y - 5}{x - 2} = m \Leftrightarrow y = mx - 2m + 5$ oder in Hessescher Normalform: $\dfrac{y - mx + 2m - 5}{\sqrt{1 + m^2}} = 0$. Nach Aufgabenstellung soll $\dfrac{|1 - 2m + 2m - 5|}{\sqrt{1 + m^2}} = 2$ sein; d.h., es muß gelten: $4 = 2\sqrt{1 + m^2}$. Damit ergibt sich $m = \pm\sqrt{3}$. Ergebnis: g_1 : $y = -\sqrt{3}x + 2\sqrt{3} + 5$; g_2 : $y = \sqrt{3}x - 2\sqrt{3} + 5$.

$\boxed{\textbf{L 5.16}}$ **a)** Einsetzen der nach x aufgelösten Gleichung für g_2 in die Gleichung von g_1 (oder Anwendung des Gaußschen Algorithmus) führt zu $S(-2, -1)$. Wegen $m_1 = 2$, $m_2 = \frac{1}{3}$ ergibt sich für den Schnittwinkel φ

$$\cos\varphi = \dfrac{1 + 2 \cdot \frac{1}{3}}{\sqrt{1 + 4}\sqrt{1 + \frac{1}{9}}} = \dfrac{\sqrt{2}}{2}.$$ Damit folgt $\varphi = 45^0$.

b) Dem Richtungsvektor von g_2 entnimmt man, daß g_2 den Anstieg $(\frac{y}{x} =) -\frac{1}{2}$ hat, also zu g_1 parallel ist. Da g_1, g_2 nicht zusammenfallen (z.B. liegt der Punkt $(-5, 0)$ auf g_2, nicht aber auf g_1), sind sie parallel, haben also keinen Schnittpunkt. $\varphi = 0^0$.

c) Wir überführen zunächst g_1 in eine parameterfreie Form: Wegen $x = -1 - 2t$, $y = t$ gilt $x = -1 - 2y$. Setzt man dies in g_2 ein, so ergibt sich $S(3, -2)$. g_1 hat den Anstieg $m_1 = -\frac{1}{2}$, g_2 den Anstieg $m_2 = -\frac{3}{4}$. Somit ist

$$\cos\varphi = \dfrac{1 + \frac{1}{2} \cdot \frac{3}{4}}{\sqrt{1 + \frac{1}{4}}\sqrt{1 + \frac{9}{16}}} = \dfrac{11\sqrt{5}}{25}$$ und $\varphi = 10.30^0$.

d) Das Gleichungssystem $\begin{array}{l} 3 + 2s = 2 - t \\ -1 + s = 3 - 2t \end{array}$ hat die Lösung $s = -2$, $t = 3$. Somit schneiden sich g_1, g_2 in $S(-1, -3)$. Für den Schnittwinkel ergibt sich

$$\cos\varphi = \dfrac{1}{\sqrt{1 + 4}\sqrt{1 + 4}}\left(\begin{pmatrix} 2 \\ 1 \end{pmatrix}, \begin{pmatrix} -1 \\ -2 \end{pmatrix}\right) = -\dfrac{4}{5} \Rightarrow \varphi = 143.13^0 \text{ (oder } \varphi = 36.87^0\text{)}$$

$\boxed{\textbf{L 5.17}}$ Da sich g_1, g_2 in $S(2, 1)$ schneiden, ist $S \in g_3$ zu fordern, d.h. $2 \cdot 2 + A \cdot 1 = 3$. Ergebnis: Falls $A = -1$ gewählt wird, schneiden sich g_1, g_2, g_3 in $S(2, 1)$.

$\boxed{\textbf{L 5.18}}$ **a)** Mit den Bezeichnungen aus H 5.18 ist $P = P(x_0, a)$, a vorgegeben,

x_0 gesucht, und die Gleichung für g_2 lautet: $g_2 : y = x \cdot \tan\gamma$, oder in Hessescher Normalform:

$$\frac{y - x\tan\gamma}{\sqrt{1 + \tan^2\gamma}} = 0 \quad \Leftrightarrow \quad -\cos\gamma(y - x\tan\gamma) = 0$$

(wegen $1 + \tan^2\gamma = \dfrac{1}{\cos^2\gamma}$ und $\gamma > \pi/2$ ist $\dfrac{1}{\sqrt{1 + \tan^2\gamma}} = -\cos\gamma$).

Hieraus ergibt sich für den Abstand b des Punktes P von g_2 die Beziehung $b = |-\cos\gamma(a - x_0\tan\gamma)| = -a\cos\gamma + x_0\sin\gamma$,

aus der man $x_0 = \dfrac{b + a\cos\gamma}{\sin\gamma}$ ermittelt. Damit ist

$$|\vec{s}| = |(x_0, a)^T| = \sqrt{\frac{b^2 + 2ab\cos\gamma + a^2\cos^2\gamma}{\sin^2\gamma} + a^2} = \frac{\sqrt{a^2 + b^2 + 2ab\cos\gamma}}{\sin\gamma}.$$

b) Der Winkel β zwischen $\vec{s}$ und g_1 ergibt sich aus $\tan\beta = \dfrac{a}{x_0} = \dfrac{a\sin\gamma}{b + a\cos\gamma}$.

$\boxed{\textbf{L 5.19}}$ Der Flächeninhalt des Dreiecks ABC ergibt sich als $\frac{1}{2}|\overrightarrow{AB} \times \overrightarrow{AC}| = 8$. Für den Strahl g setzt man an (Punkt-Richtungs-Form):

$$g : \frac{y - 1}{x - 1} = m, \ x > 1, \ m > 0, \ \Leftrightarrow \ y = mx - m + 1, \ x > 1, \ m > 0.$$

Die Dreiecksseite $\overline{BC}$ läßt sich beschreiben durch (2-Punkte-Form):

$$\overline{g} : \frac{y - 2}{x - 4} = \frac{7 - 2}{3 - 4} \ \Leftrightarrow \ y = -5x + 22, \ 3 \le x \le 4.$$

g und $\overline{g}$ schneiden sich in $S(\frac{m+21}{m+5}, \frac{17m+5}{m+5})$.

Für den Flächeninhalt des Dreiecks ABS ist zu fordern (Flächenhalbierung!):

$$F = \tfrac{1}{2}|\overrightarrow{AB} \times \overrightarrow{AS}| = 4, \text{ wobei } \overrightarrow{AS} = \frac{16}{m + 5}\begin{pmatrix} 1 \\ m \end{pmatrix} \text{ ist.}$$

Dies führt zu der folgenden Gleichung für m : $\dfrac{16}{m + 5}|1 - 3m| = 8$ mit den Lösungen $m_1 = -\frac{3}{7}$ und $m_2 = \frac{7}{5}$. Nur für m_2 ist $S \in \overline{g}$, so daß der gesuchte Strahl der Gleichung $g : y = \frac{7}{5}(x - 1) + 1$, $x > 1$, genügt.

$\boxed{\textbf{L 5.20}}$ Mit H 5.20 ergibt sich:

a) nach vorheriger Division durch 2:
$(x + 1)^2 - 1 + (y - 1)^2 - 1 = 2 \ \Leftrightarrow \ (x + 1)^2 + (y - 1)^2 = 4$:
Kreis um $M(-1, 1)$ mit Radius 2, vgl. Bild L 5.20a.

b) $9(x^2 + 2x) + 4(y^2 - 4y) - 11 = 0 \ \Leftrightarrow \ 9(x + 1)^2 - 9 + 4(y - 2)^2 - 16 - 11 = 0 \ \Leftrightarrow$

$$9(x + 1)^2 + 4(y - 2)^2 = 36 \ \Leftrightarrow \ \frac{(x + 1)^2}{4} + \frac{(y - 2)^2}{9} = 1 :$$

Ellipse um $M(-1, 2)$ mit den Halbachsen $a = 2$, $b = 3$. $e = \sqrt{5}$. Brennpunkte: $F_1(-1, 2 - \sqrt{5})$, $F_2(-1, 2 + \sqrt{5})$; Hauptscheitelpunkte: $S_1(-1, -1)$, $S_2(-1, 5)$, Nebenscheitelpunkte: $S_3(-3, 2)$, $S_4(1, 2)$, vgl. Bild L 5.20b.

c) $(y - 1)^2 - 1 = -4x + 11 \ \Leftrightarrow \ (y - 1)^2 = -4(x - 3)$: Parabel, symmetrisch zu $y = 1$ mit Scheitelpunkt $S(3, 1)$, Brennpunkt $F(2, 1)$, nach links geöffnet, vgl. Bild L 5.20c.

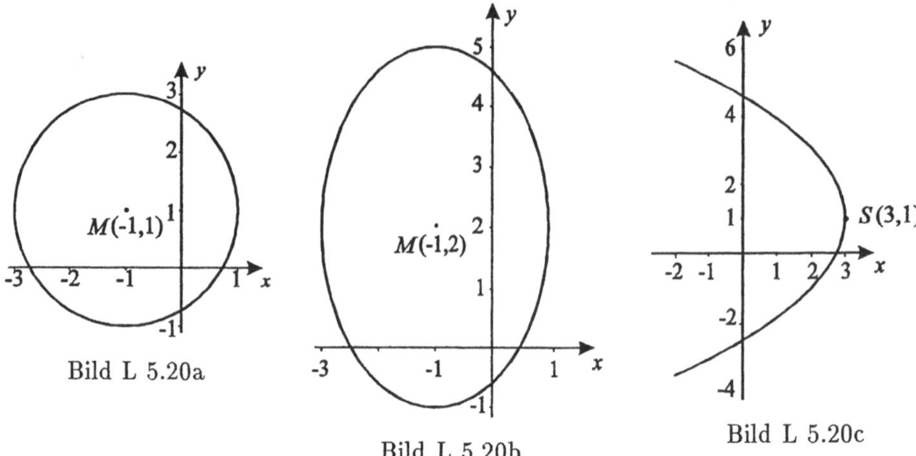

Bild L 5.20a

Bild L 5.20b

Bild L 5.20c

d) $4(x^2 - 4x) - 25(y^2 + 4y) = -16 \Leftrightarrow 4(x - 2)^2 - 16 - 25(y + 2)^2 + 100 = -16 \Leftrightarrow$

$4(x - 2)^2 - 25(y + 2)^2 = -100 \Leftrightarrow \dfrac{(y + 2)^2}{4} - \dfrac{(x - 2)^2}{25} = 1$: Hyperbel mit

$M(2, -2)$ und den Halbachsen $a = 2$, $b = 5$. $e = \sqrt{29}$. Brennpunkte: $F_1(2, -2 - \sqrt{29})$, $F_2(2, -2 + \sqrt{29})$; Scheitelpunkte: $S_1(2, -4)$, $S_2(2, 0)$. Asymptoten: $y + 2 = \pm\frac{2}{5}(x - 2)$, vgl. Bild L 5.20d.

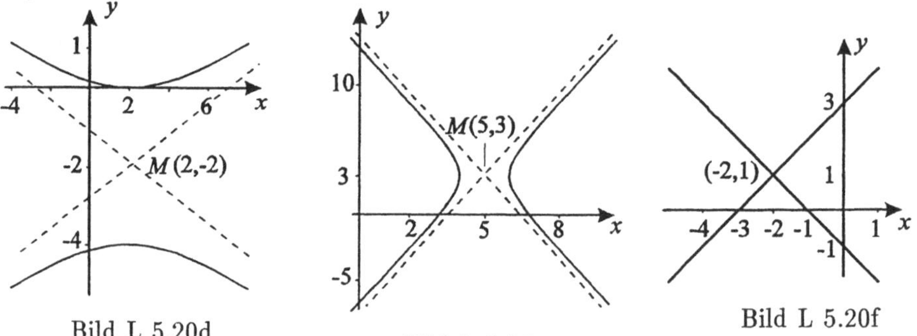

Bild L 5.20d

Bild L 5.20e

Bild L 5.20f

e) $4(x^2 - 10x) - (y^2 - 6y) = -87 \Leftrightarrow 4(x - 5)^2 - 100 - (y - 3)^2 + 9 = -87 \Leftrightarrow$

$4(x - 5)^2 - (y - 3)^2 = 4 \Leftrightarrow (x - 5)^2 - \dfrac{(y - 3)^2}{4} = 1$: Hyperbel mit $M(5, 3)$,

Halbachsen $a = 1$, $b = 2$. $e = \sqrt{5}$. Brennpunkte: $F_1(5 - \sqrt{5}, 3)$, $F_2(5 + \sqrt{5}, 3)$, Scheitelpunkte: $S_1(4, 3)$, $S_2(6, 3)$. Asymptoten: $y - 3 = \pm 2(x - 5)$, vgl. Bild L 5.20e.

f) $(x + 2)^2 - 4 - (y - 1)^2 = -4 \Leftrightarrow |x + 2| = |y - 1|$: Geradenpaar $y - 1 = \pm(x + 2)$, vgl. Bild L 5.20f.

g) $(x + 1)^2 - 1 + 3y - 11 = 0 \Leftrightarrow (x + 1)^2 = -3(y - 4)$: Parabel, symmetrisch zu $x = -1$ mit Scheitelpunkt $S(-1, 4)$, Brennpunkt $F(-1, \frac{13}{4})$, nach unten geöffnet, vgl. Bild L 5.20g.

h) $16(y^2-4y)+9(x^2+4x)-44=0 \Leftrightarrow 9(x+2)^2-36+16(y-2)^2-64-44=0 \Leftrightarrow$
$9(x+2)^2+16(y-2)^2=144 \Leftrightarrow \dfrac{(x+2)^2}{16}+\dfrac{(y-2)^2}{9}=1$: Ellipse mit $M(-2,2)$, Halbachsen: $a=4$, $b=3$. $e=\sqrt{7}$. Brennpunkte: $F_1(-2-\sqrt{7},2)$, $F_2(-2+\sqrt{7},2)$, Hauptscheitelpunkte: $S_1(-6,2)$, $S_2(2,2)$, Nebenscheitelpunkte: $S_3(-2,-1)$, $S_4(-2,5)$,
vgl. Bild L 5.20h.

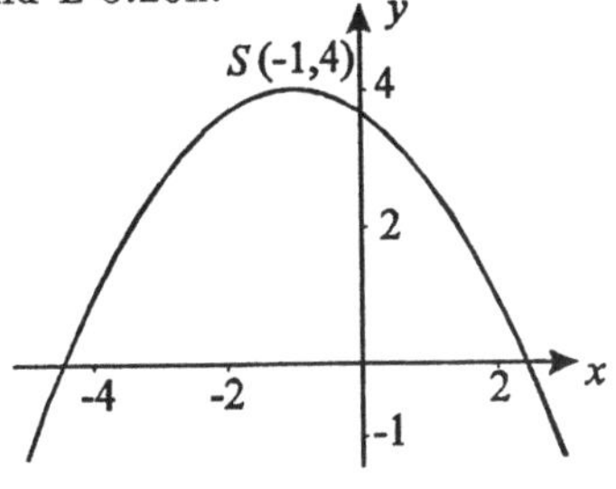

Bild L 5.20g

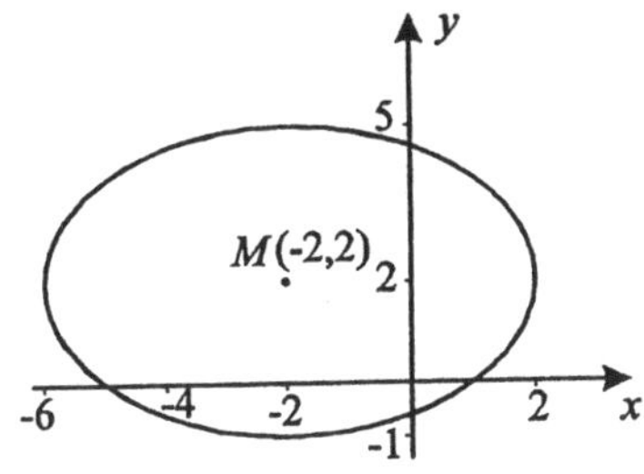

Bild L 5.20h

L 5.21 **a)** $K: (x+3)^2+(y-1)^2=r^2$. Wegen $(0,0) \in K \Rightarrow (0+3)^2+(0-1)^2=$
$r^2 \Rightarrow r^2=10$. $K: (x+3)^2+(y-1)^2=10$.

b) $K: (x-2)^2+(y-4)^2=r^2$. Da die y-Achse Tangente des Kreises ist, muß für
den Berührungspunkt P_1 gelten: $P_1=P_1(0,4) \Rightarrow (0-2)^2+0^2=r^2 \Rightarrow r^2=4 \Rightarrow$
$K: (x-2)^2+(y-4)^2=4$.

c) $K: (x-x_0)^2+(y-y_0)^2=9$, wobei $x_0=y_0>0$ (da M auf der Winkelhalbierenden des 1. Quadranten liegen soll). Wegen $P(-1,2) \in K$ gilt dann:
$(-1-x_0)^2+(2-x_0)^2=9 \Leftrightarrow x_0^2-x_0-2=0 \Rightarrow x_0=\frac{1}{2}\pm\frac{3}{2}$.
Da $x_0>0$ sein muß, erhält man $x_0=2=y_0$ und $K: (x-2)^2+(y-2)^2=9$.

d) $K: (x-x_0)^2+(y-2x_0-3)^2=r^2$. Für die Berührungspunkte P_1, P_2 muß
gelten: $P_1=P_1(-2,y_0)=P_1(-2,2x_0+3)$; $P_2=P_2(x_0,4)$. Setzt man P_1, P_2 in K
ein, so erhält man für x_0 und r^2 die zwei Gleichungen
$$\begin{array}{rcl}(-2-x_0)^2 &=& r^2\\ (4-2x_0-3)^2 &=& r^2\end{array} \Leftrightarrow \; |-2-x_0|=|4-2x_0-3| \text{ mit den Lösungen (vgl.}$$
Kap. 3.4): $\;x_0=3$ (entfällt, da M auf dem Strahl mit $x<0$ liegen soll),
$$x_0=-\tfrac{1}{3} \Rightarrow r^2=(-2+\tfrac{1}{3})^2=\tfrac{25}{9}.\; y_0=2(-\tfrac{1}{3})+3=\tfrac{7}{3}. \Rightarrow$$
$$K: (x+\tfrac{1}{3})^2+(y-\tfrac{7}{3})^2=\tfrac{25}{9}.$$
Anderer Lösungsweg:
M muß sowohl auf dem Strahl $y=2x+3$ als auch auf der Geraden durch $S(-2,4)$
(dem Schnittpunkt von $x=-2$ und $y=4$) mit dem Anstieg $m=-1$ liegen:
$(y-4=-(x+2)) \wedge (y=2x+3)$. Damit erhält man $M(-\tfrac{1}{3},\tfrac{7}{3})$. Der Radius r ergibt
sich als Abstand von M zu $y=4$ bzw. zu $x=-2$: $r=\tfrac{5}{3}$.

e) Entsprechend H 5.21e verwenden wir den Ansatz $K: x^2+y^2+Ax+By+C=0$,
in den wir nacheinander P_1, P_2, P_3 einführen. Das ergibt für A, B, C ein lineares Gleichungssystem, das z.B. mit dem Gaußschen Algorithmus gelöst werden kann:

$$\begin{array}{ll}
P_1(-1,1): & 1 + 1 - A + B + C = 0 \\
P_2(1,5): & 1 + 25 + A + 5B + C = 0 \\
P_3(7,-3): & 49 + 9 + 7A - 3B + C = 0
\end{array} \Rightarrow$$

A	B	C	$=$
$\boxed{-1}$	1	1	-2
1	5	1	-26
7	-3	1	-58
0	6	$\boxed{2}$	-28
0	4	8	-72
0	-20	0	40

$\Rightarrow \quad B = -2, \; C = -8, \; A = -8.$

Ergebnis: $K: x^2 - 8x + y^2 - 2y - 8 = 0 \; \Leftrightarrow \; (x-4)^2 + (y-1)^2 = 25.$

$\boxed{\textbf{L 5.22}}$ Die Lösung verläuft analog L 5.21e:

Ansatz: $K: x^2 + y^2 + Ax + By + C = 0.$

Einsetzen der Eckpunkte:

$$\begin{array}{ll}
A(-2,1): & 4 + 1 - 2A + B + C = 0 \\
B(-6,-1): & 36 + 1 - 6A - B + C = 0 \\
C(-9,8): & 81 + 64 - 9A + 8B + C = 0
\end{array} \Rightarrow$$

A	B	C	$=$
-2	$\boxed{1}$	1	-5
-6	-1	1	-37
-9	8	1	-145
-8	0	2	-42
[7	0	-7	-105] $\; (:7)$
1	0	$\boxed{-1}$	-15
-6	0	0	-72

$\Rightarrow \quad A = 12, \; C = 27, \; B = -8.$

Ergebnis: $K: x^2 + 12x + y^2 - 8y + 27 = 0 \; \Leftrightarrow \; (x+6)^2 + (y-4)^2 = 25.$

$\boxed{\textbf{L 5.23}}$ **a)** Einsetzen von $y = \frac{1}{2}x + 2$ in K liefert folgende quadratische Gleichung für x: $\;4x^2 + 8x + 4(\frac{1}{4}x^2 + 2x + 4) - 4(\frac{1}{2}x + 2) = 0 \; \Leftrightarrow \; 5x^2 + 14x + 8 = 0$ mit den Lösungen $x_1 = -2$, $x_2 = -\frac{4}{5}$ und den dazugehörigen $y_1 = 1$, $y_2 = \frac{8}{5}$. Somit schneiden sich der Kreis K und die Gerade g in den Punkten $P_1(-2,1)$ und $P_2(-\frac{4}{5}, \frac{8}{5})$.

b) Es ist $g: y = 2x + 5 \; \Leftrightarrow \; y - 1 = 2x + 4$. Setzt man dies in die mit 12 multiplizierte Gleichung von K ein, so ergibt sich:
$3(x^2 + 4x + 4) - 4(4x^2 + 16x + 16) - 12 = 0 \; \Leftrightarrow \; -13x^2 - 52x - 64 = 0.$
Diese Gleichung hat keine reellen Lösungen, folglich haben die Hyperbel K und die Gerade g keine gemeinsamen Punkte.

c) Wir lösen die Gleichung von g nach x auf: $x = 4y + 13$, und setzen dies in K ein:
$y^2 + 4y + 4 + 4y + 13 - 1 = 0 \; \Leftrightarrow \; y^2 + 8y + 16 = 0 \; \Leftrightarrow \; (y+4)^2 = 0$. Man erhält als einzige Lösung $y = -4 \Rightarrow x = -3$. Somit berühren sich die Parabel K und die Gerade g im Punkt $P(-3,-4)$ (d.h. g ist Tangente an K in diesem Punkt).

$\boxed{\textbf{L 5.24}}$ Ansatz (Punkt-Richtungs-Gleichung): $g: \dfrac{y+1}{x} = m \; \Leftrightarrow \; y + 2 = mx + 1.$
Dies setzt man in die mit 4 multiplizierte Ellipsengleichung ein: $x^2 - 2x + 1 + 4(m^2x^2 + 2mx + 1) - 4 = 0$, und erhält für x die quadratische Gleichung

$$(1 + 4m^2)x^2 + 2(4m - 1)x + 1 = 0 \;\Leftrightarrow\; x^2 + \frac{2(4m - 1)}{4m^2 + 1}x + \frac{1}{4m^2 + 1} = 0.$$

Wenn die Gerade g die Ellipse K tangieren soll, dürfen g und K nur *einen* Punkt gemeinsam haben, d.h., die letzte Gleichung darf nur *eine* reelle Lösung besitzen. Also muß in der Lösungsformel $x_{1/2} = -\dfrac{4m - 1}{4m^2 + 1} \pm \sqrt{\dfrac{(4m - 1)^2 - (4m^2 + 1)}{(4m^2 + 1)^2}}$ der Radikand der Wurzel verschwinden, d.h. $(4m - 1)^2 - (4m^2 + 1) = 0$ sein. Dies führt auf $m(12m - 8) = 0$ mit den Lösungen $m_1 = 0$, $m_2 = \frac{2}{3}$. Von allen durch $P(0, -1)$ verlaufenden Geraden tangieren also $y_1 = -1$ und $y_2 = \frac{2}{3}x - 1$ die vorgegebene Ellipse.

$\boxed{\textbf{L 5.25}}$ Die Koordinaten gemeinsamer Punkte $P(x, y)$ der beiden Kreise müssen dem Gleichungssystem $\begin{array}{l} x^2 - 30x + 225 + y^2 - 36y + 324 = 100 \\ x^2 - 2x + 1 + y^2 - 8y + 16 = 100 \end{array}$ genügen. Subtrahiert man die zweite Gleichung von der ersten, so erhält man $y = -x + 19$. Setzt man dies in die zweite Gleichung ein, dann ergibt sich für x die quadratische Gleichung $2x^2 - 32x + 126 = 0$ mit den Lösungen $x_1 = 7$, $x_2 = 9$. Die zugehörigen Ordinaten sind $y_1 = 12$, $y_2 = 10$. Somit schneiden sich die Kreise in den Punkten $P_1(7, 12)$ und $P_2(9, 10)$.

11.6 Lösungen zu Kapitel 6

$\boxed{\textbf{L 6.1}}$

a)

x	y	$=$	
4	3	1	
$\boxed{-2}$	-1	1	$\vert 2$
0	1	3	

$\Rightarrow y = 3 \Rightarrow -2x - 3 = 1$
$\Rightarrow x = -2$

b)

x	y	$=$	
-2	$\boxed{1}$	2	$\vert 1$
4	-1	4	
2	0	6	

$\Rightarrow x = 3 \Rightarrow -6 + y = 2$
$\Rightarrow y = 8$

c)

x	y	$=$	
$\boxed{-1}$	3	2	$\vert 2$
2	-6	3	
0	0	7	

$\Rightarrow$ Widerspruch
$\Rightarrow$ keine Lösung.

d)

x_1	x_2	$=$	
4	3	-2	
$\boxed{1}$	-2	5	$\vert -4$
0	11	-22	

$\Rightarrow x_2 = -2 \Rightarrow x_1 + 4 = 5$
$\Rightarrow x_1 = 1$

e)

x_1	x_2	$=$	
$\boxed{-1}$	-2	3	$\vert 2$
2	4	-6	
0	0	0	

$\Rightarrow$ es gibt ∞ viele Lösungen, z.B.
$x_2 = t$, beliebig,
$\Rightarrow x_1 = -2t - 3$

f)

x	y	$=$	
$\boxed{2}$	3	10	$\vert 3$
-6	-9	5	
0	0	35	

$\Rightarrow$ Widerspruch,
$\Rightarrow$ keine Lösung.

L 6.2

a)

x	y	z	$=$
2	3	-4	0
$\boxed{-1}$	-2	5	2
4	1	3	1

| 0 | $\boxed{-1}$ | 6 | 4 |
| 0 | -7 | 23 | 9 |

| 0 | 0 | -19 | -19 |

$\Rightarrow\ z = 1$
$\Rightarrow\ y = 6z - 4 = 2$
$\Rightarrow\ x = -2y + 5z - 2$
$\qquad = -1$

b)

x	y	$=$
2	3	4
$\boxed{-1}$	2	5
3	4	5

| 0 | 7 | 14 |
| 0 | $\boxed{10}$ | 20 |

| 0 | 0 | 0 |

$\Rightarrow\ y = 2$
$\Rightarrow\ x = 2y - 5$
$\qquad = -1$

c)

x_1	x_2	x_3	$=$
$\boxed{1}$	2	2	5
-2	-1	2	-1
2	3	2	7

| 0 | 3 | 6 | 9 |
| 0 | $\boxed{-1}$ | -2 | -3 |

| 0 | 0 | 0 | 0 |

$\Rightarrow\ x_3 = t,\ \text{beliebig}$
$\Rightarrow\ x_2 = -2t + 3,$
$\Rightarrow\ x_1 = 5 - 2x_2 - 2x_3$
$\qquad = 2t - 1$

d)

x_1	x_2	x_3	$=$
4	3	1	-1
-2	3	-5	1
$\boxed{1}$	-2	3	0

| 0 | 11 | -11 | -1 |
| 0 | $\boxed{-1}$ | 1 | 1 |

| 0 | 0 | 0 | 10 |

$\Rightarrow\ $ Widerspruch
$\Rightarrow\ $ keine Lösung.

e)

x	y	$=$
$\boxed{1}$	-2	2
2	1	1
-1	7	-4

| 0 | $\boxed{5}$ | -3 |
| 0 | 5 | -2 |

| 0 | 0 | 1 |

$\Rightarrow\ $ Widerspruch
$\Rightarrow\ $ keine Lösung.

f)

x_1	x_2	x_3	$=$
-2	2	-4	-2
$\boxed{1}$	-1	2	1
-3	3	-6	-3

| 0 | 0 | 0 | 0 |
| 0 | 0 | 0 | 0 |

$\Rightarrow\ x_3 = t\ \text{beliebig},$
$\Rightarrow\ x_2 = s,\ \text{beliebig}$
$\Rightarrow\ x_1 = 1 + x_2 - 2x_3$
$\qquad = 1 + s - 2t$

oder: $x_1 - x_2 + 2x_3 = 1$,
d.h., alle drei Gleichungen
lassen sich durch diese
eine Gleichung beschreiben.

L 6.3

a)

x	y	$=$
-3	$\boxed{1}$	-5
5	2	1

| 11 | 0 | 11 |

$\Rightarrow\ x = 1,\ \Rightarrow\ y = -2$
Schnittpunkt: $S(1, -2)$.

b)

x	y	$=$
$\boxed{\frac{1}{2}}$	$-\frac{1}{3}$	1
-3	2	-6

| 0 | 0 | 0 |

$\Rightarrow\ g_1,\ g_2$ fallen
zusammen.

c)

x	y	$=$
-2	5	4
$\boxed{0.2}$	-0.5	3

| 0 | 0 | 34 |

$\Rightarrow\ $ Widerspruch $\Rightarrow\ g_1, g_2$
sind zueinander parallel.

L 6.4 Punkt-Richtungs-Gleichung der durch C verlaufenden Geraden:

$$\frac{y - 10}{x - 30} = m \qquad\qquad\qquad (1)$$

Zwei-Punkte-Gleichung der durch A und E verlaufenden Geraden:

$$\frac{y-1}{x-1} = \frac{19-1}{5-1} \;\Rightarrow\; y = \frac{9}{2}x - \frac{7}{2} \tag{2}$$

a) Anstieg der Geraden durch A und B: $m_a = \frac{0-1}{11-1} = -\frac{1}{10}$. Mit $m = m_a$ liefert (1):

$y = -\frac{1}{10}x + 13$. Mit (2) erhält man den Schnittpunkt $S_a(3.587; 12.641)$.

b) Anstieg der Geraden durch E und D: $m_b = \frac{19-20}{5-25} = \frac{1}{20}$. Mit $m = m_b$ liefert (1):

$y = \frac{1}{20}x + \frac{17}{2}$. Aus dem Schnitt mit (2) folgt $S_b(2.697; 8.635)$.

c) Da die Gerade $\overline{g}$ durch A und E den Anstieg $\frac{9}{2}$ hat, ist der Anstieg einer zu $\overline{g}$ senkrechten Geraden $m = -\frac{2}{9}$. Mit (1) folgt somit $y = -\frac{2}{9}x + \frac{50}{3}$;

Schnitt mit (2) ergibt $S_c(4.271; 15.718)$.

L 6.5

a)

x	y	z	$=$
2	3	-2	6
$\boxed{-1}$	2	1	4
1	-1	1	2
0	7	0	14
0	1	2	6

$\Rightarrow y = 2 \Rightarrow z = \frac{1}{2}(6 - y) = 2$

$\Rightarrow x = -4 + 2y + z = 2$

Schnittpunkt: $S(2, 2, 2))$.

b)

x	y	z	$=$
$\boxed{1}$	2	-1	4
-2	-4	2	5
3	6	-3	1
0	0	0	13
0	0	0	-11

$\Rightarrow$ Widerspruch.

$\Rightarrow$ Es ist $E_1 \| E_2 \| E_3$.

c)

x	y	z	$=$
3	2	1	3
$\boxed{1}$	-4	-2	1
-2	8	4	-1
0	14	7	0
0	0	0	1

$\Rightarrow$ Widerspruch. Es ist $E_2 \| E_3$.

E_1, E_2 schneiden sich in der Geraden

$\underline{r}_1 : y = t$ beliebig, $z = -2t$, $x = 1$;

E_1, E_3 schneiden sich in der zu

$\underline{r}_1$ parallelen Geraden

$y = t$ beliebig, $z = \frac{3}{14} - 2t$, $x = \frac{13}{14}$.

d)

x	y	z	$=$
$\boxed{1}$	1	-4	2
3	-2	3	4
2	-3	7	2
0	-5	15	-2
0	-5	15	-2
0	0	0	0

$\Rightarrow z = t$, beliebig $\Rightarrow y = \frac{2}{5} + 3t$

$\Rightarrow x = \frac{8}{5} + t$, d.h., die Ebenen schneiden sich in der Geraden

$$\underline{r} = \frac{1}{5}\begin{pmatrix} 8 \\ 2 \\ 0 \end{pmatrix} + t\begin{pmatrix} 1 \\ 3 \\ 1 \end{pmatrix}$$

L 6.6 Die erste Zahl sei x, die zweite y. Dann gilt: $\begin{aligned} x + y &= 56 \\ x - y &= 14 \end{aligned}$. Lösung: $\begin{aligned} x &= 35, \\ y &= 21. \end{aligned}$

$\boxed{\textbf{L 6.7}}$ Die erste Zahl sei x, die zweite y. Dann gilt: $\begin{aligned} 2x &= 3y + 9 \\ 3x &= 8y - 4 \end{aligned}$. Lösung: $\begin{aligned} x &= 12, \\ y &= 5. \end{aligned}$

$\boxed{\textbf{L 6.8}}$ Es sei $A = \{$ Kunden der ersten Waschanlage$\}$, $B = \{$ Kunden der zweiten Waschanlage$\}$. Bekanntlich ist $A = (A \cap B) \cup (A \cap \overline{B})$, $B = (B \cap A) \cup (B \cap \overline{A})$, wobei $(A \cap B) \cap (A \cap \overline{B}) = \emptyset$ und $(B \cap A) \cap (B \cap \overline{A}) = \emptyset$ gilt.
[...] bezeichne die Anzahl der Elemente der jeweiligen Menge, so daß $[A] = 1020$, $[B] = 860$, $[A \cap \overline{B}] = 662$ ist. Wegen $A \cap B = B \cap A$ gilt somit:

$$1020 \;= [A \cap B] + 662 \qquad \Rightarrow [A \cap B] \;= 358$$
$$860 \;= [A \cap B] + [B \cap \overline{A}] \qquad \Rightarrow [B \cap \overline{A}] \;= 502.$$

Ergebnis: 502 Kunden ließen ihr Auto nur in der zweiten Waschanlage reinigen.

$\boxed{\textbf{L 6.9}}$ Sei x der Wasserzufluß (in Litern/Minute), y der Wasserabfluß (in Litern/Minute), V das Fassungsvermögen des Pools (in Litern). Dann gilt:
$150x = V$, $200y = V$, $120y + 2400 = V$ $\;\Rightarrow y = 30 \;\Rightarrow x = 40 \;\Rightarrow\; V = 6\,000$ Liter.

$\boxed{\textbf{L 6.10}}$ Es seien x bzw. y bzw. z die 1. bzw. 2. bzw. 3. Ziffer der gesuchten Zahl. Dann gilt: $x + y + z = 12$

$$y \cdot 100 + x \cdot 10 + z = x \cdot 100 + y \cdot 10 + z + 180$$
$$z \cdot 100 + y \cdot 10 + x = x \cdot 100 + y \cdot 10 + z + 99.$$

Umordnen der zweiten und dritten Gleichung und Division durch 90 bzw. 99 führt zu dem Rechenschema:

x	y	z	$=$
$\boxed{1}$	1	1	12
-1	1	0	2
-1	0	1	1
0	2	1	14
0	$\boxed{1}$	2	13
0	0	-3	-12

$$\Rightarrow z = 4$$
$$\Rightarrow y = 13 - 2z = 5$$
$$\Rightarrow x = 12 - y - z = 3$$

Die gesuchte Zahl ist 354.

$\boxed{\textbf{L 6.11}}$ Seien a, b, c, d die Seitenlängen des Vierecks. Dann genügen sie dem Gleichungssystem:

a	b	c	d	$=$
$\boxed{1}$	1	1	0	14
0	1	1	1	19
1	0	1	1	17
1	1	0	1	16
0	$\boxed{1}$	1	1	19
0	-1	0	1	3
0	0	-1	1	2
0	0	$\boxed{1}$	2	22
0	0	-1	1	2
0	0	0	3	24

$$\Rightarrow d = 8$$
$$\Rightarrow c = 22 - 2d = 6$$
$$\Rightarrow b = 19 - c - d = 5$$
$$\Rightarrow a = 14 - b - c = 3.$$

L 6.12 Mit den Bezeichnungen von H 6.12 gilt:

$$s^* = 21\, v_A = 20\, v_B \qquad\Rightarrow\qquad \frac{v_A}{v_B} = \frac{20}{21}$$
$$60 = v_A t_A = v_B t_B = v_B(t_A - 5) \qquad\Rightarrow\qquad \frac{v_A}{v_B} = 1 - \frac{5}{t_A}$$
$$\Rightarrow \quad t_A = 105 \text{ min}, \quad t_B = 100 \text{ min.} \quad \Rightarrow$$

$$v_A = \frac{60}{105} \approx 0.571 \text{ km/min} \approx 34.286 \text{ km/h},$$
$$v_B = \frac{60}{100} = 0.6 \text{ km/min} = 36 \text{ km/h.}$$
$$\Rightarrow s^* = v_B \cdot 20 = 12 \text{ km.}$$

Wegen $\bar{t} = \dfrac{s_B}{v_B} = \dfrac{s_A}{v_A} - 1 = \dfrac{s_B - 0.5}{v_A} - 1$ folgt $s_B = \dfrac{(v_A + 0.5)v_B}{v_B - v_A} = 2.5 \text{ km}$

$$\Rightarrow \quad \bar{t} = \frac{s_B}{v_B} \approx 37.5 \text{ min}, \quad s_A = (\bar{t} + 1)\, v_A = 22 \text{ km.}$$

Vom Zeitpunkt der Zielankunft von B an hat A noch 4 Minuten lang mit der Geschwindigkeit v_A zu fahren; das bedeutet einen Rückstand von 2.286 km.

L 6.13 Sei v_A bzw. v_R die Geschwindigkeit (in km/h) des Autos (A) bzw. des Radfahrers (R). Dann benötigt A

- vom Überholen des R bis Y die Zeit $t_1 = \dfrac{62}{v_A}$ h;

- vom Start in Y bis zur erneuten Begegnung mit R die Zeit $t_2 = \dfrac{12}{v_A}$ h.

R legt somit in $(t_1 + 1 + t_2)$ Stunden 50 km zurück. Also gilt:

$$\frac{62}{v_A} + 1 + \frac{12}{v_A} = \frac{50}{v_R} \quad \text{oder} \quad 74\frac{1}{v_A} - 50\frac{1}{v_R} = -1 \tag{1}$$

Während A die 60 km vom Treffpunkt mit R bis X zurücklegt, fährt R 12 km bis Y und trifft dort $\frac{1}{3}$ Stunde eher ein als A in X. Also gilt:

$$\frac{60}{v_A} = \frac{12}{v_R} + \frac{1}{3} \quad \text{oder} \quad 60\,\frac{1}{v_A} - 12\,\frac{1}{v_R} = \frac{1}{3}. \tag{2}$$

Das lineare Gleichungssystem (1), (2) hat die Lösung

$$\frac{1}{v_A} = \frac{43}{3168} \Rightarrow v_A \approx 73.674 \text{ km/h}; \quad \frac{1}{v_B} = \frac{127}{3168} \Rightarrow v_B \approx 24.945 \text{ km/h.}$$

L 6.14 Sei x_i, $i = 1, 2, 3$, die Anzahl der Mengeneinheiten, die pro Tag vom Produkt P_i, $i = 1, 2, 3$, hergestellt werden. Dann gilt:

$$\begin{aligned}
x_1 + 2x_2 + 2x_3 &= 10 \\
2x_1 + 2x_2 + 3x_3 &= 13 \\
x_1 + 3x_2 + x_3 &= 12
\end{aligned}$$

Mit dem Gaußschen Algorithmus findet man $x_3 = 1$, $x_2 = 3$, $x_1 = 2$.

Somit können täglich 2 ME von P_1, 3 ME von P_2, 1 ME von P_3 hergestellt werden.

L 6.15 Die Mischung bestehe aus x_1 kg F_1, x_2 kg F_2, x_3 kg F_3.

a) Es ist zu fordern:

$$\begin{aligned}
2x_1 + 3x_2 + x_3 &= 80 \\
3x_1 + 2x_2 + 3x_3 &= 122 \\
x_1 + 5x_2 + x_3 &= 45
\end{aligned}$$

Ergebnis: $x_1 = 37$, $x_2 = 1$, $x_3 = 3$.

b) Das Gleichungssystem der Aufgabe a) hat in diesem Fall die rechte Seite $(90, 120, 50)^T$. Als Lösung ergibt sich

$$x_2 = \frac{30}{13}, \ x_1 = \frac{580}{13}, \ x_3 = -7x_2 + 10 = -\frac{80}{13} < 0.$$

Somit ist ein Mischfutter der geforderten Zusammensetzung mit F_1, F_2, F_3 nicht zu realisieren.

c) Die Mischung bestehe jetzt aus $\tilde{x}_1$ kg F_1, $\tilde{x}_2$ kg $\tilde{F}_2$, $\tilde{x}_3$ kg $\tilde{F}_3$. Dann muß

gelten:
$$\begin{aligned} 2\tilde{x}_1 + 3\tilde{x}_2 + \tilde{x}_3 &= 85 \\ 3\tilde{x}_1 + \tilde{x}_2 + \tilde{x}_3 &= 120 \\ \tilde{x}_1 + 5\tilde{x}_2 + \tilde{x}_3 &= 50 \end{aligned}$$

Als Lösung dieses Systems ergibt sich z.B.:

$$\tilde{x}_2 \text{ beliebig}, \ \tilde{x}_3 = -7\tilde{x}_2 + 15, \ (*)$$
$$\tilde{x}_1 = 35 + 2\tilde{x}_2 \ (**).$$

Wegen der Forderungen $\tilde{x}_1 \geq 39$ und $\tilde{x}_3 \geq 1$ muß nach $(*)$ $\tilde{x}_2 \leq 2$, nach $(**)$ $\tilde{x}_2 \geq 2$ sein. Folglich ist $\tilde{x}_2 = 2$ und damit $\tilde{x}_3 = 1$, $\tilde{x}_1 = 39$ zu wählen.

11.7 Lösungen zu Kapitel 7

L 7.1

a) $0, \frac{1}{3}, \frac{2}{4}, \frac{3}{5}, \frac{4}{6}, \frac{5}{7}$

b) $0, \frac{3}{2}, \frac{2}{3}, \frac{5}{4}, \frac{4}{5}, \frac{7}{6}$

c) $0, 2, 0, 4, 0, \frac{32}{3}$

d) $-1, 2, -\frac{9}{2}, \frac{32}{3}, -\frac{625}{24}, \frac{324}{5}$

e) $\frac{1}{2\sqrt{10}}, \frac{1}{20}, \frac{1}{15\sqrt{10}}, \frac{3}{250}, \frac{1}{25\sqrt{10}}, \frac{3}{175}$

f) $1, 1, 2, 4, 8, 16$

g) $-5, \frac{5}{2}, \frac{11}{5}, \frac{7}{10}, -\frac{17}{9}, \frac{9}{26}$

h) $2, 3, 5, 9, 17, 33$

L 7.2 **a)** Es ist $a_1 = 1$, $a_2 = 2$, $a_3 = 4$. Dies führt zu der Vermutung, daß das folgende Glied der Zahlenfolge das Doppelte seines Vorgängers und damit eine Potenz von 2 ist:

Vermutung: $p(n): a_n = 2^{n-1}$, $n \geq 1$.

Wir beweisen $p(n)$ mit vollständiger Induktion:

$p(1): a_1 = 1$ ist offenbar richtig.

Wir nehmen nun an, daß $p(n)$ auch für $n = k$ ($k \in I\!N$, $k > 1$) richtig ist.

Nach Konstruktionsvorschrift der Zahlenfolge ist

$a_{k+1} = 2 \cdot a_k =$ (wegen der angenommenen Gültigkeit von $p(n)$ für $n = k$) $2 \cdot 2^{k-1} = 2^k$, d.h. $p(n)$ gilt auch für $n = k + 1$. Also ist unsere Vermutung richtig: $a_n = 2^{n-1}$ für alle $n \geq 1$.

b) Es ist $a_1 = 1$, $a_2 = \frac{2}{3}$, $a_3 = \frac{4}{3 \cdot 4}$, $a_4 = \frac{8}{3 \cdot 4 \cdot 5}$. Erweitert man a_i, $i = 1, 2, 3, 4$, mit 2, so entsteht im Nenner $(i + 1)!$ und im Zähler 2^i. Daher vermuten wir:

$p(n): a_n = \dfrac{2^n}{(n + 1)!}$, $n \geq 1$, und beweisen dies mit vollständiger Induktion:

$p(1): a_1 = \frac{2^1}{2!} = 1$ ist richtig.

Wir nehmen nun an, daß $p(n)$ auch für $n = k$ ($k \in I\!N$, $k > 1$) richtig ist.

Nach Konstruktionsvorschrift der Zahlenfolge ist $a_{k+1} = \dfrac{2a_k}{k+2}$ = (nach Indukti-

onsannahme) $\dfrac{2 \cdot 2^k}{(k+2)(k+1)!} = \dfrac{2^{k+1}}{(k+2)!}$, d.h. $p(n)$ gilt auch für $n = k+1$. Somit

ist $a_n = \dfrac{2^n}{(n+1)!}$ für alle $n \geq 1$.

c) $a_0 = 3$, $a_1 = 1$, $a_2 = 3$, $a_4 = 1$, $a_5 = 3$, $a_6 = 1$.
Da die a_i für $i \geq 0$ entweder um 1 größer oder um 1 kleiner als 2 sind, vermutet
man: $p(n): a_n = (-1)^n + 2$, $n \geq 0$.
Beweis mit vollständiger Induktion:
$p(0): a_0 = 3$ und $p(1): a_1 = 1$ sind richtig.
Wir nehmen nun an, daß $p(n)$ auch für $n = k$ ($k \in I\!N$, $k > 1$) richtig ist.
Nach Konstruktionsvorschrift der Zahlenfolge ist $a_{k+1} = a_{k-1} =$ (nach Ind.-Annahme)
$(-1)^{k-1} + 2 = (-1)^{k+1} + 2$ (da $(-1)^{k+1} = (-1)^2(-1)^{k-1} = (-1)^{k-1}$ ist). Also ist
$p(n)$ auch für $n = k+1$ richtig, und es gilt: $a_n = (-1)^n + 2$ für alle $n \in I\!N$.

d) $a_0 = 2$, $a_1 = \frac{1}{2}$, $a_2 = \frac{5}{4}$, $a_3 = \frac{7}{8}$, $a_4 = \frac{17}{16}$. Da die a_i, $i = 0,1,2,3,4$, abwechselnd

um $\dfrac{1}{2^i}$ größer bzw. kleiner als 1 sind, vermuten wir: $p(n): a_n = 1 + \dfrac{(-1)^n}{2^n}$, $n \geq 0$.
Beweis mit vollständiger Induktion:
$p(0): a_0 = 2$ und $p(1): a_1 = \frac{1}{2}$ sind richtig.
Wir nehmen nun an, daß $p(n)$ auch für $n = k$ ($k \in I\!N$, $k > 1$) richtig ist.
Nach Konstruktionsvorschrift der Zahlenfolge und der Induktionsannahme ist dann

$$a_{k+1} = \dfrac{1 + \dfrac{(-1)^k}{2^k} + 1 + \dfrac{(-1)^{k-1}}{2^{k-1}}}{2} = 1 + \dfrac{(-1)^k + 2(-1)^{k-1}}{2^{k+1}} = 1 + \dfrac{(-1)^k(1 + 2(-1)^{-1})}{2^{k+1}}$$

$$= 1 + \dfrac{(-1)^k(1-2)}{2^{k+1}} = 1 + \dfrac{(-1)^{k+1}}{2^{k+1}}.$$

Damit ist $p(n)$ auch für $n = k+1$ richtig. Also ist $a_n = 1 + \dfrac{(-1)^n}{2^n}$ für alle $n \in I\!N$.

e) $a_0 = \frac{3}{1}$, $a_1 = \frac{3}{2}$, $a_2 = \frac{3}{4}$, $a_3 = \frac{3}{8}$. Alle a_i, $i = 0,1,2,3$, haben den Zähler 3 und den

Nenner 2^i. Daher vermuten wir: $p(n): a_n = \dfrac{3}{2^n}$, $n \geq 0$. Dies wird mit vollständiger
Induktion bewiesen:
$p(0): a_0 = \frac{3}{2^0} = 3$ und $p(1): a_1 = \frac{3}{2}$ sind richtig.
Wir nehmen nun an, daß $p(n)$ auch für $n = k$ ($k \in I\!N$, $k > 1$) richtig ist.
Nach Konstruktionsvorschrift der Zahlenfolge ist $a_{k+1} = \frac{5}{2}a_k - a_{k-1} =$ (nach Ind.-

Annahme) $\dfrac{5}{2} \cdot \dfrac{3}{2^k} - \dfrac{3}{2^{k-1}} = 5 \cdot \dfrac{3}{2^{k+1}} - \dfrac{3 \cdot 2^2}{2^{k+1}} = \dfrac{3}{2^{k+1}}(5-4) = \dfrac{3}{2^{k+1}}$; also ist $p(n)$

auch für $n = k+1$ richtig. Folglich gilt $a_n = \dfrac{3}{2^n}$ für alle $n \in I\!N$.

f) $a_1 = 2$, $a_2 = 2$, $a_3 = 4$, $a_4 = 8$, $a_5 = 16$. Wir vermuten:
$p(n): a_n = 2^{n-1}$, $n \geq 2$, und beweisen dies mit vollständiger Induktion:
$p(2): a_2 = 2^1 = 2$ ist richtig.

Wir nehmen nun an, daß $p(n)$ auch für $n = k$ ($k \in \mathbb{N}$, $k > 2$) richtig ist.
Nach Konstruktionsvorschrift der Zahlenfolge und der Induktionsannahme erhält
man $\quad a_{k+1} = \sum\limits_{i=1}^{k} a_i = 2 + \sum\limits_{i=2}^{k} 2^{i-1} = 2 + 2 \cdot \dfrac{2^{k-1} - 1}{2 - 1}$ (Summe der endlichen geometrischen Reihe mit $q = 2$) $= 2 + 2^k - 2 = 2^k$. Somit ist $p(n)$ auch für $n = k + 1$
richtig, und es gilt $a_n = 2^{n-1}$ für alle $n \geq 2$.

$\boxed{\textbf{L 7.3}}$ a) $a_n = -1 + n \cdot 3 = 3n - 1$, $n \geq 0$.

$s_{10} = \sum\limits_{i=0}^{9} a_i = \sum\limits_{i=0}^{9} (3i - 1) = 3 \sum\limits_{i=0}^{9} i - \sum\limits_{i=0}^{9} 1^i = 3 \cdot \dfrac{9}{2} \cdot 10 - 10 = 125.$

b) $a_n = 2 + n \cdot (-2) = -2(n - 1)$, $n \geq 0$. $\quad s_{12} = \sum\limits_{i=0}^{11} a_i = -2 \sum\limits_{i=0}^{11} (i - 1) =$

$2 - 2 \sum\limits_{i=1}^{11} (i - 1) = 2 - \sum\limits_{i=2}^{11} (i - 1) = 2 - 2 \sum\limits_{j=1}^{10} j = 2 - 2 \cdot \dfrac{10}{2} \cdot 11 = -108.$

c) $a_n = 2 \cdot (-\frac{1}{2})^n$, $n \geq 0$. $\quad s_8 = \sum\limits_{i=0}^{7} a_i = 2 \sum\limits_{i=0}^{7} (-\frac{1}{2})^i = 2 \cdot \dfrac{1 - (-\frac{1}{2})^8}{1 + \frac{1}{2}} = \dfrac{85}{64}.$

d) $a_n = -1 \cdot 2^n = -2^n$, $n \geq 0$. $\quad s_6 = \sum\limits_{i=0}^{5} a_i = - \sum\limits_{i=0}^{5} 2^i = - \dfrac{1 - 2^6}{1 - 2} = -63.$

$\boxed{\textbf{L 7.4}}$ a) Da $a_n > 0$, folgt aus $\dfrac{a_{n+1}}{a_n} = \dfrac{n}{n + 1} < 1$ für $n \geq 1$, daß (a_n) streng
monoton fällt.

b) Wegen $a_n > 0$ und $\dfrac{a_{n+1}}{a_n} = \dfrac{(n + 1)^2}{n^2} > 1$ für $n \geq 1$ ist (a_n) streng monoton
wachsend.

c) Alternierende Zahlenfolgen sind nicht monoton. Aber: $(|a_n|)$ ist für $n \geq 2$ streng
monoton wachsend; denn es ist $|a_n| > 0$ und $\dfrac{|a_{n+1}|}{|a_n|} = \dfrac{2^{n+1} \cdot n}{(n + 1) \cdot 2^n} = \dfrac{2n}{n + 1} > 1$ für
$n > 1$.

d) Wegen $a_n > 0$ und $\dfrac{a_{n+1}}{a_n} = \dfrac{(2(n + 1) + 1)n}{(n + 1)(2n + 1)} = \dfrac{2n^2 + 3n}{2n^2 + 3n + 1} < 1$ für $n \geq 1$ ist
(a_n) streng monoton fallend.
Eine andere Untersuchungsmöglichkeit:
$a_n = 2 + \frac{1}{n}$. Da die Zahlenfolge $(\frac{1}{n})$ streng monoton fällt, tut dies auch (a_n).

e) $a_n = \dfrac{n + 1 - 2}{n + 1} = 1 - \dfrac{2}{n + 1}$. Da die Zahlenfolge $(\frac{1}{n+1})$ streng monoton fällt,
wächst (a_n) nach H 7.4 streng monoton.

f) $a_n = \dfrac{n + 1 + 2}{n + 1} = 1 + \dfrac{2}{n + 1}$. Da die Zahlenfolge $(\frac{2}{n+1})$ streng monoton fällt, fällt
auch die Zahlenfolge (a_n) streng monoton (s. H 7.4).

g) Es ist $a_n > 0$, $\dfrac{a_{n+1}}{a_n} = \dfrac{10^{n+1} \cdot n!}{(n + 1)! \cdot 10^n} = \dfrac{10}{n + 1}$. Dies ist $\begin{cases} \geq 1 & \text{für } n = 1, 2, ..., 9 \\ < 1 & \text{für } n \geq 10. \end{cases}$

$\Rightarrow (a_n)$ ist nicht monoton. Die Glieder von (a_n) wachsen für $n = 1, 2, ..., 9$. Von
$n = 10$ an nehmen sie streng monoton ab.

h) Es ist $a_n > 0$ und $\dfrac{a_{n+1}}{a_n} = \dfrac{(n+1)!\, n^n}{(n+1)^{n+1}\, n!} = \dfrac{(n+1)\, n^n}{(n+1)^{n+1}} = \dfrac{n^n}{(n+1)^n} = \left(\dfrac{n}{n+1}\right)^n <$ 1 für $n \geq 1 \Rightarrow (a_n)$ ist streng monoton fallend.

i) $a_n = \dfrac{n^2+3}{n^2+2n+1} = \dfrac{(n^2+2n+1)-2n+2}{n^2+2n+1} = 1 - 2\,\dfrac{n-1}{(n+1)^2}.$

Wir untersuchen zunächst die Zahlenfolge $(b_n) = (\frac{n-1}{(n+1)^2})$ auf Monotonie:

$$b_{n+1} - b_n = \dfrac{n}{(n+2)^2} - \dfrac{n-1}{(n+1)^2} = \dfrac{-n^2+n+4}{(n+2)^2(n+1)^2}.$$

Da das Polynom $-n^2+n+4$ nur in $[\frac{1-\sqrt{17}}{2}, \frac{1+\sqrt{17}}{2}]$ Werte ≥ 0 annimmt, ist $b_{n+1} - b_n < 0$ für $n \geq 3$, d.h. (b_n) fällt ab $n=3$ streng monoton. Folglich wächst (a_n) für $n \geq 3$ streng monoton (vgl. H 7.4).

j) Da $a_n > 0$ und $a_n = \dfrac{(n+2)(n+4)}{(n+2)(n+3)} = \dfrac{n+3+1}{n+3} = 1 + \dfrac{1}{n+3}$, ist (a_n) streng monoton fallend.

k) Es ist $a_{n+1} - a_n = \dfrac{(-1)^{n+1}}{(n+1)^2} - \dfrac{(-1)^n}{n^2} = \dfrac{(-1)^n[(-1)n^2 - (n+1)^2]}{(n+1)^2\, n^2}$

$$\begin{cases} > 0 \text{ für } n \text{ ungerade} \\ < 0 \text{ für } n \text{ gerade} \end{cases} \Rightarrow (a_n) \text{ ist nicht monoton.}$$

l) Es ist $a_{2k} = 2$, $a_{2k+1} = 0$, daher ist (a_n) nicht monoton.

$\boxed{\text{L 7.5}}$ **a)** Offensichtlich ist $a_n > 0$. Da (a_n) streng monoton fällt, ist $a_n < a_1 = 1$ für $n > 1$. Somit ist (a_n) beschränkt, und es gilt $s = 0 < a_n \leq 1 = S$ für $n \geq 1$.

b) Da (a_n) streng monoton wächst, ist $a_n > a_1 = 2^{-5}$ für $n > 1$, also (a_n) nach unten beschränkt durch $s = 2^{-5}$. Für $n > 2^5$ ist $a_n > n$, daher ist (a_n) nach oben nicht beschränkt.

c) Die Zahlenfolge $(|a_n|)$ wächst streng monoton (vgl. L 7.4c) und ist nach oben nicht beschränkt (mit vollst. Induktion kann man zeigen, daß $|a_n| = \dfrac{2^n}{n} > n$ gilt für $n \geq 5$). (a_n) kann als alternierende Zahlenfolge, deren Glieder betragsmäßig über alle Grenzen wachsen, weder nach unten noch nach oben beschränkt sein.

d) (a_n) fällt streng monoton $\Rightarrow a_n < a_1 = 3$ für $n > 1$, d.h., (a_n) ist nach oben beschränkt. Ferner ist $a_n = 2 + \frac{1}{n} > 2 \Rightarrow (a_n)$ ist auch nach unten beschränkt, also beschränkt: Für $n \geq 1$ gilt $s = 2 < a_n \leq 3 = S$.

e) (a_n) wächst streng monoton, kann aber nicht ≥ 1 sein. Da ferner $a_n > 0$ für alle $n \geq 1$, ist (a_n) beschränkt: $s = 0 < a_n < 1 = S$ für alle $n \geq 1$.

f) (a_n) fällt monoton $\Rightarrow a_n \leq a_1 = 2$ für alle $n \geq 1$. Ferner ist $a_n = 1 + \dfrac{2}{n+1} > 1 \Rightarrow$ (a_n) ist beschränkt: $s = 1 < a_n \leq 2 = S$ für alle $n \geq 1$.

g) Da (a_n) bis $n = 9$ streng monoton wächst, danach streng monoton fällt, aber alle $a_n > 0$ sind, ist (a_n) beschränkt: $s = 0 < a_n \leq a_9 = a_{10} = \dfrac{10^9}{9!} < 2\,756 = S$ für alle $n \geq 1$.

h) (a_n) fällt streng monoton, und es ist $a_n > 0$ für $n \geq 1$. $\Rightarrow$ (a_n) ist beschränkt: $s = 0 < a_n \leq a_1 = 1 = S$ für alle $n \geq 1$.

i) Es ist $a_1 = 1$, $a_2 = \frac{7}{9}$; für $n \geq 3$ wächst (a_n) streng monoton, und es ist $a_n < 1$ für alle $n \geq 3$ (vgl. L 7.4i). Daher ist (a_n) beschränkt, und es gilt: $s = 0 < a_n \leq 1 = S$ für $n \geq 1$.

j) (a_n) fällt streng monoton, und es ist $a_n = 1 + \frac{1}{n+3} > 1$. Daher ist (a_n) beschränkt, und es gilt $s = 1 < a_n \leq a_1 = \frac{5}{4} = S$ für alle $n \geq 1$.

k) Für $n > 1$ ist $a_1 = 0 \leq a_{2n+1} < 1$ und $0 < a_{2n} \leq a_2 = 1 + \frac{1}{4}$ $\Rightarrow$ (a_n) ist beschränkt: $s = 0 \leq a_n \leq \frac{5}{4} = S$ für alle $n \geq 1$.

l) (a_n) ist beschränkt: $s = 0 \leq a_n \leq 2 = S$ für alle $n \geq 1$.

$\boxed{\textbf{L 7.6}}$ **a)** $\lim\limits_{n \to \infty} \frac{1}{n} = 0$.   ($(a_n)$ ist eine Nullfolge.)

b) (a_n) ist bestimmt divergent: $\lim\limits_{n \to \infty} a_n = +\infty$.

c) Da $|a_n| > n$ für $n \geq 5$ (vgl. L 7.5 c), ist (a_n) divergent; es gilt:
$\lim\limits_{n \to \infty} a_{2n} = +\infty$, $\lim\limits_{n \to \infty} a_{2n+1} = -\infty$.

d) (a_n) konvergiert: $\lim\limits_{n \to \infty} a_n = \lim\limits_{n \to \infty} \frac{n(2 + \frac{1}{n})}{n} = \lim\limits_{n \to \infty} (2 + \frac{1}{n}) = 2$.

e) (a_n) konvergiert: $\lim\limits_{n \to \infty} a_n = \lim\limits_{n \to \infty} \frac{n(1 - \frac{1}{n})}{n(1 + \frac{1}{n})} = \lim\limits_{n \to \infty} \frac{1 - \frac{1}{n}}{1 + \frac{1}{n}} = 1$.

f) (a_n) konvergiert: $\lim\limits_{n \to \infty} a_n = \lim\limits_{n \to \infty} \frac{n(1 + \frac{3}{n})}{n(1 + \frac{1}{n})} = 1$.

g) Da (a_n) für $n \geq 10$ streng monoton fällt und nach unten durch $s = 0$ (größte untere Schranke) beschränkt ist, konvergiert (a_n), und es gilt $\lim\limits_{n \to \infty} a_n = 0$.

h) (a_n) fällt streng monoton und hat als größte untere Schranke $s = 0$ $\Rightarrow$ (a_n) konvergiert, und es gilt $\lim\limits_{n \to \infty} a_n = 0$.

i) (a_n) konvergiert: $\lim\limits_{n \to \infty} a_n = \lim\limits_{n \to \infty} \frac{n^2(1 + \frac{3}{n^2})}{n^2(1 + \frac{2}{n} + \frac{1}{n^2})} = 1$.

j) (a_n) konvergiert: $\lim\limits_{n \to \infty} a_n = \lim\limits_{n \to \infty} \frac{n^2(1 + \frac{6}{n} + \frac{8}{n^2})}{n^2(1 + \frac{5}{n} + \frac{6}{n^2})} = 1$.

k) $\lim\limits_{n \to \infty} a_n = \lim\limits_{n \to \infty} (1 + \frac{(-1)^n}{n^2}) = 1$ $\Rightarrow$ (a_n) konvergiert.

l) Es ist $\lim\limits_{n \to \infty} a_{2n} = 2$, $\lim\limits_{n \to \infty} a_{2n+1} = 0$ $\Rightarrow$ (a_n) divergiert.

$((a_n)$ hat die beiden Häufungspunkte 0 und 2).

$\boxed{\textbf{L 7.7}}$ **a)** Setze $n + 3 = m$. Dann ist (mit $n \to \infty$ gilt auch $m \to \infty$)
$\lim\limits_{n \to \infty} a_n = \lim\limits_{m \to \infty} (1 + \frac{1}{m})^{m-1} = \lim\limits_{m \to \infty} (1 + \frac{1}{m})^m \cdot \lim\limits_{m \to \infty} (1 + \frac{1}{m})^{-1} = \mathrm{e} \cdot 1 = \mathrm{e}$.

b) Setze $n - 4 = m$. Dann ist $\lim\limits_{n \to \infty} a_n = \lim\limits_{m \to \infty} \left(1 - \frac{1}{m}\right)^{3(m+4)} =$

$$\left(\lim_{m\to\infty}(1-\tfrac{1}{m})^m\right)^3 \cdot \lim_{m\to\infty}(1-\tfrac{1}{m})^{12} = (e^{-1})^3 \cdot 1 = e^{-3}.$$

c) Setze $n+2 = m$. Dann ist $\displaystyle\lim_{n\to\infty} a_n = \lim_{m\to\infty}\left(1+\tfrac{4}{m}\right)^{3(m-2)+2} =$

$$\left(\lim_{m\to\infty}(1+\tfrac{4}{m})^m\right)^3 \cdot \lim_{m\to\infty}(1+\tfrac{4}{m})^{-4} = (e^4)^3 \cdot 1 = e^{12}.$$

$\boxed{\text{L 7.8}}$ **a)** Zum Nachweis von (1) und (2) siehe L 2.30g.

Nachweis von (3): Sei $c_n = b_n - a_n = \sqrt{6+b_{n-1}} - \sqrt{6+a_{n-1}} =$

$$\frac{b_{n-1}-a_{n-1}}{\sqrt{6+b_{n-1}}+\sqrt{6+a_{n-1}}} < \frac{b_{n-1}-a_{n-1}}{2\sqrt{6}} \quad (\text{da } a_{n-1}>0, \, b_{n-1}>0) = \frac{c_{n-1}}{2\sqrt{6}} < \frac{c_{n-1}}{4}$$

$\Rightarrow c_n < \dfrac{c_{n-1}}{4} < \dfrac{c_{n-2}}{4^2} < ... < \dfrac{c_0}{4^n} \Rightarrow (c_n)$ ist Nullfolge. Für die Zahl x mit $x \in$

$[a_n, b_n]$ für alle n und mit $\displaystyle\lim_{n\to\infty} a_n = x$ muß gelten: $x = \displaystyle\lim_{n\to\infty} a_{n+1} = \lim_{n\to\infty}\sqrt{6+a_n} =$

(wegen der Stetigkeit der Wurzelfunktion) $\sqrt{6+\displaystyle\lim_{n\to\infty} a_n} = \sqrt{6+x} \Rightarrow x^2 - x - 6 =$

$0 \Rightarrow x_{1,2} = \tfrac{1}{2} \pm \sqrt{\tfrac{1}{4}+6}$. Da $a_n > 0$, muß auch $x > 0$ sein, folglich ist $x = 3$.

b) Zunächst ist klar, daß $a_n, b_n > 0$ gilt für alle $n \in I\!N$. (Beweis durch vollständige Induktion.) Nun zeigen wir, daß $b_n \geq \sqrt{A}$ ist:

$$b_n - \sqrt{A} = \tfrac{1}{2}(a_{n-1}+b_{n-1}-2\sqrt{A}) = \tfrac{1}{2}\left(\frac{A}{b_{n-1}}+b_{n-1}-2\sqrt{A}\right) =$$

$$\frac{1}{2b_{n-1}}(A+b_{n-1}^2-2\sqrt{A}b_{n-1}) = \frac{1}{2b_{n-1}}(\sqrt{A}-b_{n-1})^2 \geq 0 \Rightarrow b_n \geq \sqrt{A}. \qquad (*)$$

zu (1): $b_{n+1} - b_n = \tfrac{1}{2}(a_n+b_n) - b_n = \tfrac{1}{2}(a_n - b_n) = \tfrac{1}{2}\left(\dfrac{A}{b_n}-b_n\right) = \dfrac{1}{2b_n}(A-b_n^2) \leq 0$

nach $(*)$, d.h. $b_{n+1} \leq b_n$ für alle n $(**)$.

$$a_{n+1} - a_n = \frac{A}{b_{n-1}} - \frac{A}{b_n} = A\frac{b_n-b_{n-1}}{b_{n-1}b_n} \geq 0 \text{ nach } (**); \text{ also gilt } a_{n+1} \geq a_n \text{ für alle } n.$$

zu (2): Wir zeigen zunächst: $a_n \leq \sqrt{A}$:

$$a_n - \sqrt{A} = \frac{A}{b_n} - \sqrt{A} = \frac{A-b_n\sqrt{A}}{b_n} = \frac{\sqrt{A}}{b_1}(\sqrt{A}-b_n) \leq 0 \text{ wegen } (*).$$

Zusammen mit $(*)$ hat man $a_n \leq \sqrt{A} \leq b_n$, also $a_n \leq b_n$ für alle $n..$

zu (3): Da (b_n) monoton fällt und nach unten beschränkt ist, hat (b_n) einen Grenz-

wert B: $B = \displaystyle\lim_{n\to\infty} b_{n+1} = \lim_{n\to\infty}\frac{1}{2}\left(\frac{A}{b_n}+b_n\right) = \frac{1}{2}\left(\frac{A}{B}+B\right) \Rightarrow B^2 = A \Rightarrow B =$

$\sqrt{A}$. Damit gilt auch $\displaystyle\lim_{n\to\infty} a_n = \frac{A}{\sqrt{A}} = \sqrt{A}$. Somit ist $(b_n - a_n)$ eine Nullfolge, und

$(a_n|b_n)$ ist eine Intervallschachtelung für $\sqrt{A}$.

c) Wegen $a_0 > 0$, $b_0 > 0$ sind auch alle $a_n, b_n > 0$ für $n = 1, 2, ...$ (Beweis durch vollständige Induktion.)

zu (2): $b_n - a_n = \tfrac{1}{2}(a_{n-1}+b_{n-1}) - \sqrt{a_{n-1}b_{n-1}} = $ (nach binomischer Formel)
$\tfrac{1}{2}(\sqrt{b_{n-1}}-\sqrt{a_{n-1}})^2 \geq 0$; also gilt $b_n \geq a_n$ für alle n.

zu (1): $a_{n+1} - a_n = \sqrt{a_nb_n} - a_n = \sqrt{a_n}(\sqrt{b_n}-\sqrt{a_n}) \geq 0$ (wegen $b_n \geq a_n$ und der

Monotonie der Wurzelfunktion); also ist $a_{n+1} \geq a_n$ für alle n.

$b_{n+1} - b_n = \frac{1}{2}(a_n + b_n) - b_n = \frac{1}{2}(a_n - b_n) \leq 0$ (wegen $b_n \geq a_n$); somit ist $b_{n+1} \leq b_n$ für alle n.

zu (3): $c_n = b_n - a_n = \frac{1}{2}(\sqrt{b_{n-1}} - \sqrt{a_{n-1}})^2$ (vgl.(2)) $= \frac{1}{2}(b_{n-1} + a_{n-1} - 2\sqrt{b_{n-1}a_{n-1}}) = \frac{1}{2}(b_{n-1} + a_{n-1} - 2a_n) = \frac{1}{2}(b_{n-1} - a_{n-1} + 2(a_{n-1} - a_n)) \leq \frac{1}{2}(b_{n-1} - a_{n-1})$ (vgl. (1)) $= \frac{1}{2}c_{n-1}$. In gleicher Weise erhält man $\frac{1}{2}c_{n-1} \leq \frac{1}{2} \cdot \frac{1}{2}c_{n-2} \leq ... \leq \frac{1}{2^n}c_0$. Somit ist $c_n \leq (\frac{1}{2})^n c_0$, also ist (c_n) eine Nullfolge.

L 7.9 a) Die zurückzuzahlende Summe ergibt sich als a_8 der arithmetischen Zahlenfolge mit $a_0 = 5\,000$, $d = \frac{1}{12} \cdot \frac{9}{100} \cdot 5\,000$: $a_8 = a_0 + 8d = 5\,000(1 + \frac{8}{12} \cdot \frac{9}{100}) = 5\,300$. Herr A. hat am 30.9.1998 5\,300 DM zurückzuzahlen.

b) Wegen $a_6 = a_0 + 6d = 5\,230$ folgt $d = \frac{a_6 - a_0}{6} = \frac{230}{6}$. Dies ist gleichzusetzen mit $\frac{1}{12} \cdot \frac{p}{100} \cdot 5\,000 \Rightarrow \frac{p}{100} = 0.092$, d.h., der Jahreszins der Bank C betrug 9.2%.

L 7.10 Die Zeit t vom 10.6. bis 31.12.1997 entspricht $20 + 6 \cdot 30$ Tagen $= \frac{200}{360}$ Jahren. In dieser Zeit sind die Schulden von $K_0 = 12\,000$ DM auf $K = 12\,720$ DM angewachsen. Wegen $K = (1 + t \cdot i) K_0$ ist $i = \frac{\frac{K}{K_0} - 1}{t} = \left(\frac{12\,720}{12\,000} - 1\right) \cdot \frac{360}{200} = 0.108$. Es war also ein Jahreszins von 10.8% vereinbart worden.

L 7.11 Wir wählen als Bezugsdatum den 15.9.1997. An diesem Tag hat

- die am 23.3.97 gezahlte Summe (nach einer Laufzeit von 172 Tagen) den Wert $10\,000(1 + \frac{10}{100} \cdot \frac{172}{360})$ DM $= 10\,477.78$ DM

- die am 15.5.97 gezahlte Summe (nach einer Laufzeit von 120 Tagen) den Wert $15\,000(1 + \frac{10}{100} \cdot \frac{120}{360})$ DM $= 15\,500$ DM

- die am 15.9.97 gezahlte Summe (nach einer Laufzeit von 0 Tagen) den Wert $15\,000(1 + \frac{10}{100} \cdot \frac{0}{360})$ DM $= 15\,000$ DM.

Das ist insgesamt ein Wert von $40\,977.78$ DM. Dies ist gleichzusetzen dem Wert, den die Summe der einzelnen Zahlungen, nämlich $40\,000$ DM, t Tage *vor* dem 15.9.1997 hätte: $40\,977.78 = 40\,000(1 + \frac{10}{100} \cdot \frac{t}{360}) \Rightarrow t = 88$, d.h. 88 Tage vor dem 15.9.97, also am 17.6.1997 wäre die Schuld mit $40\,000$ DM zu tilgen gewesen.

L 7.12 Bei einfacher Verzinsung wächst das Kapital auf $K_7 = 20\,000(1 + \frac{4}{100} \cdot 7) = 25\,600.00$ DM, bei Verzinsung mit Zinseszins auf $\overline{K}_7 = 20\,000(1 + \frac{4}{100})^7 = 26\,318.64$ DM. Der Unterschied beträgt 718.64 DM.

L 7.13 a) Man löst die Beziehung $K_n = K_0 q^n$, $q = 1 + \frac{p}{100}$, nach n auf und erhält: $n = (\ln q)^{-1} \ln(\frac{K_n}{K_0})$. Für das vorliegende Beispiel ist $n = 14.99$, d.h. nach 15 Jahren würde das Anfangskapital von $10\,000$ DM auf $18\,000$ DM angewachsen sein.

b) Verdopplung bei einfacher Verzinsung nach n Jahren:

$2K_0 = K_0(1 + \frac{4}{100} \cdot n) \ \Rightarrow \ n = 25$ Jahre .

Verdopplung bei Zinseszins nach n Jahren:

$2K_0 = K_0(1 + \frac{4}{100})^n \ \Rightarrow \ n = \dfrac{\ln 2}{\ln 1.04} = 17.67$ Jahre

d.h., bereits nach 17 Jahren und 8 Monaten hat sich K_0 verdoppelt.

c) Forderung: $4K_0 = K_0(1+\frac{p}{100})^{20} \Rightarrow \frac{p}{100} = \sqrt[20]{4} - 1 = 0.07177$, d.h., jedes beliebige Kapital vervierfacht sich nach 20 Jahren bei einem Zinssatz von etwa 7.2%.

$\boxed{\text{L 7.14}}$ Das Bezugsdatum sei der Verkaufstag. Dann müssen die später erfolgenden Zahlungen abgezinst werden mit $q = 1.05$ pro Jahr. Das bedeutet für das
Angebot A (in DM): $100\,000 + 120\,000q^{-2} + 190\,000q^{-5} = 357\,713.51$
Angebot B (in DM): $150\,000 + \ \ 80\,000q^{-4} + 200\,000q^{-8} = 351\,184.07$.
Angebot A erbringt den größeren Kaufertrag.

$\boxed{\text{L 7.15}}$ Nach Abgießen des Spülwassers (0. Spülung) verbleiben im Haftwasser (v Liter) g_0 Gramm von B.

a) Nach der 1. Zugabe von V Litern Spülwasser ergibt sich für B die Konzentration $c_0 = \dfrac{g_0}{v + V}$. Nach dem Abgießen des Spülwassers verbleiben g_1 Gramm von B in v Litern Haftwasser mit derselben Konzentration wie sie in $v + V$ Litern Wasser vorlag, d.h.

$$c_0 = \frac{g_0}{v + V} = \frac{g_1}{v} \ \Rightarrow \ g_1 = \frac{v}{v + V} g_0 = \alpha g_0 \ \text{ mit } \alpha = \frac{v}{v + V}.$$

b) Nach der 2. Zugabe von V Litern Spülwasser hat B die Konzentration $c_1 = \dfrac{g_1}{v + V}$. Nach dem Abgießen des Spülwassers verbleiben g_2 Gramm von B in v Litern Haftwasser mit derselben Konzentration wie sie in $v + V$ Litern Wasser vorlag, d.h.

$$c_1 = \frac{g_1}{v + V} = \frac{g_2}{v} \ \Rightarrow \ g_2 = \frac{v}{v + V} g_1 = \alpha^2 g_0 \ \text{ usw.}$$

Allgemein ist $g_n = \alpha^n g_0$. Für das Beispiel ist $g_1 = 3.125$ Gramm, $g_2 = 0.195$ Gramm, $g_3 = 0.012$ Gramm, $\ldots, g_n = (\frac{1}{16})^n\, 50$ Gramm.

c) Wir ersetzen V durch $\dfrac{W}{n}$ und erhalten so

$$g_n = \left(\frac{v}{v + \frac{W}{n}}\right)^n g_0 = \left(\frac{1}{1 + \frac{W}{nv}}\right)^n g_0.$$

Mit der Substitution $\dfrac{W}{nv} = \dfrac{1}{x}$ erhält man $g_n = \left[\left(\dfrac{1}{1 + \frac{1}{x}}\right)^x\right]^{\frac{W}{v}} g_0.$

Beim Grenzübergang $n \to \infty$ geht auch $x \to \infty$, und wegen

$$\lim_{x \to \infty} \left(\frac{1}{1 + \frac{1}{x}}\right)^x = \frac{1}{\lim\limits_{x \to \infty}(1 + \frac{1}{x})^x} = e^{-1} \ \text{ erhält man schließlich } \ \lim_{n \to \infty} g_n = e^{-\frac{W}{v}} g_0.$$

Beispiel: Ist $W = 75$ Liter die insgesamt verfügbare Menge Wasser, die gleichmäßig auf $n = 5$ Spülungen verteilt werden muß, dann behält man nach 5 Spülungen mit je 15 Litern Spülwasser einen Restbestand an B von 0.049 Gramm, nach einer sehr großen Anzahl von Spülungen (n sehr groß) mit jeweils $\dfrac{W}{n}$ Litern Wasser einen Restbestand des Stoffes B von etwa $1.5 \cdot 10^{-5}$ Gramm.

Steht dagegen das Spülwasser in unbegrenzter Menge zur Verfügung, so daß man jeweils mit 75 Litern spülen kann, so ist der Restbestand an B nach 5 Spülungen bereits auf $4.8 \cdot 10^{-5}$ Gramm gesunken, und nach 6 Spülungen sind von B nur noch $3 \cdot 10^{-6}$ Gramm vorhanden.

11.8 Lösungen zu Kapitel 8

$\boxed{\text{L 8.1}}$ Offensichtlich haben $(\hat{x}_n)$ und $(\tilde{x}_n)$ den Grenzwert 1:

$$\lim_{n \to \infty} \hat{x}_n = \lim_{n \to \infty} \left(1 + \tfrac{1}{n}\right) = 1, \quad \lim_{n \to \infty} \tilde{x}_n = \lim_{n \to \infty} \left(1 - \tfrac{1}{n+2}\right) = 1.$$

a) $f(\hat{x}_n) = 1 + \tfrac{1}{n} - 1$, $\displaystyle\lim_{n \to \infty} f(\hat{x}_n) = 0$; $f(\tilde{x}_n) = 1 - \tfrac{1}{n+2} - 1$, $\displaystyle\lim_{n \to \infty} f(\tilde{x}_n) = 0$.
Die Übereinstimmung dieser beiden Grenzwerte ist allerdings noch kein Beweis dafür, daß f bei $x = 1$ den Grenzwert 0 besitzt. Es ist aber leicht einzusehen, daß für *jede* Zahlenfolge (x_n) mit $\displaystyle\lim_{n \to \infty} x_n = 1$ gilt: $\displaystyle\lim_{n \to \infty} f(x_n) = \lim_{n \to \infty} (x_n - 1) =$ $\displaystyle\lim_{n \to \infty} x_n - 1 = 1 - 1 = 0$. Somit hat f bei $x = 1$ den Grenzwert 0: $\displaystyle\lim_{x \to 1} f(x) = 0$.

b) Es ist $f(\hat{x}_n) = |1 + \tfrac{1}{n} - 1| + 2 = \tfrac{1}{n} + 2$, $\displaystyle\lim_{n \to \infty} f(\hat{x}_n) = 2$,
$f(\tilde{x}_n) = |1 - \tfrac{1}{n+2} - 1| + 2 = \tfrac{1}{n+2} + 2$, $\displaystyle\lim_{n \to \infty} f(\tilde{x}_n) = 2$.
Zum gleichen Ergebnis kommt man mit jeder Zahlenfolge (x_n), für die $\displaystyle\lim_{n \to \infty} x_n = 1$ gilt. Für eine solche Zahlenfolge kann $x_n = 1 + \delta_n$ mit $\displaystyle\lim_{n \to \infty} \delta_n = \lim_{n \to \infty} (x_n - 1) =$ $\displaystyle\lim_{n \to \infty} x_n - 1 = 0$ gesetzt werden. Somit ist $\displaystyle\lim_{n \to \infty} f(x_n) = \lim_{n \to \infty} |1 + \delta_n - 1| + 2 =$ $|\displaystyle\lim_{n \to \infty} \delta_n| + 2 = 2$. Ergebnis: $\displaystyle\lim_{x \to 1} f(x) = 2$.

c) $f(\hat{x}_n) = \sqrt{1 + \tfrac{1}{n} - 1} = \tfrac{1}{\sqrt{n}}$, $\displaystyle\lim_{n \to \infty} f(\hat{x}_n) = 0$, $f(\tilde{x}_n) = \sqrt{1 - \tfrac{1}{n+2} - 1}$ ist für kein $n \in I\!N$ definiert, da der Radikand kleiner als 0 ist. Somit gibt es gegen 1 konvergente Zahlenfolgen (x_n) (nämlich solche mit Gliedern < 1), so daß $\displaystyle\lim_{n \to \infty} f(x_n)$ nicht existiert.
f hat daher bei $x = 1$ *keinen* Grenzwert, sondern lediglich den *rechtsseitigen Grenzwert* 0; denn für jede Folge (x_n) mit $x_n > 1$, $\displaystyle\lim_{n \to \infty} x_n = 1$ folgt $\displaystyle\lim_{n \to \infty} f(x_n) = 0$.
Ergebnis: $\displaystyle\lim_{x \to 1+0} f(x) = 0$, $\displaystyle\lim_{x \to 1-0} f(x)$ existiert nicht.

d) $f(\hat{x}_n) = \dfrac{1}{1 + \tfrac{1}{n} - 1} = n$, $\displaystyle\lim_{n \to \infty} f(\hat{x}_n) = +\infty$. $f(\tilde{x}_n) = \dfrac{1}{1 - \tfrac{1}{n+2} - 1} = -(n + 2)$,
$\displaystyle\lim_{n \to \infty} f(\tilde{x}_n) = -\infty$. Ergebnis: f hat bei $x = 1$ *keinen* Grenzwert.

Man überlegt sich leicht, daß $(f(x_n^+))$ für jede Zahlenfolge (x_n^+) mit $x_n^+ > 1$, $\lim\limits_{n\to\infty} x_n^+ = 1$, bestimmt gegen $+\infty$ und $(f(x_n^-))$ für jede Zahlenfolge (x_n^-) mit $x_n^- < 1$, $\lim\limits_{n\to\infty} x_n^- = 1$, bestimmt gegen $-\infty$ divergiert; also gilt: $\lim\limits_{x\to 1-0} f(x) = -\infty$, $\lim\limits_{x\to 1+0} f(x) = +\infty$.

e) $f(\hat{x}_n) = \dfrac{1}{(1 + \frac{1}{n} - 1)^2} = n^2$, $\lim\limits_{n\to\infty} f(\hat{x}_n) = +\infty$. $f(\tilde{x}_n) = \dfrac{1}{(1 - \frac{1}{n+2} - 1)^2} = (n+2)^2$, $\lim\limits_{n\to\infty} f(\tilde{x}_n) = +\infty$. f divergiert sowohl bei links- als auch bei rechtsseitiger Annäherung an $x = 1$ gegen $+\infty$: $\lim\limits_{x\to 1} f(x) = +\infty$.

f) $f(\hat{x}_n) = \dfrac{(\hat{x}_n - 1)(\hat{x}_n + 1)}{\hat{x}_n - 1} = \hat{x}_n + 1 = 1 + \dfrac{1}{n} + 1 = 2 + \dfrac{1}{n}$; $\lim\limits_{n\to\infty} f(\hat{x}_n) = \lim\limits_{n\to\infty} (2 + \dfrac{1}{n}) =$

2. $f(\tilde{x}_n) = \dfrac{(\tilde{x}_n - 1)(\tilde{x}_n + 1)}{\tilde{x}_n - 1} = \tilde{x}_n + 1 = 1 - \dfrac{1}{n+2} + 1 = 2 - \dfrac{1}{n+2}$; $\lim\limits_{n\to\infty} f(\tilde{x}_n) =$

$\lim\limits_{n\to\infty} (2 - \dfrac{1}{n+2}) = 2$. Da auch für beliebige, gegen 1 konvergierende Zahlenfolgen (x_n), $x_n \neq 1$, gilt: $f(x_n) = \dfrac{(x_n - 1)(x_n + 1)}{x_n - 1} = x_n + 1$, ist also stets $\lim\limits_{n\to\infty} f(x_n) = 2$.

Ergebnis: $\lim\limits_{x\to 1} f(x) = 2$.

$\boxed{\text{L 8.2}}$ a) $\lim\limits_{x\to\pm\infty} \dfrac{x^2(1 + \frac{5}{x} - \frac{6}{x^2})}{x^2(2 - \frac{3}{x} + \frac{1}{x^2})} = \dfrac{1 + \lim\limits_{x\to\pm\infty} \frac{5}{x} - \lim\limits_{x\to\pm\infty} \frac{6}{x^2}}{2 - \lim\limits_{x\to\pm\infty} \frac{3}{x} + \lim\limits_{x\to\pm\infty} \frac{1}{x^2}} = \dfrac{1}{2}$

b) $\lim\limits_{x\to\pm\infty} \dfrac{x(4 - \frac{2}{x})}{x^2(1 + \frac{1}{x^2})} = \lim\limits_{x\to\pm\infty} \dfrac{1}{x} \cdot \dfrac{4 - \frac{2}{x}}{1 + \frac{1}{x^2}} = \lim\limits_{x\to\pm\infty} \dfrac{1}{x} \cdot \dfrac{4 - \lim\limits_{x\to\pm\infty} \frac{2}{x}}{1 + \lim\limits_{x\to\pm\infty} \frac{1}{x^2}} = 0$

c) $\lim\limits_{x\to -\infty} \dfrac{x^2(1 + \frac{1}{x^2})}{x(1 - \frac{1}{x})} = \lim\limits_{x\to -\infty} x \cdot \dfrac{1 + \frac{1}{x^2}}{1 - \frac{1}{x}} = \lim\limits_{x\to -\infty} x \cdot \dfrac{1 + \lim\limits_{x\to -\infty} \frac{1}{x^2}}{1 - \lim\limits_{x\to -\infty} \frac{1}{x}} = -\infty$

d) $\lim\limits_{x\to 2} \dfrac{(x - 2)(x + 4)}{x(x - 2)} = \lim\limits_{x\to 2} \dfrac{x + 4}{x} = 3$

e) $\lim\limits_{x\to\pm\infty} \dfrac{\sum\limits_{i=1}^{20}(ix + 1)^2}{x^2 + 4} = \lim\limits_{x\to\pm\infty} \dfrac{x^2 \sum\limits_{i=1}^{20} i^2 + 2x \sum\limits_{i=1}^{20} i + \sum\limits_{i=1}^{20} 1^i}{x^2 + 4} =$

$\lim\limits_{x\to\pm\infty} \dfrac{x^2[\sum\limits_{i=1}^{20} i^2 + \frac{2}{x} \sum\limits_{i=1}^{20} i + \frac{1}{x^2} \sum\limits_{i=1}^{20} 1^i]}{x^2(1 + \frac{4}{x^2})} = \sum\limits_{i=1}^{20} i^2 = 2\,870 \quad (\text{vgl. A 2.30a, d})$

f) Wegen $\dfrac{x^n - 1}{x - 1} = \sum\limits_{i=0}^{n-1} x^i$ für $x \neq 1$ (vgl. A 2.30b) ist

$\lim\limits_{x\to 1} \dfrac{x^n - 1}{x - 1} = \lim\limits_{x\to 1} \sum\limits_{i=0}^{n-1} x^i = \sum\limits_{i=0}^{n-1} \lim\limits_{x\to 1} x^i = \sum\limits_{i=0}^{n-1} 1^i = n$

g) $\displaystyle \lim_{x\to\pm\infty} \frac{x(1+\frac{3}{x})x(1-\frac{4}{x})x(3+\frac{5}{x})}{x^2(1+\frac{1}{x^2})|x|\sqrt{\frac{3}{x^2}+4}} = \pm\, \frac{\displaystyle\lim_{x\to\pm\infty}(1+\frac{3}{x})(1-\frac{4}{x})(3+\frac{5}{x})}{\displaystyle\lim_{x\to\pm\infty}(1+\frac{1}{x^2})\sqrt{\frac{3}{x^2}+4}} = \pm\frac{3}{2}$

h) $\displaystyle \lim_{x\to 0}\frac{x}{\sqrt{x+4}-2} = \lim_{x\to 0}\frac{x(\sqrt{x+4}+2)}{(\sqrt{x+4}-2)(\sqrt{x+4}+2)} = \lim_{x\to 0}\frac{x(\sqrt{x+4}+2)}{x+4-4} =$

$\displaystyle \lim_{x\to 0}(\sqrt{x+4}+2) = 4$

i) $\displaystyle \lim_{x\to+\infty}\frac{(\sqrt{4x^2-3x}-2x)(\sqrt{4x^2-3x}+2x)}{\sqrt{4x^2-3x}+2x} = \lim_{x\to+\infty}\frac{4x^2-3x-4x^2}{\sqrt{4x^2-3x}+2x} =$

$\displaystyle \lim_{x\to+\infty}\frac{-3x}{x(\sqrt{4-\frac{3}{x}}+2)} = \frac{-3}{\displaystyle\lim_{x\to+\infty}(\sqrt{4-\frac{3}{x}}+2)} = -\frac{3}{4}$

$\boxed{\textbf{L 8.4}}$ Unstetigkeitsstellen einer gebrochen rationalen Funktion sind die Nullstellen ihrer Nennerfunktion.

a) Da $x^2+1 \neq 0$ für alle $x \in \mathbb{R}$, ist f überall stetig. Vgl. Bild L 8.4a.

b) $x=2$ ist Nullstelle des Nenners von f. Es ist $\displaystyle\lim_{x\to 2\pm 0}\frac{4(x-2)^2}{x-2} = \lim_{x\to 2\pm 0}4(x-2) = 0$.

Ergebnis: f ist unstetig bei $x=2$ (Lücke, hebbare Unstetigkeit), sonst überall stetig. Vgl. Bild L 8.4b.

c) Die Nullstellen des Nenners von f sind $x=0$ und $x=-3$. Es ist

$\displaystyle\lim_{x\to 0-0}\frac{x^2+x-6}{x(x+3)} = \lim_{x\to 0-0}\frac{x^2+x-6}{x+3}\cdot\lim_{x\to 0-0}\frac{1}{x} = -2\cdot\lim_{x\to 0-0}\frac{1}{x} = +\infty,$

$\displaystyle\lim_{x\to 0+0}\frac{x^2+x-6}{x(x+3)} = \lim_{x\to 0+0}\frac{x^2+x-6}{x+3}\cdot\lim_{x\to 0+0}\frac{1}{x} = -2\cdot\lim_{x\to 0+0}\frac{1}{x} = -\infty,$

$\displaystyle\lim_{x\to -3\pm 0}\frac{(x+3)(x-2)}{x(x+3)} = \lim_{x\to -3\pm 0}\frac{x-2}{x} = \frac{5}{3}.$

Ergebnis: f ist unstetig bei $x=0$ (Polstelle 1. Ordnung) und bei $x=-3$ (Lücke, hebbare Unstetigkeit), ansonsten ist f stetig. Vgl. Bild L 8.4c.

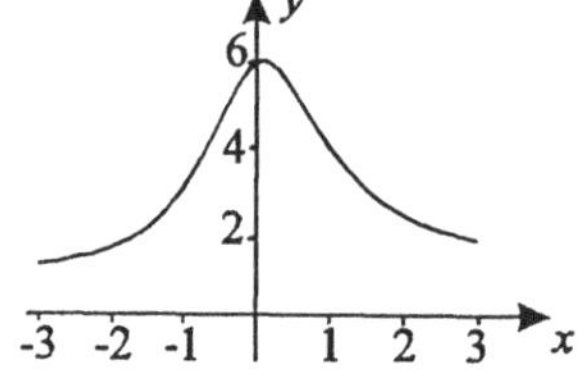

Bild L 8.4a

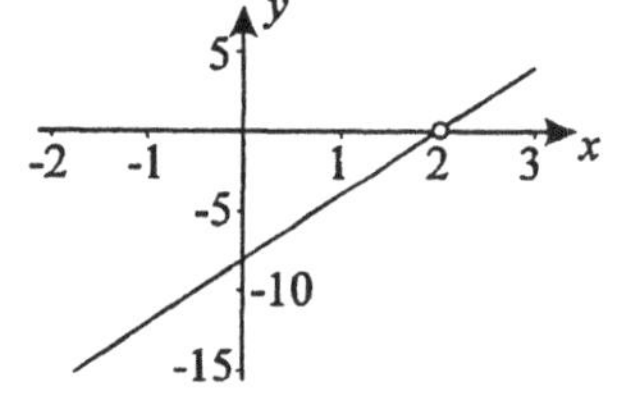

Bild L 8.4b

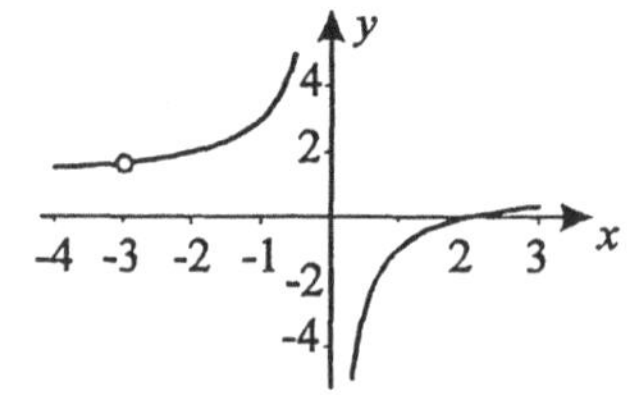

Bild L 8.4c

d) $y = \begin{cases} 2x & \text{für} & x < 1 \\ -2x+4 & \text{für} & x \geq 1 \end{cases}$. Es ist $\displaystyle\lim_{x\to 1\pm 0}f(x) = 2 = f(1)$.

Ergebnis: f ist überall stetig. Vgl. Bild L 8.4d.

e)

$$y = \begin{cases} \dfrac{2}{x} & \text{für} \quad x < -2 \\ -1 & \text{für} \quad -2 \le x < 0 \\ 1 & \text{für} \quad 0 < x \le 2 \\ \dfrac{2}{x} & \text{für} \quad 2 < x \end{cases}$$

Untersuchung der "kritischen" Stellen
$x = -2$, $x = 0$, $x = 2$:

$$\lim_{x \to -2\pm 0} f(x) = -1 = f(-2),$$

$$\lim_{x \to 2\pm 0} f(x) = 1 = f(2).$$

$$\lim_{x \to 0-0} f(x) = -1, \quad \lim_{x \to 0+0} f(x) = 1;$$

$f(0)$ ist nicht definiert.

Ergebnis: f ist unstetig bei $x = 0$ (Sprungstelle mit Sprunghöhe 2), sonst überall stetig. Vgl. Bild L 8.4e.

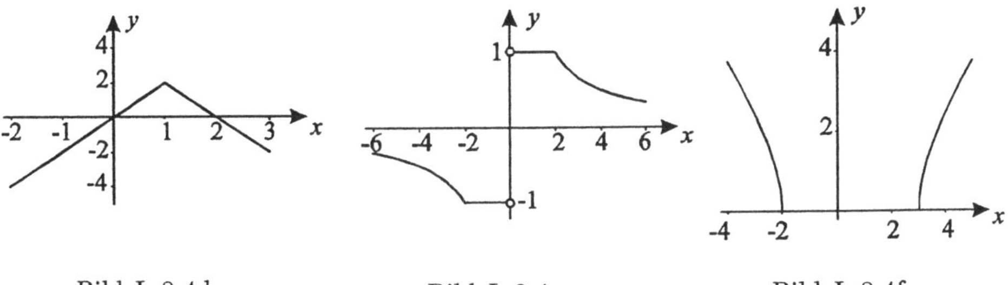

Bild L 8.4d   Bild L 8.4e   Bild L 8.4f

f) Der Radikand $x^2 - x - 6$ ist ≥ 0 nur für $x \le -2$ oder $x \ge 3$. Daher ist f nicht definiert für $x \in (-2, 3)$: $D_f = \mathbb{R} \setminus (-2, 3)$.

$$\lim_{x \to -2-0} f(x) = \lim_{x \to -2-0} \sqrt{(x + 2)(x - 3)} = 0 = f(-2)$$

(Beachte: Der Radikand ist ≥ 0, da seine beiden Faktoren für $x \le -2$ kleiner oder gleich 0 sind.)

$$\lim_{x \to 3+0} f(x) = \lim_{x \to 3+0} \sqrt{(x + 2)(x - 3)} = 0 = f(3)$$

(Beachte: Der Radikand ist ≥ 0, da seine beiden Faktoren für $x \ge 3$ größer oder gleich 0 sind.)

Daher ist f $\left.\begin{array}{l} \text{bei} \quad x = -2 \text{ linksseitig stetig,} \\ \text{bei} \quad x = 3 \text{ rechtsseitig stetig} \end{array}\right\}$ und im übrigen Definitionsbereich stetig. Vgl. Bild L 8.4f.

g) $y = \dfrac{\sqrt{4(x - 2)^2}}{x - 2} = \dfrac{2|x - 2|}{x - 2} = \begin{cases} -2 & \text{für} \quad x < 2 \\ 2 & \text{für} \quad x > 2 \end{cases}$,

$\lim\limits_{x \to 2-0} f(x) = -2$, $\lim\limits_{x \to 2+0} f(x) = 2$. Ergebnis: f ist bei $x = 2$ unstetig ($x = 2$ ist Sprungstelle mit Sprunghöhe 4), sonst überall stetig. Vgl. Bild L 8.4g.

h) $y = \dfrac{3x + 4}{\sqrt{x^2 + 4x + 4 - 8x} - x + 2} = \dfrac{3x + 4}{\sqrt{(x - 2)^2} - x + 2} = \dfrac{3x + 4}{|x - 2| - (x - 2)} =$

$-\dfrac{3x + 4}{2(x - 2)}$ für $x < 2$. Für $x \ge 2$ ist f nicht definiert.

$$\lim_{x \to 2-0} f(x) = -\lim_{x \to 2-0} \frac{3x + 4}{2(x - 2)} = +\infty.$$

Ergebnis: f ist für $x < 2$ stetig, bei $x = 2$ unstetig ($x = 2$ ist Unendlichkeitsstelle, es liegt *keine* linksseitige Stetigkeit vor). Vgl. Bild L 8.4h.

i) Da $y = \ln z$ nur für $z > 0$ definiert ist, lautet der Definitionsbereich des vorgegebenen f : $D_f = (-\infty, -2) \cup (2, +\infty)$.
Wir untersuchen nun die Randpunkte $x = -2$ und $x = 2$ von D_f:
$$\lim_{x \to -2-0} f(x) = \lim_{x \to -2-0} \ln(x^2 - 4) = \lim_{x \to 2+0} f(x) = \lim_{x \to 2+0} \ln(x^2 - 4) = -\infty$$
(Beachte: x^2 bleibt ≥ 4 sowohl bei $x \to -2 - 0$ als auch bei $x \to 2 + 0$.)

Ergebnis: $f(x)$ ist für $x \in (-\infty, -2) \cup (2, +\infty)$ stetig, bei $x = -2$ und bei $x = 2$ unstetig (f ist also bei $x = -2$ *nicht* linksseitig stetig und bei $x = 2$ *nicht* rechtsseitig stetig). Vgl. Bild L 8.4i.

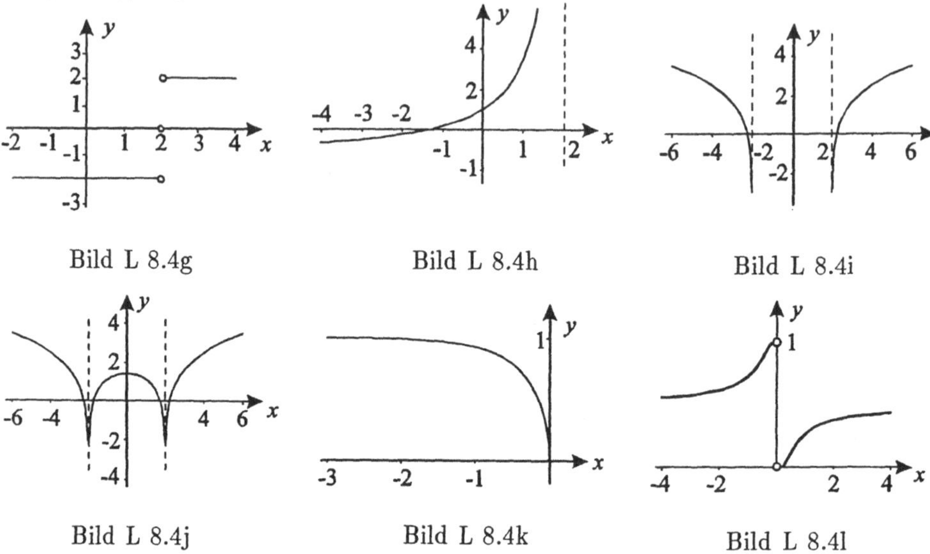

Bild L 8.4g   Bild L 8.4h   Bild L 8.4i

Bild L 8.4j   Bild L 8.4k   Bild L 8.4l

j) Es ist $f = \begin{cases} \ln(x^2 - 4), & x \in (-\infty, -2) \cup (2, +\infty) \\ \ln(4 - x^2), & x \in (-2, 2) \end{cases}$.

Untersuchung der Randpunkte $x = -2$ und $x = 2$ von D_f:
$$\lim_{x \to -2-0} f(x) = \lim_{x \to 2+0} f(x) = -\infty \quad \text{(vgl. A 8.4i)}.$$
$$\lim_{x \to -2+0} f(x) = \lim_{x \to -2+0} \ln(4 - x^2) = -\infty, \quad \lim_{x \to 2-0} f(x) = \lim_{x \to 2-0} \ln(4 - x^2) = -\infty.$$
(Beachte: x^2 bleibt ≤ 4 sowohl bei $x \to -2 + 0$ als auch bei $x \to 2 - 0$.)

Ergebnis: f ist in D_f stetig. Die Randpunkte $x = -2$ und $x = 2$ des Definitionsbereichs sind Unendlichkeitsstellen. Vgl. Bild L 8.4j.

k) f ist nur dort definiert, wo $1 - e^{2x} \geq 0$ ist, d.h. $D_f = (-\infty, 0]$. Untersuchung des Randpunkts $x = 0$: $\lim_{x \to 0-0} f(x) = \lim_{x \to 0-0} \sqrt{1 - e^{2x}} = 0 = f(0)$. (Beachte: e^{2x} bleibt ≤ 1 bei $x \to 0 - 0$.) Ergebnis: f ist bei $x = 0$ linksseitig stetig, im übrigen D_f stetig. Vgl. Bild L 8.4k.

l) f ist in $I\!R \setminus \{0\}$ definiert. Für die Untersuchung von f im Randpunkt $x = 0$ des Definitionsbereichs betrachten wir zunächst das Verhalten von $e^{\frac{1}{x}}$ bei $x = 0$ (vgl. A 8.3): Es ist $\lim\limits_{x\to 0-0} e^{\frac{1}{x}} = \lim\limits_{u\to -\infty} e^u = 0$, $\lim\limits_{x\to 0+0} e^{\frac{1}{x}} = \lim\limits_{u\to +\infty} e^u = +\infty$.

Daher ist $\lim\limits_{x\to 0-0} f(x) = \dfrac{1}{1 + \lim\limits_{x\to 0-0} e^{\frac{1}{x}}} = 1$, $\lim\limits_{x\to 0+0} f(x) = \dfrac{1}{1 + \lim\limits_{x\to 0+0} e^{\frac{1}{x}}} = 0$.

Ergebnis: f ist bei $x = 0$ unstetig (Sprungstelle mit Sprunghöhe 1). Vgl. Bild L8.4l.

L 8.5 $f: y = \arcsin x$ und $f: y = \arccos x$ sind stetig in $(-1, 1)$. Weiter gilt:

$$\lim_{x\to -1+0} \arcsin x = -\frac{\pi}{2} = \arcsin(-1), \quad \lim_{x\to 1-0} \arcsin x = \frac{\pi}{2} = \arcsin(1),$$

$$\lim_{x\to -1+0} \arccos x = \pi = \arccos(-1), \quad \lim_{x\to 1-0} \arccos x = 0 = \arccos(1).$$

Somit sind $\arcsin x$ und $\arccos x$ an der Stelle $x = -1$ rechtsseitig und an der Stelle $x = 1$ linksseitig stetig.

$f: y = \arctan x$ und $f: y = \mathrm{arccot}\, x$ sind in ganz $I\!R$ stetig.

$$\lim_{x\to \pm\infty} \arctan x = \pm\frac{\pi}{2}, \quad \lim_{x\to +\infty} \mathrm{arccot}\, x = \pi, \quad \lim_{x\to -\infty} \mathrm{arccot}\, x = 0.$$

L 8.6 a) f hat bei $x = 0$ eine Sprungstelle mit der Sprunghöhe 2. $f(0)$ ist nicht definiert. Vgl. Bild L 8.6a.

b) f ist eine Treppenfunktion, die an den Stellen $x = k$, $k \in Z\!\!Z$, Sprünge der Höhe 1 hat und dort rechtsseitig stetig ist. Vgl. Bild L 8.6b.

c) f ist eine periodische Funktion (Grundperiode $T = 2$), die an den Stellen $x = 1+2k$, $k \in Z\!\!Z$, Sprünge der Höhe 2 hat und dort linksseitig stetig ist. Vgl. Bild L 8.6c.

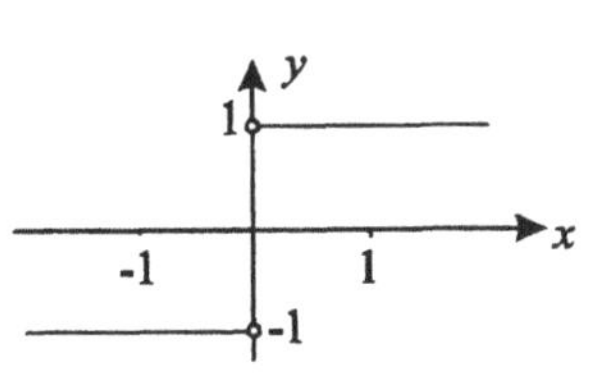

Bild L 8.6a

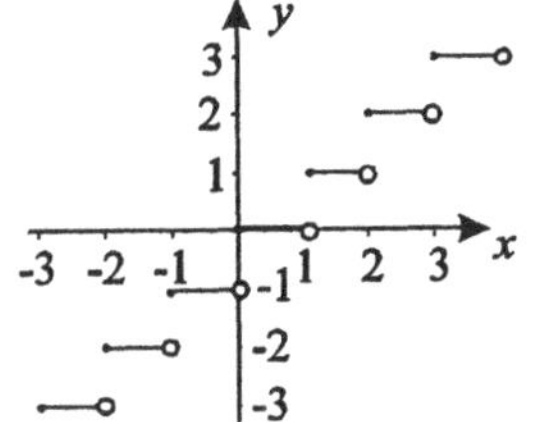

Bild L 8.6b

Bild L 8.6c

d) f ist eine periodische Funktion (Grundperiode $T = 4$), die an den Stellen $x = 2k$, $k \in Z\!\!Z$, Sprünge der Höhe 2 hat und an den Stellen $x = 4k + 2$, $k \in Z\!\!Z$, rechtsseitig stetig ist. Vgl. Bild L 8.6d.

e) Untersuchung an der Stelle $x = 0$:

$$\lim_{x\to 0-0} f(x) = \lim_{x\to 0-0}(1-e^x) = 0, \quad \lim_{x\to 0+0} f(x) = \lim_{x\to 0+0}(x^2 - x) = 0, \quad f(0) = 0.$$

Untersuchung an der Stelle $x = 2$:

$$\lim_{x\to 2-0} f(x) = \lim_{x\to 2-0}(x^2 - x) = 2, \quad \lim_{x\to 2+0} f(x) = \lim_{x\to 2+0}(1-x) = -1, \quad f(2) = -1.$$

Ergebnis: f hat bei $x = 2$ einen Sprung der Höhe 3, ist dort rechtsseitig stetig und in $\mathbb{R} \setminus \{2\}$ – insbesondere auch bei $x = 0$ – stetig. Vgl. Bild L 8.6e.

f) Untersuchung an der Stelle $x = -1$: $\lim_{x\to -1-0} f(x) = \lim_{x\to -1-0} x^2 = 1$, $\lim_{x\to -1+0} f(x) =$

$\lim_{x\to -1+0} \sin(\frac{\pi}{2}x + \pi) = \sin(\frac{\pi}{2}) = 1$, $f(-1) = 0$. Somit stimmen bei $x = -1$ rechts- und linksseitiger Grenzwert überein, unterscheiden sich aber von $f(-1)$. f hat daher bei $x = -1$ eine hebbare Unstetigkeit und ist ansonsten stetig.

Würde man als Funktionswert bei $x = -1$ nicht 0, sondern 1 vereinbaren, dann wäre die so definierte Funktion überall stetig. Vgl. Bild L 8.6f.

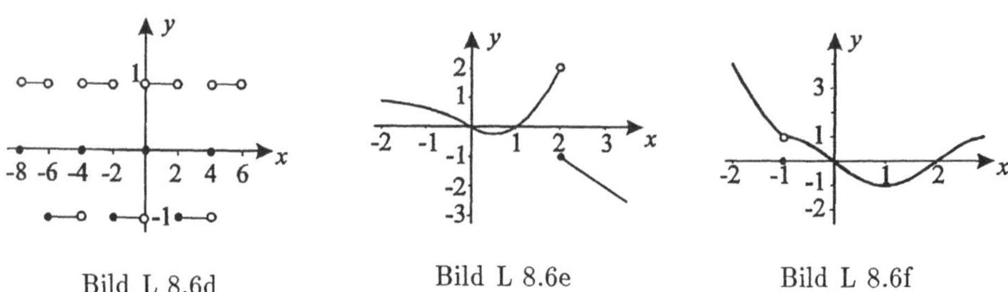

Bild L 8.6d   Bild L 8.6e   Bild L 8.6f

$\boxed{\text{L 8.7}}$ Es ist zu fordern, daß bei $x = -2$ und bei $x = 1$ links- und rechtsseitiger Grenzwert und Funktionswert übereinstimmen.

$$x = -2: \quad \left.\begin{array}{l} \lim_{x\to -2-0} f(x) = \lim_{x\to -2-0}(1 - Ax) = 1 + 2A \\[2mm] \lim_{x\to -2+0} f(x) = \lim_{x\to -2+0}(x^2 + Bx + 3) = 7 - 2B = f(-2) \end{array}\right\} \Rightarrow$$

$$1.\text{Forderung: } 1 + 2A = 7 - 2B$$

$$x = 1: \quad \left.\begin{array}{l} \lim_{x\to 1-0} f(x) = \lim_{x\to 1-0}(x^2 + Bx + 3) = 4 + B = f(1) \\[2mm] \lim_{x\to 1+0} f(x) = \lim_{x\to 1+0}(2A + x) = 2A + 1 \end{array}\right\} \Rightarrow$$

$$2.\text{Forderung: } 2A + 1 = 4 + B$$

Die beiden Forderungen führen zu $A = 2$ und $B = 1$.

$\boxed{\text{L 8.8}}$

$$f : y = \begin{cases} 0.23 & \text{für} \quad 0 < x \le 10 \\ 0.27 & \text{für} \quad 10 < x \le 20 \\ 0.30 & \text{für} \quad 20 < x \le 30 \\ 0.35 & \text{für} \quad 30 < x \le 50 \\ 0.45 & \text{für} \quad 50 < x \le 100 \end{cases}$$

f ist nur stückweise stetig und hat bei $x = 10$ eine Sprungstelle, Sprunghöhe 0.04, $x = 20$ ” ” ” 0.03, $x = 30$ ” ” ” 0.05, $x = 50$ ” ” ” 0.05.

An allen Sprungstellen ist f linksseitig stetig. Vgl. Bild L 8.8.

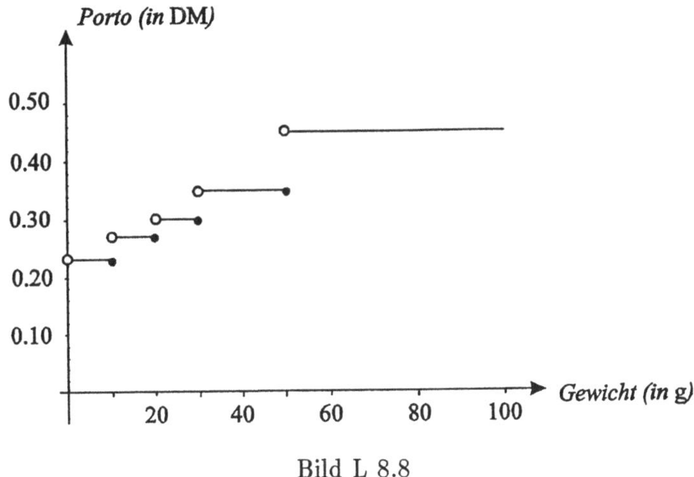

Bild L 8.8

11.9 Lösungen zu Kapitel 9

$\boxed{\textbf{L 9.1}}$ a) $f(x + h) - f(x) = (x + h)^3 - x^3 = 3x^2h + 3xh^2 + h^3 \Rightarrow$

$$\lim_{h \to 0} \frac{f(x + h) - f(x)}{h} = \lim_{h \to 0}(3x^2 + 3xh + h^2) = 3x^2 = f'(x).$$

b) $f(x + h) - f(x) = (x + h)^3 + 2(x + h)^2 - (x + h) + 3 - (x^3 + 2x^2 - x + 3) =$

$3x^2h + 3xh^2 + h^3 + 4xh + 2h^2 - h \Rightarrow$

$$\lim_{h \to 0} \frac{f(x + h) - f(x)}{h} = \lim_{h \to 0}(3x^2 + 3xh + h^2 + 4x + 2h - 1) = 3x^2 + 4x - 1 = f'(x)$$

c) $f(x + h) - f(x) = \dfrac{1}{x + h + 2} - \dfrac{1}{x + 2} = -\dfrac{h}{(x + h + 2)(x + 2)} \Rightarrow$

$$\lim_{h \to 0} \frac{f(x + h) - f(x)}{h} = -\frac{1}{(x + 2)^2} = f'(x), \; x \neq -2.$$

d) $f(x + h) - f(x) = \sqrt{x + h + 1} - \sqrt{x + 1} =$

$$\frac{(\sqrt{x + h + 1} - \sqrt{x + 1})(\sqrt{x + h + 1} + \sqrt{x + 1})}{\sqrt{x + h + 1} + \sqrt{x + 1}} = \frac{h}{\sqrt{x + h + 1} + \sqrt{x + 1}} \Rightarrow$$

$$\lim_{h \to 0} \frac{f(x + h) - f(x)}{h} = \frac{1}{2\sqrt{x + 1}} = f'(x), \; x > -1.$$

e) Sei $x > 0$ und $x + h > 0$. Dann ist $f(x + h) - f(x) = \dfrac{1}{\sqrt{x + h}} - \dfrac{1}{\sqrt{x}} =$

$$\frac{\sqrt{x} - \sqrt{x + h}}{\sqrt{x}\sqrt{x + h}} = \frac{(\sqrt{x} - \sqrt{x + h})(\sqrt{x} + \sqrt{x + h})}{\sqrt{x}\sqrt{x + h}(\sqrt{x} + \sqrt{x + h})} = \frac{-h}{\sqrt{x}\sqrt{x + h}(\sqrt{x} + \sqrt{x + h})} \Rightarrow$$

$$\lim_{h \to 0} \frac{f(x + h) - f(x)}{h} = -\frac{1}{2x\sqrt{x}} = f'(x), \; x > 0.$$

f) $f(x+h) - f(x) = \cos(x+h) - \cos x = \cos x \cos h - \sin x \sin h - \cos x =$

$\cos x(\cos h - 1) - \sin x \sin h = \cos x(-2\sin^2 \frac{h}{2}) - \sin x \sin h \;\Rightarrow$

$$\lim_{h\to 0} \frac{f(x+h) - f(x)}{h} = -2\cos x \cdot \lim_{h\to 0}\left(\frac{1}{h} \cdot \frac{\sin\frac{h}{2} \cdot \sin\frac{h}{2}}{\frac{h}{2}\cdot\frac{h}{2}} \cdot \frac{h}{2}\,\frac{h}{2}\right) - \sin x \cdot \lim_{h\to 0}\frac{\sin h}{h} =$$

$$-2\cos x\left(\lim_{h\to 0}\frac{\sin\frac{h}{2}}{\frac{h}{2}}\right)^2 \cdot \lim_{h\to 0}\frac{h}{4} - \sin x \lim_{h\to 0}\frac{\sin h}{h} = -\sin x = f'(x)$$

L 9.2   **a)** Es sei $g:\; y = \ln x,\; x > 0$; dann ist $g^{-1} = f:\; y = e^x,\; x \in \mathbb{R}$. Mit (U)
(vgl. H 9.2) erhält man: $f'(x) = (g^{-1})'(x) = (e^x)' = \dfrac{1}{(\ln y)'|_{y=e^x}} = \dfrac{1}{\frac{1}{y}\big|_{y=e^x}} = e^x$.

b) Es sei $g:\; y = \cos x,\; x \in (0, \pi)$; dann ist $g^{-1} = f:\; y = \arccos x,\; |x| < 1$.

Nach (U) gilt: $f'(x) = (g^{-1})'(x) = (\arccos x)' = \dfrac{1}{(\cos y)'|_{y=\arccos x}} = \dfrac{1}{-\sin y|_{y=\arccos x}}$

$= \dfrac{1}{-\sqrt{1-\cos^2 y}\,|_{y=\arccos x}} = -\dfrac{1}{\sqrt{1-x^2}}$ wegen $\cos(\arccos x) = x$.

Bemerkung: $\arccos x$ ist auch für $x = \pm 1$ definiert, an diesen Stellen aber nicht
differenzierbar.

c) Es sei $g:\; y = \tan x,\; x \in (-\frac{\pi}{2}, \frac{\pi}{2})$; dann ist $g^{-1} = f:\; y = \arctan x,\; x \in \mathbb{R}$.

Nach (U) gilt: $f'(x) = (g^{-1})'(x) = (\arctan x)' = \dfrac{1}{(\tan y)'|_{y=\arctan x}} =$

$\dfrac{1}{(1+\tan^2 y)|_{y=\arctan x}} = \dfrac{1}{1+x^2}$ wegen $\tan(\arctan x) = x$.

L 9.3

a) $f(x) = x^2 + x^{-1} - x^{-2}, \qquad\qquad\qquad D_f = \mathbb{R} \setminus \{0\}$

$\quad f'(x) = 2x - x^{-2} + 2x^{-3} = 2x - \dfrac{1}{x^2} + \dfrac{2}{x^3}, \quad D_{f'} = \mathbb{R} \setminus \{0\}$

$\quad f''(x) = 2 + 2x^{-3} - 6x^{-4} = 2 + \dfrac{2}{x^3} - \dfrac{6}{x^4}, \quad D_{f''} = \mathbb{R} \setminus \{0\}.$

b) $f(x) = 2x^{\frac{1}{2}} - 3x^{\frac{1}{3}} + 4x^{\frac{1}{4}},\; D_f = \mathbb{R}^+ \cup \{0\}$

$\quad f'(x) = x^{-\frac{1}{2}} - x^{-\frac{2}{3}} + x^{-\frac{3}{4}} = \dfrac{1}{\sqrt{x}} - \dfrac{1}{\sqrt[3]{x}^2} + \dfrac{1}{\sqrt[4]{x}^3},\; D_{f'} = \mathbb{R}^+$

$\quad f''(x) = -\frac{1}{2}x^{-\frac{3}{2}} + \frac{2}{3}x^{-\frac{5}{3}} - \frac{3}{4}x^{-\frac{7}{4}} = -\dfrac{1}{2\sqrt{x}^3} + \dfrac{2}{3\sqrt[3]{x}^5} - \dfrac{3}{4\sqrt[4]{x}^7},\; D_{f''} = \mathbb{R}^+$

c) $f(x) = \sqrt{x^3\sqrt[3]{x\cdot x^{\frac{1}{4}}}} = \sqrt{x\sqrt[3]{x^{\frac{5}{4}}}} = \sqrt{x\cdot x^{\frac{5}{12}}} = \sqrt{x^{\frac{17}{12}}} = x^{\frac{17}{24}},\; D_f = \mathbb{R}^+ \cup \{0\},$

$\quad f'(x) = \dfrac{17}{24}x^{-\frac{7}{24}} = \dfrac{17}{24\sqrt[24]{x}^7}, D_{f'} = \mathbb{R}^+,\quad f''(x) = -\dfrac{119}{576\sqrt[24]{x}^{31}},\; D_{f''} = \mathbb{R}^+.$

d) $f(x) = \sqrt[3]{2}\,|x|^{\frac{2}{3}} = \begin{cases} \sqrt[3]{2}(-x)^{\frac{2}{3}} & \text{für } x < 0 \\[2mm] \sqrt[3]{2}\,x^{\frac{2}{3}} & \text{für } x \geq 0 \end{cases}$, $\quad D_f = \mathbb{R}$

$$f'(x) = \begin{cases} -\dfrac{2}{3}\,\sqrt[3]{2}\,\dfrac{1}{\sqrt[3]{-x}} & \text{für } x < 0 \\[3mm] \dfrac{2}{3}\,\sqrt[3]{2}\,\dfrac{1}{\sqrt[3]{x}} & \text{für } x > 0 \end{cases} , \qquad f''(x) = -\dfrac{2}{9}\,\sqrt[3]{2}\,\dfrac{1}{\sqrt[3]{x^4}},$$

$D_{f'} = \mathbb{R} \setminus \{0\}$, $D_{f''} = \mathbb{R} \setminus \{0\}$.

Beachte: $0 \notin D_{f'}$, $0 \notin D_{f''}$. f hat bei $x = 0$ eine Spitze. Es gilt dort $f(0) = 0$, $\lim\limits_{x \to 0-0} f'(x) = -\infty$ und $\lim\limits_{x \to 0+0} f'(x) = +\infty$ sowie $\lim\limits_{x \to 0-0} f''(x) = \lim\limits_{x \to 0+0} f''(x) = -\infty$.

e) $f'(x) = \dfrac{2}{x} - 3\sin x + \dfrac{1}{2\sqrt{x}}$, $f''(x) = -\dfrac{2}{x^2} - 3\cos x - \dfrac{1}{4\sqrt{x}^{\,3}}$,

$\quad D_f = D_{f'} = D_{f''} = \mathbb{R}^+$.

f) $f'(x) = \frac{1}{2}e^x - 4x + 4 + 5\cos x$, $f''(x) = \frac{1}{2}e^x - 4 - 5\sin x$, $D_f = D_{f'} = D_{f''} = \mathbb{R}$

g) $f'(x) = e^x(\sin x + \cos x)$, $f''(x) = 2e^x \cos x$, $D_f = D_{f'} = D_{f''} = \mathbb{R}$.

h) $f'(x) = 2x\ln x + x$, $f''(x) = 2\ln x + 3$, $D_f = D_{f'} = D_{f''} = \mathbb{R}^+$.

i) $f'(x) = \dfrac{2x - x^2}{e^x}$, $f''(x) = \dfrac{x^2 - 4x + 2}{e^x}$, $D_f = D_{f'} = D_{f''} = \mathbb{R}$.

j) $f'(x) = \dfrac{xe^x - 1}{(x+1)^2}$, $f''(x) = \dfrac{x^2 e^x + e^x + 2}{(x+1)^3}$, $D_f = D_{f'} = D_{f''} = \mathbb{R} \setminus \{-1\}$.

k) $f'(x) = \dfrac{\cos^2 x + \sin^2 x}{\cos^2 x} = 1 + \tan^2 x$, $f''(x) = 2\tan x(1 + \tan^2 x)$,

$\quad D_f = D_{f'} = D_{f''} = \mathbb{R} \setminus \left\{ \dfrac{\pi}{2} + k\pi,\ k \in \mathbb{Z} \right\}.$

l) $f(x) = \begin{cases} -\sin x & \text{für } x \in ((2k-1)\pi,\ 2k\pi) \\[2mm] \sin x & \text{für } x \in [2k\pi, (2k+1)\pi] \end{cases}$, $\quad k \in \mathbb{Z}$,

$\quad f'(x) = \begin{cases} -\cos x & \text{für } x \in ((2k-1)\pi,\ 2k\pi) \\[2mm] \cos x & \text{für } x \in (2k\pi, (2k+1)\pi) \end{cases}$, $\quad k \in \mathbb{Z}$,

$\quad f''(x) = \begin{cases} \sin x & \text{für } x \in ((2k-1)\pi,\ 2k\pi) \\[2mm] -\sin x & \text{für } x \in (2k\pi, (2k+1)\pi) \end{cases}$, $\quad k \in \mathbb{Z}$.

Beachte: $D_f \neq D_{f'} = D_{f''}$.

L 9.4

a) Mit $z = h(x) = x + 3$, $g(z) = \cos z$ gilt $f(x) = g(h(x))$ und damit folgt wegen $h'(x) = 1$, $g'(z) = -\sin z$ nach der Kettenregel $f'(x) = g'(z) \cdot h'(x) = -\sin z \cdot 1 = -\sin(x + 3)$. Es ist $D_f = D_{f'} = \mathbb{R}$.

b) Setze $z = h(x) = ax$, $g(z) = \sin z$. Damit ist $f(x) = g(h(x))$.
Kettenregel: $f'(x) = g'(z) \cdot h'(x) = \cos z \cdot a = a\cos(ax)$. $D_f = D_{f'} = \mathbb{R}$.

c) Setze $z = h(x) = -bx$, $g(z) = \mathrm{e}^z$. Damit ist $f(x) = g(h(x))$.
Kettenregel: $f'(x) = g'(z) \cdot h'(x) = \mathrm{e}^z \cdot (-b) = -b\mathrm{e}^{-bx}$. $D_f = D_{f'} = \mathbb{R}$.

d) Setze $z = h(x) = x + 2$, $g(z) = z^{-n}$. Damit ist $f(x) = g(h(x))$. Kettenregel:
$f'(x) = g'(z) \cdot h'(x) = -nz^{-n-1} \cdot 1 = -\dfrac{n}{(x+2)^{n+1}}$. $D_f = D_{f'} = \mathbb{R} \setminus \{-2\}$.

e) Setze $z = h(x) = x^2 + px + q$, $g(z) = z^{\frac{1}{2}}$. Damit ist $f(x) = g(h(x))$.
Kettenregel: $f'(x) = g'(z) \cdot h'(x) = \frac{1}{2} z^{-\frac{1}{2}} \cdot (2x + p) = \dfrac{2x + p}{2\sqrt{x^2 + px + q}}$.

$$
D_f = \begin{cases} \mathbb{R}, & \text{falls } \dfrac{p^2}{4} - q \leq 0 \\[2ex] \mathbb{R} \setminus \left(-\frac{p}{2} - \sqrt{\frac{p^2}{4} - q}, \; -\frac{p}{2} + \sqrt{\frac{p^2}{4} - q} \right), & \text{falls } \dfrac{p^2}{4} - q > 0 \end{cases}
$$

$$
D_{f'} = \begin{cases} \mathbb{R} \setminus \{-\frac{p}{2}\}, & \text{falls } \dfrac{p^2}{4} - q \leq 0 \\[2ex] \mathbb{R} \setminus \left[-\frac{p}{2} - \sqrt{\frac{p^2}{4} - q}, \; -\frac{p}{2} + \sqrt{\frac{p^2}{4} - q} \right], & \text{falls } \dfrac{p^2}{4} - q > 0 \end{cases}
$$

f) Setze $z = h(x) = 1 + \sin x$, $g(z) = \ln z$. Damit ist $f(x) = g(h(x))$. Kettenregel:
$f'(x) = g'(z) \cdot h'(x) = \dfrac{1}{z} \cdot \cos x = \dfrac{\cos x}{1 + \sin x}$. $D_f = D_{f'} = \mathbb{R} \setminus \left\{ (2k+1)\dfrac{\pi}{2}, \; k \in \mathbb{Z} \right\}$.

g) In $D_f = (-1, 1) \setminus \{0\}$ ist $f(x) = \ln x^2 - \ln(1 - x^2)$.

Wegen $\ln x^2 = \begin{cases} 2\ln(-x) & \text{für } x < 0 \\ 2\ln x & \text{für } x > 0 \end{cases}$ ist $(\ln x^2)' = \begin{cases} 2\dfrac{(-1)}{(-x)} = \dfrac{2}{x} & \text{für } x < 0 \\[2ex] 2\dfrac{1}{x} = \dfrac{2}{x} & \text{für } x > 0. \end{cases}$

Für das Differenzieren von $F(x) = \ln(1 - x^2)$ setzt man $z = h(x) = 1 - x^2$, $g(z) = \ln z$, so daß $F(x) = g(h(x))$ wird, und die Kettenregel liefert $F'(x) = g'(z) \cdot h'(x) = \dfrac{1}{z} \cdot (-2x) = -\dfrac{2x}{1 - x^2}$. Insgesamt erhält man $f'(x) = \dfrac{2}{x} + \dfrac{2x}{1 - x^2}$, $D_{f'} = D_f$.

h) Setze $u = l(x) = x^2 + 1$, $z = h(u) = \sqrt{u}$, $g(z) = \cos z$. Damit ist $f(x) = g(h(l(x)))$. Kettenregel:
$f'(x) = g'(z) \cdot h'(u) \cdot l'(x) = -\sin z \cdot \dfrac{1}{2\sqrt{u}} \cdot 2x = -\dfrac{x \sin \sqrt{x^2 + 1}}{\sqrt{x^2 + 1}}$. $D_f = D_{f'} = \mathbb{R}$.

i) Setze $u = l(x) = x + 2$, $z = h(u) = \sqrt{u}$, $g(z) = \arctan z$. Damit wird $f(x) = g(h(l(x)))$. Kettenregel: $f'(x) = g'(z) \cdot h'(u) \cdot l'(x) = \dfrac{1}{1 + z^2} \cdot \dfrac{1}{2\sqrt{u}} \cdot 1 = \dfrac{1}{2(x+3)\sqrt{x+2}}$. $D_f = [-2, +\infty)$, $D_{f'} = (-2, +\infty)$.

j) Setze $u = l(x) = bx$, $z = h(u) = \cos u$, $g(z) = z^n$. Damit wird $f(x) = g(h(l(x)))$.
Kettenregel: $f'(x) = g'(z) \cdot h'(u) \cdot l'(x) = nz^{n-1} \cdot (-\sin u) \cdot b = -nb \cos^{n-1}(bx) \sin(bx)$.
$D_f = D_{f'} = \mathbb{R}$.

k) Setze $u = l(x) = ax^3$, $z = h(u) = \ln u$, $g(z) = z^n$. Damit wird $f(x) = g(h(l(x)))$.
Kettenregel: $f'(x) = g'(z) \cdot h'(u) \cdot l'(x) = nz^{n-1} \cdot \dfrac{1}{u} \cdot 3ax^2 = n(\ln(ax^3))^{n-1} \cdot \dfrac{3}{x}$.
$D_f = D_{f'} = \mathbb{R}^+$.

l) Setze $u = l(x) = 2x^3 - 1$, $v = m(u) = \cos u$, $z = h(v) = 2 + v^2$, $g(z) = z^{\frac{1}{2}}$.
Damit wird $f(x) = g(h(m(l(x))))$. Kettenregel: $f'(x) = g'(z) \cdot h'(v) \cdot m'(u) \cdot l'(x) =$
$$\frac{1}{2\sqrt{z}} \cdot 2v \cdot (-\sin u) \cdot 6x^2 = -\frac{6x^2 \cos(2x^3 - 1) \sin(2x^3 - 1)}{\sqrt{2 + \cos^2(2x^3 - 1)}}, \quad D_f = D_{f'} = \mathbb{R}.$$

m) Produkt- und Kettenregel: Wegen $(x^2 + 2)' = 2x$, $(e^{\sqrt{x+1}})' = \dfrac{e^{\sqrt{x+1}}}{2\sqrt{x+1}}$

[mit Kettenregel] ist $f'(x) = (x^2 + 2) \cdot \dfrac{e^{\sqrt{x+1}}}{2\sqrt{x+1}} + 2x \cdot e^{\sqrt{x+1}}$.
$D_f = [-1, +\infty)$, $D_{f'} = (-1, +\infty)$.

n) Setze $z = h(x) = \dfrac{\exp\sqrt{x} - 1}{\exp\sqrt{x} + 1}$, $g(z) = \sqrt{z}$. Damit wird $f(x) = g(h(x))$ und
$f'(x) = g'(z) \cdot h'(x)$.
Es ist $g'(z) = \dfrac{1}{2\sqrt{z}}$, und für $h'(x)$ erhält man nach der Quotienten- und Kettenregel:
$$h'(x) = \frac{(\exp\sqrt{x} + 1) - (\exp\sqrt{x} - 1)}{(\exp\sqrt{x} + 1)^2} \cdot \frac{\exp\sqrt{x}}{2\sqrt{x}} = \frac{\exp\sqrt{x}}{\sqrt{x}(\exp\sqrt{x} + 1)^2}. \quad \text{Ergebnis:}$$
$$f'(x) = \frac{1}{2}\sqrt{\frac{\exp\sqrt{x} + 1}{\exp\sqrt{x} - 1}} \cdot \frac{\exp\sqrt{x}}{\sqrt{x}(\exp\sqrt{x} + 1)^2} = \frac{\exp\sqrt{x}}{2\sqrt{x}(\exp\sqrt{x} + 1)\sqrt{\exp(2\sqrt{x}) - 1}}.$$
$D_f = [0, +\infty)$, $D_{f'} = (0, +\infty)$.

o) Setze $u = l(x) = 1 - x^2$, $z = h(u) = \sqrt{u}$, $g(z) = \arcsin z$. Damit wird
$f(x) = g(h(l(x)))$. Kettenregel: $f'(x) = g'(z) \cdot h'(u) \cdot l'(x) = \dfrac{1}{\sqrt{1 - z^2}} \cdot \dfrac{1}{2\sqrt{u}} \cdot (-2x) =$
$$-\frac{1}{\sqrt{1 - (1 - x^2)}} \cdot \frac{x}{\sqrt{1 - x^2}} = -\frac{x}{|x|\sqrt{1 - x^2}} = \begin{cases} \dfrac{1}{\sqrt{1 - x^2}} & \text{für} \quad -1 < x < 0 \\[2mm] -\dfrac{1}{\sqrt{1 - x^2}} & \text{für} \quad 0 < x < 1 \end{cases}.$$
$D_f = [-1, 1]$, $D_{f'} = (-1, 1) \setminus \{0\}$.

p) Es ist $f(x) = \sqrt{x^2(x + 2)} = |x|\sqrt{x + 2} = \begin{cases} -x\sqrt{x + 2} & \text{für} \quad -2 \le x < 0 \\ x\sqrt{x + 2} & \text{für} \quad x \ge 0 \end{cases}$.
Nach der Produktregel ergibt sich
$$f'(x) = \begin{cases} -\sqrt{x + 2} - \dfrac{x}{2\sqrt{x + 2}} & \text{für} \quad -2 < x < 0 \\[3mm] \sqrt{x + 2} + \dfrac{x}{2\sqrt{x + 2}} & \text{für} \quad x > 0 \end{cases} \qquad \begin{aligned} & D_f = [-2, +\infty), \\ & D_{f'} = (-2, +\infty) \setminus \{0\}. \end{aligned}$$

$\boxed{\text{L 9.5}}$ **a)** $f'(x) = -2xe^{-x^2+1}$, $f(1) = 1$, $f'(1) = -2$.
$y_T = 1 - 2(x - 1) = -2x + 3$, $y_N = 1 + \frac{1}{2}(x - 1) = \frac{1}{2}(x + 1)$.

b) $f'(x) = -(1 + \cot^2(\frac{\pi}{4}x))$, $f(1) = \frac{4}{\pi}$, $f'(1) = -2$.

$y_T = \frac{4}{\pi} - 2(x-1) = -2x + \frac{4}{\pi} + 2$, $y_N = \frac{4}{\pi} + \frac{1}{2}(x-1) = \frac{1}{2}x + \frac{4}{\pi} - \frac{1}{2}$.

c) $f'(x) = 2(x+1)\ln x + \dfrac{(x+1)^2}{x}$, $f(1) = 0$, $f'(1) = 4$.

$y_T = 4(x-1)$, $y_N = -\dfrac{1}{4}(x-1)$.

$\boxed{\textbf{L 9.6}}$ **a)** $f'(x) = -\dfrac{2}{x^3} = \tan 135^0 = -1 \;\Rightarrow\; x = \sqrt[3]{2}$, $P\left(\sqrt[3]{2}, \dfrac{1}{\sqrt[3]{4}}\right)$.

b) $f'(x) = \dfrac{1}{1+(x+2)^2} = \tan 45^0 = 1 \;\Rightarrow\; x = -2$, $P(-2, 0)$.

c) $f'(x) = \frac{3}{2}\sqrt{x} = \tan 60^0 = \sqrt{3} \;\Rightarrow\; x = \frac{4}{3}$, $P\left(\frac{4}{3}, \frac{8}{3\sqrt{3}}\right)$.

d) $f(x) = \begin{cases} \sin(2x) & \text{für } x \in [k\pi, (k+\frac{1}{2})\pi] \\ -\sin(2x) & \text{für } x \in ((k+\frac{1}{2})\pi, (k+1)\pi) \end{cases}$, $k \in \mathbb{Z}$

$\qquad f'(x) = \begin{cases} 2\cos(2x) & \text{für } x \in (k\pi, (k+\frac{1}{2})\pi) \\ -2\cos(2x) & \text{für } x \in ((k+\frac{1}{2})\pi, (k+1)\pi) \end{cases}$, $k \in \mathbb{Z}$

$2\cos(2x) = \tan 60^0 = \sqrt{3}$, $x \in (k\pi, (k+\frac{1}{2})\pi)$, $k \in \mathbb{Z} \Rightarrow$
$\cos(2x) = \frac{1}{2}\sqrt{3} \;\Rightarrow\; x_k = \frac{\pi}{12} + k\pi$, $P_k((k+\frac{1}{12})\pi, \frac{1}{2})$, $k \in \mathbb{Z}$.

$-2\cos(2x) = \tan 60^0 = \sqrt{3}$, $x \in ((k+\frac{1}{2})\pi, (k+1)\pi)$, $k \in \mathbb{Z} \Rightarrow$
$\cos(2x) = -\frac{1}{2}\sqrt{3} \;\Rightarrow\; x_k = \frac{7\pi}{12} + k\pi$, $P_k((k+\frac{7}{12})\pi, \frac{1}{2})$, $k \in \mathbb{Z}$.

$\boxed{\textbf{L 9.7}}$ **a)** $y'(x) = x^2 - 4x + 3$, $y'(-2) = 15 = m_1$, $y'(2) = -1 = m_2$.

Nach H 9.7 ist $\cos\alpha = \dfrac{1-15}{\sqrt{226}\,\sqrt{2}} \approx -0.6585$, $\alpha \approx 131.19^0$

b) Schnittpunkte: $\tan x = \cot x \;\Rightarrow\; x_k = \frac{\pi}{4} + k\frac{\pi}{2}$, $k \in \mathbb{Z}$.

$y_1'(x) = 1 + \tan^2 x$, $y_2'(x) = -(1 + \cot^2 x)$, $y_1'(x_k) = 2$, $y_2'(x_k) = -2$.

$\cos\alpha = \dfrac{1-4}{\sqrt{5}^{\,2}} = -\dfrac{3}{5}$, $\alpha \approx 126.87^0$.

c) Schnittpunkte: $\sin x = \cos x \;\Rightarrow\; \tan x = 1 \;\Rightarrow\; x_k = \frac{\pi}{4} + k\pi$, $k \in \mathbb{Z}$.

$y_1'(x) = \cos x$, $y_2'(x) = -\sin x$; $y_1'(x_k) = (-1)^k \cdot \frac{\sqrt{2}}{2}$, $y_2'(x_k) = (-1)^{k+1} \cdot \frac{\sqrt{2}}{2}$.

$\cos\alpha = \dfrac{1 - \frac{1}{2}}{\sqrt{1 + \frac{1}{2}}^{\,2}} = \dfrac{1}{3}$, $\alpha \approx 70.53^0$.

$\boxed{\textbf{L 9.8}}$ **a)** Eine von $P(x^*, y^*)$ aus an den Graphen von f im Punkt (x_0, y_0) gelegte

Tangente genügt der (Punkt-Richtungs-) Gleichung $\dfrac{y - y^*}{x - x^*} = y'(x_0) = 2x_0 + a$. $\quad$ $(*)$

Da der Berührungspunkt $P(x_0, y_0)$ des Graphen von f gleichzeitig ein Punkt der

Tangente ist, muß er die Tangentengleichung erfüllen: $\dfrac{y_0 - y^*}{x_0 - x^*} = 2x_0 + a$.

Wegen $y_0 = x_0^2 + ax_0 + b$ erhält man daraus $x_0^2 + ax_0 + b - y^* = (2x_0 + a)(x_0 - x^*)$.

Nach Ausmultiplizieren und Ordnen ergibt sich für x_0 die quadratische Gleichung $x_0^2 - 2x_0 x^* - ax^* - b + y^* = 0$. Die Lösungsformel für quadratische Gleichungen liefert

$$(x_0)_{1,2} = x^* \pm \sqrt{x^{*2} + ax^* + b - y^*}, \quad (**) \quad \text{d.h., je nachdem, ob der Punkt } P(x^*, y^*)$$

$$\left\{ \begin{array}{c} \text{unterhalb des} \\ \text{auf dem} \\ \text{oberhalb des} \end{array} \right\} \text{Graphen der Funktion } f \text{ liegt, gibt es} \left\{ \begin{array}{c} \text{zwei} \\ \text{eine} \\ \text{keine} \end{array} \right\} \text{Tangente(n).}$$

b) Nach (*) und (**) haben die von $P(\overline{x}, \overline{y})$ aus an den Graphen von f gelegten Tangenten den Anstieg $m_1 = 2(\overline{x} + \sqrt{\overline{x}^2 + a\overline{x} + b - \overline{y}}) + a$ bzw. $m_2 = 2(\overline{x} - \sqrt{\overline{x}^2 + a\overline{x} + b - \overline{y}}) + a$. Da die Tangenten zueinander orthogonal sein sollen, muß $m_1 \cdot m_2 = -1$ gelten: $[2(\overline{x} + \sqrt{\overline{x}^2 + a\overline{x} + b - \overline{y}}) + a][2(\overline{x} - \sqrt{\overline{x}^2 + a\overline{x} + b - \overline{y}}) + a] = -1 \Leftrightarrow 4(\overline{x}^2 - (\overline{x}^2 + a\overline{x} + b - \overline{y})) + 4a\overline{x} + a^2 = -1 \Leftrightarrow \overline{y} = b - \dfrac{a^2 + 1}{4}$, d.h, von jedem Punkt der (zur x-Achse parallelen Geraden) $y = b - \dfrac{a^2 + 1}{4}$ aus lassen sich orthogonal zueinander verlaufende Tangenten an den Graphen von f legen.

$\boxed{\textbf{L 9.9}}$ Sei $y_1(x) = \ln(1 + x)$, $y_2(x) = 1 + x$. Offensichtlich ist $y_1(0) < y_2(0)$. Da ferner wegen $y_1'(x) = \dfrac{1}{1 + x} < 1$ für $x > 0$ und $y_2'(x) = 1$ die Funktion y_2 stärker wächst als y_1, muß $y_1(x) < y_2(x)$ für alle $x > 0$ gelten.

$\boxed{\textbf{L 9.10}}$ a) $D_f = \mathbb{R}$. 1. Nullstellen: $x_1 = 1$, $x_{2,3} = -1$
2. Extrema: $f'(x) = 3x^2 + 2x - 1$, $f'(x) = 0 \Rightarrow x_{e1} = -1$, $x_{e2} = \frac{1}{3}$, $f''(x) = 6x + 2$;
$\quad f''(x_{e1}) = -4 < 0 \Rightarrow (-1, 0)$ ist relatives Maximum,
$\quad f''(x_{e2}) = 4 > 0 \Rightarrow (\frac{1}{3}, -\frac{32}{27})$ ist relatives Minimum.

3. Wendepunkte: $f''(x) = 0$, $\Rightarrow 6x + 2 = 0 \Rightarrow x_w = -\frac{1}{3}$, $\quad f'''(x) = 6$,
$\quad f'''(x_w) = 6 \neq 0 \Rightarrow (-\frac{1}{3}, -\frac{16}{27})$ ist Wendepunkt.

4. $\lim\limits_{x \to -\infty} f(x) = -\infty$, $\lim\limits_{x \to +\infty} f(x) = +\infty$. Vgl. Bild L 9.10a.

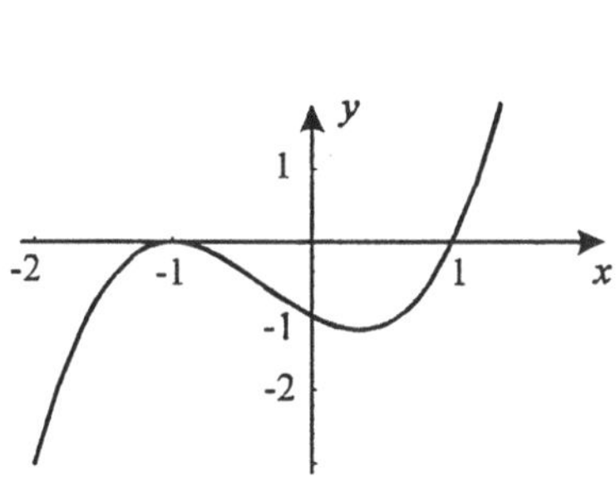

Bild L 9.10a

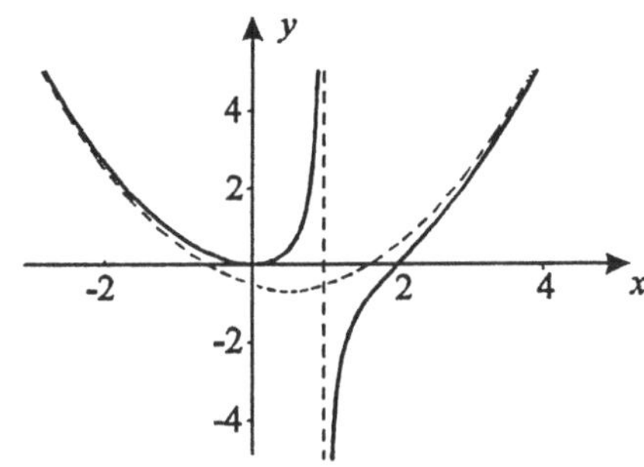

Bild L 9.10b

b) $D_f = \mathbb{R} \setminus \{1\}$. 1. Nullstellen: $x_1 = 0$ (doppelt), $x_2 = 2$. Polstelle: $x = 1$

2. Extrema: $f'(x) = \dfrac{1}{2}\dfrac{2x^3 - 5x^2 + 4x}{(x-1)^2}$; $f'(x) = 0 \Rightarrow x_e = 0$.

$f''(x) = \dfrac{x^3 - 3x^2 + 3x - 2}{(x-1)^3}$; $f''(x_e) = 2 > 0 \Rightarrow (0,0)$ ist relatives Minimum.

3. Wendepunkte: $f''(x) = 0 \Rightarrow x^3 - 3x^2 + 3x - 2 = 0 \Rightarrow x_w = 2$.

$f'''(x) = \dfrac{3}{(x-1)^4}$, $f'''(x_w) \neq 0 \Rightarrow (2,0)$ ist Wendepunkt.

4. Asymptote: Man erhält (z.B. durch Polynomdivision): $y_A = \frac{1}{2}(x^2 - x - 1)$. Vgl. Bild L 9.10b.

c) $D_f = \mathbb{R} \setminus \{0, 1, -1\}$.

1. Nullstellen: keine, Lücke: $x = 1$, Polstellen: $x = 0$, $x = -1$

2. Extrema: [vor Extremstellensuche Lücke kürzen !]

$f'(x) = \dfrac{-2x - 1}{x^2(x+1)^2}$, $f'(x) = 0 \Rightarrow x_e = -\dfrac{1}{2}$

$f''(x) = \dfrac{6x^2 + 6x + 2}{x^3(x+1)^3}$; $f''(x_e) = -32 < 0 \Rightarrow (-\dfrac{1}{2}, -4)$ ist relatives Maximum.

3. Wendepunkte: $f''(x) \neq 0 \Rightarrow$ keine Wendepunkte.

4. Asymptote: Da f eine echt gebrochen rationale Funktion ist, gilt $y_A = 0$. Vgl. Bild L 9.10c.

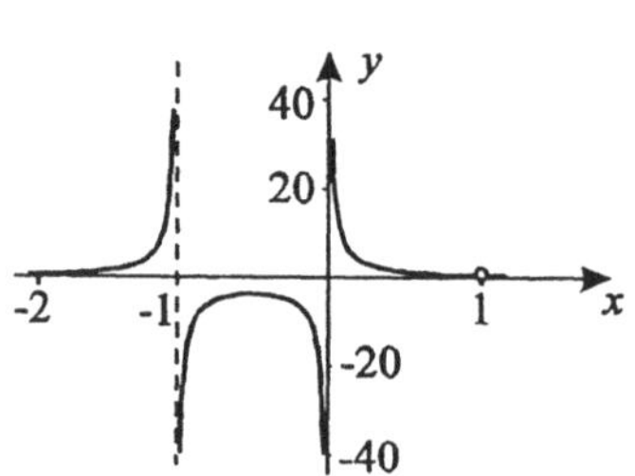

Bild L 9.10c

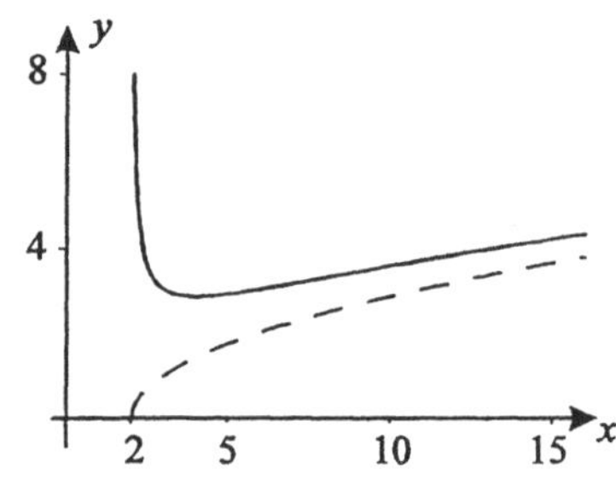

Bild L 9.10d

d) $D_f = (2, +\infty)$). 1. Nullstelle: $x = 0$, Unendlichkeitsstelle: $x = 2$

2. Extrema: $f'(x) = \dfrac{\sqrt{x-2} - \dfrac{x}{2\sqrt{x-2}}}{x-2} = \dfrac{2(x-2) - x}{2(x-2)\sqrt{x-2}} = \dfrac{x-4}{2(x-2)^{\frac{3}{2}}}$.

$f'(x) = 0 \Rightarrow x_e = 4$, $f''(x) = \dfrac{1}{2} \cdot \dfrac{(x-2)^{\frac{3}{2}} - \frac{3}{2}(x-2)^{\frac{1}{2}}(x-4)}{(x-2)^3} =$

$\dfrac{(x-2)^{\frac{1}{2}}(x - 2 - \frac{3}{2}(x-4))}{2(x-2)^3} = \dfrac{-x+8}{4(x-2)^{\frac{5}{2}}}$; $f''(x_e) > 0 \Rightarrow (4, \dfrac{4}{\sqrt{2}})$ ist rel. Min.

3. Wendepunkte: $f''(x) = 0 \Rightarrow -x + 8 = 0 \Rightarrow x_w = 8$.

$$f'''(x) = \frac{1}{4} \cdot \frac{-(x-2)^{\frac{5}{2}} - \frac{5}{2}(-x+8)(x-2)^{\frac{3}{2}}}{(x-2)^5} = \frac{3(x-12)}{8(x-2)^{\frac{7}{2}}}.$$

$$f'''(x_w) \neq 0 \;\Rightarrow\; (8, \tfrac{8}{\sqrt{6}}) \text{ ist Wendepunkt.}$$

4. $\lim\limits_{x \to 2+0} f(x) = +\infty$, $\lim\limits_{x \to +\infty} f(x) = +\infty$.

Wegen $\dfrac{x}{\sqrt{x-2}} = \dfrac{x-2}{\sqrt{x-2}} + \dfrac{2}{\sqrt{x-2}} = \sqrt{x-2} + \dfrac{2}{\sqrt{x-2}}$ verhält sich f für $x \to +\infty$

wie $y_A = \sqrt{x-2}$. Vgl. Bild L 9.10d.

e) $D_f = (-\infty, \tfrac{1}{2}] \cup [\tfrac{3}{2}, +\infty)$. 1. Nullstellen: $x_1 = \tfrac{1}{2}$, $x_2 = \tfrac{3}{2}$

2. Extrema: $f'(x) = \dfrac{4x-4}{2\sqrt{2x^2 - 4x + 1.5}}$; $f'(x) = 0 \;\Rightarrow\; x_e = 1 \notin D_f \;\Rightarrow$

Es gibt keine relativen Extrema.

f ist bei $x = \tfrac{1}{2}$ nur linksseitig, bei $x = \tfrac{3}{2}$ nur rechtsseitig stetig; ferner gilt:

$$\lim\limits_{x \to \frac{1}{2}-0} f'(x) = -\infty, \quad \lim\limits_{x \to \frac{3}{2}+0} f'(x) = +\infty.$$

3. Wendepunkte: $f''(x) = 2\,\dfrac{\sqrt{2x^2 - 4x + 1.5} - (x-1) \cdot \dfrac{4x-4}{2\sqrt{2x^2 - 4x + 1.5}}}{2x^2 - 4x + 1.5} =$

$$2\,\frac{2x^2 - 4x + 1.5 - 2(x-1)(x-1)}{(2x^2 - 4x + 1.5)\sqrt{2x^2 - 4x + 1.5}} = -\frac{1}{(2x^2 - 4x + 1.5)^{\frac{3}{2}}} \;\Rightarrow$$

Es gibt keine Wendepunkte.

4. $\lim\limits_{x \to -\infty} f(x) = +\infty$, $\lim\limits_{x \to +\infty} f(x) = +\infty$.

Wegen $f(x) = \sqrt{2(x-1)^2 - 0.5} = \sqrt{2(x-1)^2 \left(1 - \dfrac{0.5}{2(x-1)^2}\right)} =$

$\sqrt{2}\,|x-1|\,\sqrt{1 - \dfrac{0.5}{2(x-1)^2}}$ ist f eine gerade Funktion bezüglich $x = 1$, d.h., es gilt

$f(1+h) = f(1-h)$, und wegen $\dfrac{0.5}{2(x-1)^2} \to 0$ für $x \to \pm\infty$ hat f die Asymptoten

$y_{A1/2} = \pm\sqrt{2}(x-1)$. Vgl. Bild L 9.10e.

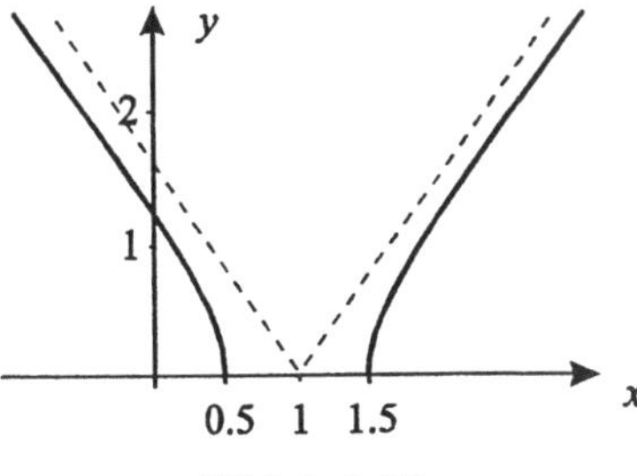

Bild L 9.10e

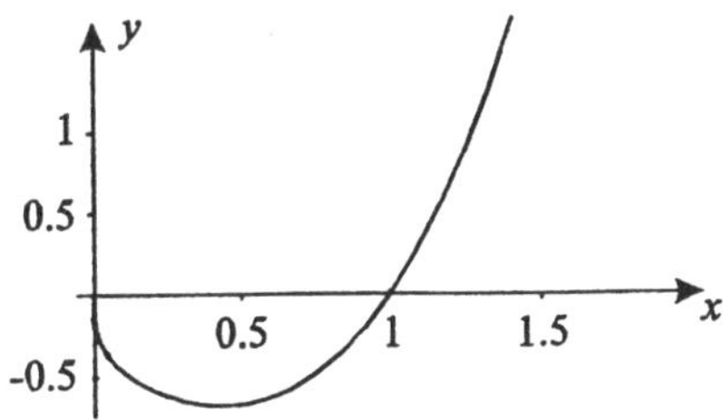

Bild L 9.10f

f) $D_f = \mathbb{R}^+$. 1. Nullstellen: $x_1 = 0$, $x_2 = 1$

2. Extrema: $f'(x) = 3x^2 - \frac{1}{3}x^{-\frac{2}{3}} = \dfrac{9x^{\frac{8}{3}} - 1}{3x^{\frac{2}{3}}}$. $f'(x) = 0 \;\Rightarrow\; x_e = (\frac{1}{9})^{\frac{3}{8}} = \dfrac{1}{\sqrt{3}\,\sqrt[4]{3}}$.

f ist bei $x = 0$ nur rechtsseitig stetig; ferner gilt $\lim\limits_{x \to 0+0} f'(x) = -\infty$.

$f''(x) = 6x + \frac{2}{9}x^{-\frac{5}{3}}$; $f''(x_e) > 0 \;\Rightarrow\; \left(\dfrac{1}{\sqrt{3}\,\sqrt[4]{3}}, -\dfrac{8}{9\,\sqrt[8]{9}}\right)$ ist rel. Min.

3. Wendepunkte: $f''(x) = 0 \;\Rightarrow\; 6x + \dfrac{2}{9x^{\frac{5}{3}}} = 0:$ ist für kein $x \in D_f$ erfüllt $\Rightarrow$
Es gibt keine Wendepunkte.

4. $\lim\limits_{x \to +\infty} f(x) = +\infty$. Vgl. Bild L 9.10f.

g) $D_f = (-2, +\infty)$. 1. Nullstellen: $x = -1$, $[x = -2 \notin D_f,$ entfällt$]$

2. Extrema: $f'(x) = 2(x+2)\ln(x+2) + x + 2 = (x+2)[2\ln(x+2) + 1]$

$f'(x) = 0 \;\Rightarrow\; \ln(x+2) = -\frac{1}{2} \;\Rightarrow\; x_e = -2 + e^{-\frac{1}{2}}$, $[x = -2 \notin D_f,$ entfällt.
Es ist aber $\lim\limits_{x \to -2+0} f'(x) = 0.]$

$f''(x) = 2\ln(x+2) + 3$; $f''(x_e) = 2 > 0 \;\Rightarrow\; (-2 + \frac{1}{\sqrt{e}}, -\frac{1}{2e})$ ist rel. Min.

3. Wendepunkte: $f''(x) = 0 \;\Rightarrow\; \ln(x+2) = -\frac{3}{2} \;\Rightarrow\; x_w = -2 + e^{-\frac{3}{2}}$

$f'''(x) = \dfrac{2}{x+2}$, $f'''(x_w) = 2e\sqrt{e} \neq 0 \Rightarrow (-2 + \dfrac{1}{e\sqrt{e}}, -\dfrac{3}{2e^3})$ ist Wendepunkt.

4. $\lim\limits_{x \to +\infty} f(x) = +\infty$. Vgl. Bild L 9.10g.

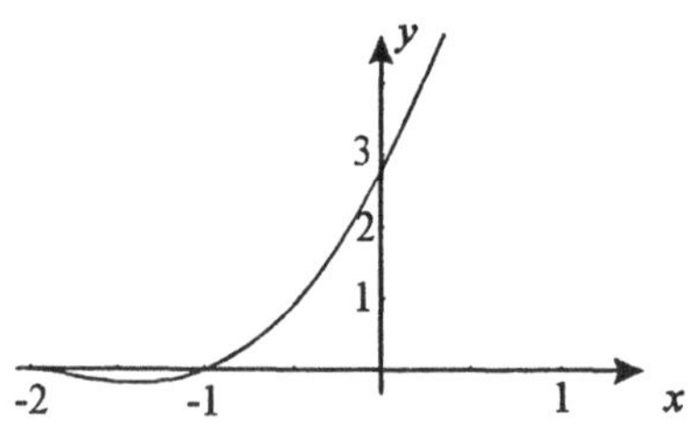

Bild L 9.10g

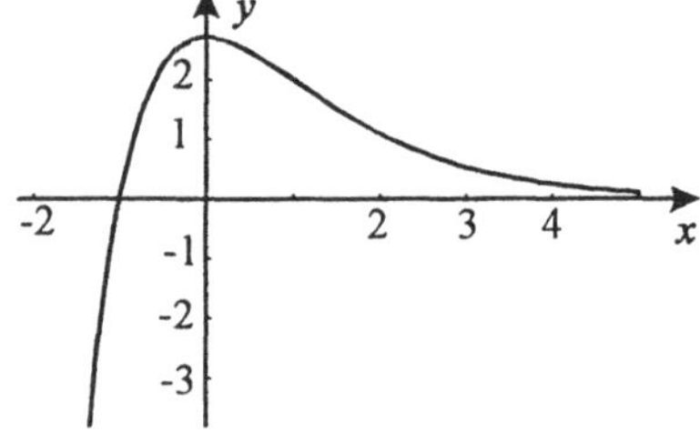

Bild L 9.10h

h) $D_f = \mathbb{R}$. 1. Nullstelle: $x = -1$

2. Extrema: $f'(x) = -xe^{1-x}$; $f'(x) = 0 \;\Rightarrow\; x_e = 0$

$f''(x) = (x-1)e^{1-x}$, $f''(x_e) = -e < 0 \;\Rightarrow\; (0,\,e)$ ist rel. Max.

3. Wendepunkte: $f''(x) = 0 \;\Rightarrow\; x_w = 1$

$f'''(x) = (2-x)e^{1-x}$; $f'''(x_w) = 1 \neq 0 \;\Rightarrow\; (1,2)$ ist Wendepunkt.

4. $\lim\limits_{x \to -\infty} f(x) = -\infty$, $\lim\limits_{x \to +\infty} f(x) = 0$. Vgl. Bild L 9.10h.

i) $D_f = \mathbb{R}$. f ist eine gerade Funktion.

1. Nullstellen: keine

2. Extrema: $f'(x) = -xe^{-\frac{x^2}{2}}$; $f'(x) = 0 \;\Rightarrow\; x_e = 0$

$f''(x) = (x^2 - 1)\mathrm{e}^{-\frac{x^2}{2}}$, $f''(x_e) = -1 < 0 \;\Rightarrow\; (0,1)$ ist rel. Max.

3. Wendepunkte: $f''(x) = 0 \;\Rightarrow\; x_{w1} = -1$, $x_{w2} = 1$, $f'''(x) = x(3 - x^2)\mathrm{e}^{-\frac{x^2}{2}}$;

$f'''(x_{w1}) = -\frac{2}{\sqrt{\mathrm{e}}} \neq 0$, $f'''(x_{w2}) = \frac{2}{\sqrt{\mathrm{e}}} \neq 0$, $\Rightarrow\; (-1, \frac{1}{\sqrt{\mathrm{e}}})$ und $(1, \frac{1}{\sqrt{\mathrm{e}}})$ sind Wendepunkte.

4. $\lim\limits_{x \to -\infty} f(x) = \lim\limits_{x \to +\infty} f(x) = 0$. Vgl. Bild L 9.10i.

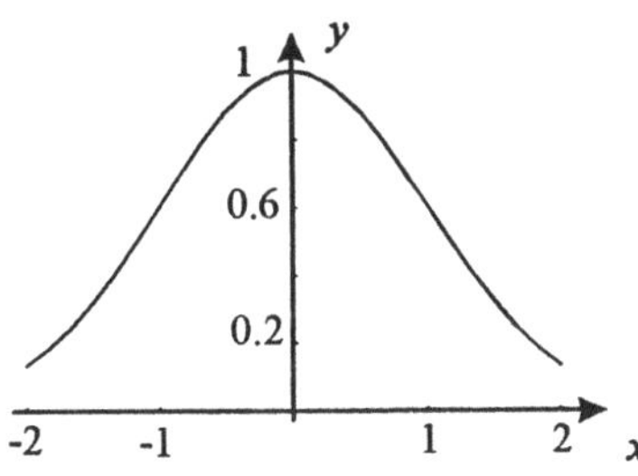

Bild L 9.10i

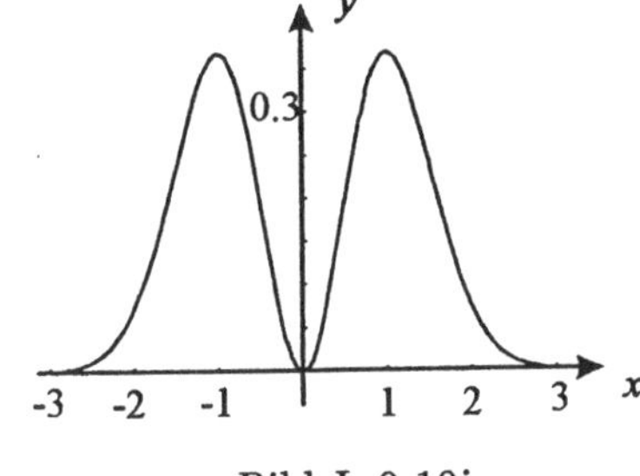

Bild L 9.10j

j) $D_f = \mathbb{R}$. f ist eine gerade Funktion.

1. Nullstelle: $x = 0$ (doppelt)

2. Extrema: $f'(x) = 2x(1 - x^2)\mathrm{e}^{-x^2}$; $f'(x) = 0 \;\Rightarrow\; x_{e1} = 0$, $x_{e2} = -1$, $x_{e3} = 1$
$f''(x) = (4x^4 - 10x^2 + 2)\mathrm{e}^{-x^2}$, $f''(x_{e1}) = 2 > 0 \;\Rightarrow\; (0,0)$ ist rel. Min.
$f''(x_{e2}) = f''(x_{e3}) = -\frac{4}{\mathrm{e}} < 0 \;\Rightarrow\; (-1, \frac{1}{\mathrm{e}})$ und $(1, \frac{1}{\mathrm{e}})$ sind rel. Maxima.

3. Wendepunkte: $f''(x) = 0 \;\Rightarrow\; 4x^4 - 10x^2 + 2 = 0 \;\Rightarrow\;$ [mit $z = x^2$]
$z^2 - \frac{5}{2}z + \frac{1}{2} = 0 \;\Rightarrow\; z_{1,2} = \frac{5 \pm \sqrt{17}}{4} \;\Rightarrow\;$

$x_{w1,2} = \pm\frac{1}{2}\sqrt{5 - \sqrt{17}}$, $x_{w3,4} = \pm\frac{1}{2}\sqrt{5 + \sqrt{17}}$

$f'''(x) = (16x^3 - 20x - 2x(4x^4 - 10x^2 + 2))\mathrm{e}^{-x^2}$;

$f'''(x_{wi}) = 4x_{wi}(4x_{wi}^2 - 5)\mathrm{e}^{-x_{wi}^2} = \mp 4x_{wi}\sqrt{17}\,\mathrm{e}^{-x_{wi}^2} \neq 0 \;(i = 1,2 \text{ bzw. } = 3,4)$
$\Rightarrow\; (x_{wi}, x_{wi}^2 \mathrm{e}^{-x_{wi}^2})$, $i = 1,2,3,4$, sind Wendepunkte.

4. $\lim\limits_{x \to -\infty} f(x) = \lim\limits_{x \to +\infty} f(x) = 0$. Vgl. Bild L 9.10j.

k) $D_f = \mathbb{R}$. 1. Nullstellen: $x_k = k\pi$, $k \in \mathbb{Z}$

2. Extrema: $f'(x) = (\cos x - \sin x)\mathrm{e}^{-x}$;

$f'(x) = 0 \;\Rightarrow\; \tan x = 1 \;\Rightarrow\; x_{el} = \frac{\pi}{4} + l\pi$, $l \in \mathbb{Z}$,

$$f''(x) = -2\cos x \cdot \mathrm{e}^{-x}, \qquad f''(x_{el}) = \begin{cases} \sqrt{2}\mathrm{e}^{-x_{el}} & > 0, \quad \text{falls } l \text{ ungerade} \\ -\sqrt{2}\mathrm{e}^{-x_{el}} & < 0, \quad \text{falls } l \text{ gerade} \end{cases} \;\Rightarrow$$

$(\frac{\pi}{4} + l\pi, -\frac{\sqrt{2}}{2}\mathrm{e}^{-x_{el}})$, l ungerade, sind rel. Min.,
$(\frac{\pi}{4} + l\pi, \frac{\sqrt{2}}{2}\mathrm{e}^{-x_{el}})$, l gerade, sind rel. Max.

3. Wendepunkte: $f''(x) = 0 \;\Rightarrow\; x_{wj} = \frac{\pi}{2} + j\pi$, $j \in \mathbb{Z}$,

$$f'''(x) = 2(\cos x + \sin x)\mathrm{e}^{-x}, \quad f'''(x_{wj}) = \begin{cases} -2\mathrm{e}^{-x_{wj}} & \neq 0, \quad \text{falls } j \text{ ungerade} \\ 2\mathrm{e}^{-x_{wj}} & \neq 0, \quad \text{falls } j \text{ gerade} \end{cases} \Rightarrow$$

$(\frac{\pi}{2} + j\pi, (-1)^j \mathrm{e}^{-x_{wj}}))$, $j \in \mathbb{Z}$, sind Wendepunkte.

4. $\lim\limits_{x \to -\infty} f(x)$ existiert nicht, $\lim\limits_{x \to +\infty} f(x) = 0$. Vgl. Bild L 9.10k.

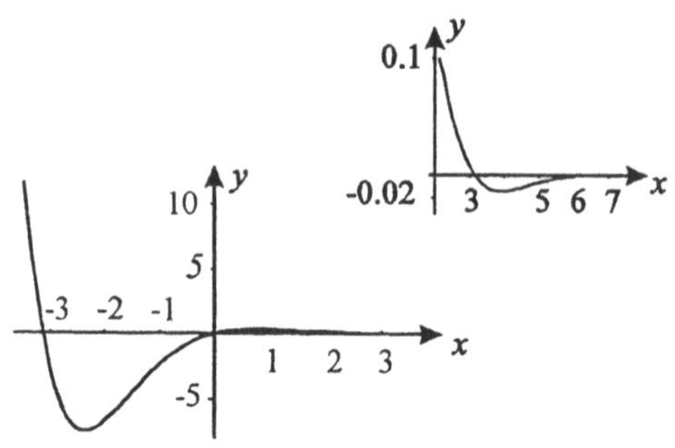

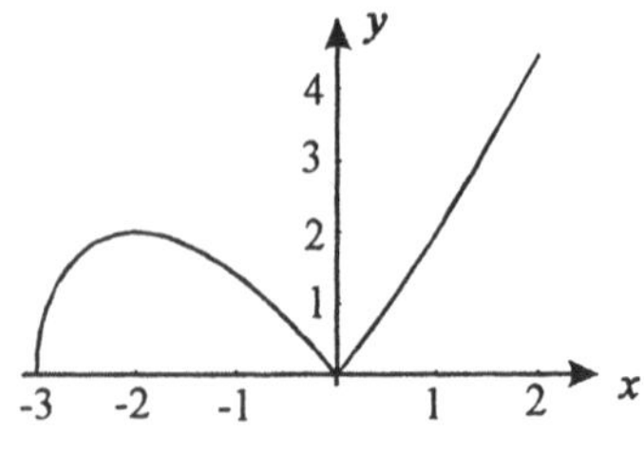

Bild L 9.10l

Bild L 9.10k

l) $f(x) = |x|\sqrt{x+3}$ (vgl. A 9.4p)), $D_f = [-3, +\infty)$. 1. Nullstellen: $x_1 = 0$, $x_2 = -3$

2. Extrema: $f'(x) = \begin{cases} -\sqrt{x+3} - \dfrac{x}{2\sqrt{x+3}} & \text{für} \quad -3 < x < 0 \\ \sqrt{x+3} + \dfrac{x}{2\sqrt{x+3}} & \text{für} \quad x > 0 \end{cases}$

Bei $x = -3$ ist f nicht differenzierbar, aber es gilt $\lim\limits_{x \to -3+0} f'(x) = -\infty$.

Bei $x = 0$ ist f nicht differenzierbar, da dort links- und rechtsseitige Ableitung zwar existieren, aber nicht übereinstimmen: $\lim\limits_{x \to 0-0} f'(x) = -\sqrt{3}$, $\lim\limits_{x \to 0+0} f'(x) = \sqrt{3}$; der Graph von f hat bei $x = 0$ einen Knick (vgl. Bild L 9.10l).

$f'(x) = 0 \Rightarrow -\dfrac{x}{2\sqrt{x+3}} = \sqrt{x+3}$ für $-3 < x < 0$ $\left[\sqrt{x+3} + \dfrac{x}{2\sqrt{x+3}} \neq 0 \text{ für } x > 0\right] \Rightarrow -x = 2(x+3) \Rightarrow x_e = -2.$

$f''(x) = \begin{cases} -\dfrac{1}{\sqrt{x+3}} + \dfrac{x}{4(x+3)\sqrt{x+3}} & \text{für} \quad -3 < x < 0 \\ \dfrac{1}{\sqrt{x+3}} - \dfrac{x}{4(x+3)\sqrt{x+3}} & \text{für} \quad x > 0 \end{cases}$

$f''(x_{el}) = -\dfrac{3}{2} < 0 \Rightarrow (-2, 2)$ ist relatives Maximum.

Außerdem ist $(0,0)$ relatives Minimum (der Graph von f hat dort eine Spitze).

3. Wendepunkte: $f''(x) = 0 \Rightarrow \dfrac{x}{4(x+3)\sqrt{x+3}} = \dfrac{1}{\sqrt{x+3}} \Rightarrow x_w = -4 \notin D_f \Rightarrow$ f hat keine Wendepunkte.

4. $\lim\limits_{x \to +\infty} f(x) = +\infty$. Vgl. Bild L 9.10l.

L 9.11

a) 1. Relative Extrema: $f'(x) = 3x^2 - 3x - 18$; $f'(x) = 0 \Rightarrow$
$x^2 - x - 6 = 0$, $x_{e1} = -2$, $x_{e2} = 3$, $f(x_{e1}) = 47$, $f(x_{e2}) = -15.5$.

2. Untersuchung des Randes: $f(-5) = -47.5$, $f(5) = 22.5$.

Ergebnis: Das absolute Minimum ist -47.5 (Randminimum bei $x = -5$),
das absolute Maximum ist 47 (relatives Maximum bei $x = -2$).

b) $D_f = [-\sqrt{1125}, \sqrt{1125}]$

1. Relative Extrema: $f'(x) = 2 - \dfrac{x}{\sqrt{1125 - x^2}}$; $f'(x) = 0 \Rightarrow$

$2\sqrt{1125 - x^2} = x \Rightarrow x_e = 30$ [$x = -30$ ist Scheinlösung], $f(x_e) = 75$.

2. Rand: $f(-\sqrt{1125}) \approx -67.082$, $f(\sqrt{1125}) \approx 67.082$.

Ergebnis: Das absolute

$$\left. \begin{matrix} \text{Minimum} \\ \text{Maximum} \end{matrix} \right\} \text{ist} \left\{ \begin{matrix} -67.082 \ (\text{Randminimum bei } x = -\sqrt{1125}) \\ 75 \ (\text{relatives Maximum bei } x = -30) \end{matrix} \right\}.$$

L 9.12 $\dfrac{dy}{dt} = -\dfrac{K}{\left(Kt + \dfrac{1}{y_0}\right)^2} = -Ky^2.$

L 9.13 $\dfrac{dQ}{dt} = \dfrac{E}{R}\left(1 - \exp(-\dfrac{R}{L}t)\right).$

L 9.14 $s(t_0) = \frac{1}{2}gt_0^2 = 3000\text{m} \Rightarrow t_0 \approx 24.73$ s.

$v(t_0) = \dfrac{ds}{dt}\big|_{t=t_0} = gt_0 \approx 242.61$ m/s ≈ 873.4 km/h.

L 9.15 a) Setze $f(x) = \sqrt{x}$, $a = 4$, $b = 4.01$. Dann ist
$\sqrt{4.01} - \sqrt{4} = f(b) - f(a) = 0.01 \cdot f'(\xi)$ mit $4 < \xi < 4.01$.
Wegen $f'(\xi) = \dfrac{1}{2\sqrt{\xi}} < \dfrac{1}{2\sqrt{a}} = \dfrac{1}{4}$ für $\xi \in (4, 4.01)$ gilt: $\sqrt{4.01} - \sqrt{4} < \dfrac{0.01}{4} = 0.0025$.

b) Setze $f(x) = \sqrt[1000]{1 + x}$, $a = 0$, $b = 1$. Dann ist
$\sqrt[1000]{2} - \sqrt[1000]{1} = f(b) - f(a) = 1 \cdot f'(\xi)$ mit $0 < \xi < 1$.
Wegen $f'(\xi) = \dfrac{1}{1000(1 + \xi)^{\frac{999}{1000}}} < \dfrac{1}{1000}$ für $\xi \in (0, 1)$ gilt: $\sqrt[1000]{2} - 1 < \frac{1}{1000}$.

L 9.16 a) Es ist $\sin x - \sin y = \cos\xi (x - y)$, $x...\xi...y$. Wegen $|\cos\xi| \leq 1$ folgt
$|\sin x - \sin y| = |\cos\xi||x - y| \leq |x - y|$.

b) Es ist $\arctan x - \arctan y = \dfrac{1}{1 + \xi^2}(x - y)$, $x...\xi...y$. Da $\dfrac{1}{1 + \xi^2} \leq 1$, folgt

$|\arctan x - \arctan y| = \dfrac{1}{1 + \xi^2}|x - y| \leq |x - y|$.

c) Sei $f(x) = \ln(1 + x)$ für $x \geq 0$; dann ist $f(0) = \ln 1 = 0$, $f'(x) = \dfrac{1}{1 + x}$, und es gilt: (*) $f(x) - f(0) = \ln(1+x) = \dfrac{1}{1+\xi}(x-0)$, $0 < \xi < x$.

Wegen $x > 0$ ist $\dfrac{1}{1+x} < \dfrac{1}{1+\xi} < 1$ und $\dfrac{x}{1+x} < \dfrac{x}{1+\xi} < x$, so daß mit (*) unmittelbar die Behauptung folgt.

d) Ja. Denn: Für $x \in (-1, 0)$ gilt (*) mit $-1 < x < \xi < 0$. Daher ist $0 < x+1 < \xi + 1 < 1$ und $\dfrac{1}{x+1} > \dfrac{1}{\xi + 1} > 1$. Multipliziert man dies mit $x < 0$, so entsteht wiederum $\dfrac{x}{x+1} < \dfrac{x}{\xi + 1} < x$, also $\dfrac{x}{x+1} < \ln(1+x) < x$.

$\boxed{\textbf{L 9.17}}$ Sei $x > 0$, $y > 0$. Die Zielfunktion lautet:

$$f = x + y \;\rightarrow\; Min! \text{ unter der Nebenbedingung } xy = A, \text{ d.h. } y = \frac{A}{x}.$$

Einsetzen der Nebenbedingung in die Zielfunktion führt zu $f(x) = x + \dfrac{A}{x} \;\rightarrow\; Min!$

$$f'(x) = 1 - \frac{A}{x^2}, \; f'(x) = 0 \;\Rightarrow\; x^2 = A \;\Rightarrow\; [\text{da } x_e > 0] \; x_e = \sqrt{A} \;\Rightarrow\; y_e = \frac{A}{\sqrt{A}} = \sqrt{A}.$$

$f''(x) = \dfrac{2A}{x^3} > 0$ für alle $x > 0$. Also hat f bei x_e ein relatives Minimum. Da f keine weiteren relativen Extrema besitzt, ist dieses relative Minimum gleichzeitig auch globales Minimum von f.

$\boxed{\textbf{L 9.18}}$ Seien x, y die Katheten des rechtwinkligen Dreiecks Δ $(0 < x, y < c)$ mit vorgegebener Hypotenuse c. Dann gilt nach dem Satz des Pythagoras
$$c^2 = x^2 + y^2. \qquad\qquad (*)$$
Wir suchen zunächst das Maximum des Umfangs $U = x + y + c$ von Δ. Unter Verwendung von (*) ist $U(x) = x + \sqrt{c^2 - x^2} + c$, $U'(x) = 1 - \dfrac{x}{\sqrt{c^2 - x^2}}$,

$$U'(x) = 0 \;\Rightarrow\; \sqrt{c^2 - x^2} = x \;\Rightarrow\; |x_e| = x_e = \frac{c}{\sqrt{2}} \;\Rightarrow\; y_e = \sqrt{c^2 - \frac{c^2}{2}} = \frac{c}{\sqrt{2}}.$$

Da $U''(x) = -\dfrac{\sqrt{c^2 - x^2} + \dfrac{x^2}{\sqrt{c^2 - x^2}}}{c^2 - x^2} = -\dfrac{c^2}{(c^2 - x^2)\sqrt{c^2 - x^2}} < 0$ für $-c < x < c$ ist, liegt bei (x_e, y_e) ein relatives Maximum des Dreiecksumfangs vor (das gleichzeitig absolutes Maximum ist).

Der Flächeninhalt des rechtwinkligen Dreiecks ist mit (*) $A = \frac{1}{2}xy = \frac{1}{2}x\sqrt{c^2 - x^2}$

$\Rightarrow\; A'(x) = \frac{1}{2}\sqrt{c^2 - x^2} - \dfrac{x^2}{2\sqrt{c^2 - x^2}}$, $A'(x) = 0 \;\Rightarrow\; c^2 - x^2 = x^2 \;\Rightarrow\; |x_e| = x_e = \dfrac{c}{\sqrt{2}} \;\Rightarrow\; y_e = \dfrac{c}{\sqrt{2}}.$

$$A''(x) = -\frac{x}{2\sqrt{c^2 - x^2}} - \frac{2x\sqrt{c^2 - x^2} + \dfrac{x^3}{\sqrt{c^2 - x^2}}}{2(c^2 - x^2)} < 0 \text{ für alle } x \in (0, c).$$

Folglich nehmen sowohl U als auch A für $x_e = y_e = \frac{c}{\sqrt{2}}$, also für die gleichschenkligen rechtwinkligen Dreiecke ihr Maximum an.

L 9.19 Bild H 9.19 entnimmt man: $A = 2x \cdot 2y \to Extr.!$, wobei $x^2 + y^2 = r^2$ ist.

$\Rightarrow A(x) = 2x \cdot 2\sqrt{r^2 - x^2}$ mit $0 < x < r$. $A'(x) = 4(\sqrt{r^2 - x^2} - \dfrac{x^2}{\sqrt{r^2 - x^2}})$,

$A'(x) = 0 \Rightarrow$ (wegen $x_e > 0$) $x_e = \dfrac{r}{\sqrt{2}} = y_e$.

Für alle $x \in (0, r)$ ist $A''(x) = 4(-\dfrac{x}{\sqrt{r^2 - x^2}} - \dfrac{2x\sqrt{r^2 - x^2} + \dfrac{x^3}{\sqrt{r^2 - x^2}}}{r^2 - x^2}) < 0.$

Somit hat $A(x)$ das einzige relative Extremum bei $x_e = r/\sqrt{2}$, das gleichzeitig absolutes Maximum ist. Das dem Kreis einbeschriebene Rechteck maximalen Flächeninhalts ist somit das Quadrat der Seitenlänge $2r/\sqrt{2} = \sqrt{2}r$. Das absolute Minimum von $A(x)$ muß auf dem Rand des Definitionsbereichs von A liegen, d.h. bei $x = 0$ oder bei $x = r$: $A(0) = A(r) = 0$. Das dem Kreis einbeschriebene "Rechteck" minimalen Flächeninhalts ist also der Durchmesser des Kreises mit dem Flächeninhalt 0.

L 9.20 Da die Bruchfestigkeit B proportional zu a und h^2 ist, gilt $B = \gamma a h^2$ ($\gamma > 0$ konstanter Proportionalitätsfaktor), und wegen $(\frac{h}{2})^2 = r^2 - (\frac{a}{2})^2$ (vgl. Bild H 9.20), erhält man: $B(a) = \gamma a(4r^2 - a^2) \to Max!$ bei $0 < a < 2r$.

$B'(a) = \gamma(4r^2 - 3a^2)$. $B'(a) = 0 \Rightarrow a_e = 2r\sqrt{\frac{1}{3}}$, $h_e = 2r\sqrt{\frac{2}{3}}$.

Da $B''(a) = -6\gamma a < 0$ für alle $a > 0$, hat der Balken maximale Bruchfestigkeit, wenn $a = 2r\sqrt{\frac{1}{3}}$, $h = 2r\sqrt{\frac{2}{3}}$ gewählt werden.

L 9.21 Den zu maximierenden Dreiecksflächeninhalt erhält man, indem man den Flächeninhalt der weißen Dreiecksflächen des Bildes H 9.21 von dem Flächeninhalt a^2 des Quadrats subtrahiert:
$A(x) = a^2 - 2 \cdot \frac{1}{2}ax - \frac{1}{2}(a - x)^2 \to Max!, \quad 0 \le x \le a$.
$A'(x) = -a + (a - x) = 0 \Rightarrow x_e = 0$.
Da $A''(x) = -1 < 0$, hat A bei x_e ein relatives Maximum. Das gesuchte Dreieck maximalen Flächeninhalts ist das gleichschenklig rechtwinklige Dreieck, das von zwei Quadratseiten und der Diagonale des Quadrats gebildet wird; seine Fläche ist $\frac{1}{2}a^2$. (Da $x_e = 0$ linker Randpunkt des zu untersuchenden x-Intervalls ist, hat man unter $A'(x_e)$ bzw. $A''(x_e)$ die rechtsseitigen Ableitungen zu verstehen. Das gefundene relative Maximum ist gleichzeitig absolutes Maximum von A.)

L 9.22 Nach Bild H 9.22 ist $A = \frac{1}{2}xy \to Max!$ bei $0 \le y \le h$ zu fordern, wobei nach dem Strahlensatz $\dfrac{c}{h} = \dfrac{x}{h - y}$, also $x = \dfrac{c}{h}(h - y)$ gilt. $\Rightarrow$

$A(y) = \dfrac{1}{2} \cdot \dfrac{c}{h}(h - y)y$, $A'(y) = \dfrac{c}{2h}(h - 2y)$. $A'(y) = 0 \Rightarrow y_e = \dfrac{1}{2}h \Rightarrow x_e = \dfrac{1}{2}c$.

Wegen $A''(y) = -\frac{c}{h} < 0$ hat A bei y_e ein relatives Maximum. Das gesuchte Dreieck hat die Basislänge $\frac{c}{2}$, die Höhe $\frac{h}{2}$ und den maximalen Flächeninhalt $A = \frac{1}{8}hc$. (Das ursprüngliche Dreieck wird dabei in 4 kongruente Dreiecke zerlegt.)

L 9.23 Zunächst gilt entsprechend Bild H 9.23 nach dem Strahlensatz:

$$\frac{R}{r} = \frac{H}{H-h} \quad \Rightarrow \quad h = \frac{H}{R}(R-r). \qquad (*) \qquad \text{Damit ergibt sich:}$$

a) $V = \pi r^2 h = \pi r^2 \frac{H}{R}(R-r) \to Max!$ bei $0 \le r \le R$, $V'(r) = \pi \frac{H}{R}(2rR - 3r^2)$.
$V'(r) = 0 \Rightarrow r_{e1} = 0$ (rechtsseitige Ableitung), $r_{e2} = \frac{2}{3}R$.
$V''(r) = \pi \frac{H}{R}(2R - 6r)$, $V''(r_{e1}) > 0$, $V''(r_{e2}) < 0.$ $\Rightarrow$
V hat ein relatives Minimum für $r_{e1} = 0$ ($V = 0$), ein relatives Maximum für
$r_{e2} = \frac{2}{3}R$. Der dem Kegel einbeschriebene Zylinder maximalen Volumens hat den
Radius $r = \frac{2}{3}R$, die Höhe $h = \frac{1}{3}H$, das Volumen $V = \frac{4}{27}\pi R^2 H$.

b) $O = 2\pi rh + 2\pi r^2 = 2\pi r(\frac{H}{R}(R-r) + r) \to Max!$ bei $0 \le r \le R$,
$O'(r) = 2\pi(2\frac{r}{R}(R-H) + H)$.

Der Graph der Funktion $O'(r)$ ist im rechtwinkligen (r, O')-Koordinatensystem eine
Gerade durch die beiden Punkte $(0, 2\pi H)$ und $(R, 2\pi(2R - H))$. Diese Gerade
schneidet die r-Achse in dem Punkt $(r_e, 0)$ mit $0 < r_e < R$ nur dann, wenn $H > 2R$
gilt. Es ist dann $r_e = \dfrac{HR}{2(H-R)}$, $h_e = \dfrac{H(H-2R)}{2(H-R)}$, $O(r_e) = \dfrac{\pi}{2} \cdot \dfrac{H^2 R}{H-R} = O_{max}.$
Im Falle $H \le 2R$ gilt $O'(r) > 0$ für $0 \le r \le R$, also ist $O_{max} = O(R) = 2\pi R^2$.

L 9.24 Zielfunktion: $U = a+b+c \to Min!$ unter der Nebenbedingung, daß a und
b Katheten, c die Hypotenuse eines rechtwinkligen Dreiecks mit $h_c = h$ sind.
Nach dem Satz des Euklid ist (vgl. Bild H 9.24)

$$c = p + q, \quad q = \frac{h^2}{p}, \quad a = \sqrt{h^2 + q^2} = \frac{h}{p}\sqrt{p^2 + h^2}, \quad b = \sqrt{p^2 + h^2}. \quad \text{Damit ist}$$

$$U = U(p) = \frac{h}{p}\sqrt{p^2 + h^2} + \sqrt{p^2 + h^2} + p + \frac{h^2}{p} \quad \to \quad Min!$$

$$U'(p) = -\frac{h}{p^2}\sqrt{p^2 + h^2} + \frac{h}{\sqrt{p^2 + h^2}} + \frac{p}{\sqrt{p^2 + h^2}} + 1 - \frac{h^2}{p^2}. \quad U'(p) = 0 \quad \Rightarrow$$

[nach Multiplikation mit $p^2\sqrt{p^2 + h^2}$] $\quad p^3 - h^3 + (p^2 - h^2)\sqrt{p^2 + h^2} = 0 \quad \Leftrightarrow$

$(p - h)[p^2 + ph + h^2 + (p + h)\sqrt{p^2 + h^2}] = 0 \Rightarrow p_e = h$. Da der Inhalt der eckigen
Klammer stets positiv ist, hat diese Gleichung keine weiteren Lösungen.

$$U''(p) = \frac{2h}{p^3}\sqrt{p^2 + h^2} - \frac{h}{p\sqrt{p^2 + h^2}} - \frac{ph}{\sqrt{p^2 + h^2}^3} + \frac{1}{\sqrt{p^2 + h^2}} - \frac{p^2}{\sqrt{p^2 + h^2}^3} + \frac{2h^2}{p^3}$$

$U''(p_e) = \dfrac{1}{h}(\dfrac{3}{2}\sqrt{2} + 2) > 0 \quad \Rightarrow \quad$ Das gleichschenklig rechtwinklige Dreieck mit
$a = \sqrt{2}h$, $b = \sqrt{2}h$, $c = 2h$ hat den kleinsten Umfang: $U_{min} = h(2 + 2\sqrt{2})$.

L 9.25 Zielfunktion: $O = 2\pi rh + 2\pi r^2 \quad \to \quad Min$! unter der Nebenbedingung
$r^2\pi h = V$. Setzt man in die Zielfunktion $h = \dfrac{V}{r^2\pi}$ ein, so ergibt sich

$$O(r) = 2\pi\left(\frac{V}{r\pi} + r^2\right), \quad r > 0 \quad \Rightarrow \quad O'(r) = 2\pi\left(-\frac{V}{r^2\pi} + 2r\right). \quad O'(r) = 0 \quad \Rightarrow$$

$$r_e = \sqrt[3]{\frac{V}{2\pi}}.$$

$O''(r) = 2\pi \left(\dfrac{2V}{r^3\pi} + 2 \right) > 0$ für alle $r > 0$. Daher hat O bei r_e ein relatives Minimum (das gleichzeitig globales Minimum ist), $O_{min} = 6\pi \sqrt[3]{\dfrac{V^2}{4\pi^2}}$.

$\boxed{\textbf{L 9.26}}$ Für den Flächeninhalt des einbeschriebenen Dreiecks erhält man (vgl. Bild H 9.26): $A = \frac{1}{2}ch$, wobei $\frac{c}{2} = r\sin\frac{\gamma}{2}$, $h = r\cos\frac{\gamma}{2}$ ist. Somit ist $A(\gamma) = r^2 \sin\frac{\gamma}{2}\cos\frac{\gamma}{2} = \frac{1}{2}r^2\sin\gamma$, $0 \le \gamma \le \frac{\pi}{2}$, $A'(\gamma) = \frac{1}{2}r^2\cos\gamma$. $A'(\gamma) = 0 \Rightarrow \gamma_e = \frac{\pi}{2}$. Wegen $A''(\gamma) = -\frac{1}{2}r^2\sin\gamma$, $A''(\gamma_e) = -\frac{1}{2}r^2 < 0$ wird der Flächeninhalt des einbeschriebenen Dreiecks für $\gamma_e = \frac{\pi}{2}$ maximal und beträgt $A_{max} = \frac{1}{2}r^2$.

$\boxed{\textbf{L 9.27}}$ Die Kosten für das Verlegen der Leitung betragen (in TDM):
$K = 30(14 - x) + 50y$, $0 \le x \le 14$. Wegen $y = \sqrt{x^2 + 144}$ (vgl. Bild H 9.27) ist folgende Aufgabe zu lösen

$$K(x) = 30(14 - x) + 50\sqrt{x^2 + 144} \;\rightarrow\; Min\,!$$

$K'(x) = -30 + \dfrac{50x}{\sqrt{x^2 + 144}}$, $K'(x) = 0 \;\Rightarrow\; 30\sqrt{x^2 + 144} = 50x \Rightarrow 9(x^2 + 144) = 25x^2 \;\Rightarrow\; |x_e| = x_e = 9$.

$$K''(x) = \dfrac{50\sqrt{x^2 + 144} - \dfrac{50x^2}{\sqrt{x^2 + 144}}}{x^2 + 144} = \dfrac{7200}{(x^2 + 144)^{\frac{3}{2}}} > 0 \text{ für alle } x.$$

Daher werden die Verlegungskosten minimal, wenn die Leitung 5 km von A entfernt von der Straße abzweigt; sie betragen $K_{min} = 900$ TDM.

$\boxed{\textbf{L 9.28}}$ Die Fahnenstange bilde mit der Waagerechten den Winkel α. Dann kann ihre Länge beschrieben werden durch (vgl. Bild H 9.28):
$8 = l_1 + l_2$ mit $l_1 = \dfrac{3}{\cos\alpha}$, $l_2 = \dfrac{h}{\sin\alpha}$, wobei h die Höhe der Tür ist.

Auflösen von $8 = \dfrac{3}{\cos\alpha} + \dfrac{h}{\sin\alpha}$ nach h ergibt: $h(\alpha) = 8\sin\alpha - 3\tan\alpha$, $0 < \alpha < \frac{\pi}{2}$.
Das Maximum der Funktion $h(\alpha)$ bestimmt die Mindesthöhe der Tür.

$h'(\alpha) = 8\cos\alpha - \dfrac{3}{\cos^2\alpha}$, $h'(\alpha) = 0 \;\Rightarrow\; \cos^3\alpha = \dfrac{3}{8}$, $\cos\alpha_e = \sqrt[3]{\dfrac{3}{8}} \;\Rightarrow\; \alpha_e \approx 43.85^0$.

$h''(\alpha) = -8\sin\alpha - \dfrac{6\sin\alpha}{\cos^3\alpha}$, $h''(\alpha_e) = -24\sin\alpha_e < 0$.

Somit hat $h(\alpha)$ bei α_e ein relatives Maximum. Die Mindesthöhe der Tür muß daher $h(\alpha_e) = 8\sin\alpha_e - 3\tan\alpha_e \approx 2.66$ (Meter) betragen.

$\boxed{\textbf{L 9.29}}$ Der Abstand eines Punktes $P(x, y)$ vom Punkt $P(2,\, 2.5)$ ist
$d = \sqrt{(x - 2)^2 + (y - 2.5)^2}$. Da zwischen den Koordinaten von P die Beziehung $y = \frac{2}{x}$ besteht, ist $d(x) = \sqrt{(x - 2)^2 + (\frac{2}{x} - 2.5)^2}$ zu minimieren. Wegen $d(x) > 0$ für alle $x \ne 0$, also insbesondere für $x > 0$, wird $d(x)$ genau dort minimal bzw. maximal, wo auch $D(x) = (d(x))^2$ minimal bzw. maximal wird. Daher genügt es, die Aufgabe
$$D(x) = (x - 2)^2 + (\tfrac{2}{x} - 2.5)^2 \;\rightarrow\; Min\,! \text{ mit } x > 0 \text{ zu lösen. Es ist}$$

$D'(x) = 2(x-2) - \frac{4}{x^2}(\frac{2}{x} - 2.5)$, $D'(x) = 0 \Rightarrow x^2(x-2) = \dfrac{4-5x}{x} \Rightarrow$

(∗) $x^4 - 2x^3 + 5x - 4 = (x-1)(x^3 - x^2 - x + 4) = 0 \Rightarrow x_e = 1$.

$D''(x) = 2 + \dfrac{24}{x^4} - \dfrac{20}{x^3}$, $D''(x_e) = 6 > 0 \Rightarrow D$ hat bei x_e ein relatives Minimum.

Um ausschließen zu können, daß es neben $x_e = 1$ noch weitere Minimumstellen gibt, zeigen wir, daß die Funktion $f(x) = x^3 - x^2 - x + 4$ keine positiven Nullstellen besitzt. Aus $f'(x) = 3x^2 - 2x - 1$ erhält man für f die Extremstellen $x_{e1} = -\frac{1}{3}$, $x_{e2} = 1$. Wegen $f''(x) = 6x - 2$, $f''(x_{e1}) = -4 < 0$, $f''(x_{e2}) = 4 > 0$ folgt: $(-\frac{1}{3}, \frac{113}{27})$ ist lokales Maximum, $(1,3)$ ist lokales Minimum von f. Da $\lim\limits_{x \to +\infty} f(x) = +\infty$, das lokale Maximum bei $x = -\frac{1}{3}$ liegt und f in seinem lokalen Minimum einen positiven Funktionswert hat, kann es für f keine positiven Nullstellen geben, so daß $x_e = 1$ die einzige positive Nullstelle von (∗) ist. Somit ist $d_{min} = \frac{1}{2}\sqrt{5}$.

11.10   Lösungen zu Kapitel 10

$\boxed{\text{L 10.1}}$ a) $2\int x\,dx - 3\int x^2\,dx + 4\int x^3\,dx = 2\cdot\frac{x^2}{2} - 3\cdot\frac{x^3}{3} + 4\cdot\frac{x^4}{4} + C = x^2 - x^3 + x^4 + C$.

b) $\int x^4\,dx + \int x^{-4}\,dx = \frac{x^5}{5} + \frac{x^{-3}}{-3} + C = \frac{x^5}{5} - \frac{1}{3x^3} + C$.

c) $\int(3x + 2 + \frac{1}{x^2})\,dx = 3\int x\,dx + 2\int dx + \int x^{-2}\,dx = \frac{3}{2}x^2 + 2x - \frac{1}{x} + C$.

d) $\int x\,dx + \int x^{\frac{1}{2}}\,dx + \int x^{\frac{4}{3}}\,dx = \frac{x^2}{2} + \frac{x^{\frac{3}{2}}}{\frac{3}{2}} + \frac{x^{\frac{7}{3}}}{\frac{7}{3}} + C = \frac{1}{2}x^2 + \frac{2}{3}x\sqrt{x} + \frac{3}{7}x^2\,\sqrt[3]{x} + C$.

e) $\sqrt[5]{2}\int x^{\frac{1}{5}}\,dx - \int x^{-\frac{2}{3}}\,dx = \sqrt[5]{2}\,\frac{x^{\frac{6}{5}}}{\frac{6}{5}} - \frac{x^{\frac{1}{3}}}{\frac{1}{3}} + C = \frac{5}{6}x\,\sqrt[5]{2x} - 3\sqrt[3]{x} + C$.

f) Nach H 10.1f: $\int x^{\frac{17}{24}}\,dx = \frac{x^{\frac{41}{24}}}{\frac{41}{24}} + C = \frac{24}{41}x\,\sqrt[24]{x^{17}} + C$.

Berechnung der bestimmten Integrale:

a) $[x^2 - x^3 + x^4 + C]_1^2 = (4 - 8 + 16 + C) - (1 - 1 + 1 + C) = 11$.

b) $\left[\frac{x^5}{5} - \frac{1}{3x^3} + C\right]_1^2 = \left(\frac{32}{5} - \frac{1}{24} + C\right) - \left(\frac{1}{5} - \frac{1}{3} + C\right) = \frac{779}{120} = 6.491\overline{6}$.

c) $\left[\frac{3}{2}x^2 + 2x - \frac{1}{x} + C\right]_1^2 = (6 + 4 - \frac{1}{2} + C) - (\frac{3}{2} + 2 - 1 + C) = 7$.

d) $\left[\frac{1}{2}x^2 + \frac{2}{3}x\sqrt{x} + \frac{3}{7}x^2\sqrt[3]{x} + C\right]_1^2 = \left(2 + \frac{4}{3}\sqrt{2} + \frac{12}{7}\sqrt[3]{2} + C\right) - \left(\frac{1}{2} + \frac{2}{3} + \frac{3}{7} + C\right) = $
    $4.4502\,446$.

e) $\left[\frac{5}{6}x\sqrt[5]{2x} - 3\sqrt[3]{x} + C\right]_1^2 = \left(\frac{5}{3}\sqrt[5]{4} - 3\sqrt[3]{2} + C\right) - \left(\frac{5}{6}\sqrt[5]{2} - 3 + C\right) = 0.4621\,681$.

f) $\left[\frac{24}{41}x\sqrt[24]{x^{17}} + C\right]_1^2 = 1.3275\,108$.

$\boxed{\text{L 10.2}}$ a) $\int\limits_1^3(x + 2 + \frac{1}{x})\,dx = \left[\frac{x^2}{2} + 2x + \ln x\right]_1^3 = (\frac{9}{2} + 6 + \ln 3) - (\frac{1}{2} + 2 + \ln 1) = 8 + \ln 3$.

b) $4\left[\arctan x\right]_{-\sqrt{3}}^{\sqrt{3}} = 4(\frac{\pi}{3} - (-\frac{\pi}{3})) = \frac{8}{3}\pi$.

c) $\int_{-1}^{1}\left(3e^{x}+\dfrac{2}{1+x^{2}}\right)dx = \left[3e^{x}+2\arctan x\right]_{-1}^{1} = 3e+2\cdot\dfrac{\pi}{4}-\left(3\dfrac{1}{e}+2\left(-\dfrac{\pi}{4}\right)\right) = $
$3(e-\dfrac{1}{e})+\pi.$

d) $\int_{0}^{\frac{\pi}{2}}\left(\cos^{2}\left(\dfrac{x}{2}\right)+2\cos\left(\dfrac{x}{2}\right)\sin\left(\dfrac{x}{2}\right)+\sin^{2}\left(\dfrac{x}{2}\right)\right)dx = \int_{0}^{\frac{\pi}{2}}(1+\sin x)\,dx = $
$\left[x-\cos x\right]_{0}^{\frac{\pi}{2}} = \dfrac{\pi}{2}-0-(0-1) = \dfrac{\pi}{2}+1.$

e) $2\int_{-\frac{\pi}{4}}^{\frac{\pi}{4}}\dfrac{dx}{\cos^{2}x}+\int_{-\frac{\pi}{4}}^{\frac{\pi}{4}}\cos x\,dx = \left[2\tan x+\sin x\right]_{-\frac{\pi}{4}}^{\frac{\pi}{4}} = 2\cdot 1+\dfrac{\sqrt{2}}{2}-\left(2(-1)-\dfrac{\sqrt{2}}{2}\right) = $
$4+\sqrt{2}.$

f) $4\int_{-\frac{1}{2}}^{\frac{1}{2}}\dfrac{dx}{\sqrt{1-x^{2}}} = 4\left[\arcsin x\right]_{-\frac{1}{2}}^{\frac{1}{2}} = 4\left(\dfrac{\pi}{6}-\left(-\dfrac{\pi}{6}\right)\right) = \dfrac{4}{3}\pi.$

$\boxed{\text{L 10.3}}$ **a)** $A = \int_{0}^{1}(x+2)\,dx = \left[\dfrac{x^{2}}{2}+2x\right]_{0}^{1} = 2.5\,\text{FE}.$

b) $A = \int_{\frac{\pi}{4}}^{\frac{\pi}{2}}\left|-\dfrac{1}{\sin^{2}x}\right|dx = \int_{\frac{\pi}{4}}^{\frac{\pi}{2}}\dfrac{1}{\sin^{2}x}\,dx = \left[-\cot x\right]_{\frac{\pi}{4}}^{\frac{\pi}{2}} = -\left[0-1\right] = 1\,\text{FE}.$

c) $A = \int_{0}^{2}|x(x-1)|\,dx.$ Da $y(x)\leq 0$ für $x\in[0,1]$, $y(x)>0$ für $x>1$, ist
$A = \int_{0}^{1}(-x^{2}+x)\,dx + \int_{1}^{2}(x^{2}-x)\,dx = \left[-\dfrac{x^{3}}{3}+\dfrac{x^{2}}{2}\right]_{0}^{1}+\left[\dfrac{x^{3}}{3}-\dfrac{x^{2}}{2}\right]_{1}^{2} = \left(-\dfrac{1}{3}+\dfrac{1}{2}\right)+$
$\left(\dfrac{8}{3}-2\right)-\left(\dfrac{1}{3}-\dfrac{1}{2}\right) = 1\,\text{FE}.$

d) $A = \int_{0}^{2\pi}|\sin x|\,dx.$ Da $y(x)\geq 0$ für $x\in[0,\pi]$, $y(x)\leq 0$ für $x\in[\pi,2\pi]$, folgt
$A = \int_{0}^{\pi}\sin x\,dx - \int_{\pi}^{2\pi}\sin x\,dx = \left[-\cos x\right]_{0}^{\pi}+\left[\cos x\right]_{\pi}^{2\pi} = 1+1+(1-(-1)) = 4\text{FE}.$

$\boxed{\text{L 10.4}}$ **a)** Schnittpunktsabszissen: $x^{2}=x \Leftrightarrow x(x-1)=0 \Rightarrow x_{1}=0,\ x_{2}=1.$
Wegen $x^{2}\leq x$ für $0\leq x\leq 1$ gilt: $A = \int_{0}^{1}(x-x^{2})\,dx = \left[\dfrac{x^{2}}{2}-\dfrac{x^{3}}{3}\right]_{0}^{1} = \dfrac{1}{6}\,\text{FE}.$

b) Schnittpunktsabszissen: $\cos x = \dfrac{1}{2} \Rightarrow x_{1}=-\dfrac{\pi}{3},\ x_{2}=\dfrac{\pi}{3}.$ Wegen $\dfrac{1}{2}\leq\cos x$ für
$-\dfrac{\pi}{3}\leq x\leq\dfrac{\pi}{3}$ folgt:
$A = \int_{-\frac{\pi}{3}}^{\frac{\pi}{3}}\left(\cos x-\dfrac{1}{2}\right)dx = \left[\sin x-\dfrac{1}{2}x\right]_{-\frac{\pi}{3}}^{\frac{\pi}{3}} = \dfrac{\sqrt{3}}{2}-\dfrac{\pi}{6}-\left(-\dfrac{\sqrt{3}}{2}+\dfrac{\pi}{6}\right) = \sqrt{3}-\dfrac{\pi}{3}\,\text{FE}.$

c) Schnittpunktsabszissen von $f_{1}: y=x^{4}$ und $f_{2}: y=\sqrt[4]{x}: x^{4}=\sqrt[4]{x} \Rightarrow x^{16}=x$
$\Leftrightarrow x(x^{15}-1)=0 \Rightarrow x_{1}=0,\ x_{2}=1.$ Wegen $x^{4}\leq\sqrt[4]{x}$ für $0\leq x\leq 1$ folgt:
$A = \int_{0}^{1}(\sqrt[4]{x}-x^{4})\,dx = \left[\dfrac{4}{5}x^{\frac{5}{4}}-\dfrac{1}{5}x^{5}\right]_{0}^{1} = \dfrac{4}{5}-\dfrac{1}{5} = \dfrac{3}{5}\,\text{FE}.$

d) Schnittpunktsabszissen von f_{1} und f_{2} sind $x_{1}=0,\ x_{2}=\pi.$

Wegen $x(x-\pi) \le \sin x$ für $0 \le x \le \pi$ folgt: $A = \int_0^\pi (\sin x - x(x-\pi))\,dx =$

$\left[-\cos x - \dfrac{x^3}{3} + \dfrac{\pi}{2}x^2\right]_0^\pi = \left[1 - \dfrac{\pi^3}{3} + \dfrac{\pi^3}{2} - (-1)\right] = 2 + \dfrac{\pi^3}{6}$ FE.

$\boxed{\text{L 10.5}}$ **a)** Setze: $2 + x = u$, $e^x = v' \Rightarrow u' = 1$, $v = e^x$.

$\int (2+x)e^x\,dx = (2+x)e^x - \int e^x\,dx = (2+x)e^x - e^x + C = (1+x)e^x + C.$

b) Setze: $x = u$, $\sin x = v' \Rightarrow u' = 1$, $v = -\cos x$.

$\int x \sin x\,dx = -x\cos x + \int \cos x\,dx = -x\cos x + \sin x + C.$

c) Setze: $x^2 = u$, $e^x = v' \Rightarrow u' = 2x$, $v = e^x$. $\int x^2 e^x\,dx = x^2 e^x - 2\int x e^x\,dx$. (*)
Zur Ermittlung von $\int x e^x\,dx$ setze man: $x = u$, $e^x = v' \Rightarrow u' = 1$, $v = e^x$; damit
erhält man: $\int x e^x\,dx = x e^x - \int e^x\,dx = x e^x - e^x + C^*$. Setzt man dies in (*) ein, so
ergibt sich: $\int x^2 e^x\,dx = x^2 e^x - 2x e^x + 2e^x - 2C^* = (x^2 - 2x + 2)e^x + C$ mit $C = -2C^*$.

d) Setze: $\ln x = u$, $\sqrt[3]{x} = x^{\frac{1}{3}} = v'$, $\Rightarrow u' = \frac{1}{x}$, $v = \frac{3}{4}x^{\frac{4}{3}}$.

$\int \sqrt[3]{x}\ln x\,dx = \frac{3}{4}x^{\frac{4}{3}}\ln x - \int \frac{3}{4}\frac{1}{x}x^{\frac{4}{3}}\,dx = \frac{3}{4}(x\sqrt[3]{x}\ln x - \frac{3}{4}x^{\frac{4}{3}}) + C = \frac{3}{4}x\sqrt[3]{x}(\ln x - \frac{3}{4}) + C.$

e) Setze: $2^x = u$, $e^x = v' \Rightarrow u' = 2^x \ln 2$, $v = e^x$.

$\int 2^x e^x\,dx = 2^x e^x - \ln 2 \int 2^x e^x\,dx + C^*$. Durch Umordnen erhält man

$(1 + \ln 2)\int 2^x e^x\,dx = 2^x e^x + C^* \Rightarrow \int 2^x e^x\,dx = \dfrac{2^x e^x}{1 + \ln 2} + C$ mit $C = \dfrac{C^*}{1 + \ln 2}$.

Bemerkung: Zum gleichen Ergebnis kommt man, wenn man
$I = \int 2^x e^x\,dx = \int (2e)^x\,dx = \int a^x\,dx$ mit $a = 2e$ aus einer Tabelle der Grundintegrale

entnimmt: $I = \dfrac{a^x}{\ln a} + C = \dfrac{(2e)^x}{\ln(2e)} + C = \dfrac{2^x e^x}{\ln 2 + \ln e} + C.$

f) Setze: $\cos^2 x = u$, $\cos x = v' \Rightarrow u' = -2\cos x \sin x$, $v = \sin x$.

$\int \cos^3 x\,dx = \cos^2 x \sin x + 2\int \cos x \sin^2 x\,dx = \cos^2 x \sin x + 2\int \cos x(1 - \cos^2 x)\,dx =$
$\cos^2 x \sin x + 2\sin x - 2\int \cos^3 x\,dx$. Faßt man die auf der linken und rechten Seite der
Gleichung stehenden Integrale $\int \cos^3 x\,dx$ zusammen, so ergibt sich $3\int \cos^3 x\,dx =$
$\cos^2 x \sin x + 2\sin x + 3C$, also schließlich $\int \cos^3 x\,dx = \frac{1}{3}\sin x(\cos^2 x + 2) + C.$

g) Setze: $\sin x = u$, $e^x = v' \Rightarrow u' = \cos x$, $v = e^x$.

$\int e^x \sin x\,dx = e^x \sin x - \int e^x \cos x\,dx.$ (+)
Zur Ermittlung von $\int e^x \cos x\,dx$ setzt man $\cos x = u$, $e^x = v' \Rightarrow u' = -\sin x$, $v = e^x$.
Damit wird $\int e^x \cos x\,dx = e^x \cos x + \int e^x \sin x\,dx$. Dies setzt man in (+) ein und
erhält: $\int e^x \sin x\,dx = e^x \sin x - e^x \cos x - \int e^x \sin x\,dx + 2C$. Nach Umordnen ergibt
dies schließlich $\int e^x \sin x\,dx = \frac{1}{2}e^x(\sin x - \cos x) + C.$

h) Setze: $\ln x = u$, $1 = v' \Rightarrow u' = \frac{1}{x}$, $v = x$.

$\int \ln x\,dx = x\ln x - \int \frac{1}{x}\cdot x\,dx = x\ln x - x + C = x(\ln x - 1) + C.$

i) Setze: $\arctan x = u$, $x = v' \Rightarrow u' = \dfrac{1}{x^2 + 1}$, $v = \dfrac{x^2}{2}$. $\int x \arctan x\,dx =$

$\dfrac{x^2}{2}\arctan x - \dfrac{1}{2}\int \dfrac{x^2}{x^2 + 1}\,dx = \dfrac{x^2}{2}\arctan x - \dfrac{1}{2}\int \left(\dfrac{x^2 + 1}{x^2 + 1} - \dfrac{1}{x^2 + 1}\right)dx = \dfrac{x^2}{2}\arctan x -$

$\dfrac{x}{2} + \dfrac{1}{2}\arctan x + C = \dfrac{x^2 + 1}{2}\arctan x - \dfrac{x}{2} + C.$

j) Setze: $x^2 = u$, $\cos x = v' \Rightarrow u' = 2x$, $v = \sin x$.

$\int x^2 \cos x \, dx = x^2 \sin x - 2 \int x \sin x \, dx$. Zur partiellen Integration des letzten Integrals setze: $x = u$, $\sin x = v' \Rightarrow u' = 1$, $v = -\cos x$. Damit ist $\int x \sin x \, dx = -x \cos x + \int \cos x \, dx = -x \cos x + \sin x - C/2$, und insgesamt ergibt sich:

$\int x^2 \cos x \, dx = x^2 \sin x + 2x \cos x - 2 \sin x + C$.

k) Setze: $(\ln x)^2 = u$, $x = v' \Rightarrow u' = 2 \ln x \cdot \frac{1}{x}$, $v = \frac{x^2}{2}$.

$\int x (\ln x)^2 \, dx = \frac{x^2}{2} (\ln x)^2 - \int 2 \ln x \cdot \frac{1}{x} \cdot \frac{x^2}{2} \, dx = \frac{x^2}{2} (\ln x)^2 - \int x \ln x \, dx$. (+)

Zur Ermittlung von $\int x \ln x \, dx$ setzt man $\ln x = u$, $x = v' \Rightarrow u' = \frac{1}{x}$, $v = \frac{1}{2}x^2$.

Damit wird $\int x \ln x \, dx = \frac{1}{2}x^2 \ln x - \int \frac{1}{2}x \, dx = \frac{1}{2}x^2 \ln x - \frac{1}{4}x^2 - C$. Setzt man dies in

(+) ein, so erhält man als Ergebnis: $\int x (\ln x)^2 \, dx = \frac{1}{2}x^2 \left((\ln x)^2 - \ln x + \frac{1}{2} \right) + C$.

$\boxed{\textbf{L 10.6}}$ **a)** Substitution: $x + 1 = u \Rightarrow \frac{du}{dx} = 1 \Rightarrow dx = du$.

$\int \sin(x + 1) \, dx = \int \sin u \, du = -\cos u + C = -\cos(x + 1) + C$.

b) Subst.: $2x = u \Rightarrow \frac{du}{dx} = 2 \Rightarrow dx = \frac{1}{2} du$.

$\int \cos(2x) \, dx = \frac{1}{2} \int \cos u \, du = \frac{1}{2} \sin u + C = \frac{1}{2} \sin(2x) + C$.

c) Subst.: $x + 4 = u \Rightarrow dx = du$. $\int \frac{dx}{x+4} = \int \frac{du}{u} = \ln |u| + C = \ln |x + 4| + C$.

d) Subst.: $2x - 3 = u \Rightarrow dx = \frac{1}{2} du$. $\int e^{2x-3} \, dx = \frac{1}{2} \int e^u \, du = \frac{1}{2}e^u + C = \frac{1}{2}e^{2x-3} + C$.

e) Subst.: $5x - 2 = u \Rightarrow dx = \frac{1}{5} du$. $\int \frac{dx}{5x-2} = \frac{1}{5} \int \frac{du}{u} = \frac{1}{5} \ln |u| + C = \frac{1}{5} \ln |5x - 2| + C$.

f) Subst.: $4x - 1 = u \Rightarrow dx = \frac{1}{4} du$.

$\int \frac{dx}{\cos^2(4x-1)} = \frac{1}{4} \int \frac{du}{\cos^2 u} = \frac{1}{4} \tan u + C = \frac{1}{4} \tan(4x - 1) + C$.

g) Subst.: $3x = u \Rightarrow dx = \frac{1}{3} du$.

$\int \frac{dx}{1+9x^2} = \frac{1}{3} \int \frac{du}{1+u^2} = \frac{1}{3} \arctan u + C = \frac{1}{3} \arctan(3x) + C$.

h) $I = \int \frac{dx}{x^2+2x+1} = \int \frac{dx}{(x+1)^2}$. Subst.: $x + 1 = u \Rightarrow dx = du$.

Somit ist $I = \int u^{-2} \, du = -u^{-1} + C = -\frac{1}{x+1} + C$.

i) $I = \int \frac{dx}{x^2+4x+5} = \int \frac{dx}{(x+2)^2+1}$. Subst.: $x + 2 = u \Rightarrow dx = du$.

Damit wird $I = \int \frac{du}{u^2+1} = \arctan u + C = \arctan(x + 2) + C$.

j) $I = \int \frac{dx}{\sqrt{3-4x^2}} = \int \frac{dx}{\sqrt{3(1-\frac{4}{3}x^2)}} = \frac{1}{\sqrt{3}} \int \frac{dx}{\sqrt{1-(\frac{2x}{\sqrt{3}})^2}}$. Subst.: $\frac{2x}{\sqrt{3}} = u \Rightarrow dx = \frac{\sqrt{3}}{2} du \Rightarrow$

$I = \frac{1}{\sqrt{3}} \cdot \frac{\sqrt{3}}{2} \int \frac{du}{\sqrt{1-u^2}} = \frac{1}{2} \arcsin u + C = \frac{1}{2} \arcsin(\frac{2x}{\sqrt{3}}) + C$.

k) $I = \int \frac{dx}{\sqrt{-x^2+2x}} = \int \frac{dx}{\sqrt{-(x-1)^2+1}}$. Subst.: $x - 1 = u \Rightarrow dx = du$.

$I = \int \frac{du}{\sqrt{1-u^2}} = \arcsin u + C = \arcsin(x - 1) + C$.

l) $I = \int \frac{dx}{\sqrt{7-12x-4x^2}} = \int \frac{dx}{\sqrt{-(2x+3)^2+16}} = \int \frac{dx}{\sqrt{16(1-\frac{(2x+3)^2}{16})}} = \int \frac{dx}{4\sqrt{1-\left(\frac{2x+3}{4}\right)^2}}$.

Subst.: $\frac{2x+3}{4} = u \Rightarrow dx = 2 \, du. \Rightarrow I = \frac{1}{2} \int \frac{du}{\sqrt{1-u^2}} = \frac{1}{2} \arcsin u + C =$

$\frac{1}{2} \arcsin \frac{2x+3}{4} + C$.

L 10.7   **a)** $\varphi(x) = \sin x$, $\varphi'(x) = \cos x$; daher: Subst.: $u = \sin x \Rightarrow du = \cos x\, dx$
$\Rightarrow \int \sin^5 x \cos x\, dx = \int u^5\, du = \frac{1}{6}u^6 + C = \frac{1}{6}\sin^6 x + C.$

b) $\varphi(x) = x^2 + 1$, $\varphi'(x) = 2x$; daher: Subst.: $u = x^2 + 1 \Rightarrow du = 2x\, dx.$ $\Rightarrow$
$\int 2x e^{x^2+1}\, dx = \int e^u\, du = e^u + C = e^{x^2+1} + C.$

c) $\varphi(x) = \ln x$, $\varphi'(x) = \frac{1}{x}$; daher: Subst.: $u = \ln x \Rightarrow du = \frac{1}{x}\, dx.$ $\Rightarrow$
$\int \frac{\sqrt[3]{\ln x}}{x}\, dx = \int u^{\frac{1}{3}}\, du = \frac{3}{4}u^{\frac{4}{3}} + C = \frac{3}{4}\ln x \cdot \sqrt[3]{\ln x} + C.$

d) Der Integrand hat die Gestalt $\frac{\varphi'(x)}{\varphi(x)}$ mit $\varphi(x) = x^3 - 5x^2 + 8x - 4$. Daher folgt mit

$$\varphi(x) = u:\ \int \frac{\varphi'(x)}{\varphi(x)}\, dx = \int \frac{du}{u} = \ln|u| + C = \ln|\varphi(x)| + C = \ln|x^3 - 5x^2 + 8x - 4| + C.$$

e) Mit $\varphi(x) = 4 - 3x + 2x^2$ ist $\varphi'(x) = -3 + 4x$; daher: Subst.: $u = 4 - 3x + 2x^2 \Rightarrow$
$du = (-3 + 4x)\, dx. \Rightarrow \int \frac{4x-3}{\sqrt{4-3x+2x^2}}\, dx = \int \frac{du}{\sqrt{u}} = 2\sqrt{u} + C = 2\sqrt{4 - 3x + 2x^2} + C.$

f) Mit $\varphi(x) = \arcsin x$ ist $\varphi'(x) = \frac{1}{\sqrt{1-x^2}}$; daher: Subst.: $u = \arcsin x \Rightarrow du = \frac{dx}{\sqrt{1-x^2}}$
$\Rightarrow \int \frac{dx}{\sqrt{1-x^2}\,\arcsin x} = \int \frac{du}{u} = \ln|u| + C = \ln|\arcsin x| + C.$

g) Wegen $\tan^2 x + \tan^4 x = \tan^2 x (1 + \tan^2 x)$ kann man $\varphi(x) = \tan x$ setzen und
hat dann wegen $\varphi'(x) = 1 + \tan^2 x$ das Integral $\int \varphi^2(x)\, \varphi'(x)\, dx$ zu lösen. Man setzt
daher $u = \tan x \Rightarrow du = (1 + \tan^2 x)\, dx$ und erhält
$\int \tan^2 x (1 + \tan^2 x)\, dx = \int u^2\, du = \frac{1}{3}u^3 + C = \frac{1}{3}\tan^3 x + C.$

h) Mit $\varphi(x) = \arctan x$ ist $\varphi'(x) = \frac{1}{1+x^2}$; daher: Subst.: $u = \arctan x \Rightarrow du = \frac{dx}{1+x^2}$
$\Rightarrow \int \frac{\sin(\arctan x)}{1+x^2}\, dx = \int \sin u\, du = -\cos u + C = -\cos(\arctan x) + C.$

i) Der Integrand hat die Gestalt $\frac{\varphi'(x)}{\varphi(x)}$ mit $\varphi(x) = \cos(3x) + 2\sqrt{3}\,\sin(2x)$. Daher ist
$\int \frac{\varphi'(x)}{\varphi(x)}\, dx = \ln|\varphi(x)| + C = \ln|\cos(3x) + 2\sqrt{3}\,\sin(2x)| + C.$

L 10.8   **a)** Setze: $\arctan x = u$, $1 = v' \Rightarrow u' = \frac{1}{1+x^2}$, $v = x.$ $\Rightarrow$
$I = \int \arctan x\, dx = x \arctan x - \int \frac{x\, dx}{1+x^2}.$
Subst.: $1 + x^2 = z \Rightarrow 2x\, dx = dz$, $x\, dx = \frac{1}{2}dz.$ Dann erhält man
$I = x \arctan x - \int \frac{1}{2}\frac{dz}{z} = x \arctan x - \frac{1}{2}\ln|z| + C = x \arctan x - \frac{1}{2}\ln(1 + x^2) + C.$

b) Setze: $\arcsin x = u$, $1 = v' \Rightarrow u' = \frac{1}{\sqrt{1-x^2}}$, $v = x.$ $\Rightarrow$
$I = \int \arcsin x\, dx = x \arcsin x - \int \frac{x\, dx}{\sqrt{1-x^2}}.$
Subst.: $1 - x^2 = z \Rightarrow -2x\, dx = dz$, $-x\, dx = \frac{1}{2}dz.$ Damit wird
$I = x \arcsin x + \int \frac{1}{2}\frac{dz}{\sqrt{z}} = x \arcsin x + z^{\frac{1}{2}} + C = x \arcsin x + \sqrt{1 - x^2} + C.$

c) Subst.: $x + 2 = z^2 \Rightarrow dx = 2z\, dz. \Rightarrow I = \int \sin\sqrt{x+2}\, dx = \int 2\sin z \cdot z\, dz.$
Setze: $2z = u$, $\sin z = v' \Rightarrow u' = 2$, $v = -\cos z.$ Dann folgt:
$I = -2z \cos z + \int 2\cos z\, dz = -2z \cos z + 2\sin z + C =$
$2(\sin\sqrt{x+2} - \sqrt{x+2}\cos\sqrt{x+2}) + C.$

d) Subst.: $x^2 = z \Rightarrow 2x\, dx = dz$, $x\, dx = \frac{1}{2}dz.$ $\Rightarrow$
$I = \int x^5 e^{x^2}\, dx = \int x^4 e^{x^2} x\, dx = \int \frac{1}{2}z^2 e^z\, dz.$
Setze: $\frac{1}{2}z^2 = u$, $e^z = v' \Rightarrow u' = z$, $v = e^z.$ Damit ergibt sich:

$I = \frac{1}{2}z^2 e^z - \int z e^z\, dz$. Setze nun: $z = u$, $e^z = v' \Rightarrow u' = 1$, $v = e^z$. Somit ist:
$I = \frac{1}{2}z^2 e^z - (z e^z - \int e^z\, dz) = \frac{1}{2}z^2 e^z - z e^z + e^z + C = e^{x^2}(\frac{1}{2}x^4 - x^2 + 1) + C$.

L 10.9 **a)** Ansatz für Partialbruchzerlegung:
$\frac{2}{x^2-1} = \frac{A}{x-1} + \frac{B}{x+1} \Leftrightarrow 2 = A(x+1) + B(x-1)$.
Koeffizientenvergleich: $A + B = 0$, $A - B = 2 \Rightarrow A = 1$, $B = -1$.
$\int \frac{2\,dx}{x^2-1} = \int \frac{dx}{x-1} - \int \frac{dx}{x+1} = \ln|x-1| - \ln|x+1| + C = \ln\left|\frac{x-1}{x+1}\right| + C$, $|x| \neq 1$.

b) Ansatz für Partialbruchzerlegung:
$\frac{x+5}{(x-1)(x+2)} = \frac{A}{x-1} + \frac{B}{x+2} \Leftrightarrow x + 5 = A(x+2) + B(x-1)$.
Koeffizientenvergleich: $A + B = 1$, $2A - B = 5 \Rightarrow A = 2$, $B = -1$.
$\int \frac{(x+5)\,dx}{x^2+x-2} = 2\int \frac{dx}{x-1} - \int \frac{dx}{x+2} = 2\ln|x-1| - \ln|x+2| + C = \ln\frac{(x-1)^2}{|x+2|} + C$, $x \neq 1, \neq -2$.

c) Ansatz für Partialbruchzerlegung: $\frac{x^2+8x-2}{(x-2)(x+1)^2} = \frac{A}{x-2} + \frac{B_1}{x+1} + \frac{B_2}{(x+1)^2} \Leftrightarrow$
$x^2 + 8x - 2 = A(x+1)^2 + B_1(x-2)(x+1) + B_2(x-2)$.
Einsetzen spezieller x-Werte:
$$
\begin{aligned}
x = -1: \quad -9 \;&= -3B_2 \;\Rightarrow\; B_2 = 3 \\
x = 2: \quad 18 \;&= \;9A \;\Rightarrow\; A = 2 \\
x = 0: \quad -2 \;&= A - 2B_1 - 2B_2 = 2 - 2B_1 - 6 \;\Rightarrow\; B_1 = -1
\end{aligned}
$$
$\int \frac{x^2+8x-2}{(x-2)(x+1)^2}\, dx = 2\int \frac{dx}{x-2} - \int \frac{dx}{x+1} + 3\int \frac{dx}{(x+1)^2} = 2\ln|x-2| - \ln|x+1| - \dfrac{3}{x+1} + C$
$$(x \neq -1, \neq 2).$$

d) Ansatz für Partialbruchzerlegung: $\frac{5x^2+2x+1}{(x+1)(x^2+1)} = \frac{A}{x+1} + \frac{Bx+C}{x^2+1} \Leftrightarrow$
$5x^2 + 2x + 1 = A(x^2+1) + (Bx+C)(x+1) = x^2(A+B) + x(B+C) + A + C$
Einsetzen spezieller x-Werte bzw. Koeffizientenvergleich:
$$
\begin{aligned}
x = -1: \quad 4 \;&= 2A \quad\;\; \Rightarrow\; A = 2 \\
\text{Koeff.Vergl.:} \quad 5 \;&= A + B \;\Rightarrow\; B = 3 \\
2 \;&= B + C \;\Rightarrow\; C = -1
\end{aligned}
$$
Mit H 10.9 erhält man:
$I = \int \frac{5x^2+2x+1}{(x+1)(x^2+1)}\, dx = 2\ln|x+1| + \frac{3}{2}\ln(x^2+1) - \arctan x + C$, $x \neq -1$.

L 10.10 **a)** Mit $t_i = ih$, $t_{i+1} - t_i = h = \frac{5}{n}$ (in s) erhält man nach H 10.10
$$s_n = g \sum_{i=0}^{n-1} t_i(t_{i+1} - t_i) \text{ und } \lim_{n\to\infty} s_n = g \lim_{n\to\infty} \sum_{i=0}^{n-1} ih \cdot h = 25g \cdot s^2 \cdot \lim_{n\to\infty} \frac{1}{n^2} \sum_{i=0}^{n-1} i =$$
(vgl. A 2.30a) $25\,g \cdot s^2 \cdot \lim_{n\to\infty} \frac{1}{n^2} \cdot \frac{1}{2}(n-1)n = 25 \cdot \frac{1}{2}\,g \cdot s^2$.

In analoger Weise ergibt sich
$$S_n = g \sum_{i=0}^{n-1} t_{i+1}(t_{i+1} - t_i) \text{ und } \lim_{n\to\infty} S_n = g \lim_{n\to\infty} \sum_{i=0}^{n-1} (i+1)h \cdot h = 25g \cdot s^2 \cdot \lim_{n\to\infty} \frac{1}{n^2} \sum_{i=1}^{n} i =$$
$25\,g \cdot s^2 \cdot \lim_{n\to\infty} \frac{1}{n^2} \cdot \frac{n}{2}(n+1) = 25 \cdot \frac{1}{2}\,g \cdot s^2$.

Man kann zeigen, daß sich dieselben Grenzwerte für Unter- und Obersumme *beliebiger* Zerlegungen des Intervalls $[0, 5]$ ergeben. Daher ist $s(t^*) = \lim\limits_{n \to \infty} s_n = \lim\limits_{n \to \infty} S_n = \int_0^{t^*} \mathrm{g}\, t \, dt = 12.5 \mathrm{g} \cdot \mathrm{s}^2 \approx 122.6\,\mathrm{m}$.

b) Im Moment des Öffnens des Fallschirms hat der Fallschirmspringer die Geschwindigkeit $v(5) = \tilde{v}_0 = \mathrm{g} \cdot 5\,\mathrm{s} \approx 49.05 \mathrm{m}\,\mathrm{s}^{-1}$.

10 s nach Öffnen des Fallschirms beträgt die Geschwindigkeit (in $\mathrm{m}\,\mathrm{s}^{-1}$)

$$\tilde{v}(10) = 49.05 + \int_0^{10} \left(\mathrm{g} - (k + at)\, \mathrm{e}^{-\alpha t} \right) dt = 49.05 + \mathrm{g} \cdot 10 + \frac{k}{\alpha} \left[\mathrm{e}^{-\alpha t} \right]_0^{10} + a \left[\frac{\alpha t + 1}{\alpha^2} \, \mathrm{e}^{-\alpha t} \right]_0^{10}$$

$$= 49.05 + 98.10 + \frac{k}{\alpha} \left(\mathrm{e}^{-10\alpha} - 1 \right) + a \left(\frac{10\alpha + 1}{\alpha^2} \, \mathrm{e}^{-10\alpha} - \frac{1}{\alpha^2} \right). \text{ Aus der Forderung } \tilde{v}(10)$$

$= 2\,\mathrm{m}\,\mathrm{s}^{-1}$ ergibt sich nach Einsetzen von α und a für k der Wert $k \approx 18.78\,\mathrm{m}\,\mathrm{s}^{-2}$.

L 10.11 Es genügt, $V(1)$ (=Wasservolumen, das in 1 s durch den Rohrquerschnitt fließt) zu berechnen und dies mit 3 600 zu multiplizieren. Für $0 \leq t \leq 1$ ist $|\sin(\pi t)| = \sin(\pi t)$; daher erhält man

$$V(1) = q \int_0^1 (200 + 100 \sin(\pi t))\, dt = q \left[200\, t - \frac{100}{\pi} \cos(\pi t) \right]_0^1 = q \left(200 - \frac{100}{\pi}(-1 - 1) \right) \approx$$

$2\,636.620\ \mathrm{cm}^3$. Somit ist $V(3\,600) \approx 9\,491.831$ Liter.

L 10.12 **a)** Die gesuchte Fläche ist $A = \displaystyle\int_7^{26} \frac{1}{(\sqrt[3]{x + 1} - 1)(x + 1)}\, dx$.

Wir ermitteln zunächst das zugehörige unbestimmte Integral I und substituieren:

$$x + 1 = z^3 \ \Rightarrow\ dx = 3z^2\, dz \ \Rightarrow\ I = \int \frac{3z^2\, dz}{(z - 1)\, z^3}.$$

Nach Kürzen im Integranden machen wir für die nötige Partialbruchzerlegung den Ansatz: $\frac{3}{(z-1)z} = \frac{A}{z-1} + \frac{B}{z} \ \Leftrightarrow\ 3 = Az + B(z - 1)$.

Einsetzen spezieller z-Werte: $\begin{aligned} z = 0: &\quad 3 = -B \\ z = 1: &\quad 3 = A. \end{aligned}$

Damit ergibt sich: $I = 3 \int \frac{dz}{z-1} - 3 \int \frac{dz}{z} = 3 \ln|z - 1| - 3 \ln|z| + C = 3 \ln \left| \frac{z-1}{z} \right| + C =$

$3 \ln \dfrac{\left| \sqrt[3]{x+1} - 1 \right|}{\sqrt[3]{x+1}} + C$. Nach Einsetzen der Grenzen erhält man die gesuchte Fläche:

$$A = 3 \ln \frac{\sqrt[3]{27} - 1}{\sqrt[3]{27}} - 3 \ln \frac{\sqrt[3]{8} - 1}{\sqrt[3]{8}} = 3 \ln \frac{2}{3} - 3 \ln \frac{1}{2} = 3 \ln \frac{4}{3} = 0.8630.$$

b) x_0 hat die Forderung zu erfüllen: $3 \ln \dfrac{\sqrt[3]{x_0 + 1} - 1}{\sqrt[3]{x_0 + 1}} - 3 \ln \dfrac{1}{2} = \dfrac{3}{2} \ln \dfrac{4}{3}$.

Dividiert man diese Gleichung durch 3 und faßt man $\ln \frac{1}{2}$ und $\frac{1}{2} \ln \frac{4}{3}$ zusammen zu

$\ln \frac{1}{2} + \ln(\frac{4}{3})^{\frac{1}{2}} = \ln \frac{1}{\sqrt{3}}$, so erhält man $\ln \dfrac{\sqrt[3]{x_0 + 1} - 1}{\sqrt[3]{x_0 + 1}} = \ln \dfrac{1}{\sqrt{3}} \ \Leftrightarrow$

$$\frac{\sqrt[3]{x_0 + 1} - 1}{\sqrt[3]{x_0 + 1}} = \frac{1}{\sqrt{3}} \ \Leftrightarrow\ \sqrt[3]{x_0 + 1}(\sqrt{3} - 1) = \sqrt{3} \ \Rightarrow\ x_0 = \left(\frac{\sqrt{3}}{\sqrt{3} - 1} \right)^3 - 1 = 12.2452.$$

L 10.13 Wir ermitteln zunächst das unbestimmte Integral $I(\tau) = \int e^{\frac{R}{L}\tau} \sin(\omega\tau)\, d\tau$ durch zweimalige partielle Integration und setzen zuerst

$e^{\frac{R}{L}\tau} = u$, $\sin(\omega\tau) = v'$, so daß $u' = \frac{R}{L}e^{\frac{R}{L}\tau}$, $v = -\frac{1}{\omega}\cos(\omega\tau)$ ist. Damit erhalten wir

$I(\tau) = \int e^{\frac{R}{L}\tau} \sin(\omega\tau)\, d\tau = -\frac{1}{\omega} e^{\frac{R}{L}\tau} \cos(\omega\tau) + \frac{R}{\omega L} \int e^{\frac{R}{L}\tau} \cos(\omega\tau)\, d\tau$. Erneute partielle

Integration mit $e^{\frac{R}{L}\tau} = u$, $\cos(\omega\tau) = v'$ und $u' = \frac{R}{L}e^{\frac{R}{L}\tau}$, $v = \frac{1}{\omega}\sin(\omega\tau)$ liefert:

$I(\tau) = -\frac{1}{\omega}e^{\frac{R}{L}\tau} \cos(\omega\tau) + \frac{R}{\omega L}\left(\frac{1}{\omega}e^{\frac{R}{L}\tau} \sin(\omega\tau) - \frac{R}{\omega L}\int e^{\frac{R}{L}\tau} \sin(\omega\tau)\, d\tau\right)$. Nach Umord-

nen ergibt sich: $(1 + \frac{R^2}{\omega^2 L^2})\cdot I(\tau) = (-\frac{1}{\omega}\cos(\omega\tau) + \frac{R}{\omega^2 L}\sin(\omega\tau))e^{\frac{R}{L}\tau}$, so daß man

schließlich erhält:

$$I(\tau) = \frac{\frac{R}{\omega^2 L}\sin(\omega\tau) - \frac{1}{\omega}\cos(\omega\tau)}{1 + \frac{R^2}{\omega^2 L^2}}\, e^{\frac{R}{L}\tau}.$$ Wegen $i(t) = \frac{V}{L}e^{-\frac{R}{L}t}\cdot\left[I(\tau)\right]_0^t$ ist

$$i(t) = \frac{V}{L}e^{-\frac{R}{L}t}(I(t) - I(0)) = \frac{V}{L}\cdot\frac{RL\sin(\omega t) - \omega L^2\cos(\omega t)}{\omega^2 L^2 + R^2} + \frac{V\omega L}{\omega^2 L^2 + R^2}e^{-\frac{R}{L}t} =$$

$$\frac{V}{\omega^2 L^2 + R^2}\left[R\sin(\omega t) + \omega L\left(e^{-\frac{R}{L}t} - \cos(\omega t)\right)\right].$$

L 10.14 **a)** Der Integrand von $I = \int \dfrac{dc}{(a_1 - c)(a_2 - c)}$ muß zunächst in Par-

tialbrüche zerlegt werden.

Ansatz: $\frac{1}{(a_1 - c)(a_2 - c)} = \frac{A}{c - a_1} + \frac{B}{c - a_2} \Leftrightarrow 1 = A(c - a_2) + B(c - a_1)$.

Koeffizientenvergleich: $0 = A + B$, $1 = -Aa_2 - Ba_1 \Rightarrow A = \frac{1}{a_1 - a_2}$, $B = -\frac{1}{a_1 - a_2}$. $\Rightarrow$

$$k(t - t_0) = \frac{1}{a_1 - a_2}\left(\int_{y_0}^{y}\frac{dc}{c - a_1} - \int_{y_0}^{y}\frac{dc}{c - a_2}\right) = \frac{1}{a_1 - a_2}\left[\ln\left|\frac{c - a_1}{c - a_2}\right|\right]_{y_0}^{y} =$$

$$\frac{1}{a_1 - a_2}\left(\ln\frac{y - a_1}{y - a_2} - \ln\frac{y_0 - a_1}{y_0 - a_2}\right).$$ Für $t_0 = 0$, $y_0 = 0$ folgt:

$$(a_1 - a_2)kt = \ln\left(\frac{a_2}{a_1}\cdot\frac{y - a_1}{y - a_2}\right) \Leftrightarrow e^{(a_1 - a_2)kt} = \frac{a_2}{a_1}\cdot\frac{y - a_1}{y - a_2} \Leftrightarrow$$

$$a_1(y - a_2)e^{(a_1 - a_2)kt} = a_2(y - a_1) \Leftrightarrow y(a_1 e^{(a_1 - a_2)kt} - a_2) = a_1 a_2 e^{(a_1 - a_2)kt} - a_1 a_2 \Rightarrow$$

$$y = y(t) = a_1 a_2 \frac{e^{(a_1 - a_2)kt} - 1}{a_1 e^{(a_1 - a_2)kt} - a_2} = a_1 a_2 \frac{1 - e^{-(a_1 - a_2)kt}}{a_1 - a_2 e^{-(a_1 - a_2)kt}} \quad (*).$$

b) Einsetzen von k, a_1, a_2 und $t = 10$ in $(*)$ ergibt

$$y(10) = 20\cdot\frac{1 - e^{-1}}{2 - e^{-1}}\frac{\text{mol}}{\text{cm}^3} = 7.746\,\frac{\text{mol}}{\text{cm}^3}.$$

c) $\displaystyle\lim_{t\to+\infty} y(t) = \begin{cases} a_2, & \text{falls } a_1 > a_2 \\ a_1, & \text{falls } a_1 < a_2 \end{cases}.$

Bezeichnungen

$I\!N$	Menge der natürlichen Zahlen $\{0, 1, 2, ...\}$
$I\!N^+$	Menge der positiven natürlichen Zahlen $\{1, 2, ...\}$
$Z\!\!\!Z$	Menge der ganzen Zahlen
$Q\!\!\!\!Q$	Menge der rationalen Zahlen
$I\!R$	Menge der reellen Zahlen
$I\!R^+$	Menge der positiven reellen Zahlen
$I\!R^2 = I\!R \times I\!R$	(x, y)-Ebene
$A = \{a, b, c\}$	Menge A, die aus den Elementen a, b, c besteht
$a \in A$	a ist Element von A
$a \notin A$	a ist kein Element von A
$A \cup B$	Vereinigungsmenge von A mit B
$A \cap B$	Durchschnittsmenge von A und B
$A \setminus B$	Differenzmenge von A und B
$A \times B$	Produktmenge von A und B
$p \vee q$	Aussage p oder Aussage q
$p \wedge q$	Aussage p und Aussage q
$\overline{p}$	Verneinung von p
$p \Rightarrow q$	aus p folgt q (p impliziert q, p ist hinreichend für q, q ist notwendig für p)
$p \Leftrightarrow q$	p und q sind zueinander äquivalent
$\forall x :$	für alle x gilt:
$\exists x :$	es existiert (mindestens) ein x mit der Eigenschaft:
$(...)_2$	Dualzahl
$(...)_8$	Oktalzahl
$(...)_{16}$	Hexadezimalzahl
(a_n)	Zahlenfolge mit dem allgemeinen Glied a_n
$\vec{a}$	Vektor
$\vec{a}^T$	der zu $\vec{a}$ transponierte Vektor
$\overrightarrow{AB}$	der vom Punkt A zum Punkt B führende Vektor
$\overline{AB}$	Strecke zwischen den Punkten A und B
$(\vec{a}, \vec{b})$	Skalarprodukt der Vektoren $\vec{a}, \vec{b}$
$\vec{a} \times \vec{b}$	Vektorprodukt von $\vec{a}, \vec{b}$.

Literatur

[DES] Deus, P., Stolz, W.: *Physik in Übungsaufgaben.* 2. Auflage. Stuttgart-Leipzig: Teubner-Verlag 1999.

[GAS] Gärtner, K.-H., Schmieder, R.: *Lineare Algebra und Analytische Geometrie in Fragen und Übungsaufgaben.* Stuttgart-Leipzig: Teubner-Verlag 1998.

[GBL] Gärtner, K.-H., Bellmann, M., Lyska, W., Schmieder, R.: *Analysis in Fragen und Übungsaufgaben.* Stuttgart-Leipzig: Teubner-Verlag 1995.

[LNV] Luderer, B., Nollau, V., Vetters, K.: *Mathematische Formeln für Wirtschaftswissenschaftler.* 2. Auflage. Stuttgart-Leipzig: Teubner-Verlag 1999.

[LUD] Luderer, B.: *Klausurtraining Mathematik für Wirtschaftswissenschaftler.* Stuttgart-Leipzig: Teubner-Verlag 1997.

[MEW] Merziger, G., Wirth, Th.: *Repetitorium der Höheren Mathematik.* Hannover: Verlag Feldmann 1991.

[NPS] Nollau, V., Partzsch, L., Storm, R., Lange, C.: *Wahrscheinlichkeitsrechnung und Statistik in Beispielen und Aufgaben.* Stuttgart-Leipzig: Teubner-Verlag 1997.

[PFS] Pforr, E.-A., Schirotzek, W.: *Differential- und Integralrechnung für Funktionen mit einer Variablen.* 9. Auflage. Stuttgart-Leipzig: Teubner-Verlag 1993.

[POS] Pforr, E.-A., Oehlschlaegel, L., Seltmann, G.: *Übungsaufgaben zur linearen Algebra und linearen Optimierung Ü 3.* 5. Auflage. Stuttgart-Leipzig: Teubner-Verlag 1998.

[PRW] Preuß, W., Wenisch, G.: *Lehr- und Übungsbuch Mathematik.* Leipzig: Fachbuchverlag. Band 1: Mengen - Zahlen - Funktionen - Gleichungen. 1995.
Band 2: Analysis. 1996.
Band 3: Lineare Algebra - Stochastik. 1996.
Lehr- und Übungsbuch Mathematik in Wirtschaft und Finanzwesen. 1998.

[PSP] Piehler, G., Sippel, D., Pfeiffer, U.: *Mathematik zum Studieneinstieg.* 3. Auflage. Berlin-Heidelberg: Springer-Verlag 1996.

[SCS] Schirotzek, W., Scholz, S.: *Starthilfe Mathematik.* 3. Auflage. Stuttgart-Leipzig: Teubner-Verlag 1999.

[SGT] Schäfer, W., Georgi, K., Trippler, G.: *Mathematik-Vorkurs.* 4. Auflage. Stuttgart-Leipzig: Teubner-Verlag 1999.

[STO] Stolz, W.: *Starthilfe Physik.* 2. Auflage. Stuttgart-Leipzig: Teubner-Verlag 1998.

[TTM] *Teubner-Taschenbuch der Mathematik.* Stuttgart-Leipzig: Teubner-Verlag 1996.

[VET] Vetters, K.: *Formeln und Fakten.* 2. Auflage. Stuttgart-Leipzig: Teubner-Verlag 1998.

[WEH] Wenzel, H., Heinrich, G.: *Übungsaufgaben zur Analysis Ü 1.* 6. Auflage. Stuttgart-Leipzig: Teubner-Verlag 1999.

[WHE] Wenzel, H., Heinrich, G.: *Übungsaufgaben zur Analysis Ü 2.* 5. Auflage. Stuttgart-Leipzig: Teubner-Verlag 1999.

Hinweise zur Teubner-Starthilfe [SCS]:

Die den Aufgaben dieses Buches zugrunde liegende Theorie findet der Leser z.B. in der "Starthilfe Mathematik". Dabei besteht zwischen den einzelnen Kapiteln der beiden Bücher folgende inhaltliche Zuordnung:

Kapitel-Nr. dieses Buches	1	2,3	4	5	6	7	8	9	10
Kapitel-Nr. der "Starthilfe"	1	2	3,4	5,6.2	7	8	9	10	11

Sachregister